高职院校精品课程“十二五”规划教材

电子技术基础

DIANZIJISHUJICHU

主　审　祝利江　钱平慎

主　编　张　辉　于水婧　于喜双

副主编　刘增俊　张青青　侯晓音

参　编　吴改燕　徐　薇　高立钧

西南交通大学出版社

·成 都·

内容简介

本书以电子器件为主线展开，以项目为载体，以任务为驱动，基于实践优先原则，强调实践应用能力的培养。结合教学内容和工程实际，本书设计了 10 个实践项目，将原理、知识和概念融入项目的应用电路中，在项目的制作过程中，使学生逐渐建立起工程应用的概念和意识。本书主要系统地介绍了半导体元件的工作原理及其在各种电路中的应用以及组合逻辑电路和时序逻辑电路的工作原理和应用。本书可作为高职院校电子、通信、计算机、机电一体化、自动化等相关专业的教材，也可作为相关专业工程技术人员的技术参考书。

图书在版编目（CIP）数据

电子技术基础 / 张辉，于水婧，于喜双主编. —成都：西南交通大学出版社，2014.2（2018.1 重印）
高职院校精品课程"十二五"规划教材
ISBN 978-7-5643-2883-2

Ⅰ. ①电… Ⅱ. ①张… ②于… ③于… Ⅲ. ①电子技术－高等职业教育－教材 Ⅳ. ①TN

中国版本图书馆 CIP 数据核字（2014）第 022637 号

高职院校精品课程"十二五"规划教材

电子技术基础

主编　张　辉　于水婧　于喜双

*

责任编辑　张华敏
特邀编辑　唐建明　鲁世钊
封面设计　墨创文化
西南交通大学出版社出版发行
四川省成都市二环路北一段 111 号西南交通大学创新大厦 21 楼
邮政编码：610031　发行部电话：028-87600564
http://www.xnjdcbs.com
四川煤田地质制图印刷厂印刷

*

成品尺寸：185 mm × 260 mm　　印张：14.5
字数：379 千字
2014 年 2 月第 1 版　　2018 年 1 月第 2 次印刷
ISBN 978-7-5643-2883-2
定价：34.50 元

图书如有印装质量问题　本社负责退换

版权所有　盗版必究　举报电话：028-87600562

前　言

本书是按照教育部高职高专电子电器基础课程教学的基本要求，结合教育部《关于全面提高高职教育教学质量的若干意见》的指导思想，融合作者多年的教学改革经验及教学科研成果编写而成的。

本书以工作过程为导向，以实际电子产品为项目载体，把整个电子技术的教学内容贯穿于实际的电子产品生产与制作的全过程，具有情景真实性、过程可操作性、结果可检验性。教学实施过程按照教学“六步法”的步骤进行，即资讯—计划—决策—实施—检查—评估。学生带着任务和问题学知识、练技能，充分体现了教、学、做一体化的教学思想。

本教材立足于高职高专人才培养目标，充分考虑高职高专学生的特点，遵循理论够用、内容实用、突出能力培养的原则，对教学内容进行了精选，通过本课程的学习，可以使学生掌握电子技术方面的基本知识、基本理论和基本技能，培养学生对电子电路的分析、制作和调试的专业实践能力，为后续课程的学习打下良好的基础。

本教材由吉林铁道职业技术学院的张辉老师任主编，负责全书的统稿工作，并编写了项目3；吉林铁道职业技术学院的于水婧老师任主编，参与全书的统稿工作，并编写了项目1、项目2、项目6；北华大学师范分院的于喜双老师任主编，参与全书的统稿工作，并编写了项目9；吉林铁道职业技术学院的刘增俊老师任副主编，并编写了项目8、项目10；吉林铁道职业技术学院的张青青老师任副主编，并编写了项目4；吉林铁道职业技术学院的侯晓音老师任副主编，并编写了项目7；吉林铁道职业技术学院的吴改燕、徐薇老师编写了项目5；吉林市江密峰中学高立钧编写了附录。本教材由长春供电段祝利江、吉林供电段钱平慎作为主审，在此向他们表示感谢。

本教材在编写的过程中参考了大量文献和书籍，在此，对这些文献和书籍的作者深表感谢。

由于编者水平有限，本书难免存在欠妥之处，真诚希望读者批评指正，以促进本书的完善和更新。

编　者

2013.11

目 录

项目 1 直流稳压电源电路分析与制作

【工学目标】

1. 学会分析工作任务，在教师的引导下，能够制订学习和工作计划。
2. 了解二极管的符号、特性和参数等原理性知识；会使用万用表并掌握利用万用表判断二极管好坏与极性的方法；通过查阅相关资料了解直流稳压电源的组成及掌握直流稳压电路的基本工作原理。
3. 能够正确选择元器件，能利用各种工具安装和焊接简单电路，并利用各种仪表和工具排除简单电路故障。
4. 能够主动提出问题，遇到问题能够自主或者与他人研究解决，具有良好的沟通和团队协作能力，建立良好的环保意识、质量意识和安全意识。
5. 根据所学知识，完成课堂任务，最后以小组为单位制作出符合要求的直流稳压电源。

【典型任务】

任务一　半导体及 PN 结认知

一、半导体的基础知识

半导体器件是 20 世纪中期开始发展起来的，具有体积小、重量轻、使用寿命长、可靠性高、输入功率小和功率转换效率高等优点，因而在现代电子技术中得到广泛的应用。半导体器件是构成电子电路的基础。半导体器件和电阻、电容、电感等器件连接起来，可以组成各种电子电路。顾名思义，半导体器件都是由半导体材料制成的，因此我们必须对半导体材料的特点有一定的了解。

(一) 半导体的特性

自然界中的各种物质，按导电能力划分为：导体、半导体、绝缘体。半导体导电能力介于导体和绝缘体之间。

1. 热敏性

所谓热敏性就是半导体的导电能力随着温度的升高而迅速增加。半导体的电阻率对温度的变化十分敏感。例如，纯净的锗从 20 °C 升高到 30 °C 时，它的电阻率几乎减小为原来的 1/2；而一般的金属导体的电阻率则变化较小，比如铜，当温度同样升高 10 °C 时，它的电阻率几乎不变。利用热敏性可制成各种热敏电阻。

2. 光敏性

半导体的导电能力随光照的变化有显著改变的特性叫做光敏性。例如，某种硫化铜薄膜在暗处其电阻为几十兆欧姆，受光照后，电阻可以下降到几十千欧姆，只有原来的1%。而金属导体在阳光下或在暗处其电阻率一般没有什么变化。利用光敏性可制成光电二极管、光电三极管及光敏电阻。

3. 杂敏性

所谓杂敏性就是半导体的导电能力因掺入适量杂质而发生很大的变化。在半导体硅中，只要掺入亿分之一的硼，电阻率就会下降到原来的几万分之一。所以，利用这一特性，可以制造出不同性能、不同用途的半导体器件。而金属导体即使掺入千分之一的杂质，对其电阻率也几乎没有什么影响。利用掺杂性可制成各种不同性能、不同用途的半导体器件，例如二极管、三极管、场效应管等。

（二）本征半导体

在电子器件中，用得最多的材料是硅和锗，硅和锗都是四价元素，最外层原子轨道上具有4个电子，称为价电子。每个原子的4个价电子不仅受自身原子核的束缚，而且还与周围相邻的4个原子发生联系，这些价电子一方面围绕自身的原子核运动，另一方面也时常出现在相邻原子所属的轨道上。这样，相邻的原子就被共有的价电子联系在一起，称为共价键结构，如图1.1所示。

本征半导体就是一种纯净的半导体晶体。在热力学温度 $T = 0$ K(− 273 °C)且无外部激发能量时，每个价电子都处于最低能态，价电子没有能力脱离共价键的束缚，没有能够自由移动的带电粒子，这时的本征半导体被认为是绝缘体。当温度升高或受光照时，由于半导体共价键中的价电子并不像绝缘体中束缚得那样紧，价电子从外界获得一定的能量，少数价电子会挣脱共价键的束缚，成为自由电子，这一过程叫做本征激发，同时在原来共价键的相应位置上留下一个空位，这个空位称为空穴，如图1.2所示。

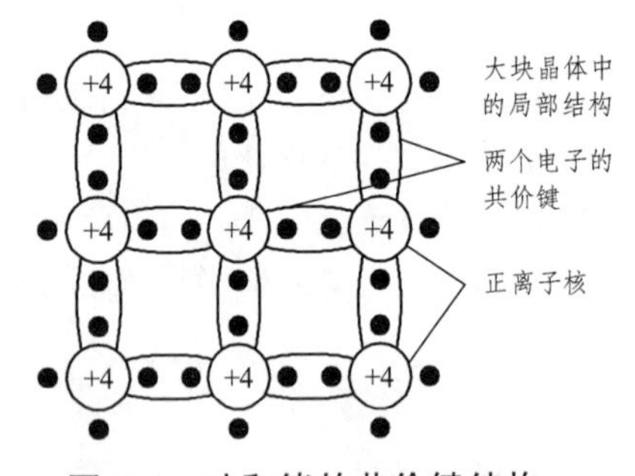

图 1.1 硅和锗的共价键结构

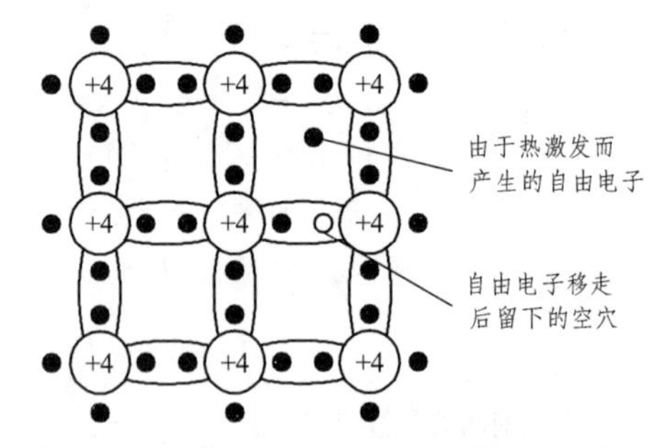

图 1.2 本征激发产生电子空穴对示意图

自由电子和空穴是成对出现的，所以称它们为电子空穴对。在本征半导体中，电子与空穴的数量总是相等的。由于共价键中出现了空位，在外电场或其它能源的作用下，邻近的价电子就可以填补到这个空穴上，而在这个价电子原来的位置上又留下新的空位，以后其它价电子又可转移到这个新的空位上，如图 1.3 所示。为了区别于自由电子的运动，我们把这种价电子的填补运动称为空穴运动，认为空穴是一种带正电荷的载流子，它所带电荷和电子相等且符号相反。

由此可见，本征半导体中存在两种载流子：电子和空穴。而金属导体中只有一种载流子——电子。本征半导体在外电场作用下，两种载流子的运动方向相反而形成的电流方向相同，如图 1.4 所示。

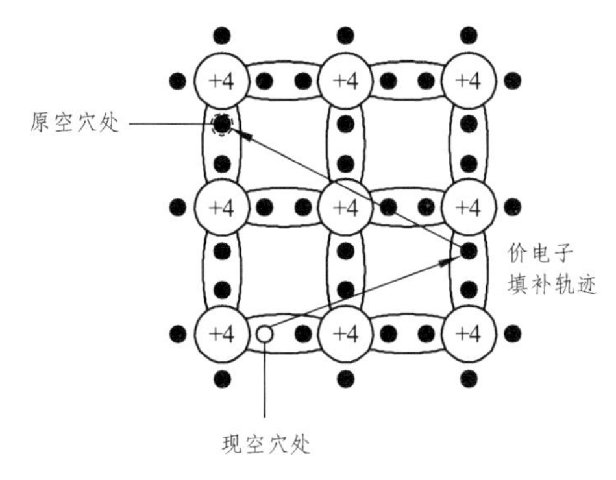

图 1.3　电子与空穴的移动

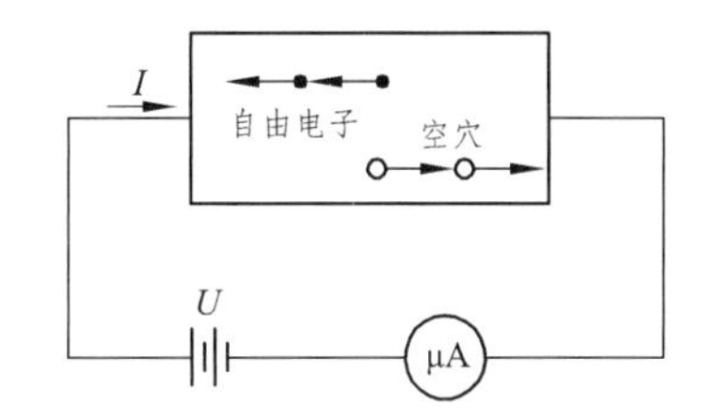

图 1.4　两种载流子在电场中的运动

(三) 杂质半导体

1. N 型半导体

在纯净的半导体硅(或锗)中掺入微量五价元素(如磷)后，就可成为 N 型半导体，如图 1.5(a)所示。在这种半导体中，自由电子数远大于空穴数；导电以电子为主，故此类半导体亦称为电子型半导体。

2. P 型半导体

在硅(或锗)的晶体内掺入少量三价元素杂质，如硼(或铟)等。硼原子只有 3 个价电子，它与周围硅原子组成共价键时，因缺少一个电子，在晶体中便产生一个空穴。这个空穴与本征激发产生的空穴都是载流子，具有导电性能。P 型半导体共价键结构如图 1.5(b)所示。在 P 型半导体中，空穴数远远大于自由电子数，空穴为多数载流子(简称“多子”)，自由电子为少数载流子(简称“少子”)。导电以空穴为主，故此类半导体又称为空穴型半导体。

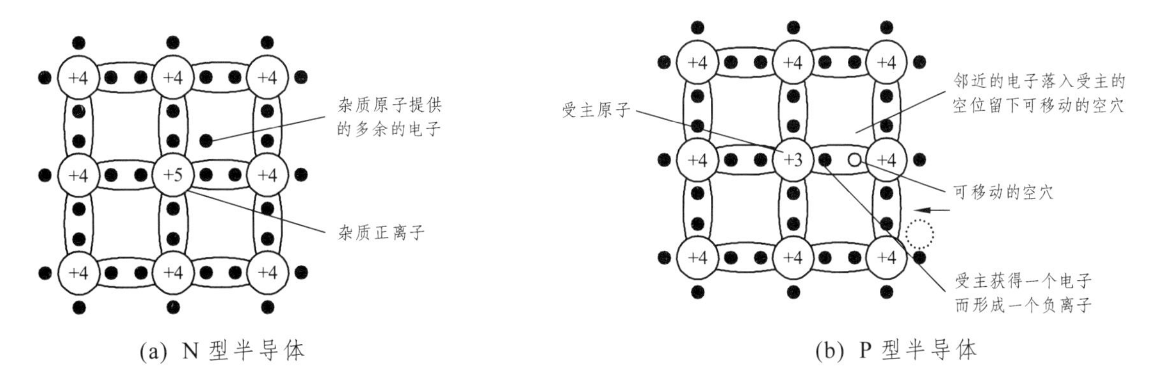

(a) N 型半导体　　(b) P 型半导体

图 1.5　掺杂质后的半导体

二、PN 结及其单向导电特性

(一) PN 结的形成

在一块完整的晶片上，通过一定的掺杂工艺，一边形成 P 型半导体，另一边形成 N 型半导体。在交界面两侧形成一个带异性电荷的离子层，称为空间电荷区，并产生内电场，其方向是从 N 区指向 P 区，内电场的建立阻碍了多数载流子的扩散运动，随着内电场的加强，多子的扩散运动逐步减弱，直至停止，使交界面形成一个稳定的特殊的薄层，即 PN 结。因为在空间电荷区内多数载流子已扩散到对方并复合掉了，或者说消耗尽了，因此空间电荷区又称为耗尽层。

(二) PN 结的单向导电特性

在 PN 结两端外加电压，称为给 PN 结加偏置电压。

1. PN 结正向偏置

给 PN 结加正向偏置电压，即 P 区接电源正极，N 区接电源负极，此时称 PN 结为正向偏置(简称正偏)，如图 1.6 所示。由于外加电源产生的外电场的方向与 PN 结产生的内电场方向相反，削弱了内电场，使 PN 结变薄，有利于两区多数载流子向对方扩散，形成正向电流，此时 PN 结处于正向导通状态。

2. PN 结反向偏置

给 PN 结加反向偏置电压，即 N 区接电源正极，P 区接电源负极，称 PN 结反向偏置(简称反偏)，如图 1.7 所示。由于外加电场与内电场的方向一致，因而加强了内电场，使 PN 结加宽，阻碍了多子的扩散运动。在外电场的作用下，只有少数载流子形成的很微弱的电流，称为反向电流。应当指出，少数载流子是由于热激发产生的，因而 PN 结的反向电流受温度影响很大。

综上所述，PN 结具有单向导电性，即加正向电压时导通，加反向电压时截止。

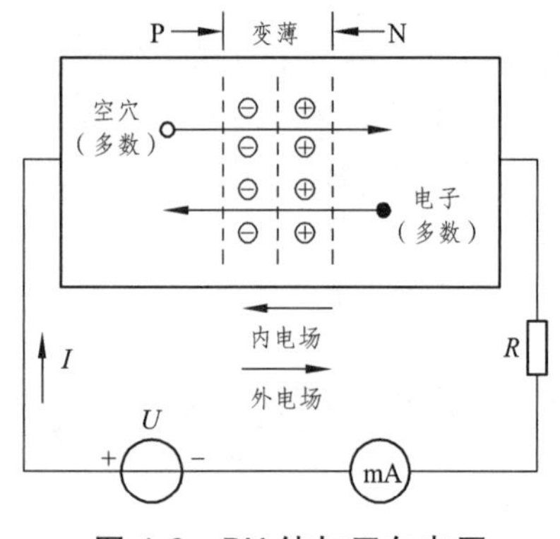

图 1.6　PN 结加正向电压

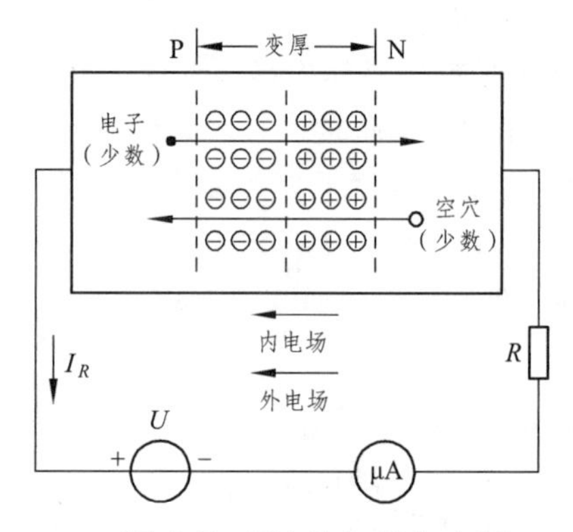

图 1.7　PN 结加反向电压

任务二　二极管认知

一、半导体二极管的结构、符号及类型

(一) 结构符号

在一个 PN 结的两端加上电极引线并用外壳封装起来，就构成了半导体二极管。由 P 型半导体引出的电极，叫做正极(或阳极)；由 N 型半导体引出的电极，叫做负极(或阴极)。二极管的结构外形及在电路中的文字符号如图 1.8 所示，在图 1.8(b)所示电路符号中，箭头指向为正向导通电流方向。

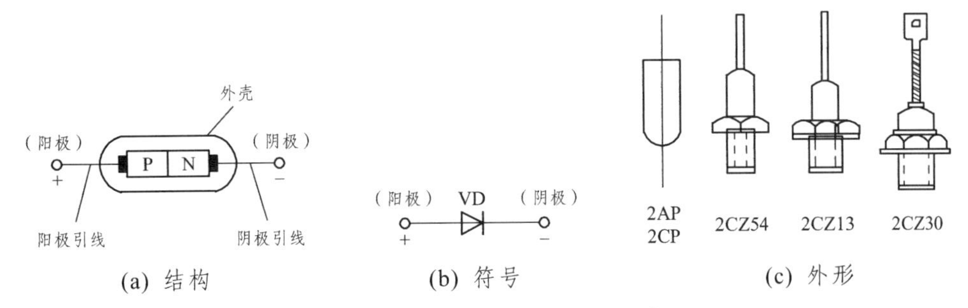

(a) 结构 (b) 符号 (c) 外形

图 1.8 二极管的结构、符号及外形

(二) 类型

(1) 按材料分：有硅二极管、锗二极管和砷化镓二极管等。

(2) 按结构分：根据 PN 结面积大小，有点接触型、面接触型二极管。

(3) 按用途分：有整流、稳压、开关、发光、光电、变容、阻尼等二极管。

(4) 按封装形式分：有塑封及金属封等二极管。

(5) 按功率分：有大功率、中功率及小功率等二极管。

(三) 半导体二极管的命名方法

半导体器件的型号由五个部分组成，如图 1.9 所示。其型号组成部分的符号及其意义见附录 1。如 2AP9，“2”表示二极管，“A”表示 N 型锗材料，“P”表示普通管，“9”表示序号。又如 2CZ8，其中“C”表示由 N 型硅材料作为基片，“Z”表示整流管。关于二极管型号的命名方法可参见附录 1 的有关内容。

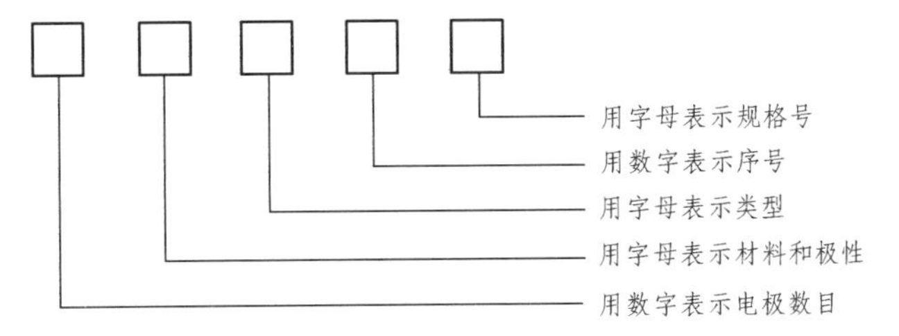

图 1.9 半导体器件的型号组成

二、半导体二极管的伏安特性

半导体二极管的核心是 PN 结，它的特性就是 PN 结的特性——单向导电性。常利用伏安特性曲线来形象地描述二极管的单向导电性。若以电压为横坐标，电流为纵坐标，用作图法把电压、电流的对应值用平滑的曲线连接起来，就构成二极管的伏安特性曲线，如图 1.10 所示(图中虚线为锗管的伏安特性，实线为硅管的伏安特性)。下面对二极管伏安特性曲线加以说明。

(一) 正向特性

二极管两端加正向电压时，就产生正向电流，当正向电压较小时，正向电流极小(几乎为零)，这一部分称为死区，相应的 $A(A')$点的电压称为死区电压或门槛电压(也称阈值电压)，硅管约为 0.5 V，锗管约为 0.1 V，如图 1.10 中的 $OA(OA')$段。当正向电压超过门槛电压时，正向电流就会急剧地增大，二极管呈现很小电阻而处于导通状态，这时硅管的正向导通压降为 0.6 ~ 0.7 V，锗管为 0.2 ~ 0.3 V，如图 1.10 中的 $AB(A'B')$ 段。二极管正向导通时，要特别注意它的正向电流不能超过最大值，否则将烧坏 PN 结。

(二) 反向特性

二极管两端加上反向电压时，在开始很大范围内，二极管相当于非常大的电阻，反向电流很小，且不随反向电压的变化而变化，此时的电流称之为反向饱和电流 I_R，见图 1.10 中的 $OC(OC')$段。

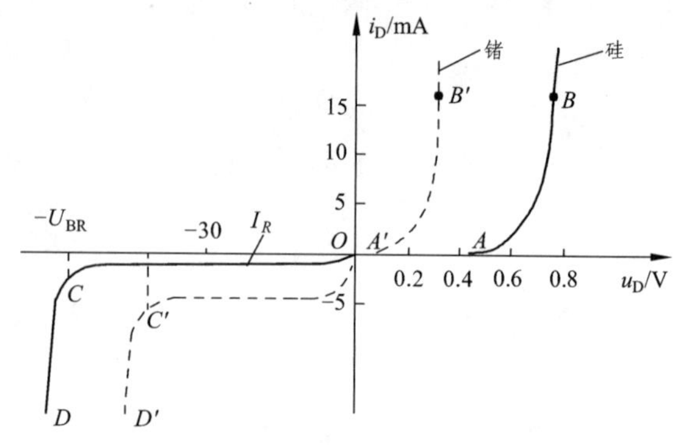

图 1.10 二极管的伏安特性曲线

(三) 反向击穿特性

二极管反向电压加到一定数值时，反向电流急剧增大，这种现象称为反向击穿。此时对应的电压称为反向击穿电压，用 U_{BR} 表示，如图 1.10 中的 $CD(C'D')$段。

(四) 温度对特性的影响

由于二极管的核心是一个 PN 结，它的导电性能与温度有关，温度升高时二极管正向特性曲线向左移动，正向压降减小；反向特性曲线向下移动，反向电流增大。

三、半导体二极管的主要参数

(一) 最大整流电流 I_F

最大整流电流是指二极管长时间使用时，允许流过二极管的最大正向平均电流。当电流超过这个允许值时，二极管会因过热而烧坏，使用时务必注意。

(二) 反向峰值电压 U_{RM}

它是保证二极管不被击穿的最高反向电压，一般是反向击穿电压的 1/2 或 2/3。

(三) 反向峰值电流 I_{RM}

它是指在二极管上加反向峰值电压时的反向电流值。反向电流大，说明单向导电性能差，并且受温度的影响大。

四、二极管的简易测试

(一) 二极管的极性判别

有的二极管从外壳的形状上就可以区分电极；有的二极管的极性用二极管符号印在外壳上，箭头指向的一端为负极；还有的二极管用色环或色点来标志(靠近色环的一端是负极，有色点的一端是正极)。若标志脱落，可用万用表测其正反向电阻值来确定二极管的电极。

将万用表置于 R × 100 或 R × 1 k(Ω)挡(R × 1 挡电流太大，用 R × 10 k(Ω)挡电压太高，都易损坏管子)。用万用表的黑表笔和红表笔分别与二极管两极相连。对于指针式万用表，当测得电阻较小时，与黑表笔相接的极为二极管正极；测得电阻很大时，与红表笔相接的极为二极管正极，如图 1.11 所示。对于数字万用表，由于表内电池极性相反，数字表的红表笔为表内电池正极，当测得电阻较小时，与红表笔相接的极为二极管正极；测得电阻较大时，与黑表笔相接的极为二极管正极，这点在实际测量中必须要注意。还可以用数字万用表专门的二极管挡来测量，当二极管被正向偏置时，显示屏上将显示二极管的正向导通压降，单位是毫伏。

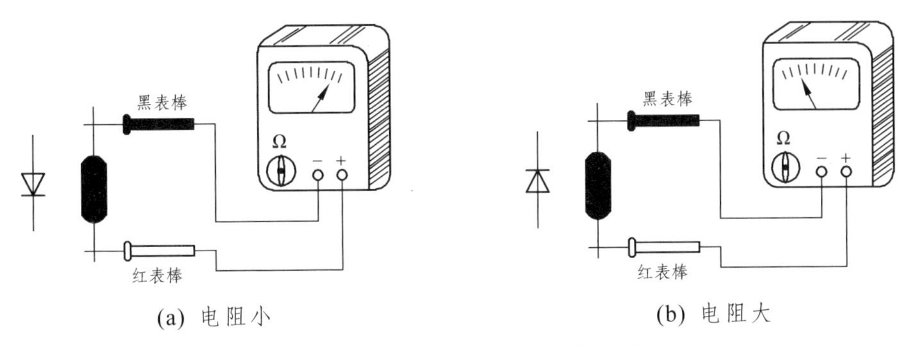

图 1.11　万用表简易测试二极管示意图

(二) 性能测试

二极管正、反向电阻的测量值相差愈大愈好，一般二极管的正向电阻测量值为几百欧姆，反向电阻为几十千欧姆到几百千欧姆。如果测得正、反向电阻均为无穷大，说明内部断路；若测量值均为零，则说明内部短路；如测得正、反向电阻几乎一样大，这样的二极管已经失去单向导电性，没有使用价值了。

一般来说，硅二极管的正向电阻在几百到几千欧姆之间，锗管小于 1 kΩ，因此，如果正向电阻较小，基本上可以认为是锗管。若要更准确地知道二极管的材料，可将管子接入正偏电路中测其导通压降：若压降在 0.6 ~ 0.7 V，则是硅管；若压降在 0.2 ~ 0.3 V，则是锗管。当然，利用数字万用表的二极管挡，也可以很方便地知道二极管的材料。

五、特殊二极管

前面主要讨论了普通二极管，另外还有一些特殊用途的二极管，如稳压二极管、发光二极管、光电二极管和变容二极管等，现介绍如下。

(一) 稳压二极管

1. 稳压二极管的工作特性

稳压二极管简称稳压管，它的特性曲线和符号如图 1.12 所示。稳压管正常工作于反向击穿区，且在外加反向电压撤除后，稳压管又恢复正常，即它的反向击穿是可逆的。从反向特性曲线上可以看出，当稳压管工作于反向击穿区时，电流虽然在很大范围内变化，但稳压管两端的电压变化很小，即它能起稳压的作用。

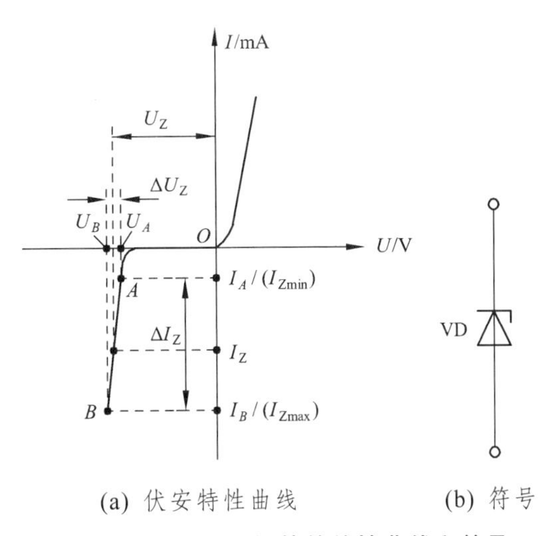

图 1.12　稳压二极管的特性曲线和符号

2. 稳压二极管的主要参数

(1) 稳定电压 U_Z。稳定电压 U_Z 即反向击穿电压。

(2) 稳定电流 I_Z。稳定电流 I_Z 是指稳压管工作至稳压状态时流过的电流。当稳压管的稳定电流小于最小稳定电流 I_{Zmin} 时，没有稳定作用；

大于最大稳定电流 I_{Zmax} 时，管子因过流而损坏。

(二) 发光二极管

发光二极管与普通二极管一样，也是由 PN 结构成的，同样具有单向导电性，但在正向导通时能发光，所以它是一种把电能转换成光能的半导体器件。电路符号如图 1.13 所示。

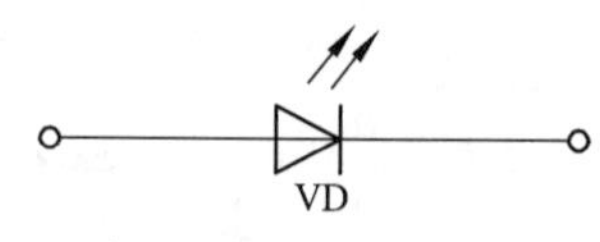

图 1.13 发光二极管的电路符号

1. 普通发光二极管

普通发光二极管工作在正偏状态。检测发光二极管，一般用万用表 R × 10 k(Ω)挡，方法和普通二极管一样，一般正向电阻 15 kΩ 左右，反向电阻为无穷大。

2. 红外线发光二极管

红外线发光二极管工作在正偏状态。用万用表 R × 1 k(Ω)挡检测，若正向阻值在 30 kΩ左右，反向为无穷大，则表明正常，否则红外线发光二极管性能变差或损坏。

3. 激光二极管

根据内部构造和原理，判断激光二极管好坏的方法是通过测试激光二极管的正、反向电阻来确定好坏。若正向电阻为 20 ~ 30 kΩ，反向电阻为无穷大，说明正常；否则，要么激光二极管老化，要么损坏。

(三) 光电二极管

光电二极管工作在反偏状态，它的管壳上有一个玻璃窗口，以便接受光照。光电二极管的检测方法和普通二极管的一样，通常正向电阻为几千欧，反向电阻为无穷大；否则光电二极管质量变差或损坏。当受到光线照射时，反向电阻显著变化，正向电阻不变。电路符号如图 1.14 所示。

(四) 变容二极管

变容二极管是利用 PN 结电容可变原理制成的半导体器件，它仍工作在反向偏置状态。它的压控特性曲线和电路符号如图 1.15 所示。

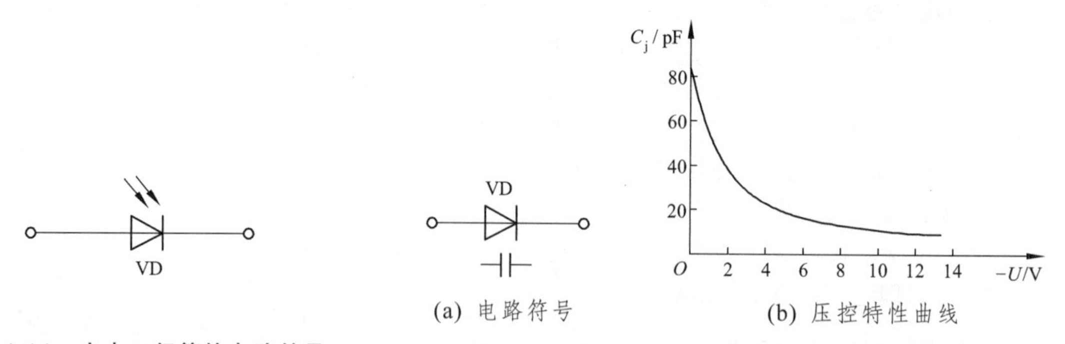

图 1.14 光电二极管的电路符号

图 1.15 变容二极管的压控特性曲线和电路符号

六、二极管应用电路

(一) 整流应用

利用二极管的单向导电性可以把大小和方向都变化的正弦交流电变为单向脉动的直流电，

如图 1.16 所示。这种方法简单、经济，在日常生活及电子电路中经常采用。根据这个原理，还可以构成整流效果更好的单相全波、单相桥式等整流电路。

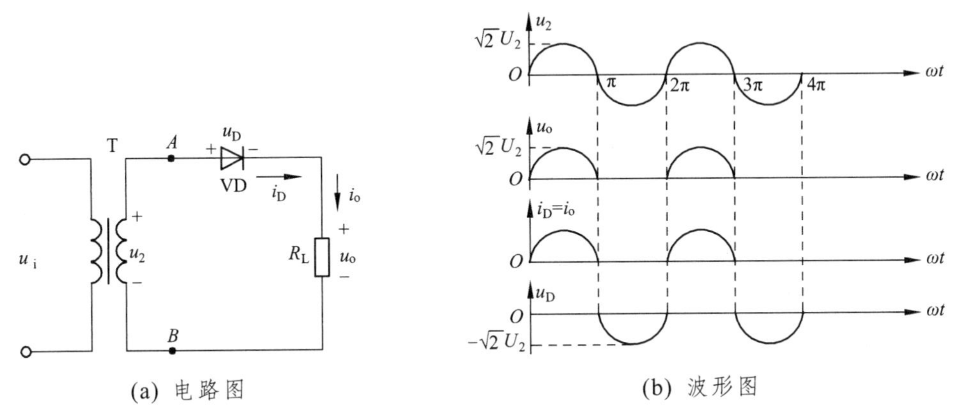

(a) 电路图　　(b) 波形图

图 1.16　单相半波整流电路及波形图

(二) 钳位应用

利用二极管的单向导电性在电路中可以起到钳位的作用。

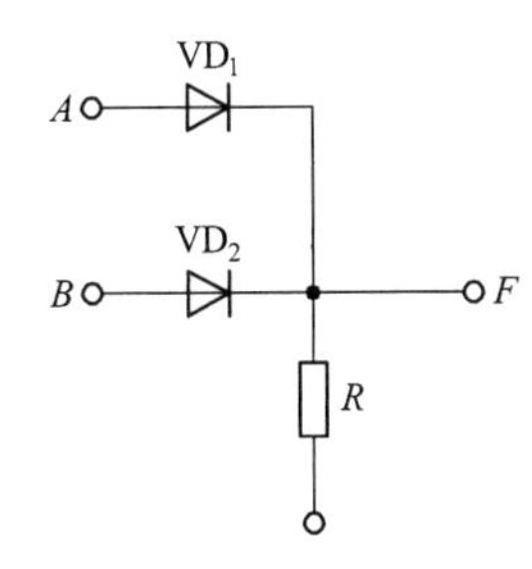

图 1.17　例 1.1 的电路

例 1.1　在图 1.17 所示的电路中，已知输入端 A 的电位为 $U_A=3$ V，B 的电位 $U_B=0$ V，电阻 R 接 -12 V 电源，求输出端 F 的电位 U_F。

解　因为 U_A 大于 U_B，所以二极管 VD_1 优先导通，设二极管为理想元件，则输出端 F 的电位为 $U_F=U_A=3$ V，当 VD_1 导通后，VD_2 上加的是反向电压，VD_2 因而截止。在这里二极管 VD_1 起到钳位作用。

(三) 限幅应用

利用二极管的单向导电性，将输入电压限定在要求的范围之内，叫做限幅。

例 1.2　在图 1.18 所示的电路中，已知输入电压 $u_i=10\sin\omega t$ V，电源电动势 $E=5$ V，二极管为理想元件，试画出输出电压的 u_o 的波形。

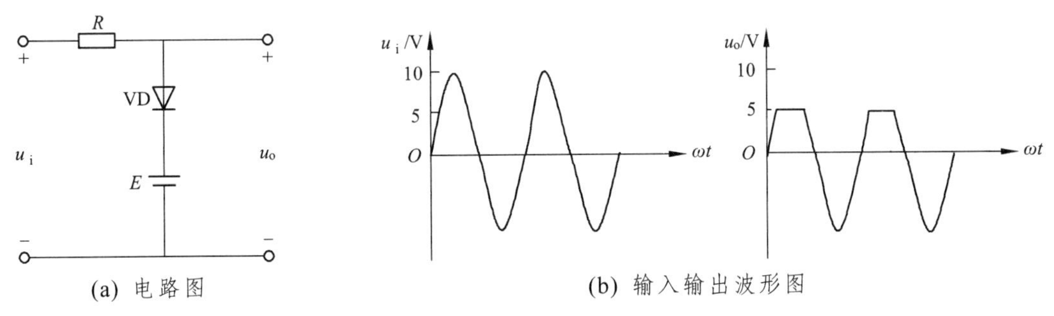

(a) 电路图　　(b) 输入输出波形图

图 1.18　例 1.2 的电路和波形图

解　根据二极管的单向导电性可知，当 $u_i \leqslant 5$ V 时，二极管 D 截止，相当于开路，因电阻 R 中无电流流过，故输出电压与输入电压相等，当 $u_i>5$ V 时，二极管 D 导通，故输出电压等于电源电动势。所以，在输出电压 u_o 的波形中，5 V 以上的波形均被削去，输出电压被限制在 5 V 以内，在这里，二极管起到限幅作用。

任务三　直流电源电路分析

直流稳压电源的原理是：将单相工频正弦交流电经电源变压器、整流电路、滤波电路和稳压电路转换成稳定的直流电压。直流稳压电源的组成原理见图 1.19，图中各部分的作用如下：

(1) 电源变压器：电网上提供的单相正弦交流电为 220 V，频率为 50 Hz，而直流稳压电源所需的电压较低，电源变压器就是将交流电源电压 u_1 变换为整流电路所需要的二次交流电压 u_2。

(2) 整流电路：利用整流二极管的单向导电性将二次交流电 u_2 变换为单一方向的脉动直流电。在电路分析时，常将二极管视为理想二极管，即正向导通时压降为零，反向截止时电流为零。

(3) 滤波电路：由波形图可见，整流后的电压仍含有较大的交流成分，滤波电路能进一步滤除单向脉动直流电的交流成分，保留直流成分，使电压波形变得平滑，从而提高直流电源的质量。常用滤波器件有电容和电感。

(4) 稳压电路：能在电网电压波动或负载发生变化(负载电流变化)时，通过电路内部的自动调节，维持稳压电源直流输出电压基本不变，即保证输出直流电压得以稳定。稳压器件有稳压二极管，或用三极管作电压调整管，以及各种集成稳压器件。

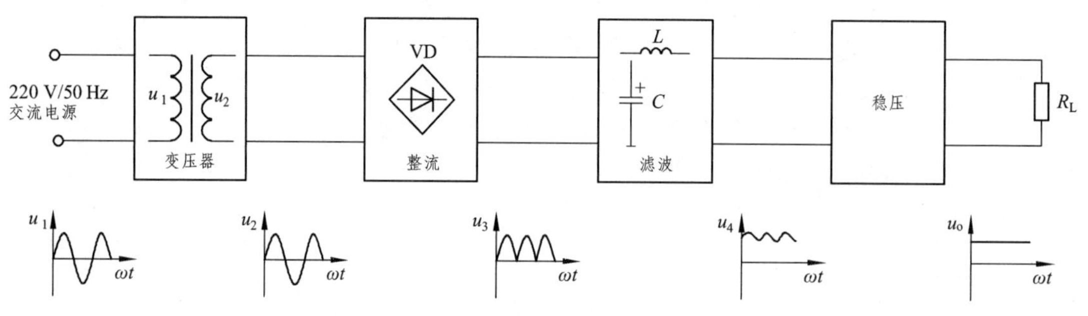

图 1.19　直流稳压电源的组成原理框图

一、整流电路分析

在小功率直流稳压电源中，常用单相半波整流电路和单相桥式整流电路来实现整流，其中单相桥式整流电路用得最为普遍。为了简单起见，分析计算整流电路时把二极管当做理想元件来处理，即认为二极管的正向导通电阻为零，反向电阻为无穷大。

(一) 单相半波整流电路

1. 电路组成

图 1.20 为单相半波整流电路，其中 T 为电源变压器，二极管 VD 与负载电阻 R_L 串联接在二次交流电压 u_2 上(电路中忽略了电源变压器 T 和二极管 VD 构成的等效总内阻)。

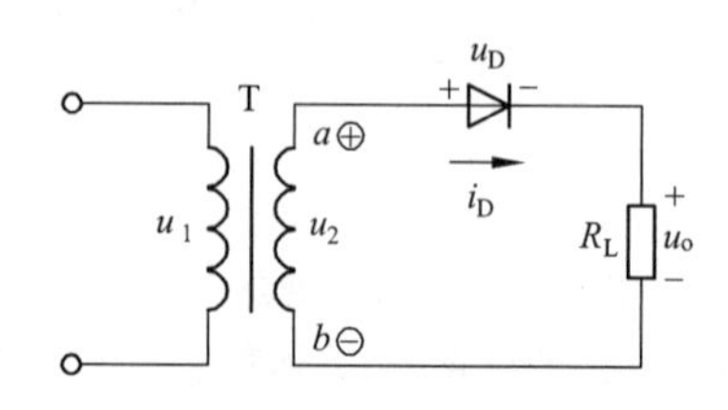

图 1.20　单相半波整流电路

2. 工作原理

设变压器二次交流电压为

$$u_2 = \sqrt{2}U_2 \sin \omega t$$

式中：U_2 为电源变压器二次交流电压有效值；ω 交流电压角频率，$\omega=2\pi f$，工频 $f=50$ Hz。

当 u_2 为正半周时，即 a 为正、b 为负，二极管因承受正向电压而导通，电流 i_D 从 a 流出，经二极管 VD 和负载电阻 R_L，回到 b 点。忽略二极管的正向压降，则负载输出电压 u_o 等于 u_2，即：

$$u_o=u_2=\sqrt{2}U_2\sin\omega t \quad (0\leqslant \omega t\leqslant \pi)$$

当 u_2 为负半周时，即 a 为负、b 为正，二极管反向截止，忽略二极管的反向饱和电流，电路中没有电流流过。此时负载输出电压 $u_o=0$，变压器电压 u_2 全加在二极管两端，二极管承受的反向电压 u_D 为：

$$u_D=u_2=\sqrt{2}U_2\sin\omega t \quad (\pi\leqslant \omega t\leqslant 2\pi)$$

整流后的电压电流波形如图 1.21 所示，在 u_2 的一个周期内，因二极管的单向导电性，负载电阻 R_L 上得到的是半个周期的整流输出电压 u_o，故称这种电路为半波整流电路。

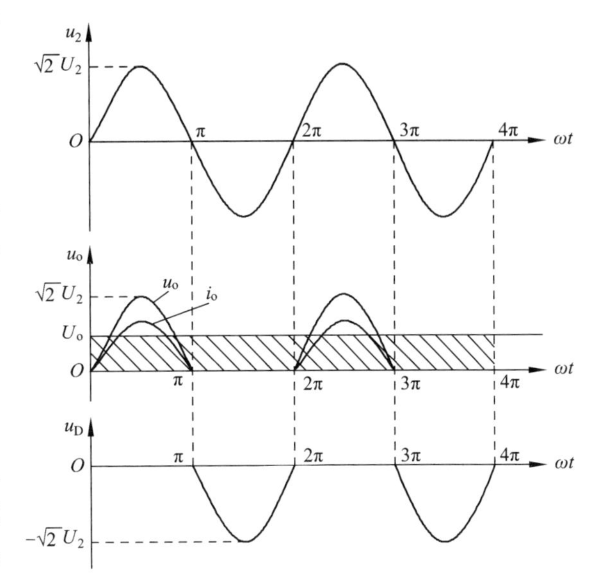

图 1.21　单相半波整流电路的输入输出波形

3. 直流输出电压和输出电流

如图 1.21 所示，负载上得到的是大小变化的单向脉动直流输出电压，可用一个周期内的电压平均值来表示。

单相半波整流电路的输出电压平均值 U_o 为：

$$U_o=\frac{1}{2\pi}\int_0^{\pi}\sqrt{2}U_2\sin\omega t\,\mathrm{d}(\omega t)=\frac{\sqrt{2}U_2}{\pi}\approx 0.45U_2 \tag{1-1}$$

输出电流平均值 I_o 为：

$$I_o=\frac{U_o}{R_L}=\frac{0.45U_o}{R_L} \tag{1-2}$$

4. 整流元件的选择

1）最大整流电流 I_{FM}

二极管与 R_L 串联，流经二极管的电流 I_D 与负载电流 I_o 相等，即：

$$I_D=I_o \tag{1-3}$$

可查阅有关半导体器件手册，实际工作中选 I_{FM} 应大于 I_D 的一倍左右，并取标称值。

2）最大反向工作电压 U_{RM}

二极管截止时承受的最大反向电压就是 u_2 的最大值 $\sqrt{2}U_2$，即：

$$U_{RM}=\sqrt{2}U_2 \tag{1-4}$$

实际工作中选 U_{RM} 大于 $\sqrt{2}U_2$ 的一倍左右，并取标称值。

单相半波整流的优点是电路简单，只需一只二极管；其缺点是输出电压脉动大，电源利用效率低。这种电路仅适用于整流电流较小、对脉动要求不高的场合。

(二) 单相桥式整流电路

1. 电路组成

图 1.22 为单相桥式整流电路，在图中四只整流二极管接成桥式。u_2 和 R_L 的连接位置不能互换，否则 u_2 就会被二极管 $VD_1 \sim VD_4$ 或 $VD_3 \sim VD_2$ 短路。图 1.22 给出了单相桥式整流电路的三种不同画法。通常将四只二极管组合在一起做成四线封装的桥式整流器(或称“桥堆”)，四条外引线中有两条交流输入引线(有交流标志)，有两条直流输出引线(有 +、- 标志)。

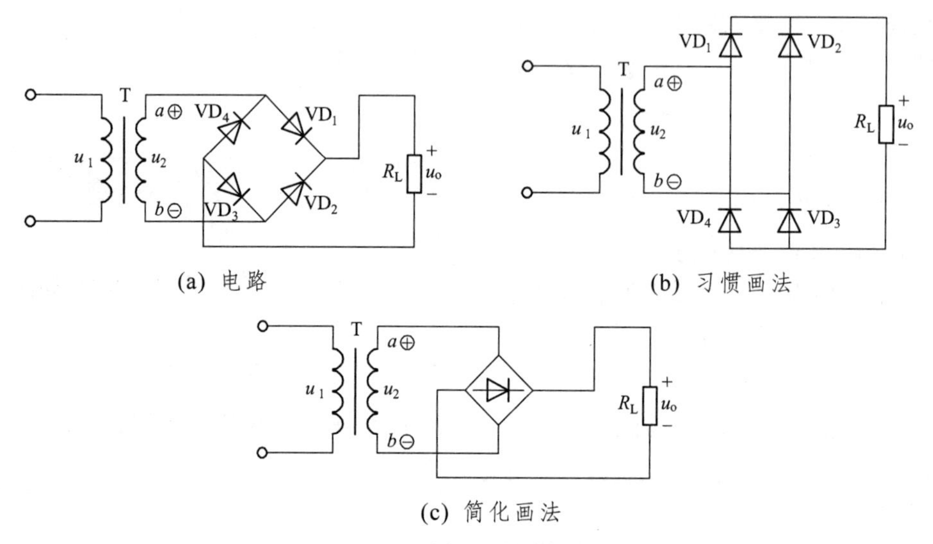

图 1.22 单相桥式整流电路

2. 工作原理

桥式整流电路的工作原理可结合波形图 1.23 来分析。

假设在 u_2 的正半周时，极性 a 为正、b 为负，整流二极管 VD_1、VD_3 正偏导通，电流 i_{D1} 经 $a \to VD_1 \to R_L \to VD_3 \to b$，在 R_L 上得到上正下负的输出电压；同时 VD_2、VD_4 反向截止。当 u_2 负半周时，极性 a 为负、b 为正，二极管 VD_2、VD_4 正偏导通，电流 i_{D2} 经 $b \to VD_2 \to R_L \to VD_4 \to a$，在 R_L 上得到的输出电压的方向与 u_2 正半周时相同；同时 VD_1、VD_3 反向截止。桥式整流电路的电流通路如图 1.23 所示。在 u_2 的一个周期内，四只二极管分两组轮流导通或截止，在负载 R_L 上得到单方向全波脉动直流电压 u_o 和电流 i_o。

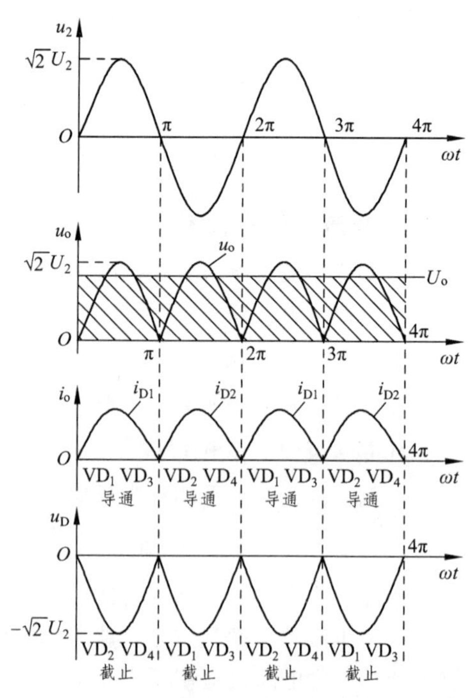

图 1.23 桥式整流电路电压电流波形图

3. 直流输出电压和输出电流

如图 1.23 所示，与半波整流比较，单相桥式整流电路的输出电压平均值 U_o 和输出电流平均值 I_o 分别为：

$$U_o = 2 \times \frac{\sqrt{2}U_2}{\pi} \approx 0.9U_2 \qquad (1\text{-}5)$$

$$I_o = \frac{U_o}{R_L} = \frac{0.9U_o}{R_L} \tag{1-6}$$

4. 整流元件的选择

1) 最大整流电流 I_{FM}

由图 1.24 可见，流经每只二极管的电流 I_D 是负载电流 I_o 的一半，即：

$$I_D = \frac{1}{2} I_o \tag{1-7}$$

实际工作中选 I_{FM} 大于 I_D 的一倍左右，并取标称值。

2) 最大反向工作电压 U_{RM}

由图 1.24 可见，加在截止二极管上的最大反向电压就是 u_2 的最大值 $\sqrt{2}U_2$，即：

$$U_{RM} = \sqrt{2}U_2 \tag{1-8}$$

为安全起见，实际工作中选 U_{RM} 大于 $\sqrt{2}U_2$ 一倍左右，并取标称值。

单相桥式整流的优点是输出电压脉动小、输出电压高、电源变压器利用率高，因此单相桥式整流电路得到广泛的应用。

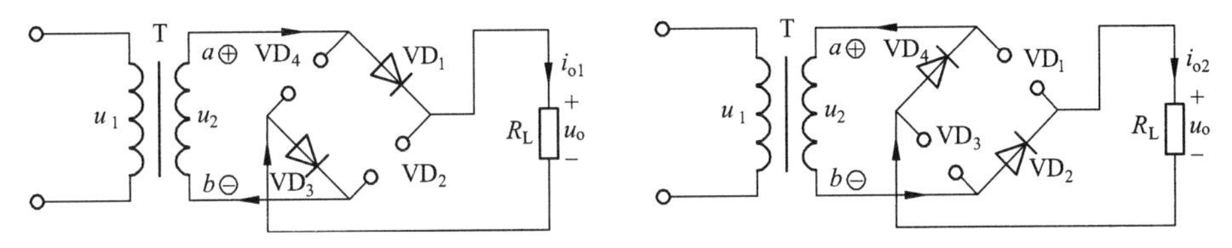

图 1.24　单相桥式整流电路的电流通路

例 1.3　在单相桥式整流电路中，已知负载电阻 $R_L = 50\ \Omega$，用直流电压表测得输出电压 $U_o =$ 110 V。试求电源变压器二次电压有效值 U_2，并合理选择二极管的型号。

解　求得直流输出电流为：

$$I_o = \frac{U_o}{R_L} = \frac{110\ \text{V}}{50\ \Omega} = 2.2\ \text{A}$$

求得二极管流过的平均电流为：

$$I_D = \frac{1}{2} I_o = 1.1\ \text{A}$$

求得电源变压器二次电压有效值为：

$$U_2 = \frac{U_o}{0.9} = \frac{110\ \text{V}}{0.9} = 122\ \text{V}$$

因此

$$U_{RM} = \sqrt{2}U_2 = \sqrt{2} \times 122 = 271.5\ \text{(V)}$$

查半导体器件手册可选择 2CZ56F(3 A/400 V)。

二、滤波电路分析

单相桥式整流电路的直流输出电压中仍含有较大的交流分量，用来作为电镀、电解等对脉动要求不高的场合的供电电源还可以，但作为电子仪表、电视机、计算机、自动控制设备等场合的电源，就会出现问题，这些设备都需要脉动相当小的平滑直流电源。因此，必须在整流电路与负载之间加接滤波器，如电感或电容元件构成的滤波电路，利用它们对不同频率的交流量具有不同电抗的特点，使负载上的输出直流分量尽可能大、交流分量尽可能小，能对输出电压起到平滑作用。

（一）电容滤波电路

1. 单相半波整流电容滤波电路

1）电路组成

单相半波整流电容滤波电路如图 1.25(a) 所示。由图可见，该电路与单相半波整流电路比较，就是在负载两端并联了一只较大的电容器 C(几百～几千微法电解电容)。

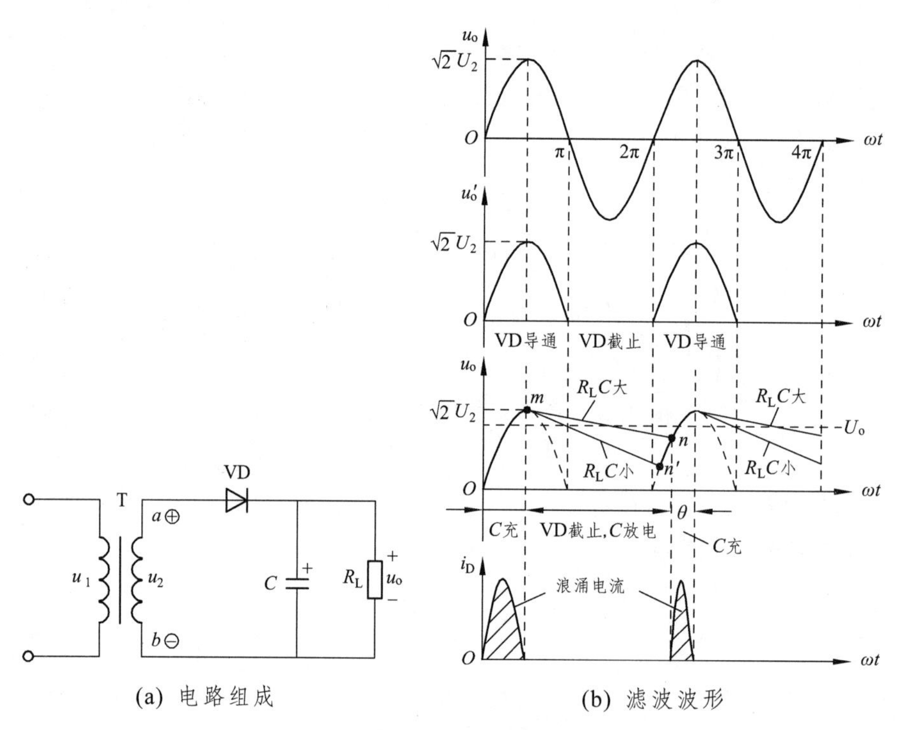

图 1.25 单相半波整流电容滤波电路

2）工作原理

电容滤波的工作原理可用电容器 C 的充放电过程来说明，见图 1.25(b)。若单相半波整流电路中不接滤波电容器 C，输出电压波形如图中 u_o' 所示；当加接电容器 C 后，直流输出电压的波形如图中 u_o 所示。设电容器 C 的初始电压为零，当 u_2 正半周到来时，二极管 VD 正偏导通，一方面给负载提供电流，同时对电容 C 充电。忽略电源变压器 T 和二极管构成的等效总内阻，电容 C 充电时间常数近似为零，充电电压 u_C 随电源电压 u_2 升到峰值 m 点，而后 u_2 按正弦规律下降，此时 $u_2<u_C$，二极管承受反向电压由导通变为截止，电容 C 对负载 R_L 放电。当 u_2 在负半周时，二极管截止，电容 C 继续对负载 R_L 放电，u_C 按放电时的指数规律下降，放电时间常数 $\tau=R_LC$ 一般较大，u_C 下降较慢，负载中仍有电流流过。当 u_C 下降到图中的 n 点后，交流电源已进入到下一个周期的正半周，当 u_2 上升且 $u_2>u_C$ 时，二极管再次导通，电容器 C 再次充电，电路重复上述过程。

由于电容 C 与负载 R_L 直接并联，输出电压 u_o 就是电容电压 u_C，则加电容滤波后不仅输出电压脉动减小、波形趋于平滑、纹波电压减少，而且输出直流电压平均值 U_o 升高。

3) 直流输出电压和输出电流

由滤波后的输出电压波形可见，当电容 C 一定时，负载 R_L 大，放电时间常数 $\tau = R_L C$ 越大，放电越慢，直流输出电压越平滑，U_o 值越大。在负载开路时(即 $R_L = \infty$，$I_o = 0$)，如 $u_2 < u_C$，二极管处在截止状态，则电容 C 无处可放电，所以 $U_o = \sqrt{2}U_2 \approx 1.41U_2$。负载增大时(即 R_L 减小，I_o 增大)，τ 减小，放电加快，U_o 值减小，U_o 的最小值为 $0.45U_2$。

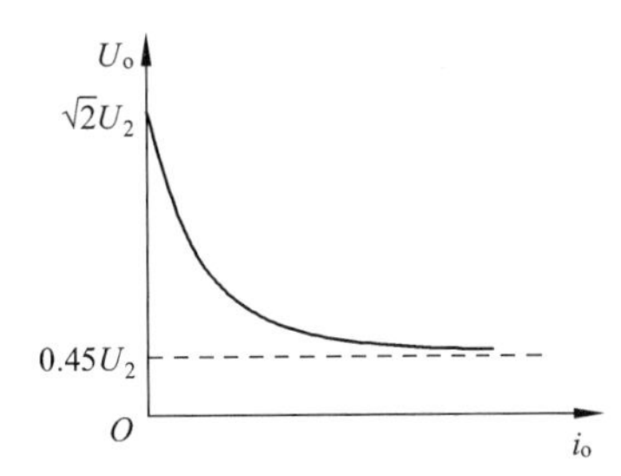

图 1.26　半波整流电容的滤波外特性

电路输出外特性如图 1.26 所示，与无电容滤波时相比，该种电路的外特性较软，带负载能力差。所以，单相半波整流电容滤波电路只用于负载电流 I_o 较小且变化不大的场合。

为取得良好的滤波效果，工程上一般取：

$$R_L C \geqslant (3 \sim 5)\frac{T}{2} \tag{1-9}$$

式中：T 为二次交流电源 u_2 的周期$\left(T = \dfrac{1}{f} = \dfrac{1}{50\ \text{Hz}} = 0.02\ \text{s}\right)$，因此可认为放电时间常数 τ 足够大，这时直流输出电压平均值可按经验公式估算为：

$$U_o \approx 1.0U_2 \tag{1-10}$$

输出电流平均值 I_o 为：

$$I_o = \frac{U_o}{R_L} = \frac{U_2}{R_L} \tag{1-11}$$

4) 元件的选择

(1) 整流二极管

最大整流电流 I_{FM}：流经二极管的平均电流 I_D 等于负载电流 I_o。因加接电容 C 后，二极管的导通时间缩短(即导通角 $\theta < \pi$)，且放电时间常数 τ 越大，θ 角越小。又因电容滤波后输出电压增大，使负载电流 I_o 增大，则 I_D 增大，但 θ 角却减小，所以流过二极管的最大电流要远大于平均电流 I_D，二极管电流在很短时间内形成浪涌现象，易损坏二极管，如图 1.25(b)所示。实际选用二极管时应选：

$$I_{FM} = (2 \sim 3)I_D = (2 \sim 3)I_o \tag{1-12}$$

最大反向工作电压 U_{RM}：加在截止二极管上的最大反向电压为：

$$U_{RM} = 2\sqrt{2}U_2 \tag{1-13}$$

实际选 U_{RM} 大于 $2\sqrt{2}U_2$ 一倍左右，并取标称值。

(2) 滤波电容

滤波电容的容量由公式(1-9)可得：

$$C > (3 \sim 5)\frac{T}{2R_L} \tag{1-14}$$

电容耐压 $$U_C = 2\sqrt{2}\,U_2 \tag{1-15}$$

实际选 U_C 大于 $2\sqrt{2}\,U_2$ 一倍左右，并取标称值。

2. 单相桥式整流电容滤波电路

1) 电路组成

单相桥式整流电容滤波电路如图 1.27(a)所示。

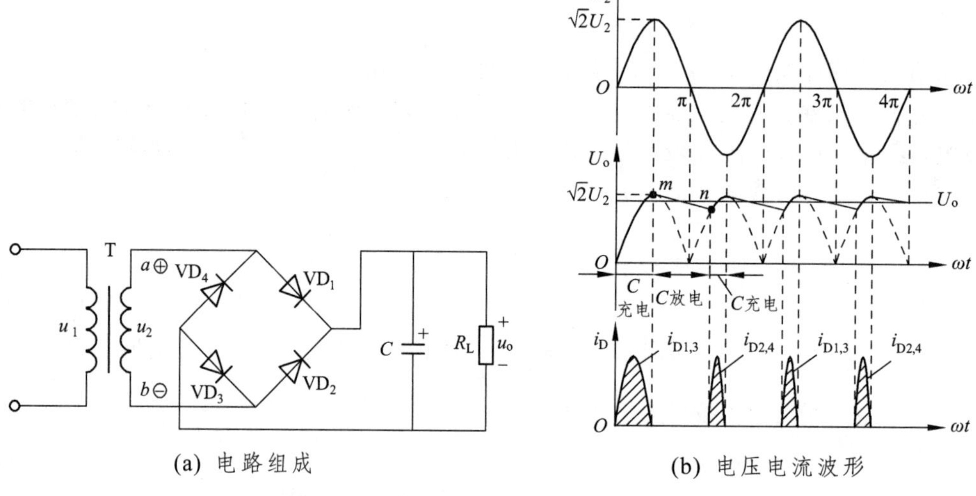

(a) 电路组成 (b) 电压电流波形

图 1.27 单相桥式整流电容滤波电路

2) 工作原理

工作原理通过波形图 1.27(b)来分析。

单相桥式整流电容滤波电路的工作原理与单相半波整流电容滤波电路类似，所不同的是在 u_2 正、负半周内单相桥式整流电容滤波电路中的电容器 C 各充放电一次，输出波形更显平滑，输出电压也更大，二极管的浪涌电流却减小。

3) 直流输出电压和输出电流

电路输出外特性如图 1.28 所示，与无电容滤波时相比，特性较软，带负载能力较差。所以单相桥式整流电容滤波电路也只用于 I_o 较小的场合。

直流输出电压平均值仍按经验公式估算：

$$U_o \approx 1.2U_2 \tag{1-16}$$

输出电流平均值 I_o 为：

$$I_o = \frac{U_o}{R_L} = 1.2\frac{U_2}{R_L} \tag{1-17}$$

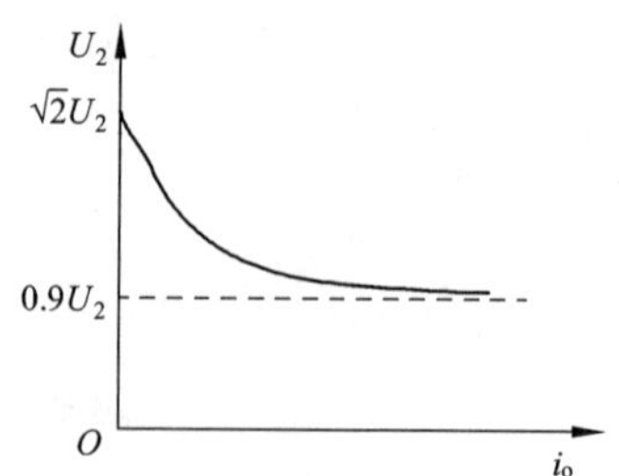

图 1.28 桥式整流电容滤波外特性

4) 元件的选择

(1) 整流二极管的选择

最大整流电流 I_{FM}：考虑二极管电流的浪涌现象，实际选：

$$I_{FM} \geqslant (2 \sim 3)I_D \tag{1-18}$$

$$I_D = \frac{1}{2}I_o$$

最大反向工作电压 U_{RM}：加在截止二极管上的最大反向电压为：

$$U_{RM} = \sqrt{2}U_2 \tag{1-19}$$

实际选 U_{RM} 大于 $\sqrt{2}U_2$ 一倍左右，并取标称值。

(2) 滤波电容的选择

滤波电容容量仍按经验公式计算。

电容耐压为：$U_C = \sqrt{2}U_2$　(1-20)

实际选 U_C 大于 $\sqrt{2}U_2$ 一倍左右，并取标称值。

例 1.4　单相桥式整流电容滤波电路中，$f = 50$ Hz，$u_2 = 24\sqrt{2}\sin\omega t$ (V)。试问：

(1) 计算输出电压 U_o。

(2) 当 R_L 开路时，对输出电压 U_o 的影响。

(3) 当滤波电容 C 开路时，对输出电压 U_o 的影响。

(4) 若任意有一个二极管开路时，对输出电压 U_o 的影响。

(5) 电路中若任意有一个二极管的正、负极性接反，将产生什么后果？

解　按单相桥式整流电容滤波电路的工作原理分析所提问题。

(1) 电路正常情况下输出电压为

$$U_o = 1.2U_2 = 1.2 \times 24 = 28.8\ (\text{V})$$

(2) 只是 R_L 开路时，输出电压为

$$U_o = \sqrt{2}U_2 = 1.414 \times 24 = 34\ (\text{V})$$

(3) 只是滤波电容 C 开路时，输出电压等于单相桥式整流输出电压

$$U_o = 0.9U_2 = 0.9 \times 24 = 22\ (\text{V})$$

(4) 当电路中有任意一个二极管开路时，电路将变成半波整流电路。

① 若电容也开路，则为半波整流电路，输出电压

$$U_o = 0.45U_2 = 0.45 \times 24 = 11\ (\text{V})$$

② 若电容不开路，则为半波整流电容滤波电路，输出电压

$$U_o = 1.0U_2 = 24\ (\text{V})$$

(5) 当电路中有任意一个二极管的正、负极性接反，都会造成电源变压器二次绕组和两只二极管串联形成短路状态，使变压器烧坏，相串联的二极管也烧坏。

例 1.5　设计一个单相桥式整流电容滤波电路，要求输出电压 $U_o = 48$ V，已知负载电阻 $R_L = 100\ \Omega$，交流电源频率 $f = 50$ Hz，试选择整流二极管和滤波电容器。

解　(1) 选择整流二极管：流过二极管的平均电流为

$$I_{\mathrm{D}}=\frac{1}{2}I_{\mathrm{o}}=\frac{1}{2}\times\frac{U_{\mathrm{o}}}{R_{\mathrm{L}}}=0.24\ \mathrm{A}=240\ \mathrm{mA}$$

变压器副边电压有效值为

$$U_2=\frac{U_{\mathrm{o}}}{1.2}=40\ \mathrm{V}$$

整流二极管承受的最高反向电压为

$$U_{\mathrm{DRM}}=\sqrt{2}U_2=1.41\times40=56.4\,(\mathrm{V})$$

因此可选择 2CZ11B 作为整流二极管，其最大整流电流为 1 A，最高反向工作电压为 200 V。

(2) 选择滤波电容：放电时间常数

$$\tau=R_{\mathrm{L}}C=5\times\frac{T}{2}=0.05\ \mathrm{s}$$

则

$$C=\frac{\tau}{R_{\mathrm{L}}}=500\ \mu\mathrm{F}$$

选用 $C=1\ 000\ \mu\mathrm{F}$、耐压为 100 V 的电解电容器。

(二) 电感滤波电路

电感滤波电路如图 1.29(a)所示，电感滤波电路中电感 L 与 R_{L} 串联。利用线圈中的自感电动势总是阻碍电流“变化”之原理，来抑制脉动直流电流中的交流成分，其直流分量则由于电感近似短路而全部加到 R_{L} 上，输出变得平滑。电感 L 越大，滤波效果越好。输出电压波形如图 1.29(b)所示。

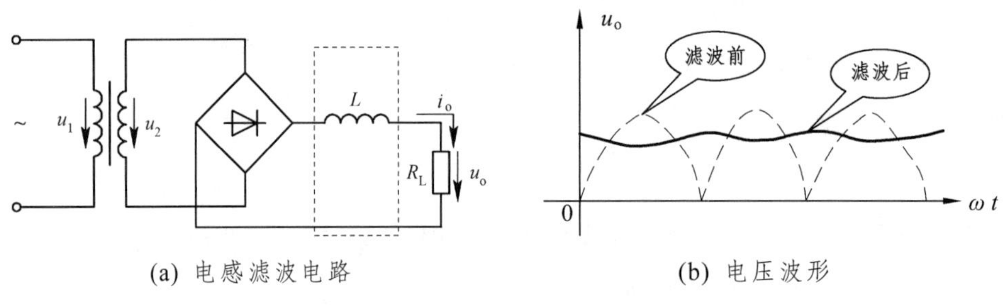

(a) 电感滤波电路　　(b) 电压波形

图 1.29　电感滤波电路及电压波形

若忽略电感线圈的电阻，即电感线圈无直流压降，则输出电压平均值为：

$$U_{\mathrm{o}}=0.45U_2\quad(\text{半波})\tag{1-21}$$

$$U_{\mathrm{o}}=0.9U_2\quad(\text{全波})\tag{1-22}$$

电感滤波的优点是 I_{o} 增大时，U_{o} 减小较少，具有硬的外特性。电感滤波主要用于电容滤波难以胜任的负载电流大且负载经常变动的场合，例如电力机车滤波电路中的电抗器。电感滤波因体积大、笨重，在小功率电子设备中不常用(常用电阻 R 替代)。

(三) 复式滤波电路

滤波的目的是将整流后电压中的脉动成分滤掉，使输出波形更平滑。电容滤波和电感滤波各有优点，两者配合使用组成复式滤波器，滤波效果会更好。构成复式滤波器的原则是：和负载串联的电感或电阻承担的脉动压降要大，而直流压降要小；和负载并联的电容分担的脉动电流要大，而直流电流要小。图 1.30 所示为常见的几种复式滤波器。

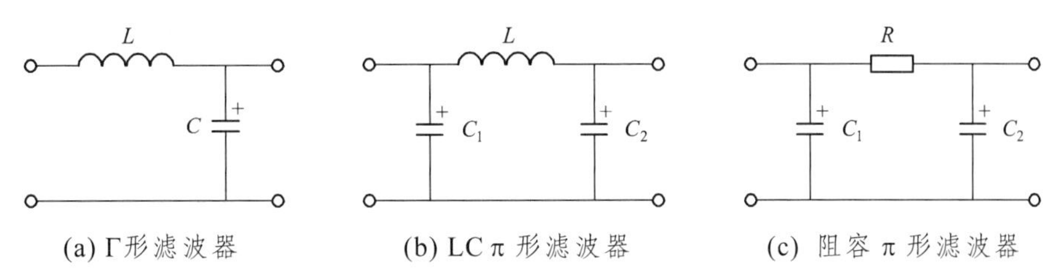

图 1.30　常见的几种复式滤波器

1. Γ 形滤波电路

电路如图 1.30(a)所示，将电容和电感两者组合，先由电感进行滤波，再经电容滤波。其特点是输出电流大、负载能力强、滤波效果好，适用于负载电流大且负载变动大的场合。

2. LC π 形滤波电路

如图 1.30(b) 所示，在 Γ 形滤波前再并一个电容滤波，因电容 C_1、C_2 对交流的容抗很小，而电感对交流阻抗很大，所以负载上纹波很小。设计时应使电感的感抗比 C_2 的容抗大得多，使交流成分绝大多数降在电感 L 上，负载上的交流成分很少。而电感对直流近似为短路，输出直流电压平均值为：

$$U_o = 1.2U_2 \tag{1-23}$$

这种电路特点是输出电压高、滤波效果好，主要适用于负载电流较大而又要求电压脉动小的场合。

3. 阻容 π 形滤波电路

电路如图 1.30(c)所示，它相当于在电容滤波电路 C_1 后再加上一级 RC_2 低通滤波电路。R 对交、直流均有降压作用，与电容配合后，脉动交流分量主要降在电阻上，使输出脉动较小。R、C_2 越大，滤波效果越好。但 R 太大将使直流成分损失太大，输出电压将降低，所以要合适选择电阻值。这种电路结构简单，主要适用于负载电流较小而又要求输出电压脉动很小的场合。

三、串联型直流稳压电路

硅稳压管稳压电路虽很简单，但受稳压管最大稳定电流的限制，负载电流不能太大，输出电压不可调且稳定性不够理想。若要获得稳定性高且连续可调的输出直流电压，应采用三极管或集成运算放大器组成的串联型稳压电路。

(一) 电路框图与基本稳压原理

1. 电路框图

串联型稳压电路组成框图如图 1.31 所示，主要由调整管、取样电路、基准电压和比较放大电路组成。因调整管与负载串联，故称为串联型稳压电路。

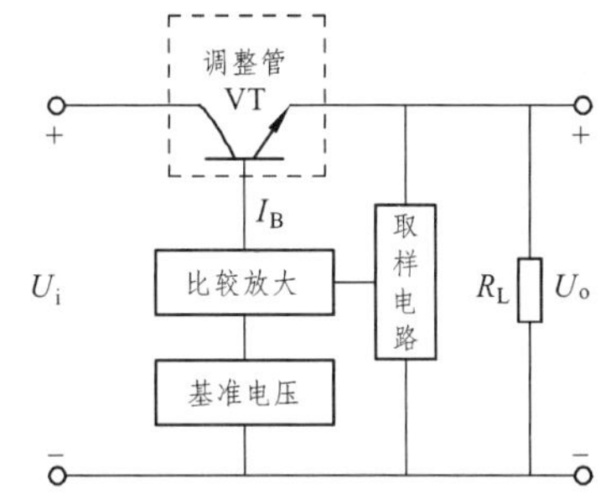

图 1.31　串联型稳压电路框图

2. 基本稳压原理

串联型稳压电路的基本原理可用图 1.32 说明，当输入电压 U_i 波动或是负载电流变化引起输出电压 U_o 增大时，可增大 R_P 的阻值，使 U_i 增大的值落在 R_P 上，维持 U_o 不变；当 U_o 减小时，立即调小 R_P，使 R_P 上的直流压降减小，维持 U_o 不变。

因为 U_i 变化和负载变化的快速性与复杂性，手动改变 R_P 是不现实的，所以用三极管(射极输出器)取代可变电阻。当基极电流 I_B 变大时，三极管呈现的电阻变小，U_{CE} 减小，U_o 增大；基极电流 I_B 变小时，三极管电阻变大，U_{CE} 增大，U_o 变小。

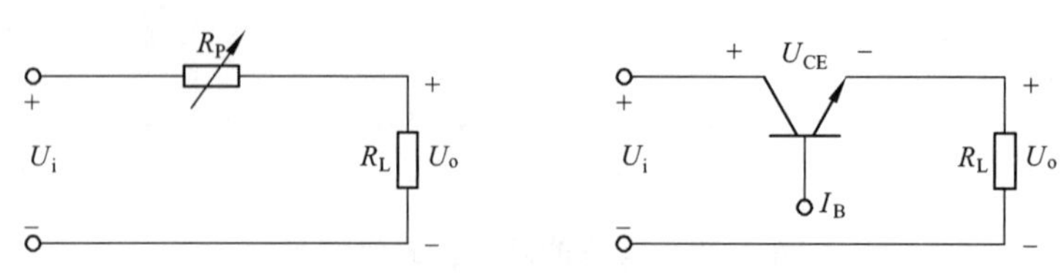

图 1.32 基本稳压原理

(二) 串联型直流稳压电路的组成原理

具有放大环节的串联型直流稳压电路如图 1.33 所示，下面结合电路各部分说明工作原理。

1. 调整管

调整管由三极管 VT_1 组成，其集射极电压 U_{CE1} 与输出电压 U_o 串联，即 $U_o = U_i - U_{CE1}$。三极管必须处于线性放大状态，相当于一只可变电阻的作用。调整管的基极电流接受放大环节的控制，以使调整管实现自动调节。

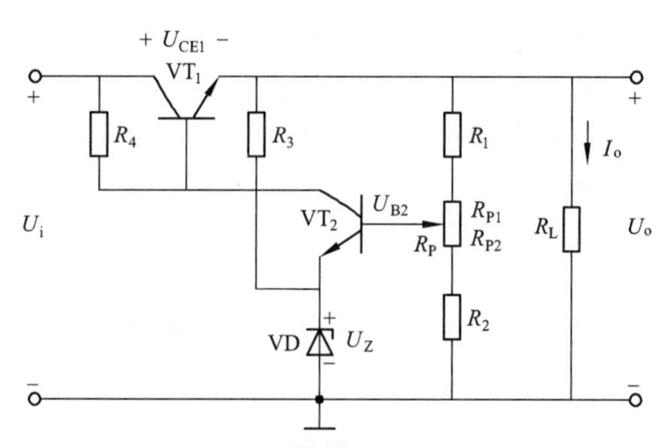

图 1.33 具有放大环节的串联型直流稳压电路

2. 取样电路

取样电路为电阻 R_1、R_P 和 R_2 组成的分压器。它对输出电压分压取样，并将反映输出电压 U_o 大小的取样信号送到比较放大电路。

若忽略 I_{B2}，则取样电压 U_{B2} 为：

$$U_{B2} = \frac{R_2 + R_{P2}}{R_1 + R_2 + R_P} U_o \tag{1-24}$$

改变 R_P 的滑动端位置，可调节取样电压的大小，同时也调整了输出电压 U_o 的大小。

3. 基准电压

基准电压由稳压二极管 VD 和限流电阻 R_3 组成。稳压二极管 VD 上的稳定电压 U_Z 作为比较环节中的基准电压。

4. 比较放大电路

三极管 VT_2 接成共射极电压放大电路，将取样信号 U_{B2} 和基准电压 U_Z 加以比较放大后，再控制调整管 VT_1 的基极电位，以改变基极电流 I_{B1} 的大小，从而改变调整管的 U_{CE1}。R_4 是 VT_1 的基极电阻，也是 VT_2 的集电极电阻。

5. 稳压过程

当电网电压波动和负载电阻变动时，输出电压会随之改变，经稳压电路内部的反馈控制，可使输出电压保持不变。

1) 当电网电压升高使输出电压 U_o 升高时

假设由于网压升高使输出电压增大时，取样电压 U_{B2} 随之增大，由于基准电压不变，VT_2 的 U_{BE2} 增大，VT_2 的基极电流 I_{B2} 增大而集电极电位 U_{C2} 减小，使 VT_1 的基极电位 U_{B1} 减小，

其基极电流 I_{B1} 也随之减小，I_{C1} 也因此而减小，VT_1 向截止方向运行，其管压降 U_{CE1} 增大，致使输出电压下降，这样就使输出电压保持不变。该过程可简述如下：

$U_o\uparrow\rightarrow U_{B2}\uparrow\rightarrow U_{BE2}\uparrow\rightarrow I_{B2}\uparrow\rightarrow U_{CE2}\downarrow\rightarrow U_{C2}\downarrow\rightarrow U_{B1}\downarrow\rightarrow I_{B1}\downarrow\rightarrow I_{C1}\downarrow\rightarrow U_{CE1}\uparrow\rightarrow U_o\downarrow$

2) 当负载电流增大(R_L变小)使输出电压 U_o下降时

$U_o\downarrow\rightarrow U_{B2}\downarrow\rightarrow U_{BE2}\downarrow\rightarrow I_{B2}\downarrow\rightarrow U_{CE2}\uparrow\rightarrow U_{C2}\uparrow\rightarrow U_{B1}\uparrow\rightarrow I_{B1}\uparrow\rightarrow I_{C1}\uparrow\rightarrow U_{CE1}\downarrow\rightarrow U_o\uparrow$

从上述分析可见，电路能实现自动调整输出电压的关键是电路中引入了电压串联负反馈，使电压调整过程成为一个闭环控制。

6. 输出电压的调节范围

改变 R_P 的滑动端位置，可调整输出电压 U_o的大小。由式(1-24)可得输出电压的调节范围为：

$$U_o=\frac{R_1+R_2+R_P}{R_2+R_{P2}}U_{B2}=\frac{R_1+R_2+R_P}{R_2+R_{P2}}(U_Z+U_{BE2}) \tag{1-25}$$

当 R_P 滑动端调到最下端时，输出电压 U_o 调到最大：

$$U_{o\max}\approx\frac{R_1+R_2+R_P}{R_2}U_Z \tag{1-26}$$

当 R_P 滑动端调到最上端时，输出电压 U_o 降到最小：

$$U_{o\min}\approx\frac{R_1+R_2+R_P}{R_2+R_P}U_Z \tag{1-27}$$

此电路存在的不足是：① 输入电压 U_i通过 R_4 与调整管基极相接，易影响稳压精度；② 流过稳压管的电流受 U_o波动的影响，U_Z 不够稳定；③ 温度变化时，放大环节的输出有一定的温漂；④ 调整管的负担过大。实际应用中，常用稳压管构成的辅助电源给放大环节供电，用复合管作调整管，用差动放大电路或集成运放作放大环节，可克服上述的不足。

目前多采用复合管作调整管，用集成运放作比较放大环节。其优点是：① 复合管的 β 大，所需的驱动电流小，既能减轻放大环节的负担，又能减小电路的输出电阻；② 集成运放的 A_u 大、共模抑制比高。

实用的串联型稳压电路如图 1.34 所示。图中 VT_1、VT_2 组成复合管，R_3 为集成运放的输出限流电阻，R_5 与稳压管 VD_2 组成辅助电源，为集成运放和稳压电路 VD_1 供电，比较放大环节由集成运放 A 组成，其反相输入端接取样信号，同相输入端接基准电压，利用它们的差值作比较，放大后再控制调整管。该电路的稳压原理和稳压调节过程基本与上述电路相同，这里不再赘述。

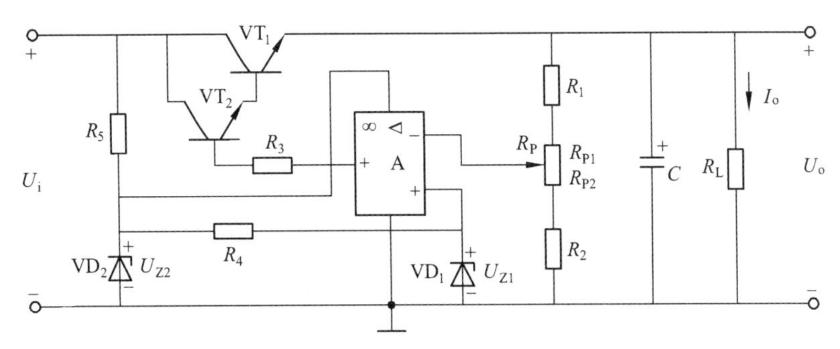

图 1.34　实用串联型稳压电源

例 1.6　如图 1.34 所示，基准电压 $U_{Z1}=6$ V，运放输出电流 $I_{B2}=2$ mA，$\beta_1\beta_2=900$，$R_1=$

$R_P = R_2 = 500\ \Omega$，$U_i = 15$ V，试求：

(1) 输出电压 U_o 的范围；

(2) 最大输出电流 I_o；

(3) 若调整管的饱和压降为 3 V，电路正常工作时输入电压 U_i 最小应为多少？

解 (1) 由式(1-26)得

$$U_{o\max} \approx \frac{R_1+R_2+R_P}{R_2}U_{Z1} = \frac{500+500+500}{500}\times 6 = 18\ (V)$$

$$U_{o\min} \approx \frac{R_1+R_2+R_P}{R_2+R_P}U_{Z1} = \frac{500+500+500}{500+500}\times 6 = 9\ (V)$$

则输出电压 U_o 的范围为 9 ~ 18 V。

(2) 最大输出电流为

$$I_{o\max} = I_{B2}\times\beta_1\beta_2 = 2\times 900 = 1.8\ (A)$$

(3) 输入电压的最小值为

$$U_{i\min} = U_{o\max} + 3 = 18 + 3 = 21\ (V)$$

考虑电网电压波动 10%，最小输入电压按经验公式应取 $U_{i\min} = 21\times(1+10\%) = 23\ (V)$。

(三) 稳压电源电路的保护措施

1. 过流保护

稳压电源工作时，如果负载端短路或过载，流过调整管的电流要比额定值大很多，调整管将烧坏，因此必须在电路中加过载和短路保护措施。下面简单介绍三极管截流型保护电路。

较大功率的稳压电源都希望一旦出现过载或短路时，输出电压和输出电流都能下降到一个较小值，以保护调整管。截流型保护电路能实现这一要求。

截流型保护电路如图 1.35 所示，保护电路由电流取样电阻 R_o 和 R_1、R_2、VT_2 组成。图中

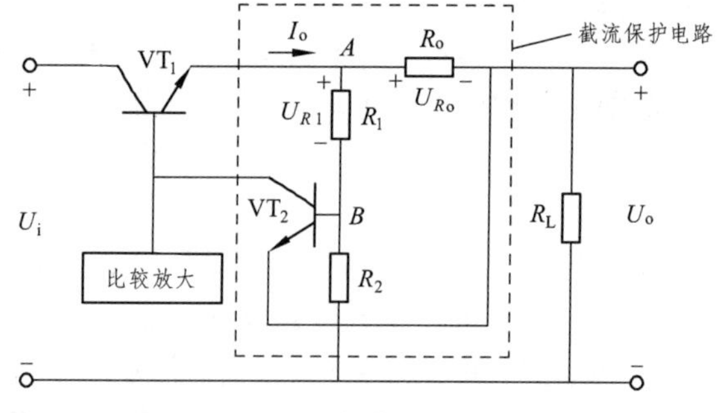

图 1.35 三极管截流型保护电路

$$U_{BE2} = U_{Ro} - U_{R1} \qquad (1\text{-}28)$$

稳压电源电路正常工作时，U_{Ro} 很小，U_{BE2} 很小，三极管 VT_2 处于截止状态，保护电路不影响正常工作。当过载或短路时，I_o 急剧增大，U_{Ro} 随之增大，使 U_{BE2} 增大，三极管 VT_2 导通对调整管基极电流 I_{B1} 分流，并立即进入下面的正反馈过程：

$I_o\uparrow\rightarrow I_{C1}\uparrow\rightarrow U_{Ro}\uparrow\rightarrow U_{BE2}\uparrow\rightarrow I_{B1}\downarrow\rightarrow U_{CE1}\uparrow\rightarrow U_o\downarrow\rightarrow U_{R1}\downarrow\rightarrow U_{BE2}\uparrow\rightarrow I_{B1}\downarrow\rightarrow$进入正反馈$\rightarrow I_o\downarrow$

反馈过程使 I_o 和 U_o 迅速下降到较小值，直至排除故障，电路将再次正常工作。图 1.36 所示是截流保护电路的外特性。

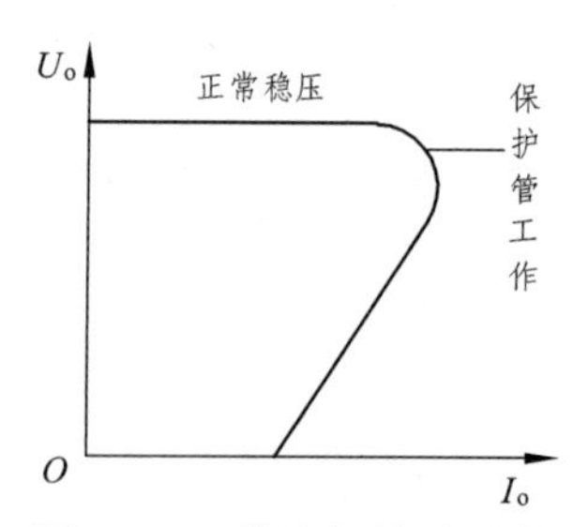

图 1.36 截流保护外特性

2. 其它保护

过流保护还有限流型保护。稳压电源除了过流保护外，还有过压保护和过热保护等。使调整管工作在安全工作区内，保证调整管不超过最大耗散功率。芯片的过热保护主要利用半导体测温元件，让它们靠近调整管，当芯片温度上升到一定值时，启动一个保护电路，自动减小输出电流，让芯片温度下降到安全值。

四、线性集成稳压器

随着半导体集成技术的发展，集成稳压器的应用已十分普遍。它具有外接元件少、体积小、重量轻、性能稳定、使用调整方便、价格便宜等优点。

线性集成稳压器种类很多。按工作方式分有串联、并联和开关型调整方式；按输出电压分有固定式、可调式集成稳压器。本节主要介绍三端固定输出集成稳压器 W7800、W7900 系列和三端可调输出集成稳压器 W317、W337 系列。

(一) W7800、W7900 系列三端固定输出集成稳压器

1. W7800、W7900 内部电路框图和系列型号

所谓线性集成稳压器就是把调整管、取样电路、基准电压、比较放大器、保护电路、启动电路等全部制作在一块半导体芯片上。W7800 系列三端固定输出集成稳压器内部电路框图如图 1.37 所示。它属于串联型稳压电路，与典型的串联型稳压电路相比，除了增加了启动电路和保护电路外，其余部分与前述的电路一样。启动电路能帮助稳压器快速建立输出电压。它的保护电路比较完善，有过流保护、过压保护和过热保护等。

图 1.38 所示为 W7800、W7900 系列三端固定输出集成稳压器的外形和框图。封装形式有金属、塑料封装两种形式。集成稳压器一般有输入端、输出端和公共端三个接线端，故也称为三端集成稳压器。

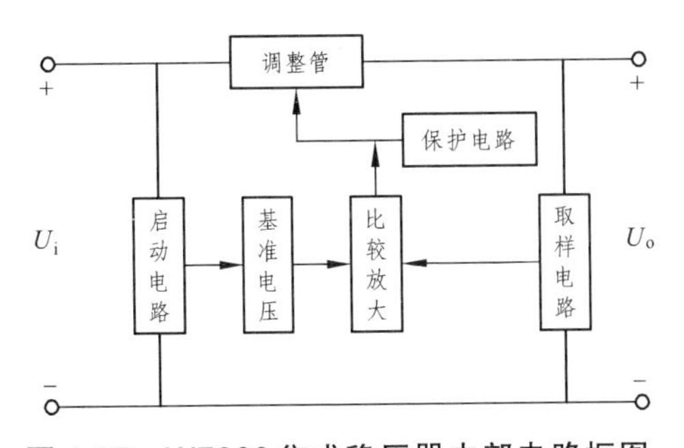

图 1.37　W7800 集成稳压器内部电路框图

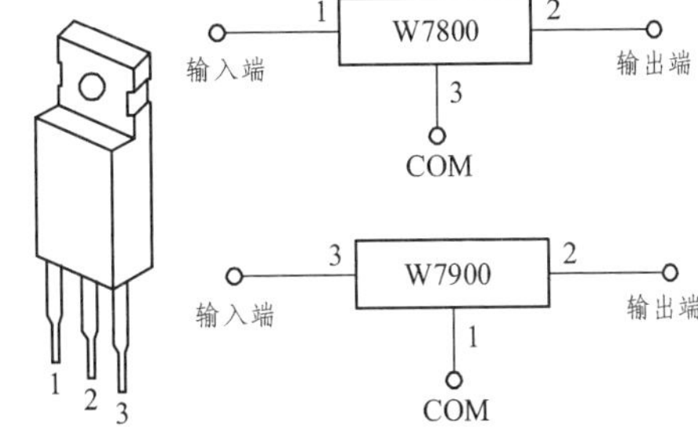

图 1.38　三端固定输出集成稳压器的外形和框图

三端固定输出集成稳压器通用产品有 W7800(正电压输出)和 W7900(负电压输出)两个系列，它们的输出电压有 5 V、6 V、9 V、12 V、15 V、18 V、24 V 七个档次，型号后面的两个数字表示输出电压的值。输出电流分三挡，以 78(或 79)后的字母来区分，用 M 表示 0.5 A、用 L 表示 0.1 A、无字母表示 1.5 A。例如，W7805，表示输出电压为 5 V、最大输出电流为 1.5 A；W78M15 表示输出电压为 15 V、最大输出电流为 0.5 A；W79L06 表示输出电压为 − 6 V、最大输出电流为 0.1 A。

使用时要注意管脚作用及编号，不能接错。集成稳压器接在整流滤波电路之后，最高输入电压为 35 V，一般输入电压 U_i 比输出电压 U_o 大 1/3 ~ 2/3，稳压器的输入、输出间的电压差最小在 2 ~ 3 V。

2. 固定输出集成稳压器的应用

1) 固定输出电压的稳压电路

图 1.39(a)所示为固定正电压输出电路，图 1.39(b)所示为固定负电压输出电路。电路输出电压 U_o 和输出电流 I_o 的大小决定于所选的稳压器型号。图中 C_i 用于抵消输入接线较长时的电感效应，防止电路产生自激振荡，同时还可消除电源输入端的高频干扰，通常取 0.33 μF。C_o 用于消除输出电压的高频噪声，改善负载的瞬态响应，即在负载电流变化时不至于引起输出电压的较大波动，通常取 0.1 μF。

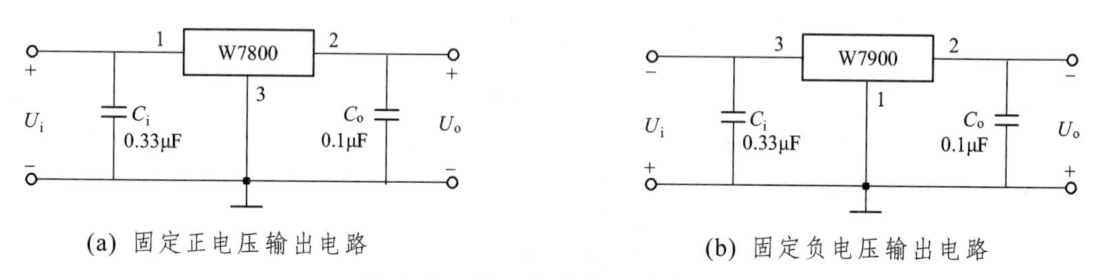

(a) 固定正电压输出电路　　(b) 固定负电压输出电路

图 1.39　固定输出电压稳压电路

2) 固定输出正、负电压的稳压电路

将 W7900 与 W7800 相配合，可以得到正、负电压输出的稳压电源，如图 1.40 所示。图中电源变压器二次电压 u_{21} 与 u_{22} 对称，均为 24 V，中点接地。VD_1、VD_2 为保护二极管，用来防止稳压器输入端短路时输出电容向稳压器放电而损坏稳压器。VD_3、VD_4 也是保护二极管，正常工作处于截止状态，若 W7900 的输入端未接入输入电压，W7800 的输出电压通过负载 R_L 接到 W7900 的输出端，使 VD_1 导通，从而使 W7900 的输出电压钳位在 0.7 V，避免其损坏。VD_3 的作用同理。电路中采用 W78M15 和 W79M15，使输出获得 ± 15 V 的电压。

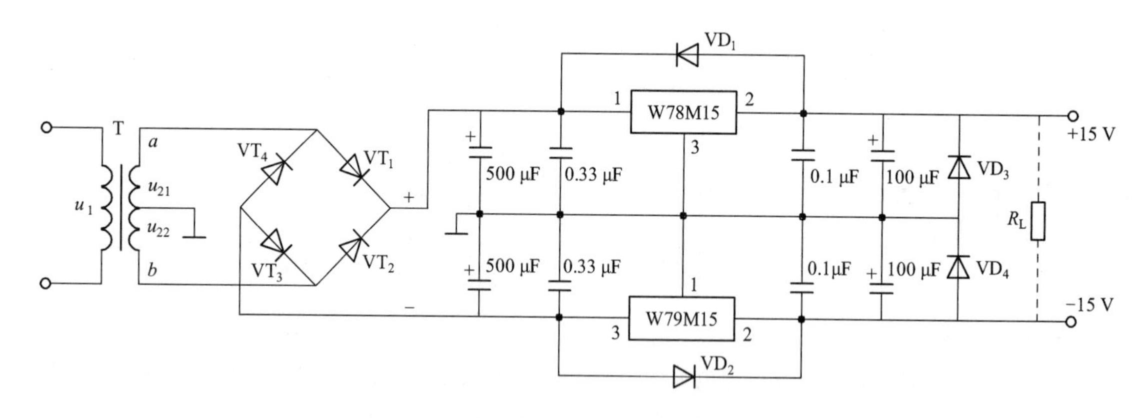

图 1.40　输出正、负电压的稳压电路

3) 扩大输出电流的稳压电路

当负载所需的电流大于集成稳压器的输出电流时，可采用外接功率管 VT 的方法来扩大输出电流，如图 1.41 所示。图中 VT 和 VD 同为硅管，它们的管压降相等，则 $I_E R_1 = I_D R_2$。在忽略 VT 的基极电流时，$I_C \approx I_E$，$I'_o \approx I_D$，这时可得：

$$I_o = I'_o + I_C = I'_o + I_E = I'_o + \frac{R_2}{R_1} I_D = \left(1 + \frac{R_2}{R_1}\right) I'_o \tag{1-29}$$

可见，只要适当选择 R_2 与 R_1 的比值，就可使电路的输出电流 I_o 比集成稳压器的输出电流 I'_o 大 $\left(1+\frac{R_2}{R_1}\right)$ 倍。

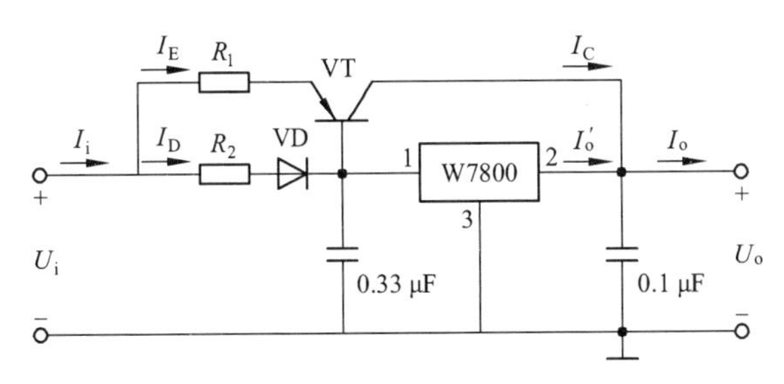

图 1.41 扩大输出电流的稳压电路

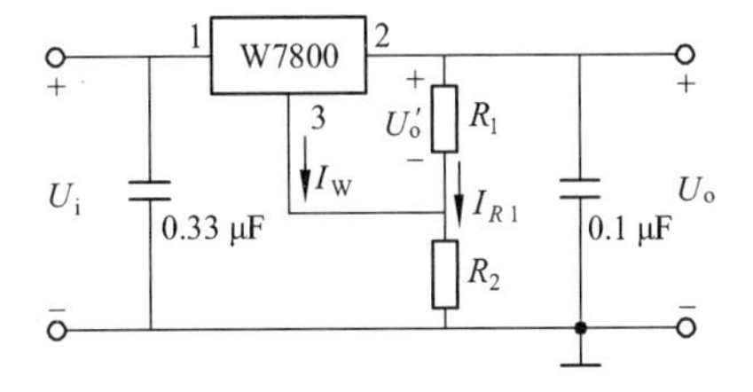

图 1.42 提高输出电压的稳压电路

4) 提高输出电压的稳压电路

当负载所需的电压大于集成稳压器的输出电压时，可采用外接元件的方法来提高输出电压，如图 1.42 所示。图中 U'_o 为集成稳压器的输出电压，I_W 是稳压器的静态电流，约几个 mA。R_1 上的电压即为 U'_o，此时输出电压可表示为：

$$U_o = U'_o + (I_W + I_{R1})R_2 = U'_o + \left(I_W + \frac{U'_o}{R_1}\right)R_2 = \left(1+\frac{R_2}{R_1}\right)U'_o + I_W R_2 \approx \left(1+\frac{R_2}{R_1}\right)U'_o \tag{1-30}$$

可见，只要适当选择 R_2 与 R_1 的比值，就可提高输出电压。如果将 R_2 改成可调电阻，电路还可变成输出电压可调的稳压电路。

(二) W317、W337 系列三端可调输出集成稳压器

三端可调输出集成稳压器是在 W7800、W7900 的基础上发展而来的，它有输入端、输出端和电压调整端 ADJ 三个接线端子，图 1.43 所示为 W317、W337 系列三端可调输出集成稳压器的外形和框图。三端可调输出集成稳压器的典型产品有 W117、W217 和 W317 系列，它们均为正电压输出；负电压输出有 W137、W237 和 W337 系列。W117、W217 和 W317 系列的内部电路基本相同，仅是工作温度不同，其中，1 为军品级，金属外壳或陶瓷封装，工作温度范围为 − 55 ~ 150 °C；2 为工业品级，封装形式同 1，工作温度范围为 − 25 ~ 150 °C；3 为工业品级，多为塑料封装，工作温度范围为 0 ~ 125 °C。输出电流也分三挡，L 系列为 0.1 A、M 系列为 0.5 A、无字母表示 1.5 A。

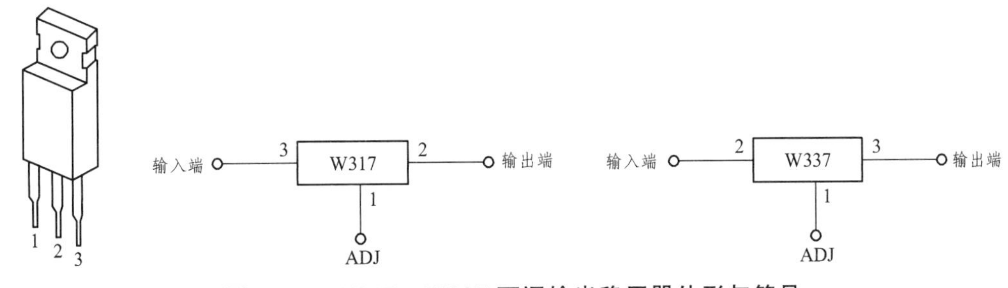

图 1.43 W317、W337 可调输出稳压器外形与符号

三端可调输出集成稳压器的输入电压在 2 ~ 40 V 范围变化时，电路均能正常工作。集成稳压器设有专门的电压调整端，静态工作电流 I_{ADJ} 很小，约为几毫安，输入电流几乎全部流入到

输出端，所以器件没有接地端。输出端与调整端之间的电压等于基准电压 1.25 V，如果将调整端直接接地，输出电压就为固定的 1.25 V。在电压调整端外接电阻 R_1 和电位器 R_P，就能使输出电压在一定范围内连续可调。

图 1.44 所示是 W317 的典型应用电路。图中 R_1 和 R_P 组成取样电路；C_2 为交流旁路电容，用以减少 R_P 取样电压的纹波分量；C_4 为输出端的滤波电容；VD_2 是保护二极管，用于防止输出端短路时 C_2 放电而损坏稳压器。VD_1、C_1、C_3 的作用与固定输出稳压器相同。R_1 一般选取 120 ~ 240 Ω，以保证稳压器空载时也能正常工作。R_P 的选取应根据对 U_o 的要求来定。在忽略 I_{ADJ} 的情况下：

$$U_o = 1.25 + 1.25 \times \frac{R_P}{R_1} = 1.25 \times \left(1 + \frac{R_P}{R_1}\right) \tag{1-31}$$

调节 R_P 就可调节输出电压的大小。当调整端直接接地时，即 $R_P = 0$，$U_o = 1.25$ V；当 $R_P = 2.2$ kΩ 时，$U_o = 24$ V。

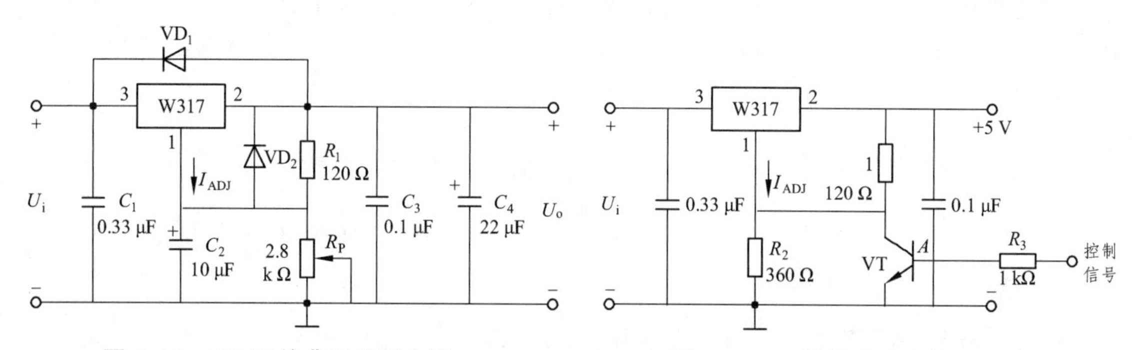

图 1.44　W317 的典型应用电路　　　图 1.45　可控输出电压稳压电路

图 1.45 所示为可控输出电压的稳压电路，可作为集成 TTL 门电路供电的电源。当控制信号为高电平时，$A = 1$，三极管 VT 饱和，R_2 被短接，W317 输出低电压 1.25 V；当控制信号为低电平时，$A = 0$，三极管 VT 截止，W317 正常工作，输出电压 5 V。若增加控制端，还可组成程序控制的稳压电源。

五、开关型稳压电源

线性稳压电源电路结构简单、输出电压稳定，但因其功率调整管总是处于线性放大状态，管压降大，负载电流全部经过调整管，管子消耗的功率较大，故电源工作效率低(一般为 40% 左右)；另外因调整管功耗大，需加较大面积的散热片，又增大了电源设备的体积和重量。

开关型稳压电源中的大功率高反压调整管工作在开关状态，调整管截止时，尽管管压降 U_{CE} 大，但其电流 I_{CEO} 接近零；饱和时，尽管电流 I_{CS} 大，但其管压降 U_{CES} 接近零，它的管耗始终很小。再者，调整管的开关速度高，通过放大区的时间很短，因此调整管的功耗很小，电源效率可达 80%。同时不需散热片，在许多场合可省掉电源变压器。开关工作频率在几十千赫兹到几兆赫兹，使滤波电容、电感的参数和体积大大减小。对电网的适应能力强，一般串联型稳压电源允许电网电压波动范围为 220 V + 10%，而开关型稳压电源在电网电压从 110 ~ 260 V 范围内变化时，都可获得稳定的输出电压。开关型稳压电源的缺点是纹波较大，用于小信号放大电路还需采取二次稳压。随着开关电源的不断改进和集成化，这种新型电源以其功耗小、重量轻、体积小为特点，已在计算机、电视机和其它电子设备中广为应用。

开关型稳压电源的种类很多，按调整管的连接方式分有串联型和并联型；按稳压电源的启动方式分有自激型和他激型；按调整管的控制方式分有脉冲宽度调制方式(PWM)和脉冲频率调制方式(PFM)。脉宽调制式是指调整管的开关周期 $T(T = t_{on} + t_{off})$不变，通过改变调整管的导通时间 t_{on} 来调节脉冲的高电平宽度，以改变脉冲的占空比来调整输出电压。脉频调制式是指调整管的导通时间 t_{on} 或截止时间 t_{off} 保持不变，而改变其工作频率 f 来控制输出电压。比较常用的是串联型脉宽调制式。

(一) 电路框图与工作原理

1. 电路框图

开关型稳压电源的基本组成框图如图 1.46 所示。电网交流电压进入输入电路后，经线路滤波器、浪涌电流控制电路，以削弱由电网进入的噪声及浪涌电流，再经一次整流和滤波电路，变换成直流电压 U_i。该直流电压加到开关调整管，它将直流电压 U_i 变换成高频矩形脉冲电压 U_P，再由高频变压器将次级方波电压 U_P 经过高频整流滤波电路变换成单向脉动直流，最后经平滑滤波器成为直流输出电压 U_o，供给负载使用。

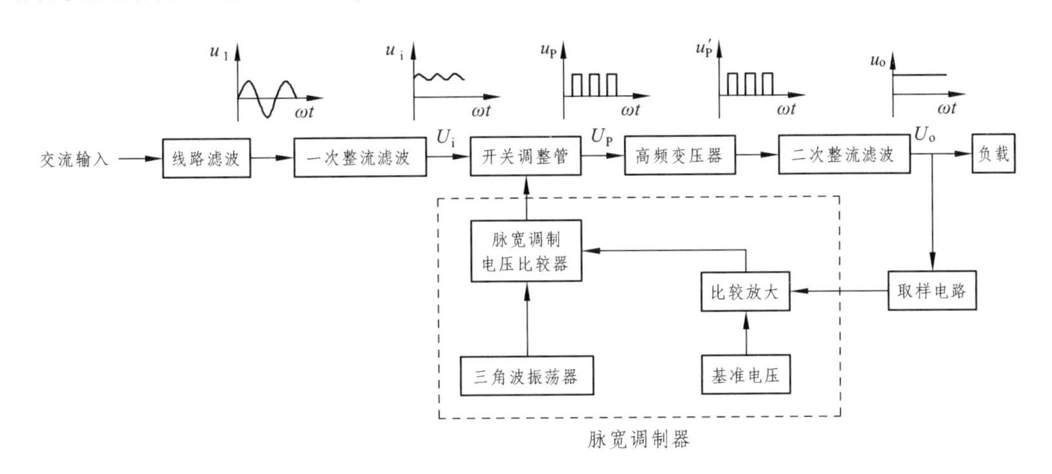

图 1.46　开关型稳压电源的基本电路框图

电路的关键部件为脉宽调制器，开关调整管根据脉宽调制器的控制脉冲信号自动调整输出电压。脉宽调制器由比较放大电路、基准电压、三角波振荡器和脉宽调制电压比较器组成。

脉宽调制式开关型串联稳压电源的基本原理图如图 1.47 所示。VT 为与负载 R_L 串联的开关功率调整管；L、C 组成滤波器，VD 为续流二极管；R_1、R_2 组成取样电路；A_1 为比较放大器，将基准电压 U_{REF} 与取样电压 U_F 进行比较放大；A_2 为脉宽调制电压比较器，同相端接 A_1 的输出端 u_{o1}，反相端接三角波振荡器输出 u_T，u_{o1} 与 u_T 的电压比较决定 A_2 的输出 u_{o2}，而 u_{o2} 就是控制调整管开关状态的脉冲信号；三角波振荡器产生的三角波电压 u_T 的频率决定了调整管的开、关工作频率。

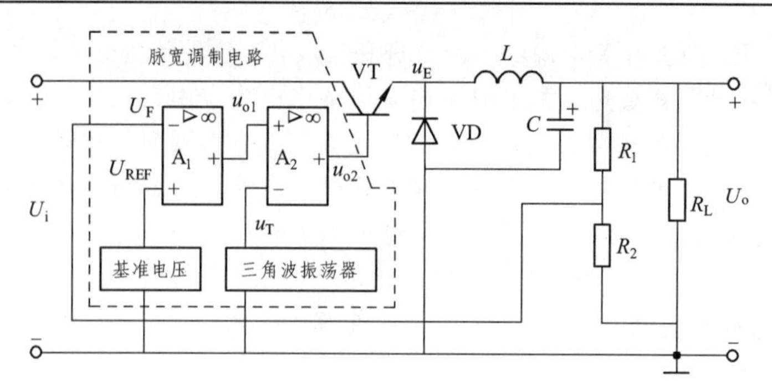

图 1.47 脉宽调制式开关型串联稳压电源原理图

2. 工作原理

当输入电压波动和负载电流变化时，输出电压随之变化。如在输出电压 U_o 增大时减少占空比，而在 U_o 减少时增大占空比，那么输出电压就能得以稳定。将 U_o 的采样电压通过反馈来调节 u_{o2} 的占空比，即可达到稳压的目的。在忽略调整管的饱和压降和滤波器的直流压降时，输出电压与输入电压的关系为：

$$U_o \approx \frac{t_{on}}{T} U_i = qU_i \tag{1-32}$$

当输出电压 U_o 升高时，取样电压 U_F 同时增大，与基准电压 U_{REF} 进行比较放大，使比较放大器 A_1 的输出端 u_{o1} 减少，经电压比较器 A_2，使 u_{o2} 减少，调整管的导通时间 t_{on} 变小，占空比 q 变小，输出电压 U_o 下降，调节结果使 U_o 基本不变。闭环反馈的工作过程简述如下：

$$U_o \uparrow \rightarrow U_F \uparrow \rightarrow u_{o1} \downarrow \rightarrow u_{o2} \downarrow \rightarrow q \downarrow \rightarrow U_o \downarrow$$

当输出电压 U_o 降低时，与上述过程相反，即：

$$U_o \downarrow \rightarrow U_F \downarrow \rightarrow u_{o1} \uparrow \rightarrow u_{o2} \uparrow \rightarrow q \uparrow \rightarrow U_o \uparrow$$

从上述分析可见，电路正常工作时，输出电压处于稳定状态。取样电压 $U_F = U_{REF}$，比较放大器 A_1 输出 $u_{o1} = 0$，A_2 的输出 u_{o2} 的占空比 $q = 50\%$，这时的输出电压 U_o 称为标称值。当输出电压变动时，如 $U_F < U_{REF}$，则 $q > 50\%$；如 $U_F > U_{REF}$，则 $q < 50\%$，因而改变 R_1 与 R_2 比值，可改变输出电压的数值。

3. 波形分析

脉宽调制式开关型串联稳压电源的工作波形如图 1.48 所示。整个稳压电源的工作波形转换是：输入的直流电压先转换成脉冲电压，再将脉冲电压经 LC 滤波转换成直流电压。下面结合波形进行分析。

由电压比较器原理可知，当 $u_{o1} > u_T$ 时，A_2 的输出电压 u_{o2} 为高电平，调整管 VT 饱和导通；当 $u_{o1} < u_T$ 时，u_{o2} 为低电平，调整管 VT 截止，u_{o1}、u_T、u_{o2} 的波形见图 1.48(a)、(b)。

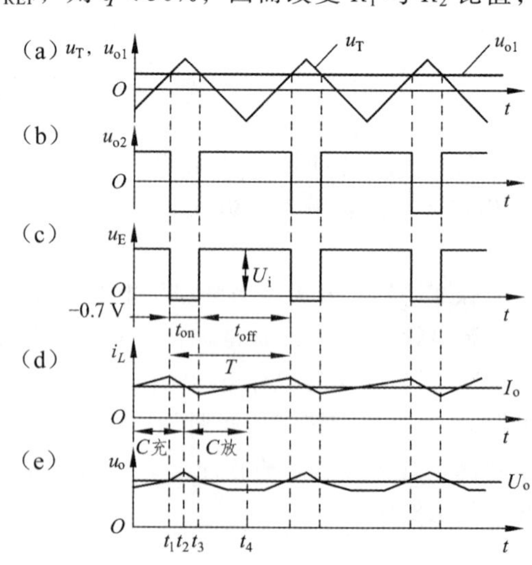

图 1.48 开关稳压电源的工作波形

在 u_{o2} 为高电平时，因为调整管 VT 导通，输入电压 U_i 经 L 加在滤波电容 C 和负载 R_L 上。如忽略 VT 的饱和压降 U_{CES}，则 $u_E \approx U_i$，二极管 VD

承受反向电压而截止。由于电感自感电动势的作用，电感电流 i_L 线性增长，同时电感储存能量。在 0 ~ t_1 期间，$i_L > I_o$，i_L 对电容 C 充电，u_C 上升，则 u_o 上升，如图 1.48(e)所示。在 t_1 时刻，u_{o2} 为低电平，调整管 VT 截止，电感 L 的自感电动势(右正左负)使二极管 VD 导通，$u_E = -0.7$ V ≈ 0，如图 1.48(c)所示。这时电感 L 中储存的能量通过 VD 向 R_L 释放，R_L 中继续有电流流过，所以称二极管 VD 为续流二极管。在 $t_1 \sim t_2$ 期间，i_L 因电感 L 释放能量而线性下降，但仍大于 I_o，电容 C 仍处于充电状态，U_o 继续上升。$t_2 \sim t_3$ 期间，$i_L < I_o$，电容 C 开始放电，则 u_o 下降。t_3 以后重复上述过程。

由此可见，尽管调整管工作在开关状态，但在二极管 VD 的续流作用和 LC 的滤波作用下，输出电压 U_o 仍能得到平滑的直流电压输出，如图 1.48(e)所示。

(二) 开关电源电路举例

目前集成开关型稳压器已广泛应用于计算机、电视机、航天设备、通信设备、数字电路系统等装置中。常用的集成开关型稳压器通常分两类：一类是单片脉宽调制器，如 SG3524；另一类是将脉宽调制器和开关功率调整管制作在同一芯片上的单片集成开关稳压器，如美国动力(Power)公司推出的高效、小功率、低价格四端单片开关电源 TinySwitch。单片脉宽调制器需外接开关功率管，电路复杂，但应用灵活；单片集成开关稳压器具有高集成度、高性价比、最简外围电路、最佳性能指标、能构成高效率无工频变压器的隔离式开关电源等优点。

SG3524 是一个典型的性能优良的开关电源控制器，其内部结构框图和外引脚如图 1.49 所示。它的内部电路包括基准电压源、误差放大器、限流保护环节、比较器、振荡器、触发器、输出逻辑控制电路和输出三极管等环节，采用直插式 16 脚封装。6、7 脚分别为振荡器外接定时电阻和定时电容 C_T 端，R_TC_T 决定振荡频率。

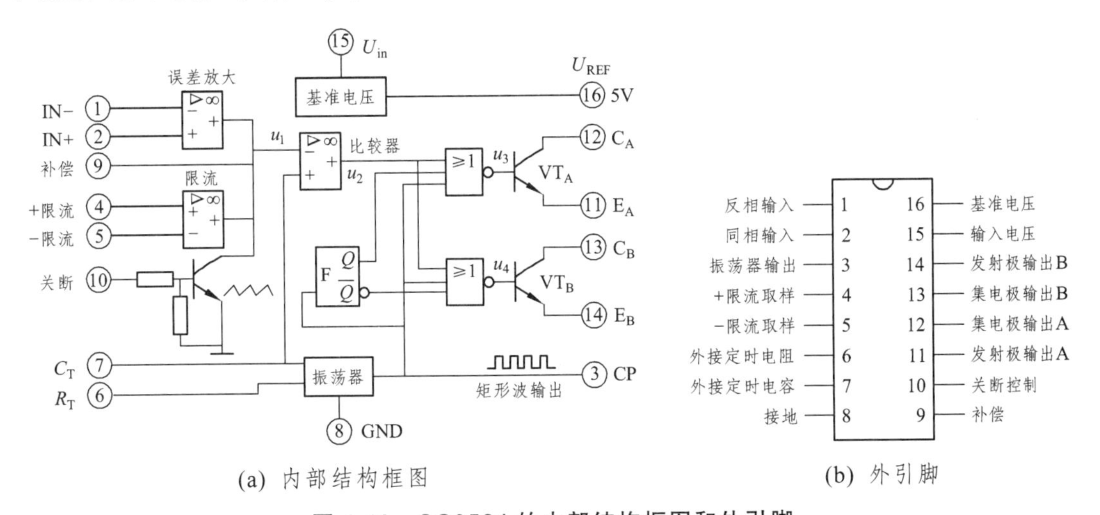

(a) 内部结构框图　　(b) 外引脚

图 1.49　SG3524 的内部结构框图和外引脚

图 1.50 所示为采用 SG3524 构成开关型降压稳压电源的实例。为扩大输出电流，采用外接开关调整管 VT_1、VT_2，将芯片内部的输出管 VT_A、VT_B 并联使用，作为外接复合调整管 VT_1、VT_2 的驱动级。6、7 脚外接 R_5、C_2，故振荡器的振荡频率为 $f_o = 1.15/(R_5C_2) \approx 20$ kHz。由 16 脚输出的 5 V 基准电压经 R_3、R_4 分压得 $U_{REF} = 2.5$ V，送至误差放大器同相输入端 2 脚，而输出电压经取样电阻 R_1、R_2 分压后送至 1 脚。根据正常工作时 $U_F = U_{REF}$，则可求出输出电压：

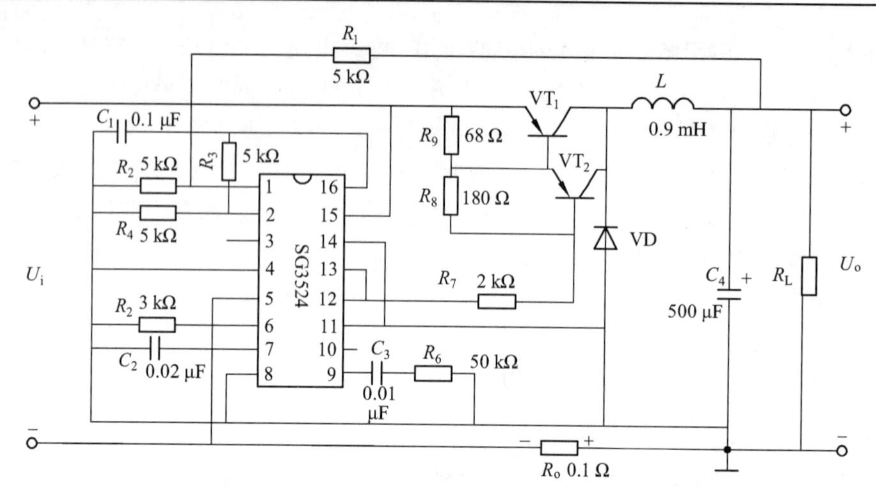

图 1.50　由 SG3524 组成开关型降压稳压电源

$$U_F = U_o \frac{R_2}{R_2 + R_1} = U_{REF}$$

$$U_o = U_{REF} \frac{R_2 + R_1}{R_2} = 2.5 \times \frac{5+5}{5} = 5\ (\text{V})$$

故输出电压的标称值为 5 V。4 脚与 5 脚(地)之间外接 R_o 为限流保护取样电阻，防止 VT_1、VT_2 管过载损坏。9 脚外接 R_6、C_3 用于防止电路寄生振荡。15 脚接入输入电压 28 V。作为串联型开关稳压电源的稳压原理在此不再赘述。

图 1.51 所示为 TinySwitch254 的引脚排列图，图 1.52 所示为 TinySwitch254 的应用电路，TinySwitch254 的调整管为 MOSFET。各引脚功能是：D 为功率 MOSFET 漏极，为启动 和稳态工作提供工作电流；S 为功率 MOSFET 源极；BP 为旁路端，内接 5.8 V 稳压器，外接旁路电容，正常工作时，旁路电容在 MOSFET 导通期间为控制电路提供能量；EN 为使能端，是功率 MOSFET 导通、关断的控制端。正常工作时，EN 端为高电平，MOSFET 导通；当 EN 端为低电平时，MOSFET 关断。

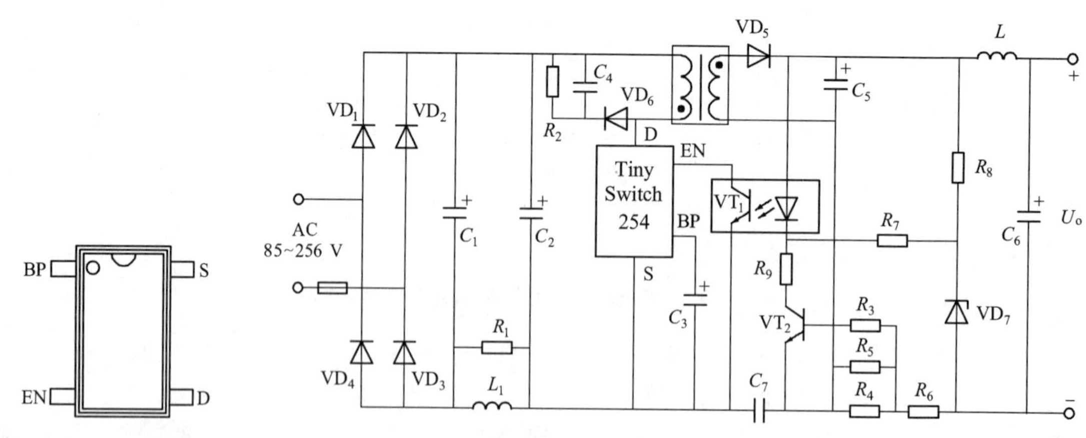

图 1.51　TinySwitch254 引脚排列图

图 1.52　3.6 W 恒压恒流移动电话充电电源

TinySwitch 不需要辅助电源，特别适于做移动电话充电器。TinySwitch 总是由输入高压供电，不需要偏置绕组。在市电输入电压范围内(85 ~ 256 V)提供恒定电压和电流输出。C_3 为 BP 引脚外接电容，实现对高频去耦合能量存储。次级绕组经 VD_5 和 C_5 整流滤波提供 5.2 V 输出，L_2 和 C_6 一起提供辅助滤波。由晶体管 VT_2、电流检测电阻 R_4 和光耦合器 VT_1 组成电流控制环，控制恒流输出。输出电压 U_o 由光耦合器 VT_1 中 LED 的正向压降(约 1 V)和稳压管 VD_7 的稳压值来共同设定。即使输出端发生短路故障，R_6 和 R_4 上的压降足以保持 VT_2 和 VT_1 中 LED 的正常工作，同时电阻 R_7 和 R_9 限制了输出短路时由 R_4 和 R_6 上的压降产生的通过 VD_7 流入 VT_2 的正向电流。

任务四　电烙铁的使用

一、电烙铁的分类、功率选择

1. 电烙铁的结构和种类

电烙铁是手工焊接的基本工具，常用电烙铁有外热式和内热式两种。

常用的外热式电烙铁把电烙铁的铜头插入发热元件内加热的。其结构由烙铁头、外壳、烙铁芯和木柄四部分组成。外热式电烙铁的缺点是热量利用率较低、传热时间较长。常用外热式电烙铁的规格按功率分为 25 W、45 W、75 W、100 W、200 W、300 W 等多种，电源电压为 220 V。

内热式电烙铁是直接把发热元件(发热丝)插入电烙铁铜头空腔内加热的，这样发热元件可直接把热量完全传到烙铁头上，显然传热速度要快些，热量的损失也小些。其结构是由连接杆、手柄、发热元件和烙铁头四部分组成。由于塑料绝缘的导线易被烙铁烫坏，因此电烙铁使用的电源线宜选用橡胶绝缘导线或带有棉织套的花线。

2. 电烙铁功率的选择

电烙铁上标出的功率，是单位时间内消耗的电源能量，并非是电烙铁的加热功率。由于外热式和内热式两种电烙铁加热方式不同，相同功率的电烙铁实际加热功率相差很大，一个 20 W 内热式电烙铁的实际加热功率相当于 25 ~ 45 W 外热式电烙铁的实际加热功率。所以选用电烙铁时，首先要考虑它的加热方式。相同加热方式的电烙铁，一般是功率越大，烙铁的温度越高，热容量也越大。

电烙铁功率的选择应根据被焊件的大小来决定。通常在电路焊接中采用的功率范围是 20 ~ 300 W。电烙铁对被焊件有合适的温度与热容量就能保持施焊，有利于焊接质量。

电烙铁的实际加热功率还与烙铁头的直径和长度有关，通常烙铁头的使用温度为 300 ~ 350 °C，适合于锡铅焊料。高于 350 °C 的烙铁头易氧化。一般对半导体元件或小型元件的焊接，选用的电烙铁为 20 ~ 25 W；焊接一般元件可选用 50 ~ 75 W；焊接较大直径或大型接地装置时，可选用 100 ~ 300 W 的电烙铁。烙铁头的温度不仅与电烙铁的功率有直接关系，还与电源电压的变化有一定关系。为了保证焊接质量，在供电电压变化较大的场合使用电烙铁一般应加交流稳压电源。

二、电烙铁温度的判断

1. 用焊锡判断烙铁头的温度

电烙铁使用温度为 300 °C 左右，在施焊过程中，可用焊锡来估计烙铁的温度，用焊锡接触烙铁头，若焊锡溶化并向四面伸展，即表示烙铁温度正常；若焊锡溶化后立即缩成圆珠状，表示烙铁温度过热；若焊锡不熔化或者成糊状，表示烙铁的温度过低。

2. 用松香判断烙铁头的温度

在烙铁头上熔化一点松香，根据松香的烟量大小判断温度是否合适。判断烙铁头温度的方法如图 1.53 所示。① 烟量小，持续时间长，但温度低，不能焊接；② 烟量中等，烟消散时间在 5～8 s，则温度适当，易焊接；③ 烟量大，烟消散时间很快，但温度高，不易焊接。

电烙铁在连续工作状态下，由于表面氧化，将发生不能熔化焊锡的“烧死”现象，或者烙铁头产生小孔或凹陷现象。此时应切断电源，待烙铁冷却后，用锉刀清理，然后才可继续使用。

电烙铁工作时要放在特制的烙铁架上，以免烫坏其他物品。

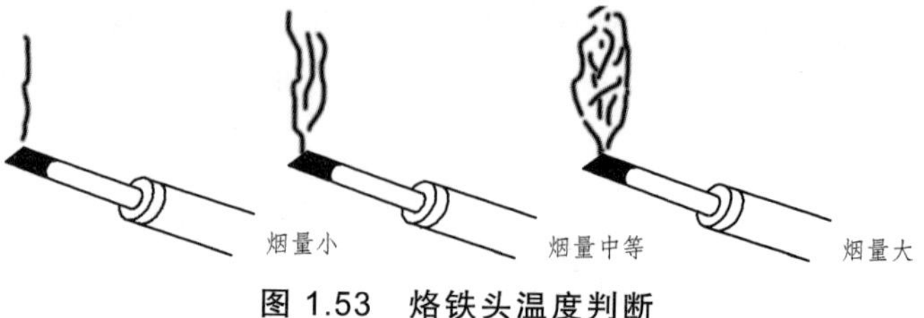

图 1.53 烙铁头温度判断

三、常用焊剂和焊料

1. 常用焊剂

焊剂分为助焊剂和阻焊剂。在焊接过程中使用助焊剂是为了去除金属表面氧化膜，净化金属与熔融焊料的接触面，产生覆盖保护作用以防止加热过程中焊料继续氧化，并降低表面张力，使熔融焊料润湿金属表面，达到焊接牢固的目的。在高密度印制电路板的焊接中，在不需要焊接的部分涂阻焊剂可以避免焊锡桥连造成短路的现象。

常见的焊油、焊锡膏等无机助焊剂化学作用强，腐蚀作用大，锡焊性非常好，一般用于汽车钣金焊接。但由于腐蚀性强，施焊后必须清洗干净。在电子产品焊接中严禁使用这种焊剂。

松香、松香树脂等腐蚀性很小，在电子产品的焊接中广泛应用。松香助焊剂一般可用 25%～40% 的松香加 60%～75% 的无水乙醇配制而成。

阻焊剂是一种耐高温的涂料，可使焊锡只在需要焊接的焊点上焊接，而将不需要焊接的部分保护起来。应用阻焊剂不仅可以防止桥连、短路等情况的发生，还可减少返修，节约焊料，提高工效，并可使焊点饱满，减少虚焊现象，提高焊接质量。

2. 常用焊料

常用的焊料是锡铅合金，通常称作焊锡。以 60% 的锡和 40% 的铅组成的焊锡在各种配比的锡铅合金中熔点最低(为 188 °C)，这种配比的焊锡机械强度最大。这种焊锡因焊接温度低，减少了被焊元器件受热损坏的机会，同时固化时间短，不会由于在半熔融状态过渡时间中的任何抖动而带来虚焊，因此应用广泛。

在使用电烙铁焊接时，常采用焊锡丝。它由锡铅焊料组成，在焊锡丝中心加入助焊剂如松香等，称为松香焊锡丝：焊锡丝的直径有 0.5 mm、0.8 mm、0.9 mm、1.0 mm、1.2 mm、1.5 mm、2.0 mm、2.3 mm、2.5 mm、3.0 mm、4.0 mm、5.0 mm 等多种。

一般焊接印制电路板时，选用 1.2 mm 以下的焊锡丝。

四、焊接工艺与技术

1. 电烙铁的握法

电烙铁使用时，一般有反握、正握和笔握三种方法。反握法动作稳定，长时间操作不易疲劳，适于大功率烙铁的操作。正握法适于中等功率烙铁或带弯头电烙铁的操作。而笔握法则较适合初学者和使用小功率电烙铁。

2. 焊接方式

在电子产品中元件和电路的锡焊方式一般分为四种，即绕焊、钩焊、搭焊和插焊，如图 1.54 所示。

(1) 绕焊。这种焊接方式是将被焊元器件的引线或导线端头等在焊件上缠绕一圈半，以增加接点强度的焊接方法。采用这种方式连接强度最大。

(2) 钩焊。这种焊接方式是将被焊元器件的引线或导线端头等插入焊孔改变其方向，形成钩状的焊接方法。钩焊能使元器件和导线不易脱离，但机械强度不如绕焊。它适用于不便绕焊而要求有一定机械强度的接点上。

(3) 搭焊。搭焊是将元器件引线或导线端头等贴在焊件面上的焊接方法。这种焊接方式适用于要求便于调整和改焊的焊接点上。

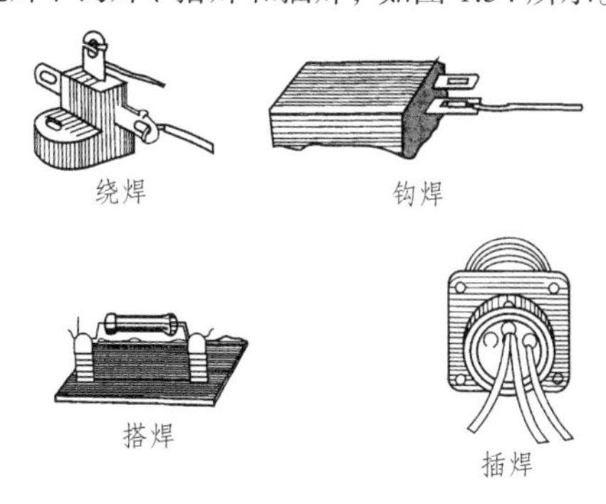

图 1.54　焊接方式

(4) 插焊。这种焊接方法是将元器件引线或导线端头等插入焊孔，不改变其方向的焊接方法，它适用于带孔插头座、插针、插孔和印制电路板的焊接。

3. 焊接技术要求

焊点平滑光亮，浸润良好，焊料适量，能看出引线轮廓；焊点无针孔、挂流、锡尖、桥接等；焊点牢固，引线或导线适当施以拉力时，不应松动、裂缝或脱落；焊点不允许有漏焊、错焊、虚焊和假焊等现象。

虚焊是指焊锡与被焊件没有形成金属合金，只是简单地依附在被焊件表面。

4. 焊接一般工艺流程

焊前准备→工件结合→涂适量助焊剂→施焊→清洗→整理自检→送验。

5. 一般手工焊接的五步操作法

(1) 五步焊接操作法的工艺流程：准备→加热焊接部位→供给焊锡→移开焊锡丝→移开电烙铁。

(2) 用五步法完成一个焊点的具体操作步骤如表 1.1 所示。

表 1.1　五步操作方法

操作步骤	操作示意图	说　　明
准　备		使焊接点处于焊接状态
加　热		烙铁头加热焊接部位，使焊接点的温度加热到焊接需要的温度。加热时，烙铁头和连接点要有一定的接触面和压力
供给焊锡		在烙铁头和连接点的接触部位加上适量的焊料，以溶化焊料，并使焊锡浸润被焊金属
移出焊锡		迅速移开焊锡丝
移出电烙铁		待到焊点中有青烟冒出，移开电烙铁

6. 结构件的焊接

结构件焊接是指将导线焊接在各种元器件的引脚上或者元件间的悬挂焊接。结构件焊接过程中，最好使用带松香的管形焊锡丝，一手拿电烙铁，一手拿焊锡丝，被焊件稳固地安放在焊件架上，电烙铁要拿稳对准。具体的焊接步骤(见图 1.55)：① 焊接前先将烙铁头放在松香或湿布上清洗；② 擦掉烙铁头上的氧化物及污物，并吃焊；③ 将烙铁头放置在焊接点上，使焊点温度升高，如果烙铁头上带有少量焊锡，可使烙铁头的温度较快地传到焊接点上；④ 在焊点达到适当温度时，应及时将焊锡丝放置在焊接点上熔化；⑤ 当焊锡丝开始熔化时，将依附在焊接点上的电烙铁头根据焊接点的形状移动，以使熔化的焊锡在助焊剂的帮助下浸润接点并渗入被焊件的缝隙中，在焊接点上的焊锡适量后，拿开焊丝；⑥ 在焊接点的焊锡接近饱满、助焊剂尚未完全挥发时，也就是焊接点上温度最合适、焊锡最光亮、流动性最强的时刻迅速拿开电烙铁。

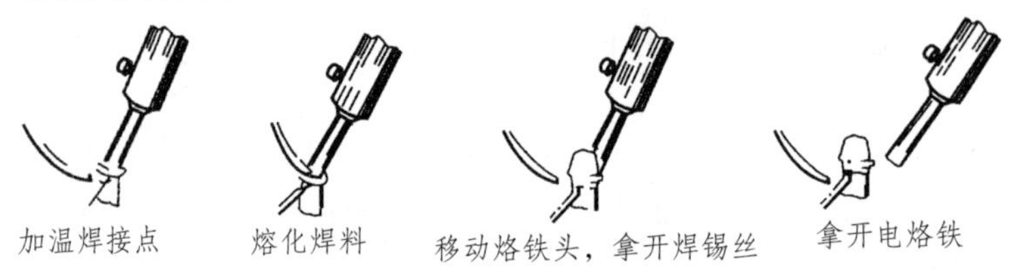

图 1.55 焊接步骤

7. 印制电路板的焊接

印制电路板是用粘合剂把铜箔压粘在绝缘板上制成的，它有单面敷铜箔和双面敷铜箔两种。在焊接中如果温度过高，时间过长，会使印制电路板起泡、变形，甚至使铜箔翘起，只有严格控制焊接的温度和时间才能保证焊接质量。

首先保证被焊件和印制电路板铜箔表面的清洁，元器件在向印制电路板上安装和焊接前，应先对其引线进行成形加工。在印制电路板上安装元件时要求高低整齐，元件规格标记方向一致，有极性的要注意安装方向。元件安装在印制电路板上后，要将多余引线剪掉，一般有两种方法：一种是先焊后剪，采用这种方法时千万不要把焊点头剪去一部分，以免降低焊点的机构强度；另一种是先剪后焊，采用此种方法时，剪后引线长度为 1.5 ~ 2.5 mm，焊接后，引线露出焊点的长度为 0.5 ~ 1 mm。

印制电路板的焊接一般采用 25 ~ 45 W 的外热式或 20W 的内热式电烙铁，焊接温度在 250 ~ 280 °C 为宜，另外要严格控制焊接时间。

印制电路板焊接过程是：右手操作电烙铁，左手拿松香焊锡丝，两手对准焊点同时操作，即将烙铁头和焊锡丝同时接触焊接点，在焊锡熔化到适量和焊点吃锡充分的情况下，要迅速移开焊丝并拿开电烙铁，注意移开焊锡丝的时间不要迟于拿开电烙铁的时间。印制电路板焊接中每点的焊接时间控制在 2 ~ 3 s 为宜，如果在此时间内没有焊好，烙铁头也应先移开，重新清洁焊点后，可再次焊接。

印制电路板焊接中一般是先焊小型元器件，后焊大型元器件；先焊阻容元件，后焊半导体器件。如果两面有焊点，则先焊正面，后焊反面。在焊接 MOS 型器件时，应先焊栅极(G)，后焊源极(S)和漏极(D)。

助焊剂在焊接过程中一般并不能充分挥发。经反应后的残余会影响焊点的电性能，对防潮、防霉、防腐不利，因此焊接后一般要对焊点进行清洗。常用脱脂棉或纱布蘸乙醇逐点擦洗焊点，去除松香残渣，用毛刷或吸尘器清除灰尘。对使用无腐蚀性助焊剂或要求不高的产品，也可以不进行清洗。

8. 焊接后整理

经焊接后元器件的排列位置会发生偏移，有的导线散乱，还有的导线端头套管未套等，这都影响装配质量，因此要进行整理，做到元器件、导线排列整齐，美观大方。依据工艺标准和技术条件，对产品进行全面检查。

任务五 直流稳压电源的制作

一、设计电路

输出电压为 5 V 的直流稳压电源的参考电路如图 1.56 所示。

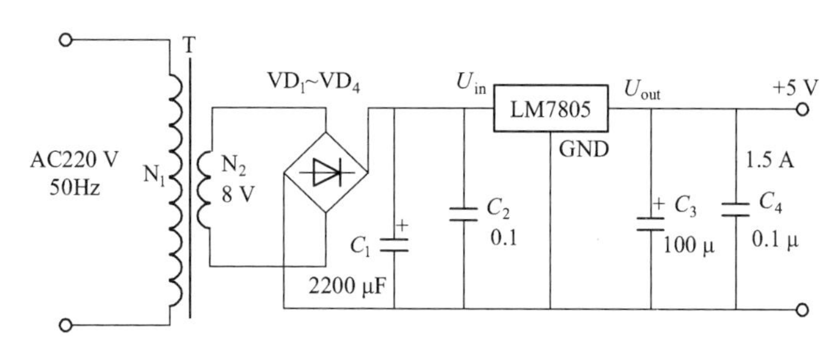

图 1.56 输出为 5 V 的电源电路

二、元件清单

元件清单如表 1.2 所示。

三、元器件检测

(1) 清点元器件。按照元件清单核对元器件的数量、型号和规格，如有短缺、差错应及时补缺和更换。

(2) 检测元器件。用万用表的电阻挡对元器件进行检测，对不符合质量要求的元器件剔除并更换。

(3) 电路板的插装和焊接。

表 1.2 直流电源元件明细表

名称	型号	数量
电源变压器	12 V/3 W	1
集成芯片	7809/7805	各 1
二极管 VD	1N4007	4
电容器 C	1 000 μF	1
连接导线		若干

【课堂任务】

1. 电子产品如随身 CD 机的供电方式都有哪些?

2. 要求设计一个 5 V 的直流稳压电源，为完成此项目，首先请各小组制订一个详细的工作计划。(要做好个人的分工)

3. 如何用数字式万用表判断二极管的极性和好坏？试想在没有万用表的前提下又应如何来判断呢？请设计测试电路图。

4. 电解电容在使用过程中应注意什么，集成稳压块的引脚应如何区分？

5. 直流稳压电源电路由哪几部分组成？画出组成框图，并简述各部分的功能是什么。

6. 制作直流稳压电源需要哪些工具和材料及元器件?

7. 电烙铁在使用过程中应注意哪些问题?

8. 设计一个输出为 5 V 的直流稳压电源的原理图，在此基础上设计一个既可输出 5 V 又可输出 9 V 的直流稳压电源的原理图。如果要求输出为 ± 9 V 的直流稳压电源，应如何设计?

9. 根据以上原理图，以小组为单位，准备相关工具及元器件，在组长的带领下进行元器件的检测、安装、焊接和调试。

【课后任务】

以小组为单位完成以下任务：

1. 到电子元器件市场进行调研，了解制作直流稳压电源的元器件及相关材料的价格。
2. 根据所学知识，制作出符合要求的直流稳压电源。
3. 上述任务完成后，进行小组自评和互评，最后教师讲评，取长补短，开拓完善知识内容。

项目1小结

1. 半导体材料中有两种载流子：电子和空穴。电子带负电，空穴带正电。在纯净半导体中掺入不同的杂质，可以得到N型半导体和P型半导体。

2. 采用一定的工艺措施，使P型和N型半导体结合在一起，就形成了PN结。PN结的基本特点是单向导电性。

3. 二极管是由一个PN结构成的。其特性可以用伏安特性和一系列参数来描述。在研究二极管电路时，可根据不同情况，使用不同的二极管模型。

4. 直流稳压电源是由交流电源经过变换得来的，小功率直流稳压电源一般由电源变压器、整流、滤波和稳压等环节组成。

5. 整流电路是利用二极管的单向导电性将工频交流电变为单一方向的脉动直流电。整流电路中广泛采用桥式整流电路，它具有输出平均直流电压高、脉动小、变压器利用率高等优点。

6. 滤波电路能消除脉动直流电压中的纹波电压，提高直流输出电压质量。

电容滤波适用于小电流负载及电流变化小的场合，电容滤波对整流二极管的冲击电流大；电感滤波适用于大电流负载及电流变化大的场合，电感滤波对整流二极管的冲击电流小。电容和电感组成的复式滤波效果更好，其中LC π形效果最好。

7. 稳压电路能在交流电源电压波动或负载变化时稳定直流输出电压。

稳压管稳压电路最简单但受到一定限制。

串联型稳压电路是直流稳压电路中最为常用的一种，它一般由调整管、取样电路、基准电压和比较放大等环节组成，利用反馈控制调节调整管的导通状态，从而实现对输出电压的调节。尽管因串联型稳压电路的调整管工作在线性放大状态，管耗大、效率较低，但作为一般电子设备中的电源，使用还是十分方便的，应用场合比较多。

线性集成稳压器的稳压性能好、品种多、使用方便、安全可靠，可依据稳压电源的参数要求选择其型号，尤其是调试组装方便，因此使用较为普遍。

为提高交、直流转换效率可采用开关型稳压电源。开关型稳压电源中调整管工作在开关状态，功耗小。控制调整管的导通、截止时间的比例就可调节输出电压，有很宽的稳压范围。开关型稳压电源按调整管的控制方式分有脉冲宽度调制方式(PWM)和脉冲频率调制方式(PFM)，常用的是串联型脉宽调制方式。

项目 2　半导体收音机电路分析与制作

【工学目标】

1. 学会分析工作任务，在教师的引导下，完成制订工作计划、课堂任务、课后任务和学习效果评价等工作环节。

2. 了解三极管的符号、特性和参数等原理性知识；会使用万用表判断三极管的好坏与极性；通过查阅相关资料了解基本放大电路的组成及基本放大电路的分析方法，掌握功率放大电路的类型及工作原理，掌握半导体收音机的基本工作原理。

3. 能够正确选择元器件，利用各种工具安装和焊接收音机电路，并利用各种仪表和工具排除简单电路故障。

4. 能够主动提出问题，遇到问题能够自主或者与他人研究解决，具有良好的沟通和团队协作能力，建立良好的环保意识、质量意识和安全意识。

5. 通过课堂任务的完成最后以小组为单位制作出符合要求的半导体收音机。

【典型任务】

任务一　三极管认知

一、三极管的结构与分类

三极管是通过一定的工艺，将两个 PN 结结合在一起的器件。由于 PN 结之间的相互影响，使三极管表现出不同于单个 PN 结的特性而具有电流放大作用，从而使 PN 结的应用发生了质的飞跃。

(一) 三极管的结构与电路符号

三极管的结构示意图如图 2.1 所示，它是由三层不同性质的半导体组合而成的。按半导体的组合方式不同，可将其分为 NPN 型管和 PNP 型管。

无论是 NPN 型管还是 PNP 型管，它们内部均含有三个区：发射区、基区、集电区。从三个区各引出一个金属电极分别称为发射极 E(e)、基极 B(b)和集电极 C(c)；同时在三个区的两个交界处形成两个 PN 结，发射区与基区之间形成的 PN 结称为发射结，集电区与基区之间形成的 PN 结称为集电结。三极管的电路符号如图 2.1 所示，符号中的箭头方向表示发射结正向偏置时的电流方向。三极管的实际结构并不是如图 2.1 所示那样对称的，发射区掺杂浓度远远高于集电区掺杂浓度；基区很薄并且掺杂浓度低；而集电结的面积比发射结要大得多，所以三极管的发射极和集电极不能对调使用。

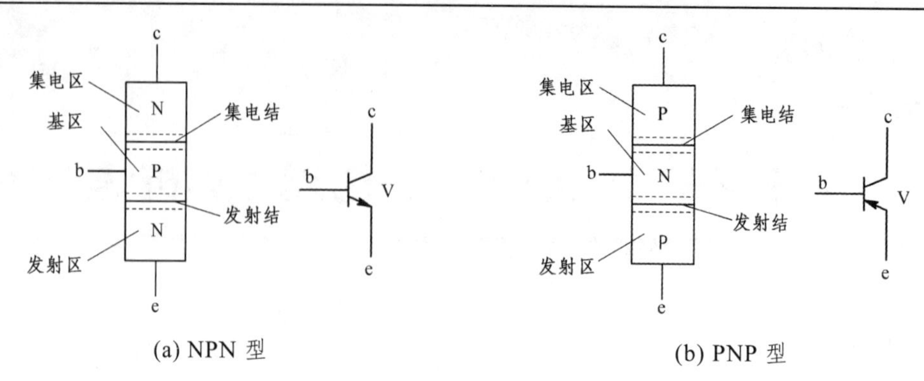

图 2.1　三极管的结构示意图与电路符号

(二) 三极管的分类

三极管的种类很多，有下列几种分类形式：① 按其结构类型分为 NPN 管和 PNP 管；② 按其制作材料分为硅管和锗管；③ 按工作频率分为高频管和低频管。

(三) 三极管的外形结构

常见三极管的外形结构如图 2.2 所示。

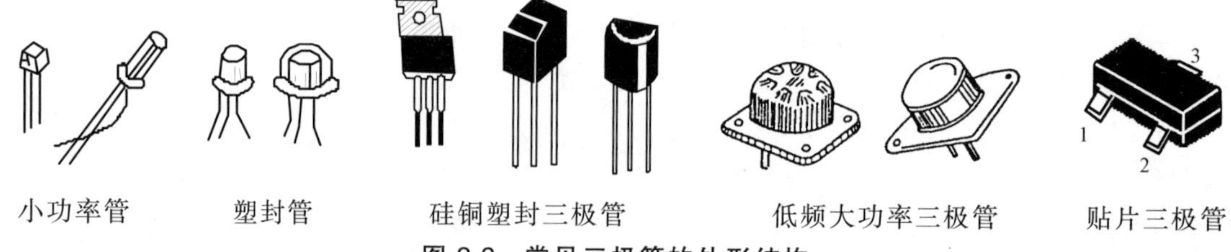

图 2.2　常见三极管的外形结构

二、三极管的基本工作原理

晶体管在电路中工作时，为了正常地发挥其电流放大作用，必须给它的各电极外加大小和极性合适的直流工作电压，即必须给发射结加正向电压(也叫正偏)，给集电结加反向电压(也叫反偏)。通常晶体管在放大电路中的连接方式有三种，如图 2.3 所示，它们分别称为共基极接法、共发射极接法和共集电极接法。所谓“共××极接法”是指电路的输入、输出端是以哪个电极作为其公共端的。

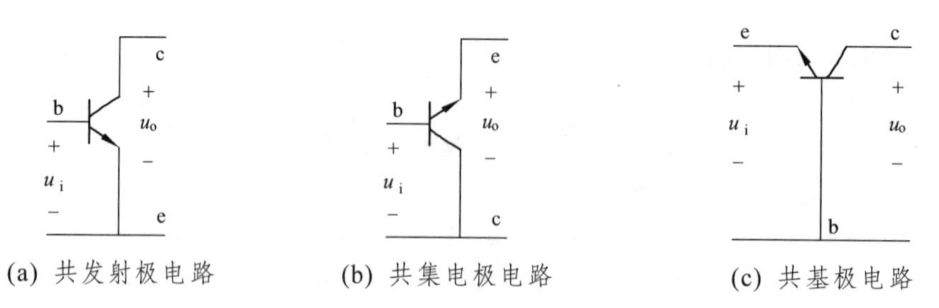

图 2.3　放大电路中三极管的三种连接方法

半导体三极管具有的电流放大功能，完全取决于三极管内部结构的特殊性及其内部载流子的运动规律。图 2.4 所示为三极管内部载流子运动示意图。

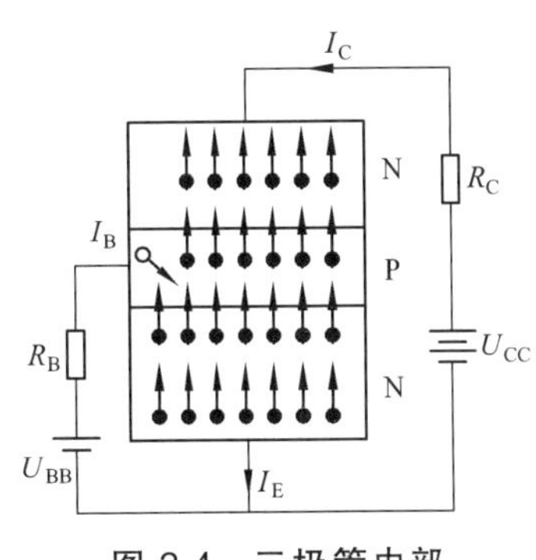

图 2.4　三极管内部载流子运动示意图

1. 产生放大作用的条件

(1) 内部：① 发射区杂质浓度≫基区≫集电区；② 基区很薄。

(2) 外部：发射结正偏，集电结反偏。

2. 三极管内部载流子的传输过程

(1) 发射区向基区注入电子，形成发射极电流 i_E。

(2) 电子在基区中的扩散与复合，形成基极电流 i_B。

(3) 集电区收集扩散过来的电子，形成集电极电流 i_C。

3. 电流分配关系

$$i_E = i_C + i_B$$

实验表明 I_C 比 I_B 大数十至数百倍。I_B 虽然很小，但对 I_C 有控制作用，I_C 随 I_B 的改变而改变，即基极电流较小的变化可以引起集电极电流较大的变化，表明基极电流对集电极具有小量控制大量的作用，这就是三极管的电流放大作用。

三、三极管的特性曲线

三极管的特性曲线是指各电极间电压和电流之间的关系曲线。

(一) 输入特性曲线

输入特性是指在三极管集电极与发射极之间的电压 U_{CE} 为一定值时，基极电流 I_B 同基极与发射极之间的电压 U_{BE} 的关系，即：

$$I_B = f(U_{BE})|_{U_{CE}=常数}$$

三极管的输入特性曲线如图 2.5(a)所示。

(1)当 $u_{CE} = 0$ V 时，相当于两个 PN 结并联。

(2)当 $u_{CE} = 1$ V 时，集电结已进入反偏状态，开始收集电子，所以基区复合减少，在同一 u_{BE} 电压下，i_B 减小。特性曲线将向右稍微移动一些。

(3)$u_{CE} \geqslant 1$ V 再增加时，曲线右移很不明显。

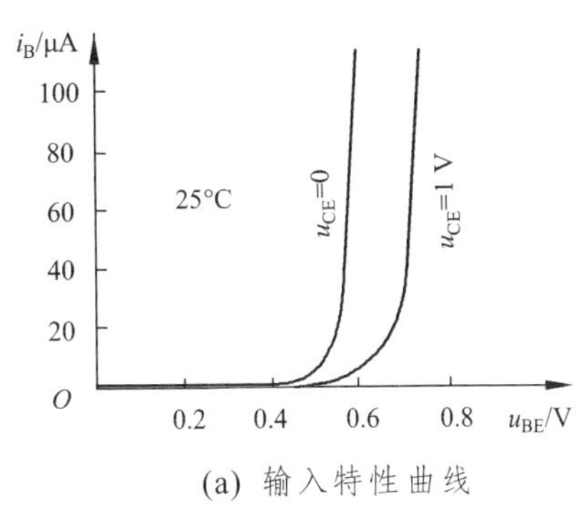

(a) 输入特性曲线

(二) 输出特性曲线

输出特性是指在基极电流为一定值时，三极管集电极电流 I_C 同集电极与发射极之间的电压 U_{CE} 的关系，即：

$$I_C = f(U_{CE})|_{I_B=常数}$$

三极管的输出特性曲线如图 2.5(b)所示。

现以 $i_B = 60$ μA 一条加以说明。

(1) 当 $u_{CE} = 0$ V 时，因集电极无收集作用，$i_C = 0$。

(2) $u_{CE}\uparrow \rightarrow I_C\uparrow$。

(3) 当 $u_{CE} > 1$ V 后，收集电子的能力足够强。这时，

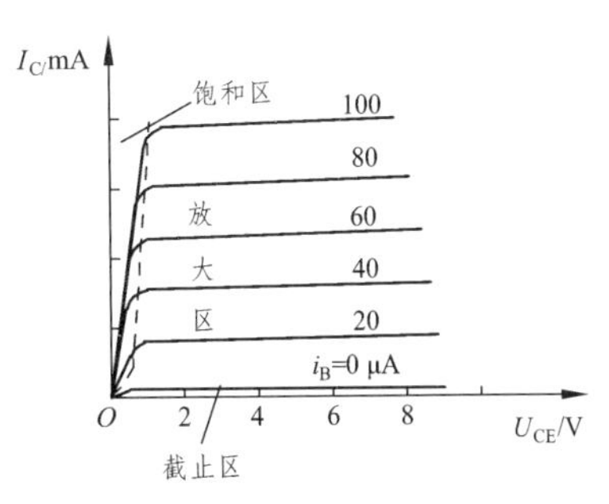

(b) 输出特性曲线

图 2.5　三极管的特性曲线

发射到基区的电子都被集电极收集，形成 i_C。所以 u_{CE} 再增加，i_C 基本保持不变。同理，可作出 i_B = 其它值的曲线。

通常把晶体管的输出特性曲线分为放大区、截止区和饱和区三个工作区，如图 2.5(b)所示。

(1) 放大区。输出特性曲线近于水平的部分是放大区。发射结正向偏置，集电结反向偏置 $i_C = \beta i_B$，当 i_B 固定时，I_C 也基本不变，具有恒流的特性；I_C 是受 i_B 控制的受控源。

(2) 截止区。在图 2.5(b)中，$I_B = 0$ 这条曲线及以下的区域称为截止区。对于 NPN 管而言，当 $U_{BE} < 0.5$ V 时，即已开始截止，但是为了可靠截止，常使 $U_{BE} < 0$ V，截止时发射结反向偏置，集电结反向偏置 $i_B \leqslant 0, i_C \approx 0$。

(3) 饱和区。在图 2.5(b)中，靠近纵坐标特性曲线的上升和弯曲部分所对应的区域称为饱和区。在饱和区，发射结正向偏置，集电结正向偏置，$i_B > 0, u_{BE} > 0, u_{CE} \leqslant u_{BE}$，$i_C \neq \beta i_B$。由于饱和区不随 i_B 的增大而成比例地增大，因而三极管失去了现行放大作用，故称为饱和。

在数字电路中，三极管常用作开关元件，这时，三极管就工作在饱和区和截止区。

四、三极管的检测

要准确地了解一只三极管类型、 性能与参数， 可用专门的测量仪器进行测试，但一般粗略判别三极管的类型和管脚，可直接通过三极管的型号简单判断， 也可利用万用表测量方法判断。下面具体介绍其型号的意义及利用万用表的简单测量方法。

(一) 三极管型号的意义

三极管的型号一般由五大部分组成，如 3AX31A、3DG12B、3CG14G 等。下面以 3DG110B 为例说明各部分的命名含义。

(1) 第一部分由数字组成，表示电极数。“3”代表三极管。

(2) 第二部分由字母组成，表示三极管的材料与类型。例如，A 表示 PNP 型锗管，B 表示 NPN 型锗管，C 表示 PNP 型硅管，D 表示 NPN 型硅管。

(3) 第三部分由字母组成，表示管子的类型，即表明管子的功能。

(4) 第四部分由数字组成，表示三极管的序号。

(5) 第五部分由字母组成，表示三极管的规格号。

(二) 三极管手册的查阅方法

(1) 三极管手册的基本内容：① 三极管的型号；② 电参数符号说明；③ 主要用途；④ 主要参数。

(2) 三极管手册的查阅方法：① 已知三极管的型号查阅其性能参数和使用范围；② 根据使用要求选择三极管。

(三) 判别三极管的管型和管脚

(1) 根据三极管外壳上的型号，初判其类型。

(2) 根据三极管的外形特点，初判其管脚，如图 2.6 所示。

(3) 用万用表判别三极管的管脚及管型：基极的判别如图 2.7 所示；集电极和发射极的判别如图 2.8 所示，图(a)、(b)为 PNP 管的测试图，图(c)为 NPN 管的测试图。

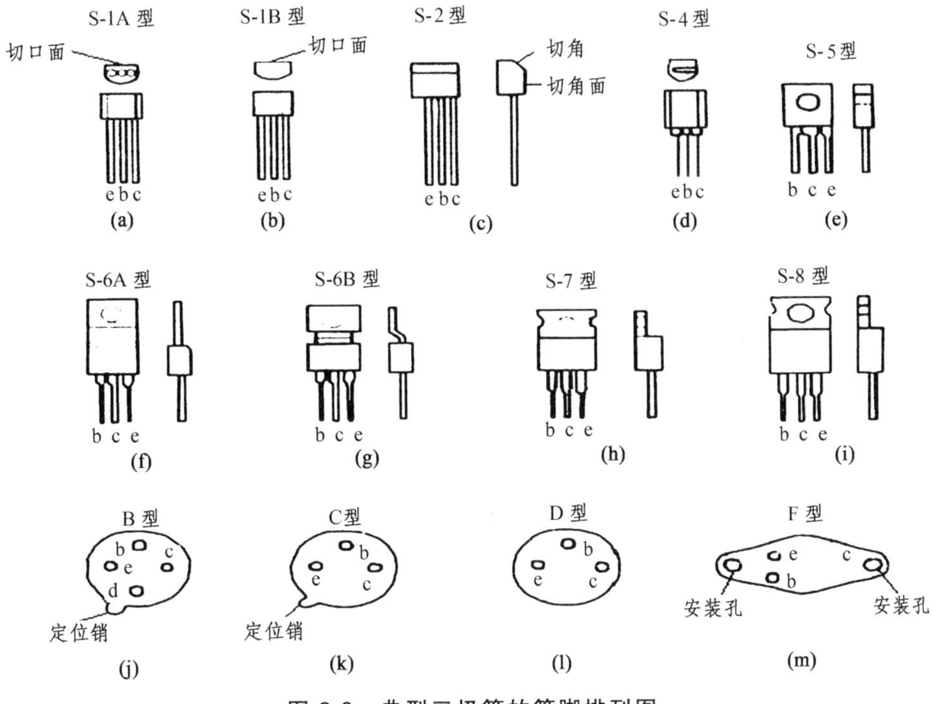

图 2.6　典型三极管的管脚排列图

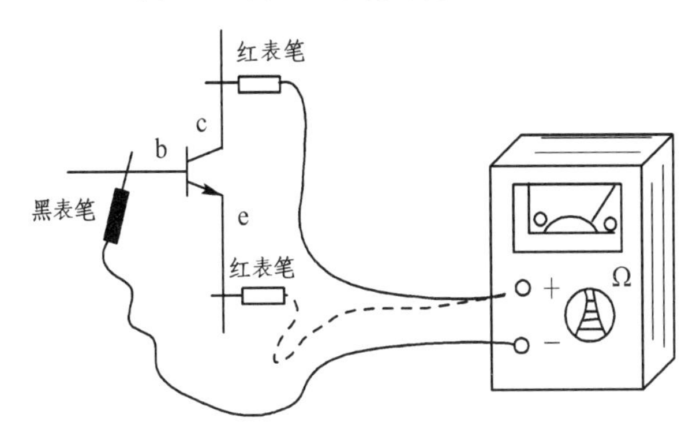

图 2.7　三极管基极的判断

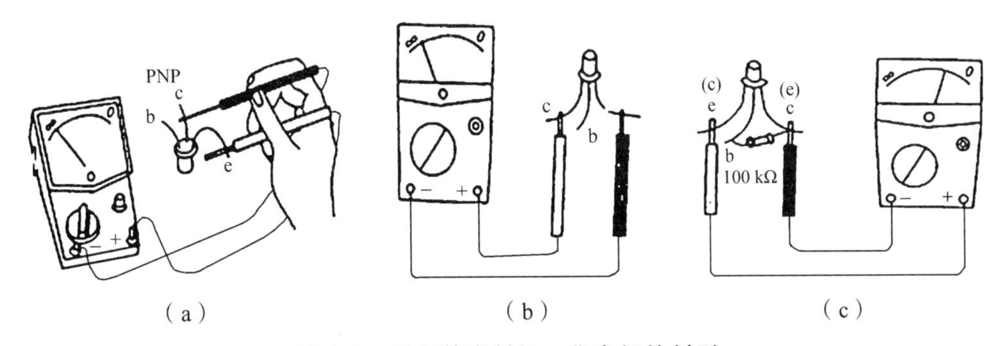

图 2.8　三极管发射极、集电极的判别

(4) 根据硅管的发射结正向压降大于锗管的正向压降的特点，来判断其材料。一般常温下，锗管正向压降为 0.2 ~ 0.3 V，硅管的正向压降为 0.6 ~ 0.7 V。根据图 2.9 所示电路进行测量，由电压表的读数大小确定是硅管还是锗管。

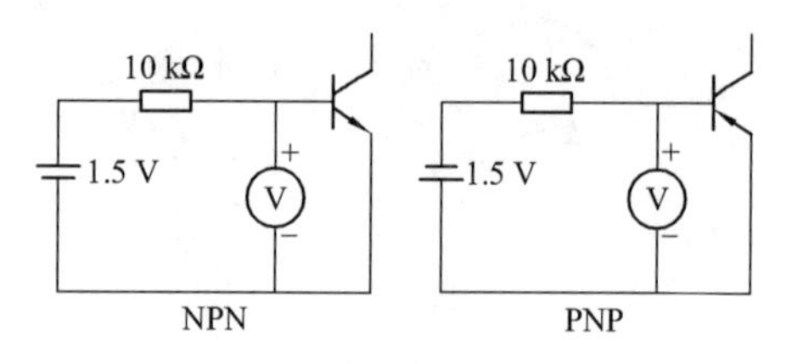

图 2.9 判断硅管和锗管的电路

(四) 三极管的质量粗判及代换方法

通过上述方法的判断，如果发现电路中的三极管已损坏，更换时一般应遵循下列原则：

(1) 更换时，尽量更换相同型号的三极管。

(2) 无相同型号更换时，新换三极管的极限参数应等于或大于原三极管的极限参数，如参数 I_{CM}、P_{CM}、$U_{(BR)CEO}$ 等。

(3) 性能好的三极管可代替性能差的三极管。

(4) 在集电极耗散功率允许的情况下，可用高频管代替低频管，如 3DG 型可代替 3DX 型。

(5) 开关三极管可代替普通三极管，如 3DK 型代替 3DG 型、3AK 型代替 3AG 型管。

五、三极管的主要参数

1. 电流放大系数 $\bar{\beta}$、β

当三极管接成共发射极电路时，在静态时集电极电流 I_C 与基极电流 I_B 的比值称为共发射极静态放大系数 $\bar{\beta}$，即：

$$\bar{\beta}=\frac{I_C}{I_B}$$

当三极管工作在动态时，基极电流的变化量为 ΔI_B，它引起集电极电流的变化为 ΔI_C，ΔI_C 与 ΔI_B 的比值称为动态电流放大系数，即：

$$\beta=\frac{\Delta I_C}{\Delta I_B}$$

2. 集—射极反向截止电流 I_{CEO}

它是指基极开路($I_B = 0$)时，集电结处于反向偏置和发射结处于正向偏置时的集电极电流。又因为它好像是从集电极直接穿透三极管而到达发射极的，所以又称为穿透电流。这个电流应越小越好。

3. 集电极最大允许电流 I_{CM}

当集电极电流超过一定值时，三极管的 β 值就要下降，I_{CM} 就是表示当 β 值下降到正常值的 2/3 时的集电极电流。

4. 集电极最大允许耗散功率 P_{CM}

$$P_{CM}=I_C\cdot U_{CE}$$

六、特殊三极管简介

(一) 光电三极管

光电三极管也称光敏三极管，其等效电路和电路符号如图 2.10 所示。

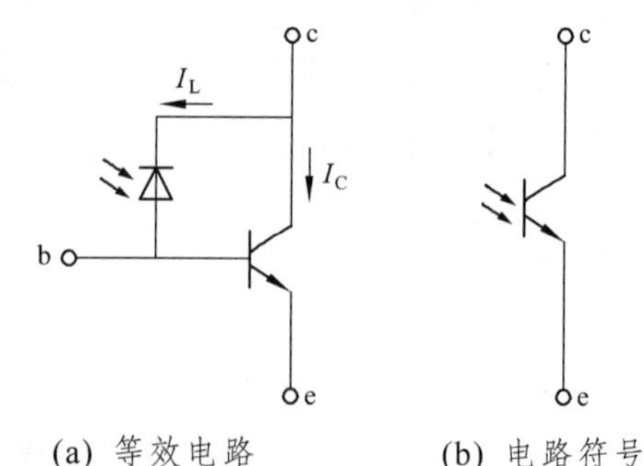

图 2.10 光电三极管的等效电路与电路符号

(二) 光电耦合器

光电耦合器是将发光二极管和光敏元件(光敏电阻、光电二极管、光电三极管、光电池等)组装在一起而形成的二端口器件，其电路符号如图 2.11 所示。它的工作原理是以光信号作为媒体将输入的电信号传送给外加负载，实现了电—光—电的传递与转换。光电耦合器主要用作高压开关、信号隔离器、电平匹配等电路中，起信号的传输和隔离作用。

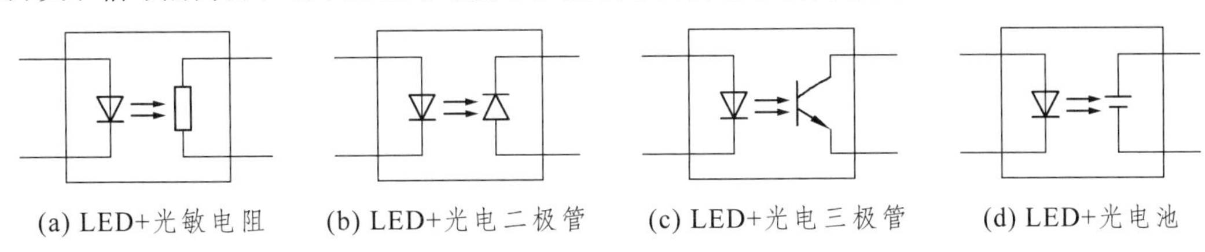

(a) LED+光敏电阻　(b) LED+光电二极管　(c) LED+光电三极管　(d) LED+光电池

图 2.11　光电耦合器的电路符号

任务二　共射极基本放大电路分析

一、共射极基本放大电路的组成及基本工作原理

(一) 放大的概念

所谓放大，从表面上看是将信号由小变大，实质上，放大的过程是实现能量转换的过程。放大电路需要配置直流电源，用能量较小的输入信号去控制这个电源，使之输出较大的能量去推动负载。

(二) 共射极放大电路的组成及各元件的作用

图 2.12 是典型的共射极基本放大电路，电路中各元件的作用如下：

(1) 集电极电源 U_{CC}：其作用是为整个电路提供能源，保证三极管的发射结正向偏置，集电结反向偏置。晶体管处在放大状态，提供电流 i_B 和 i_C。U_{CC} 一般在几伏到十几伏之间。

(2) 基极偏置电阻 R_B：其作用是为基极提供合适的偏置电流，使晶体管有一个合适的工作点，一般为几十千欧到几百千欧。

(3) 集电极电阻 R_C：其作用是将集电极电流的变化转换成电压的变化，以获得电压放大，一般为几千欧。

(4) 耦合电容 C_1、C_2：其作用是隔直流、通交流。为了减小传递信号的电压损失，C_1、C_2 应选得足够大，一般为几微法至几十微法，通常采用电解电容器。

(5) 符号“⊥”为接地符号，是电路中的零参考电位。

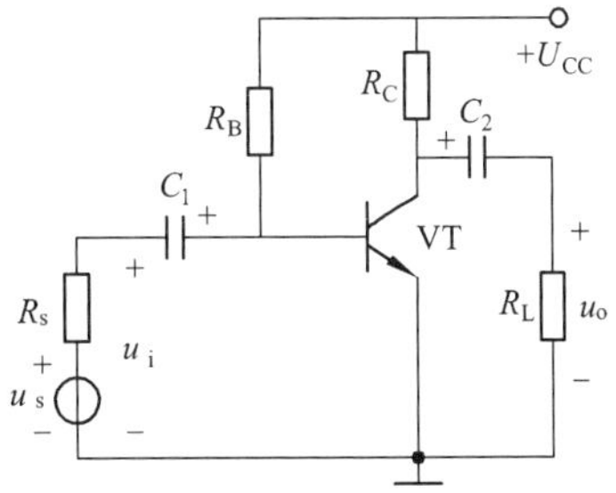

图 2.12　共射极基本放大电路

(三) 共射极基本放大电路的工作原理

1. 工作原理

待放大的输入电压 u_i 从输入端输入，放大电路的输出电压 u_o 从输出端输出，输入端的交流电压 u_i 通过电容 C_1 加到三极管发射结，从而引起基极电流 i_B 的变化，i_B 的变化使集电极电流 i_C 随之变化。i_C 的变化在集电极电阻 R_C 上产生压降，集电极电压 $u_{CE} = U_{CC} - i_CR_C$，当 i_C 的

瞬时值增加时，u_{CE} 就要减小，所以 u_{CE} 的变化恰与 i_C 相反。u_{CE} 中的变化量经过电容 C_2 传送到输出端称为输出电压 u_o。如果电路的参数选择适当，u_o 的幅度将比 u_i 大得多，从而达到放大的目的。其工作过程简述如下：

$$u_i \to \Delta u_{BE} \to \Delta i_B \to \Delta i_C = \beta \Delta i_B \to \Delta u_{CE} \to u_o$$

2. 放大电路的组成原则

(1) 外加直流电源的极性必须使晶体管的发射结正向偏置，集电结反向偏置，以保证晶体管工作在放大区。

(2) 输入回路的接法，应该使输入电压的变化量能传送到晶体管的基极回路，并使基极电流产生相应的变化量。

(3) 输出回路的接法，应该使集电极电流的变化量能转化为集电极电压的变化量，并传送到放大电路的输出端。

(4) 要合理地设置放大电路的静态工作点。

3. 放大电路中电压、电流的方向及符号规定

(1) 直流分量。如图 2.13(a)所示波形，用大写字母和大写下标表示。如 I_B 表示基极的直流电流。

(2) 交流分量。如图 2.13(b)所示波形，用小写字母和小写下标表示。如 i_b 表示基极的交流电流。

(3) 总变化量。如图 2.13(c)所示波形，是直流分量和交流分量之和，即交流叠加在直流上，用小写字母和大写下标表示。如 i_B 表示基极电流总的瞬时值，其数值为 $i_B = I_B + i_b$。

(4) 交流有效值。用大写字母和小写下标表示。如 I_b 表示基极的正弦交流电流的有效值。

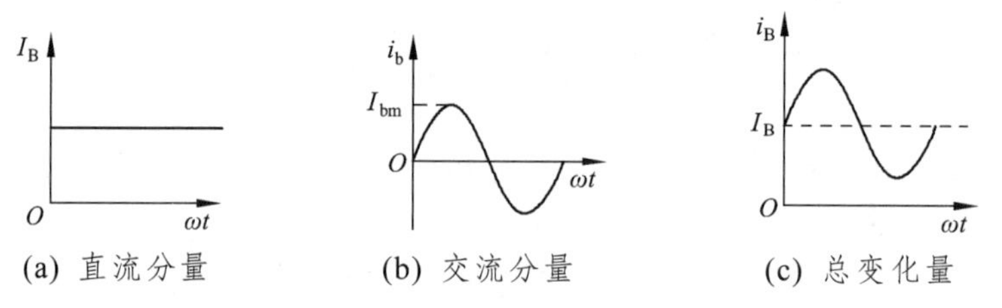

(a) 直流分量　　(b) 交流分量　　(c) 总变化量

图 2.13　三极管基极的电流波形

(四) 直流通路和交流通路

1. 直流通路

所谓直流通路，是指当输入信号 $u_i = 0$ 时，在直流电源 U_{CC} 的作用下，直流电流所流过的路径。在画直流通路时，电路中的电容开路，电感短路。图 2.12 所对应的直流通路如图 2.14(a)所示。

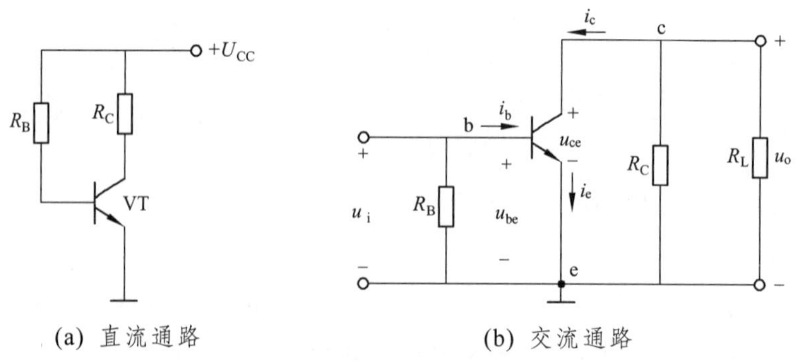

(a) 直流通路　　(b) 交流通路

图 2.14　基本共射极放大电路的交、直流通路

2. 交流通路

所谓交流通路，是指在信号源 u_i 的作用下，只有交流电流所流过的路径。画交流通路时，放大电路中的耦合电容短路；由于直流电源 U_{CC} 的内阻很小，对交流变化量几乎不起作用，故可看作短路。图 2.12 所对应的交流通路如图 2.14(b)所示。

二、放大电路的工作状态分析

(一) 静态($u_i = 0$)工作情况分析

1. 近似估算静态工作点

静态是指无交流信号输入时，电路中的电流、电压都不变的状态。静态时三极管各极电流和电压值称为静态工作点 Q(主要指 I_{BQ}、I_{CQ} 和 U_{CEQ})。静态分析主要是确定放大电路中的静态值 I_{BQ}、I_{CQ} 和 U_{CEQ}。我们主要通过放大电路的直流通路来确定静态值，将电容视为开路，从而求出放大电路的静态值，如图 2.15 所示。

$$I_{BQ} = \frac{U_{CC} - U_{BEQ}}{R_B} \tag{2-1}$$

$$I_{CQ} = \beta I_{BQ} \tag{2-2}$$

$$U_{CEQ} = U_{CC} - I_{CQ} R_C \tag{2-3}$$

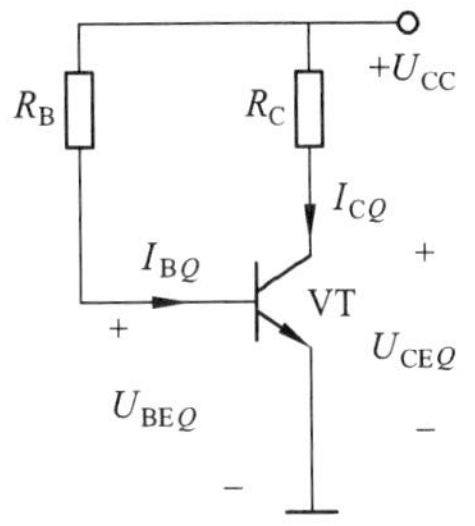

图 2.15　放大电路的直流通路

例 2.1　用估算法计算静态工作点，电路如图 2.12 所示，已知：$U_{CC} = 12$ V，$R_C = 4$ kΩ，$R_B = 300$ kΩ，$\beta = 37.5$。

解

$$I_B \approx \frac{U_{CC}}{R_B} = \frac{12}{300} = 0.04\ (\text{mA}) = 40\ (\mu\text{A})$$

$$I_C \approx \bar{\beta} I_B = 37.5 \times 0.04 = 1.5\ (\text{mA})$$

$$U_{CE} = U_{CC} - I_C R_C = 12 - 1.5 \times 4 = 6\ (\text{V})$$

2. 图解法确定静态工作点

图解步骤：

(1) 用估算法求出基极电流 I_{BQ}(如 40 μA)。

(2) 根据 I_{BQ} 在输出特性曲线中找到对应的曲线。

(3) 作直流负载线。根据集电极电流 I_C 与集、射间电压 U_{CE} 的关系式 $U_{CE} = U_{CC} - I_C R_C$ 可画出一条直线，该直线在纵轴上的截距为 U_{CC}/R_C，在横轴上的截距为 U_{CC}，其斜率为 $-1/R_C$，只与集电极负载电阻 R_C 有关，称为直流负载线。

(4) 求静态工作点 Q，并确定 U_{CEQ}、I_{CQ} 的值。晶体管的 I_{CQ} 和 U_{CEQ} 既要满足 $I_B = 40$ μA 的输出特性曲线，又要满足直流负载线，因而晶体管必然工作在它们的交点 Q，该点就是静态工作点。由静态工作点 Q 便可在坐标上查得静态值 I_{CQ} 和 U_{CEQ}，如图 2.16 所示。

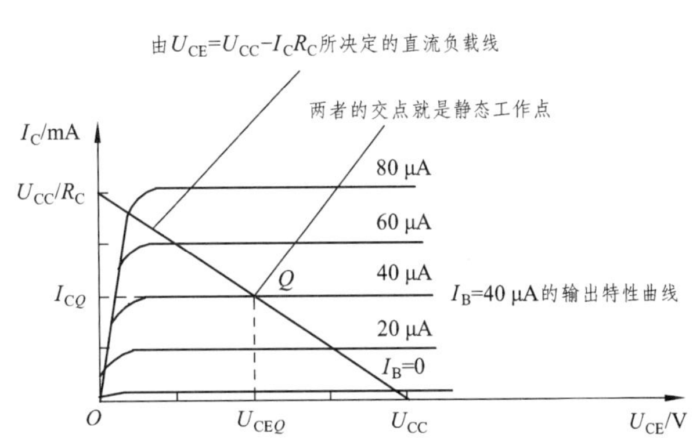

图 2.16　图解法确定静态工作点

(二) 动态工作情况分析

所谓动态，是指放大电路输入信号不为零时的工作状态。当放大电路加入交流信号 u_i 时，电路中各电极的电压、电流都是由直流量和交流量叠加而成的。其波形如图 2.17 所示。动态分析主要是确定放大电路的电压放大倍数 A_u、输入电阻 R_i 和输出电阻 R_o。

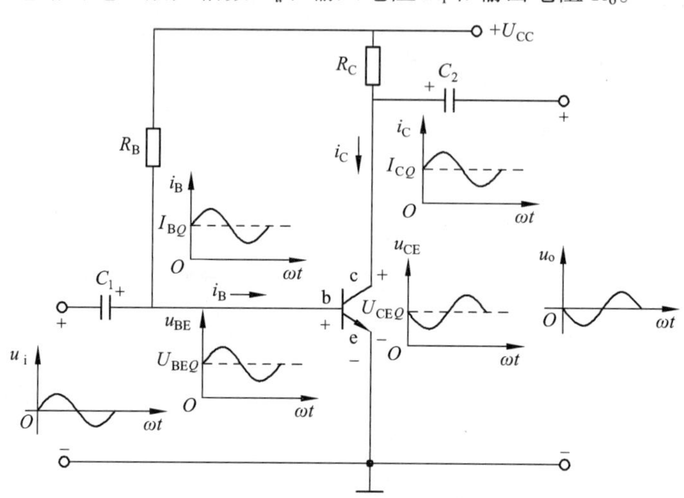

图 2.17 放大电路的动态工作情况

放大电路有输入信号时，三极管各极的电流和电压瞬时值既有直流分量，又有交流分量。直流分量一般就是静态值，而所谓放大，只考虑其中的交流分量。下面介绍常用的动态分析法——微变等效电路法。

1. 微变等效电路法

把非线性元件晶体管所组成的放大电路等效成一个线性电路，就是放大电路的微变等效电路，然后用线性电路的分析方法来分析，这种方法称为微变等效电路分析法。等效的条件是晶体管在小信号(微变量)情况下工作。这样就能在静态工作点附近的小范围内，用直线段近似地代替晶体管的特性曲线。

1) 晶体管微变等效电路

输入特性曲线在 Q 点附近的微小范围内可以认为是线性的。如图 2.18(a)所示，当 u_{be} 有一微小变化Δu_{be}时，基极电流变化Δi_b，两者的比值称为三极管的动态输入电阻，用 r_{be} 表示，即：

$$r_{be}=\frac{\Delta u_{be}}{\Delta i_b}=\frac{u_{be}}{i_b}$$

$$r_{be}=300+(1+\beta)\frac{26(\text{mV})}{I_{EQ}(\text{mA})} \qquad (2\text{-}4)$$

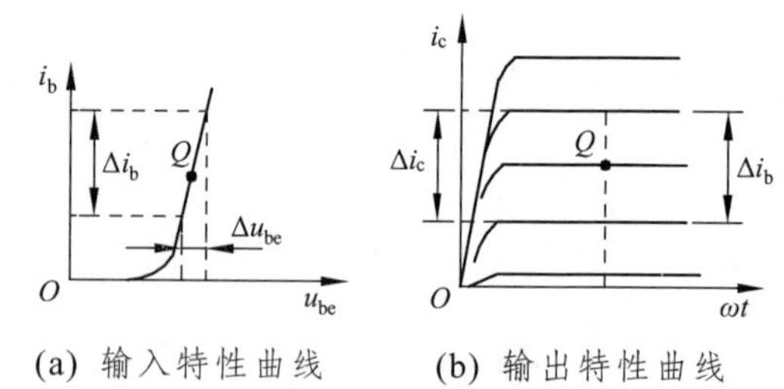

(a) 输入特性曲线　(b) 输出特性曲线

图 2.18 三极管的输入输出特性曲线

输出特性曲线在放大区域内可认为呈水平线，如图 2.18(b)所示，集电极电流的微小变化 Δi_c 仅与基极电流的微小变化 Δi_b 有关，而与电压 u_{ce} 无关，故集电极和发射极之间可等效为一个受 i_b 控制的电流源，即：$i_c=\beta i_b$。

三极管的微变等效电路如图 2.19 所示。

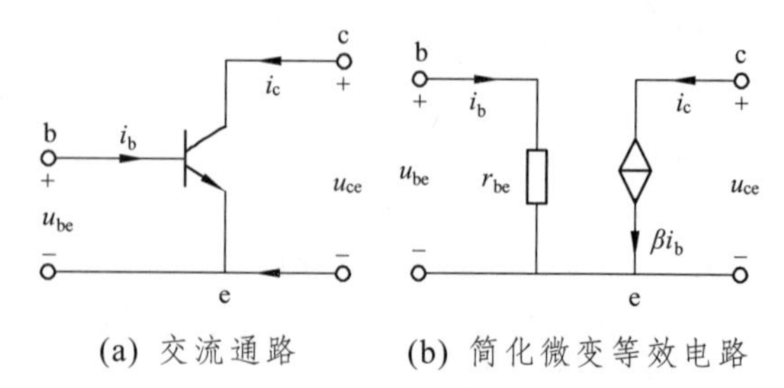

(a) 交流通路　(b) 简化微变等效电路

图 2.19 三极管的微变等效电路

共射极放大电路的微变等效电路如图 2.20 所示。

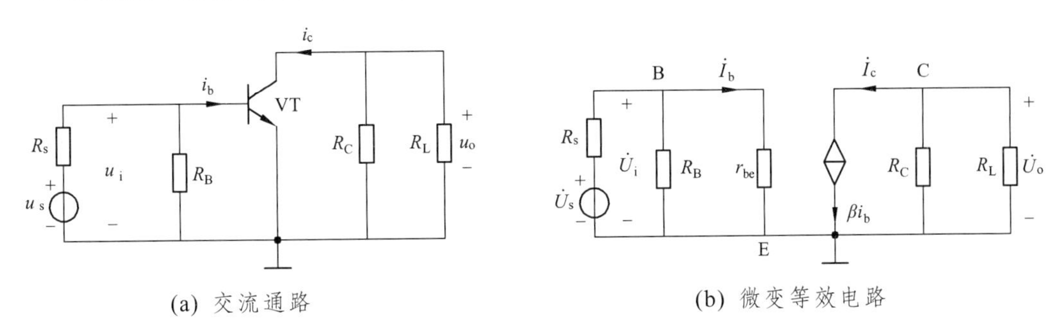

(a) 交流通路　　(b) 微变等效电路

图 2.20　共射极放大电路的微变等效电路

2) 放大电路交流参数的估算

(1) 电压放大倍数为：

$$\dot{A}_u=\frac{\dot{U}_o}{\dot{U}_i}=\frac{-R'_L\dot{I}_c}{r_{be}\dot{I}_b}=\frac{-R'_L\beta\dot{I}_b}{r_{be}\dot{I}_b}=-\frac{\beta R'_L}{r_{be}} \tag{2-5}$$

式中 $R'_L=R_C//R_L$。当 $R_L=\infty$(开路)时

$$\dot{A}_u=-\frac{\beta R_C}{r_{be}}$$

(2) 放大电路的输入电阻 R_i 是从放大器的输入端看进去的等效电阻，见图 2.21。输入电阻为：

$$R_i=\frac{\dot{U}_i}{\dot{I}_i}=R_B//r_{be} \tag{2-6}$$

输入电阻 R_i 的大小决定了放大电路从信号源吸取电流(输入电流)的大小。为了减轻信号源的负担，总希望 R_i 越大越好。另外，较大的输入电阻 R_i 也可以降低信号源内阻 R_s 的影响，使放大电路获得较高的输入电压。在上式中由于 R_B 比 r_{be} 大得多，R_i 近似等于 r_{be}，在几百欧至几千欧之间，一般认为是较低的，并不理想。

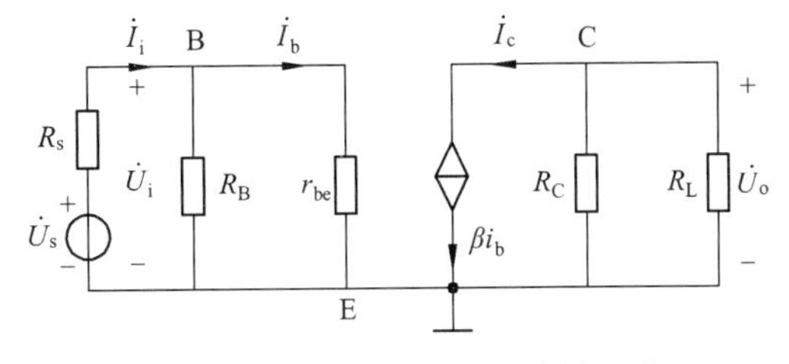

图 2.21　共射极放大电路的输入电阻

(3) 输出电阻 R_o 的计算方法是：信号源 $\dot{U}_s$ 短路，断开负载 R_L，在输出端加电压 $\dot{U}$，求出由 $\dot{U}$ 产生的电流 $\dot{I}$，如图 2.22 所示，则输出电阻 R_o 为：

$$R_o=R_C \tag{2-7}$$

对于负载而言，放大器的输出电阻 R_o 越小，负载电阻 R_L 的变化对输出电压的影响就越小，表明放大器带负载能力越强，因此总希望 R_o 越小越好。上式中 R_o 在几千欧至几十千欧之间，一般认为是较大的，也不理想。

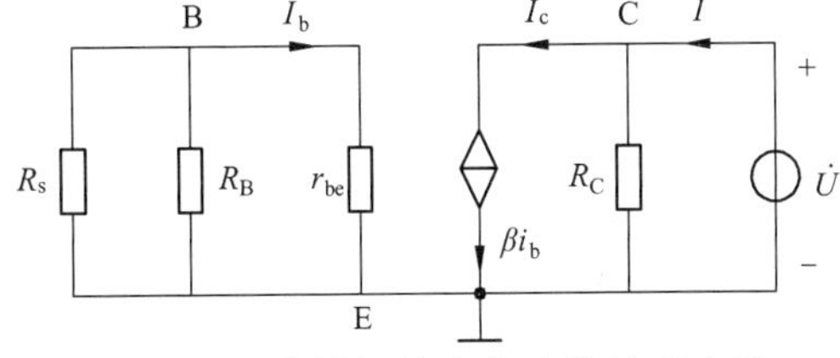

图 2.22　共射极放大电路的输出电阻

例 2.2　电路如图 2.12 所示，已知 $U_{CC}=12\ \text{V}$，$R_B=300\ \text{k}\Omega$，$R_C=3\ \text{k}\Omega$，$R_L=3\ \text{k}\Omega$，$R_s=3\ \text{k}\Omega$，$\beta=50$，试求：

(1) R_L 接入和断开两种情况下电路的电压放大倍数 $\dot{A}_u$；

(2) 输入电阻 R_i 和输出电阻 R_o；

(3) 输出端开路时的源电压放大倍数 $\dot{A}_{us}=\dfrac{\dot{U}_o}{\dot{U}_s}$。

解 先求静态工作点：

$$I_{BQ}=\frac{U_{CC}-U_{BEQ}}{R_B}\approx\frac{U_{CC}}{R_B}=\frac{12}{300}\text{A}=40\ \mu\text{A}$$

$$I_{CQ}=\beta I_{BQ}=50\times0.04=2\ (\text{mA})$$

$$U_{CEQ}=U_{CC}-I_{CQ}R_C=12-2\times3=6\ (\text{V})$$

再求三极管的动态输入电阻：

$$r_{be}=300+(1+\beta)\frac{26(\text{mV})}{I_{EQ}(\text{mA})}=300+(1+50)\times\frac{26(\text{mV})}{2(\text{mA})}=963\ \Omega\approx0.963\ \text{k}\Omega$$

(1) R_L 接入时的电压放大倍数 $\dot{A}_u$ 为：

$$\dot{A}_u=-\frac{\beta R_L'}{r_{be}}=-\frac{50\times\dfrac{3\times3}{3+3}}{0.963}=-78$$

R_L 断开时的电压放大倍数 $\dot{A}_u$ 为：

$$\dot{A}_u=-\frac{\beta R_C}{r_{be}}=-\frac{50\times3}{0.963}=-156$$

(2) 输入电阻 R_i 为：

$$R_i=R_B//r_{be}=300//0.963\approx0.96\ \text{k}\Omega$$

输出电阻 R_o 为： $R_o=R_C=3\ \text{k}\Omega$

(3)
$$\dot{A}_{us}=\frac{\dot{U}_o}{\dot{U}_s}=\frac{\dot{U}_i}{\dot{U}_s}\cdot\frac{\dot{U}_o}{\dot{U}_i}=\frac{R_i}{R_s+R_i}\dot{A}_u=\frac{1}{3+1}\times(-156)=-39$$

2. 图解分析法

用图解法能够直观显示出在输入信号作用下，放大电路各点电压和电流波形的幅值大小及相位关系，尤其对判断静态工作点是否合适、输出波形是否会失真等十分方便。图 2.23 画出了用图解法分析放大电路的动态工作情况。

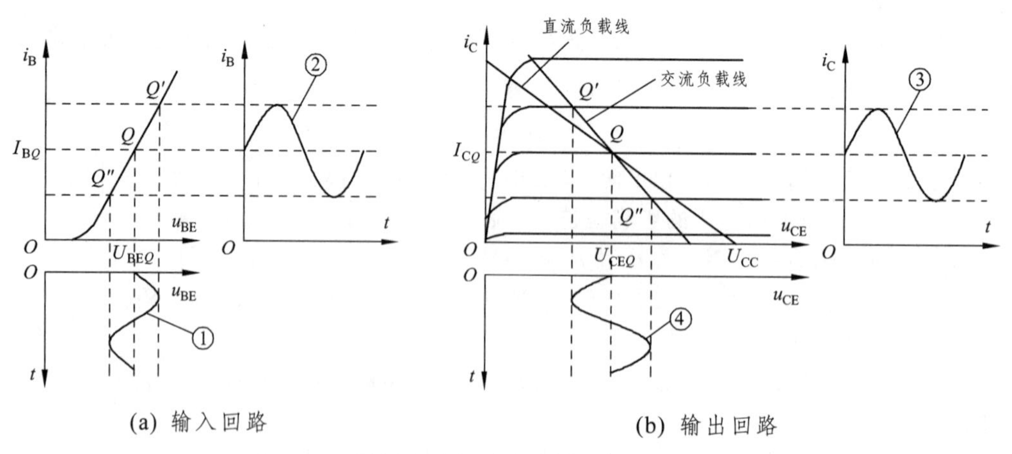

(a) 输入回路　　(b) 输出回路

图 2.23　图解法分析放大电路的动态工作情况

从图 2.23 可以看出，输入信号作用在放大电路输入端，见曲线①，在三极管输入特性曲线上可以对应画出基极电流的曲线，见曲线②，输入曲线的 Q 点在 Q'和 Q'' 范围内上下移动。随着放大电路基极电流 i_B 的变化，在输出特性曲线上放大电路的工作点将沿直流负载线移动，其范围是 Q' 和 Q'' 之间，这样可以得到 i_C 的变化曲线③及 u_{CE} 的变化曲线④，可以发现，当 u_i 为正半周时，对应 u_{CE} 的负半周，u_i 为负半周时，对应 u_{CE} 的正半周，而 u_{CE} 就是 u_o。这说明，共射极放大电路的 u_i 和 u_o 是反相的。

图解步骤：

(1) 根据静态分析方法，求出静态工作点 Q。

(2) 根据 u_i 在输入特性上求 u_{BE} 和 i_B。

(3) 作交流负载线。

(4) 由输出特性曲线和交流负载线求 i_C 和 u_{CE}。

上述图解分析时，是把放大电路的负载 R_L 作为短路处理的，如果考虑 R_L，则放大电路的负载应为 $R_L' = R_C // R_L$。这时放大电路的负载线称为交流负载线，如图 2.23 所示，从图中可以看出直流负载线和交流负载线并不重合，但在 Q 点相交，这是因为输入信号在变化过程中必定会经过零点，在通过零点，相当于放大电路处于静态，通过 Q 点作一条斜率是 $-1/R_L'$ 的直线就能得到放大电路的交流负载线。

从图解分析过程可得出如下几个重要结论：

(1) 放大器中的各个量 u_{BE}、i_B、i_C 和 u_{CE} 都由直流分量和交流分量两部分组成。

(2) 由于 C_2 的隔直作用，u_{CE} 中的直流分量 U_{CEQ} 被隔开，放大器的输出电压 u_o 等于 u_{CE} 中的交流分量 u_{ce}，且与输入电压 u_i 反相。

(3) 放大器的电压放大倍数可由 u_o 与 u_i 的幅值之比或有效值之比求出。负载电阻 R_L 越小，交流负载电阻 R_L' 也越小，交流负载线就越陡，使 U_{om} 减小，电压放大倍数下降。

(三) 静态工作点对输出波形失真的影响

静态工作点 Q 设置得不合适，会对放大电路的性能造成影响。若 Q 点偏高，当 i_B 按正弦规律变化时，Q' 进入饱和区，造成 i_C 和 u_{CE} 的波形与 i_B(或 u_i)的波形不一致，输出电压 u_o(即 u_{CE})的负半周出现平顶畸变，称为饱和失真；若 Q 点偏低，则 Q'' 进入截止区，输出电压 u_o 的正半周出现平顶畸变，称为截止失真，见图 2.24。饱和失真和截止失真统称为非线性失真。

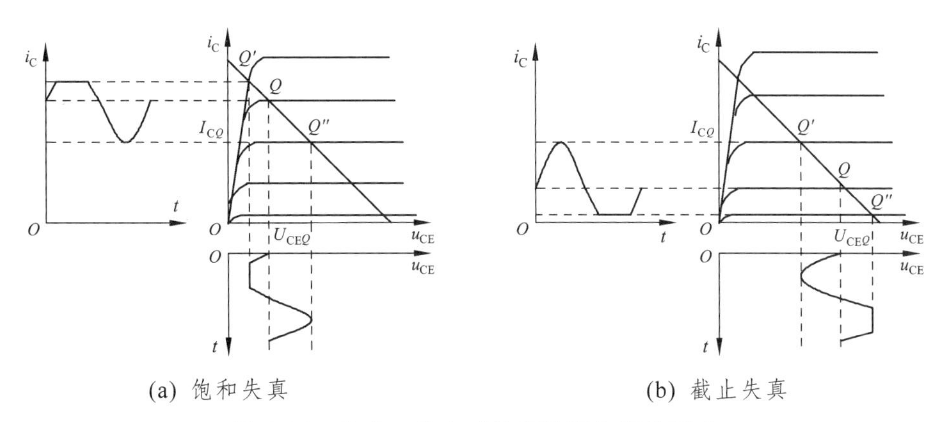

图 2.24　静态工作点对输出波形失真的影响

任务三　静态工作点稳定电路分析

放大电路只有设置了合适的静态工作点 Q，才能不失真地放大交流信号。因此，设置直流偏置电路，是实现对交流信号放大的前提。在固定偏置放大电路中(基本放大电路)，当温度变化时，会引起电路静态工作点的变化，严重时会造成输出电压失真。为了稳定放大电路的性能，必须在电路的结构上加以改进，使静态工作点保持稳定。分压式偏置放大电路是一种静态工作点比较稳定的放大电路。

一、分压式偏置电路的组成及工作原理

电路如图 2.25 所示，从电路的组成来看，三极管的基极连接有两个偏置电阻，即上偏电阻 R_{B1} 和下偏电阻 R_{B2}，发射极支路串接了电阻 R_E 和旁路电容 C_E。

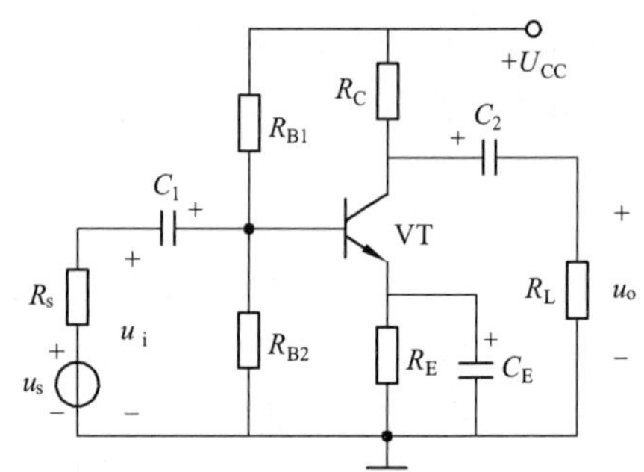

图 2.25　分压式偏置放大电路

静态工作点稳定的条件：

(1) $I_1 \approx I_2 \gg I_B$，($I_1 I_2$ 是流经 R_{B1}、R_{B2} 的电流)就可近似地认为基极电位 $U_B \approx \frac{R_{B2}}{R_{B1}+R_{B2}}U_{CC}$。由此式可知，$U_B$ 与三极管的参数无关，几乎不受温度影响。

(2) $U_B \gg U_{BE}$，发射极电位 U_{EQ} 等于发射极电阻 R_E 乘以电流 I_{EQ}，即 $U_{EQ} = R_E \times I_{EQ}$，三极管发射结的正向偏压 $U_{BE} = U_{BQ} - U_{EQ}$，当温度升高时 I_{CQ}、I_{EQ} 均会增大，因此 R_E 的压降 U_{EQ} 也会随之增大，由于 U_{BQ} 基本不变化，所以 U_{BE} 减小，而 U_{BE} 减小又会使 I_{BQ} 减小，I_{BQ} 减小又使 I_{CQ} 减小，因此 I_{CQ} 的增大就会受到抑制，电路的静态工作点能基本保持不变化。上述变化过程可以表示为：

温度 $T\uparrow \rightarrow I_C\uparrow \rightarrow I_E\uparrow \rightarrow U_E(=I_E R_E)\uparrow \rightarrow U_{BE}(=U_B - I_E R_E)\downarrow \rightarrow I_B\downarrow \rightarrow I_C\downarrow$

二、分压式偏置电路的计算

(一) 静态分析

用估算法计算静态工作点。当满足 $I_2 \gg I_B$ 时，$I_1 = I_2 + I_B \approx I_2$。由图 2.26 所示的直流通路得三极管基极电位的静态值为：

$$U_B = \frac{R_{B2}}{R_{B1}+R_{B2}}U_{CC} \tag{2-8}$$

$$I_{CQ} \approx I_{EQ} = \frac{U_B - U_{BEQ}}{R_E} \tag{2-9}$$

$$I_{BQ} = \frac{I_{CQ}}{\beta} \tag{2-10}$$

$$U_{CEQ} \cong U_{CC} - I_{CQ}(R_C + R_E) \tag{2-11}$$

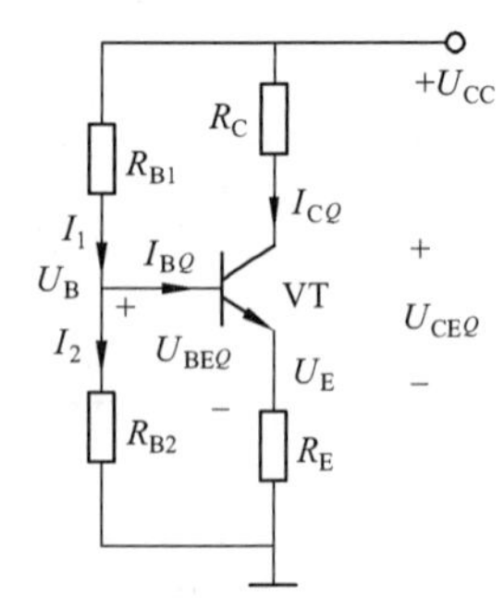

图 2.26　分压式偏置放大电路的直流通路

2. 动态分析

如图 2.27 所示电路是分压式偏置电路的交流通路和微变等效电路。

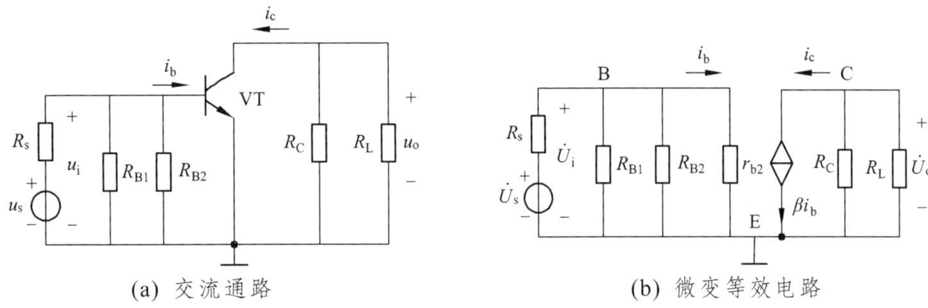

(a) 交流通路　　　　(b) 微变等效电路

图 2.27　分压式偏置电路的交流通路和微变等效电路

电压放大倍数、输入电阻和输出电阻分别为：

$$\dot{A}_u = -\frac{\beta R_L'}{r_{be}},\qquad R_i = R_{B1} // R_{B2} // r_{be},\qquad R_o = R_C$$

例 2.3　电路如图 2.28 所示(接 C_E)，已知 $U_{CC} = 12\ \text{V}$，$R_{B1} = 20\ \text{k}\Omega$，$R_{B2} = 10\ \text{k}\Omega$，$R_C = 3\ \text{k}\Omega$，$R_E = 2\ \text{k}\Omega$，$R_L = 3\ \text{k}\Omega$，$\beta = 50$。试估算静态工作点，并求电压放大倍数、输入电阻和输出电阻。

解　(1) 用估算法计算静态工作点：

$$U_B = \frac{R_{B2}}{R_{B1}+R_{B2}}U_{CC} = \frac{10}{20+10}\times 12 = 4\ (\text{V})$$

$$I_{CQ} \approx I_{EQ} = \frac{U_B - U_{BEQ}}{R_E} = \frac{4-0.7}{2} = 1.65\ (\text{mA})$$

$$I_{BQ} = \frac{I_{CQ}}{\beta} = \frac{1.65}{50}\text{mA} = 33\ \mu\text{A}$$

$$U_{CEQ} = U_{CC} - I_{CQ}(R_C + R_E) = 12 - 1.65\times(3+2) = 3.75\ (\text{V})$$

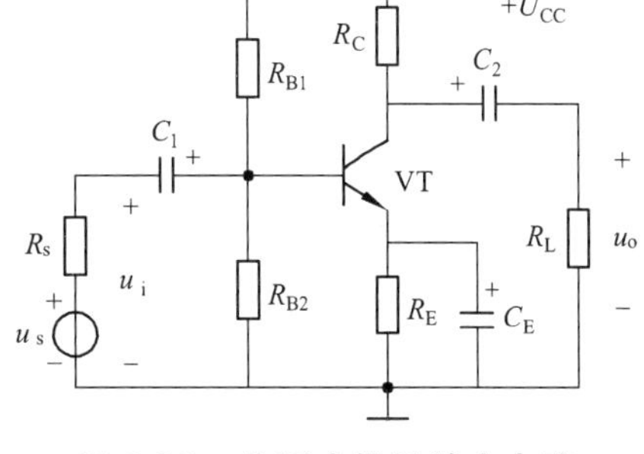

图 2.28　分压式偏置放大电路

(2) 求电压放大倍数：

$$r_{be} = 300 + (1+\beta)\frac{26}{I_{EQ}} = 300 + (1+50)\times\frac{26}{1.65} = 1\,100\ (\Omega) = 1.1\ (\text{k}\Omega)$$

$$\dot{A}_u = -\frac{\beta R_L'}{r_{be}} = -\frac{50\times\frac{3\times 3}{3+3}}{1.1} = -68$$

(3) 求输入电阻和输出电阻：

$$R_i = R_{B1} // R_{B2} // r_{be} = 20//10//1.1 = 0.994\ (\text{k}\Omega)$$

$$R_o = R_C = 3\ \text{k}\Omega$$

任务四　其它基本放大电路分析

一、共集电极放大电路

射极输出器又叫射极跟随器，其电路就是共集电极放大电路，如图 2.29 所示。射极输出器在电路结构上与共发射极放大电路不同，负载接在发射极上，输出电压 U_o 从发射极取出，而集电极直接接电源，对交流信号而言，集电极相当于接地，成为输入、输出电路的公共端，因此这种电路称为共集电极放大电路。前面已经讨论过，在发射极回路中，接入电阻 R_E 可以稳定集电极静态电流 I_C，因此，射极输出器的静态工作点是稳定的。

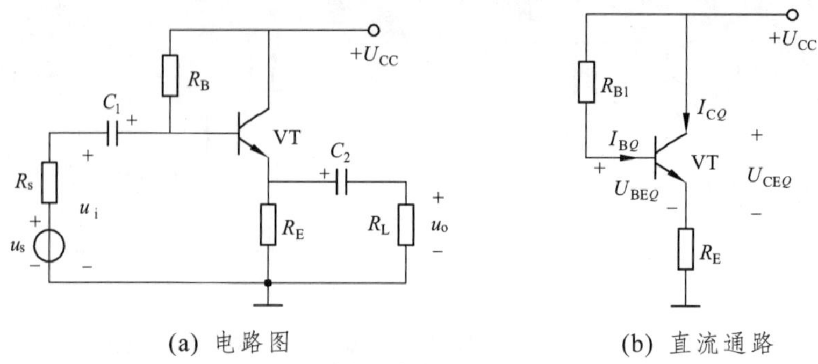

图 2.29 射极输出器的电路组成

(一) 静态分析

由射极跟随器的直流通路可得：

$$U_{CC}=I_{BQ}R_B+U_{BEQ}+I_{EQ}R_E=I_{BQ}R_B+U_{BEQ}+(1+\beta)I_{BQ}R_E$$

$$I_{BQ}=\frac{U_{CC}-U_{BEQ}}{R_B+(1+\beta)R_E} \tag{2-12}$$

$$I_{CQ}=\beta I_{BQ} \tag{2-13}$$

$$U_{CEQ}=U_{CC}-I_{EQ}R_E\approx U_{CC}-I_{CQ}R_E \tag{2-14}$$

(二) 动态分析

图 2.30 所示是射极输出器的微变等效电路。

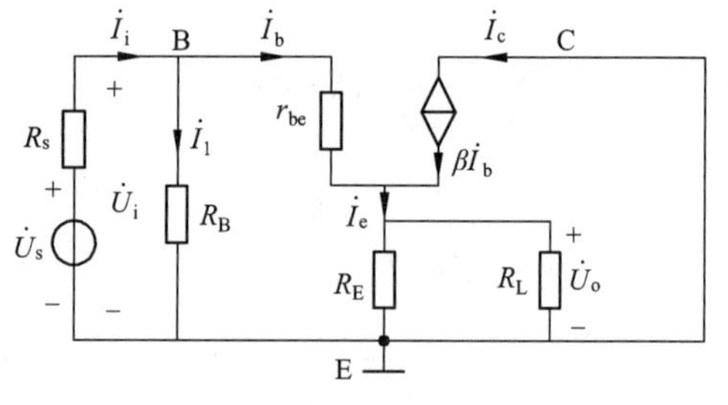

图 2.30 射极输出器的微变等效电路

(1) 求电压放大倍数：

$$\dot{U}_o=\dot{I}_eR_L'=(1+\beta)\dot{I}_bR_L'$$

$$\dot{U}_i=\dot{I}_br_{be}+\dot{U}_o=\dot{I}_br_{be}+(1+\beta)\dot{I}_bR_L'$$

$$\dot{A}_u=\frac{\dot{U}_o}{\dot{U}_i}=\frac{(1+\beta)R_L'}{r_{be}+(1+\beta)R_L'} \tag{2-15}$$

式中，$R_L'=(R_E//R_L)$。

(2) 求输入电阻：

$$\dot{I}_i=\dot{I}_1+\dot{I}_b=\frac{\dot{U}_i}{R_B}+\frac{\dot{U}_i}{r_{be}+(1+\beta)R_L'}$$

$$R_i=\frac{\dot{U}_i}{\dot{I}_i}=R_B//[r_{be}+(1+\beta)R_L'] \tag{2-16}$$

(3) 求输出电阻(等效电路见图 2.31)：

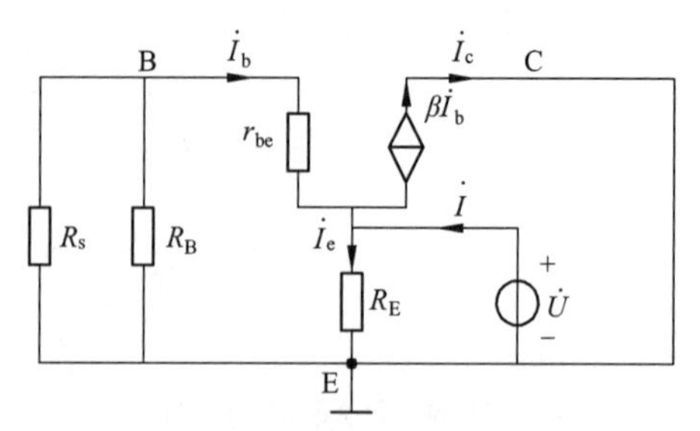

图 2.31 计算输出电阻的等效电路

$$\dot{I}=\dot{I}_b+\beta\dot{I}_b+\dot{I}_e=\frac{\dot{U}}{r_{be}+R_s'}+\beta\frac{\dot{U}}{r_{be}+R_s'}+\frac{\dot{U}}{R_E}$$

$$R_o=\frac{\dot{U}}{\dot{I}}=R_E//\frac{r_{be}+R_s'}{1+\beta} \tag{2-17}$$

式中，$R_s'=R_s//R_B$。

(三) 射极输出器的特点和用途

射极输出器的特点：① 电压放大倍数小于 1，但约等于 1，即电压跟随；② 输入电阻较高；

③ 输出电阻较低。

射极输出器的用途：射极跟随器具有较高的输入电阻和较低的输出电阻，这是射极跟随器最突出的优点。射极跟随器常用作多级放大器的第一级或最末级，也可用于中间隔离级。用作输入级时，其高的输入电阻可以减轻信号源的负担，提高放大器的输入电压；用作输出级时，其低的输出电阻可以减小负载变化对输出电压的影响，并易于与低阻负载相匹配，向负载传送尽可能大的功率。

例 2.4　电路如图 2.29(a)所示，已知 $U_{CC}=12\ \text{V}$，$R_B=200\ \text{k}\Omega$，$R_E=2\ \text{k}\Omega$，$R_L=3\ \text{k}\Omega$，$R_s=100\ \Omega$，$\beta=50$。试估算静态工作点，并求电压放大倍数、输入电阻和输出电阻。

解　(1) 用估算法计算静态工作点：

$$I_{BQ}=\frac{U_{CC}-U_{BEQ}}{R_B+(1+\beta)R_E}=\frac{12-0.7}{200+(1+50)\times 2}=0.037\ 4\ (\text{mA})=37.4\ (\mu\text{A})$$

$$I_{CQ}=\beta I_{BQ}=50\times 0.0374=1.87\ (\text{mA})$$

$$U_{CEQ}\approx U_{CC}-I_{CQ}R_E=12-1.87\times 2=8.26\ (\text{V})$$

(2) 求电压放大倍数 $\dot{A}_u$、输入电阻 R_i 和输出电阻 R_o：

$$r_{be}=300+(1+\beta)\frac{26}{I_{EQ}}=300+(1+50)\times\frac{26}{1.87}=100\ 9\ (\Omega)\approx 1\ (\text{k}\Omega)$$

$$\dot{A}_u=\frac{\dot{U}_o}{\dot{U}_i}=\frac{(1+\beta)R'_L}{r_{be}+(1+\beta)R'_L}=\frac{(1+50)\times 1.2}{1+(1+50)\times 1.2}=0.98$$

式中　$R'_L=R_E\,//\,R_L=2\,//\,3=1.2\ \ (\text{k}\Omega)$

因此　$R_i=R_B\,//[r_{be}+(1+\beta)R'_L]=200//[1+(1+50)\times 1.2]=47.4\ \ (\text{k}\Omega)$

$$R_o\approx\frac{r_{be}+R'_s}{\beta}=\frac{1\ 000+100}{50}=22\ (\Omega)$$

这里　$R'_s=R_B\,//\,R_s=200\times 10^3\,//100\approx 100\ (\Omega)$

二、共基极放大电路

图 2.32 所示为共基极放大电路的原理电路，R_E、R_C 分别为集电极、发射极电阻，R_{B1} 和 R_{B2} 为基极偏置电阻，用来保证三极管有合适的静态工作点。

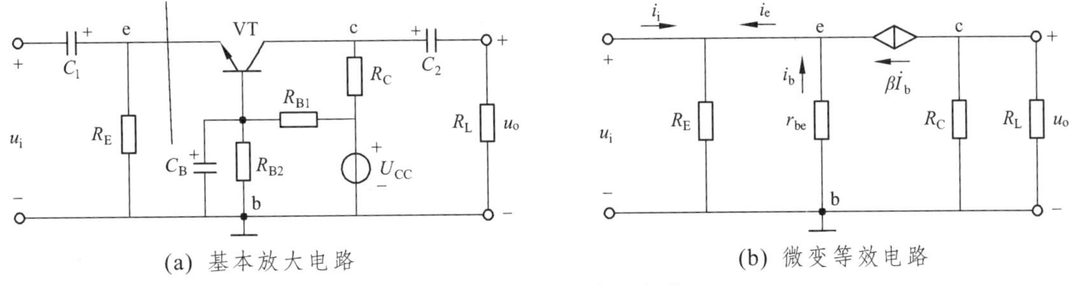

(a) 基本放大电路　　(b) 微变等效电路

图 2.32　共基极放大电路

(一) 静态工作点

$$U_B\approx\frac{R_{B2}}{R_{B1}+R_{B2}}U_{CC}$$

$$I_{C} \approx I_{E} = \frac{U_{B} - U_{BE}}{R_{E}} \tag{2-18}$$

$$I_{B} = \frac{I_{C}}{\beta} \tag{2-19}$$

$$U_{CE} = U_{CC} - I_{C}R_{C} - I_{E}R_{E} \approx U_{CC} - I_{C}(R_{C} + R_{E}) \tag{2-20}$$

(二) 动态分析

画出电路的交流小信号等效电路如图 2.32(b)所示。

(1) 电压放大倍数：

$$u_{i} = -i_{b}r_{be}\,, \quad u_{o} = -i_{b}\beta(R_{C} // R_{L})$$

$$A_{u} = \frac{u_{o}}{u_{i}} = \frac{\beta(R_{C} // R_{L})}{r_{be}} \tag{2-21}$$

(2) 输入电阻：

$$R'_{i} = \frac{u_{i}}{-i_{e}} = \frac{-i_{b}r_{be}}{-(1+\beta)i_{e}} = \frac{r_{be}}{(1+\beta)}$$

$$R_{i} = R'_{i} // R_{B} = R_{B} // \frac{r_{be}}{(1+\beta)} \tag{2-22}$$

(3) 输出电阻：

$$R_{o} = R_{C} \tag{2-23}$$

三、三种组态的比较

综合上面所得结果，将放大电路的三种组态（共射极放大电路、共基极放大电路、共集电极放大电路）进行比较，如表 2.1 所示。共射极放大电路的电压、电流、功率增益都比较大，因而应用广泛；但在宽频带或高频情况下，要求稳定性较好时，共基极电路就比较合适；共集电极电路的独特特点是输入电阻很高、输出电阻很低，多用于输入级、输出级。

表 2.1　三种组态的基本放大电路的比较

分类	共发射极电路	共集电极电路	共基极电路
电路	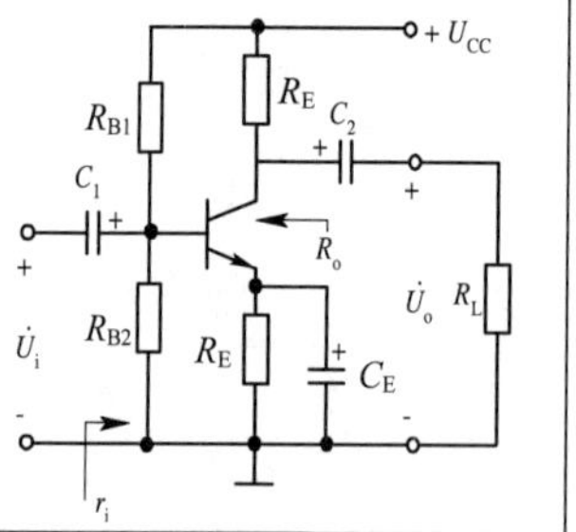	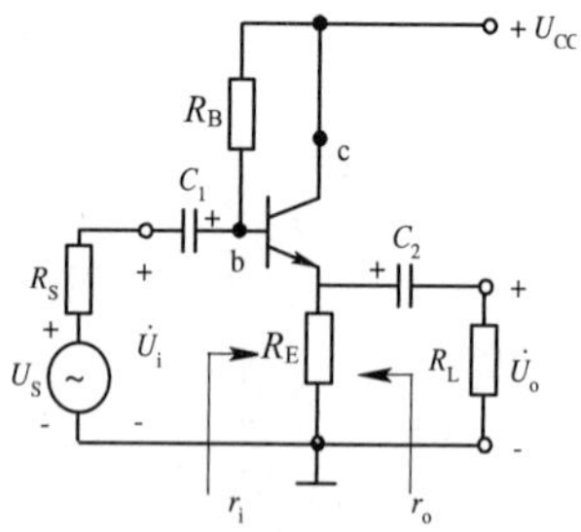	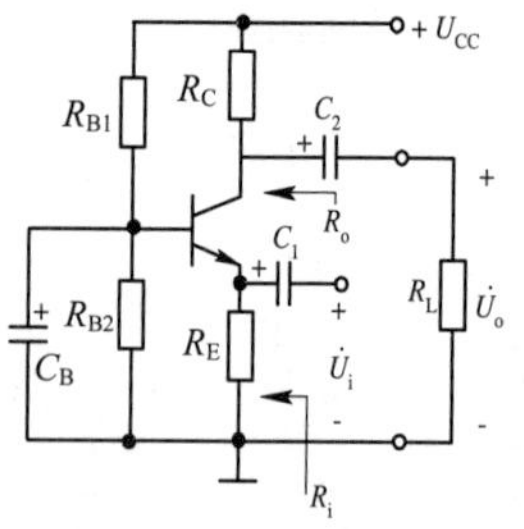
A_u	$-\beta\frac{R'_L}{r_{be}}$	$\frac{(1+\beta)R'_L}{r_{be}+(1+\beta)R'_L}\approx 1$	$\beta\frac{R'_L}{r_{be}}$
R_i	中（几百Ω～几 kΩ）	大（几十 kΩ 以上）	小（几Ω～几十Ω）
R_o	中（几十 kΩ～几百 kΩ）	小（几Ω～几十 Ω）	大（几百 kΩ～几 MΩ）
频率响应	差	较好	好
应用场合	一般放大，多级放大器的中间级	输入级、输出级或阻抗变换、缓冲（隔离）级	高频放大、宽频带放大振荡及恒流电源

任务五　多级放大电路分析

前面讲过的基本放大电路，其电压放大倍数一般只能达到几十至几百。然而在实际工作中，放大电路所得到的信号往往都非常微弱，要将其放大到能推动负载工作的程度，仅通过单级放大电路放大，达不到实际要求，所以则必须通过多个单级放大电路连续多次放大，才可满足实际要求。

一、多级放大电路的组成及耦合方式

(一) 多级放大电路的组成

多级放大电路的组成可用图 2.33 所示的框图来表示。其中，输入级与中间级的主要作用是实现电压放大，输出级的主要作用是功率放大，以推动负载工作，保证信号在级与级之间能够顺利地传输过去。

信号源 → 输入级 → 中间级 → 输出级 → 负载

图 2.33　多级放大电路的结构框图

(二) 多级放大电路的耦合方式

多级放大电路是由两级或两级以上的单级放大电路连接而成的。在多级放大电路中，我们把级与级之间的连接方式称为耦合方式。而级与级之间耦合时，必须满足：

(1) 耦合后，各级电路仍具有合适的静态工作点。

(2) 保证信号在级与级之间能够顺利地传输过去。

(3) 耦合后，多级放大电路的性能指标必须满足实际的要求。

为了满足上述要求，一般常用的耦合方式有：阻容耦合、直接耦合、变压器耦合。

1. 阻容耦合

我们把级与级之间通过电容连接的方式称为阻容耦合方式。电路如图 2.34 所示。

阻容耦合放大电路的特点如下：

(1) 优点：因电容具有“隔直”作用，所以各级电路的静态工作点相互独立，互不影响。这给放大电路的分析、设计和调试带来了很大的方便。此外，还具有体积小、重量轻等优点。

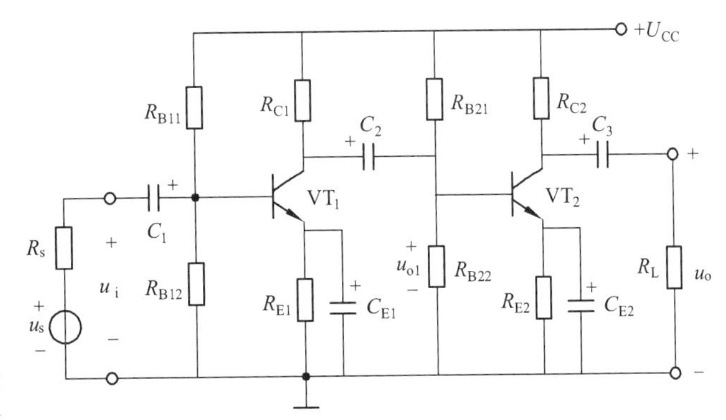

图 2.34　两级阻容耦合放大电路

(2) 缺点：因电容对交流信号具有一定的容抗，在信号传输过程中，会受到一定的衰减。尤其对于变化缓慢的信号，容抗很大，不便于传输。此外，在集成电路中，制造大容量的电容很困难，所以这种耦合方式下的多级放大电路不便于集成。

2. 直接耦合

为了避免电容对缓慢变化的信号在传输过程中带来的不良影响，也可以把级与级之间直接用导线连接起来，这种连接方式称为直接耦合。其电路如图 2.35 所示。

直接耦合的特点如下：

(1) 优点：既可以放大交流信号，也可以放大直流和变化非常缓慢的信号；电路简单，便于集成，所以集成电路中多采用这种耦合方式。

(2) 缺点：存在着各级静态工作点相互牵制和零点漂移这两个问题。

3. 变压器耦合

我们把级与级之间通过变压器连接的方式称为变压器耦合。其电路如图 2.36 所示。

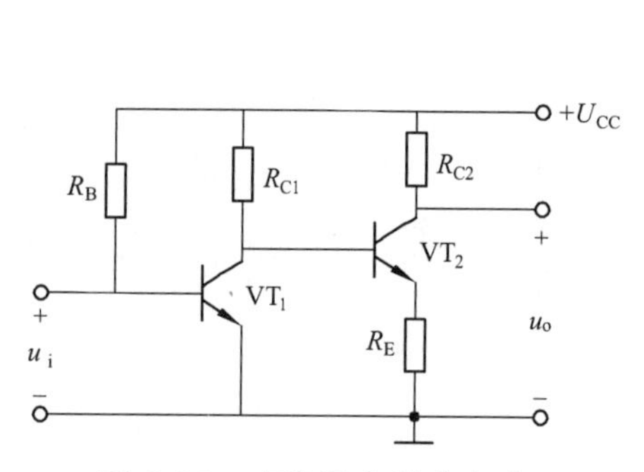

图 2.35 直接耦合放大电路

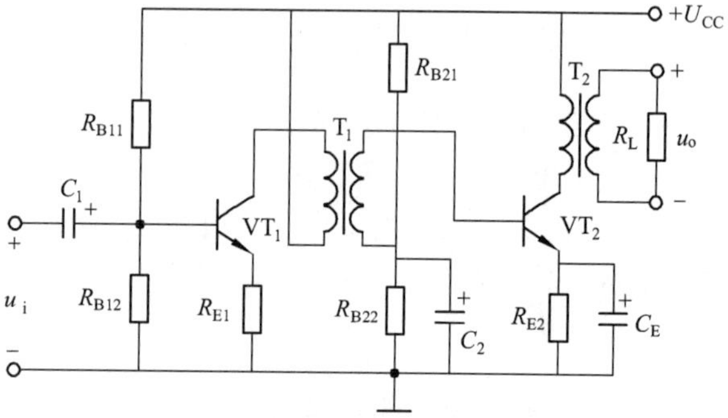

图 2.36 变压器耦合放大电路

二、多级放大电路的性能指标估算

1. 电压放大倍数

多级放大电路的电压放大倍数等于各级放大电路的电压放大倍数的乘积，即

$$A_u = A_{u1} A_{u2} \cdots A_{un} \tag{2-24}$$

2. 输入电阻

多级放大电路的输入电阻，就是输入级的输入电阻。计算时要注意：当输入级为共集电极放大电路时，要考虑第二级的输入电阻作为前级负载时对输入电阻的影响，即：

$$R_{\rm i} = R_{\rm i1} = R_{\rm B1} // r_{\rm be1} \tag{2-25}$$

3. 输出电阻

多级放大电路的输出电阻就是末级放大电路的输出电阻。计算时要注意：当输出级为共集电极放大电路时，要考虑其前级对输出电阻的影响，即：

$$R_{\rm o} = R_{\rm o2} = R_{\rm C2} \tag{2-26}$$

例 2.5 两级阻容耦合放大电路如图 2.34 所示。已知 $U_{\rm CC} = 12\ {\rm V}$，$R_{\rm B11} = 30\ {\rm k\Omega}$，$R_{\rm B21} = 15\ {\rm k\Omega}$，$R_{\rm C1} = 3\ {\rm k\Omega}$，$R_{\rm E1} = 3\ {\rm k\Omega}$，$R_{\rm B12} = 20\ {\rm k\Omega}$，$R_{\rm B22} = 10\ {\rm k\Omega}$，$R_{\rm C2} = 2.5\ {\rm k\Omega}$，$R_{\rm E2} = 2\ {\rm k\Omega}$，$R_{\rm L} = 5\ {\rm k\Omega}$，$\beta_1 = \beta_2 = 50$，$U_{\rm BE1} = U_{\rm BE2} = 0.7\ {\rm V}$。求：

(1) 各级电路的静态值；

(2) 各级电路的电压放大倍数 $\dot{A}_{u1}$、$\dot{A}_{u2}$ 和总电压放大倍数 $\dot{A}_u$；

(3) 各级电路的输入电阻和输出电阻。

解 (1) 静态值的估算。

第一级：

$$U_{B1}=\frac{R_{B12}}{R_{B11}+R_{B12}}U_{CC}=\frac{15}{30+15}\times 12=4\ (V)$$

$$I_{C1}\approx I_{E1}=\frac{U_{B1}-U_{BE1}}{R_{E1}}=\frac{4-0.7}{3}=1.1\ (mA)$$

$$I_{B1}=\frac{I_{C1}}{\beta_1}=\frac{1.1}{50}\ \ (mA)=22\ (\mu A)$$

$$U_{CE1}=U_{CC}-I_{C1}(R_{C1}+R_{E1})=12-1.1\times(3+3)=5.4\ (V)$$

第二级：

$$U_{B2}=\frac{R_{B22}}{R_{B21}+R_{B22}}U_{CC}=\frac{10}{20+10}\times 12=4\ (V)$$

$$I_{C2}\approx I_{E2}=\frac{U_{B2}-U_{BE2}}{R_{E2}}=\frac{4-0.7}{2}=1.65\ (mA)$$

$$I_{B2}=\frac{I_{C2}}{\beta_2}=\frac{1.65}{50}\ (mA)=33\ (\mu A)$$

$$U_{CE2}=U_{CC}-I_{C2}(R_{C2}+R_{E2})=12-1.65\times(2.5+2)=4.62\ (V)$$

(2) 求各级电路的电压放大倍数 $\dot{A}_{u1}$、$\dot{A}_{u2}$ 和总电压放大倍数 $\dot{A}_u$。

首先画出电路的微变等效电路，如图 2.37 所示。

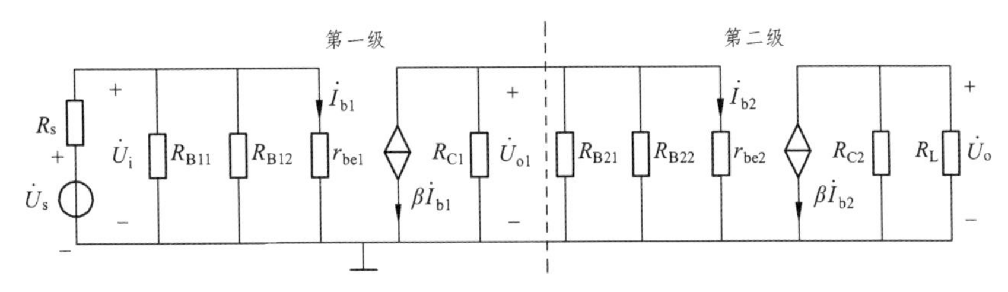

图 2.37　微变等效电路图

三极管 VT_1 的动态输入电阻为：

$$r_{be1}=300+(1+\beta_1)\frac{26}{I_{E1}}=300+(1+50)\times\frac{26}{1.1}=1500\ (\Omega)=1.5\ (k\Omega)$$

三极管 VT_2 的动态输入电阻为：

$$r_{be2}=300+(1+\beta_2)\frac{26}{I_{E2}}=300+(1+50)\times\frac{26}{1.65}=1100\ (\Omega)=1.1(k\Omega)$$

第二级输入电阻为：

$$r_{i2}=R_{B21}//R_{B22}//r_{be2}=20//10//1.1=0.94\ (k\Omega)$$

第一级等效负载电阻为：

$$R'_{L1}=R_{C1}//r_{i2}=3//0.94=0.72\ (k\Omega)$$

第二级等效负载电阻为：

$$R'_{L2}=R_{C2}//R_L=2.5//5=1.67\ (k\Omega)$$

第一级电压放大倍数为：

$$\dot{A}_{u1} = -\frac{\beta_1 R'_{L1}}{r_{be1}} = -\frac{50\times 0.72}{1.5} = -24$$

第二级电压放大倍数为：

$$\dot{A}_{u2} = -\frac{\beta_2 R'_{L2}}{r_{be2}} = -\frac{50\times 1.67}{1.1} = -76$$

两级总电压放大倍数为：

$$\dot{A}_{u} = \dot{A}_{u1}\dot{A}_{u2} = (-24)\times(-76) = 1\,824$$

(3) 求各级电路的输入电阻和输出电阻。

第一级输入电阻为：

$$r_{i1} = R_{B11} // R_{B12} // r_{be1} = 30//15//1.5 = 1.3\ (\text{k}\Omega)$$

第二级输入电阻在上面求出，为 0.94 kΩ。

第一级输出电阻为：

$$r_{o1} = R_{C1} = 3\,(\text{k}\Omega)$$

第二级输出电阻为：

$$r_{o2} = R_{C2} = 2.5\,(\text{k}\Omega)$$

第二级的输出电阻就是两级放大电路的输出电阻。

任务六　半导体收音机的制作

一、电路设计

六管超外差式调幅收音机的整机电路如图 2.38 所示。

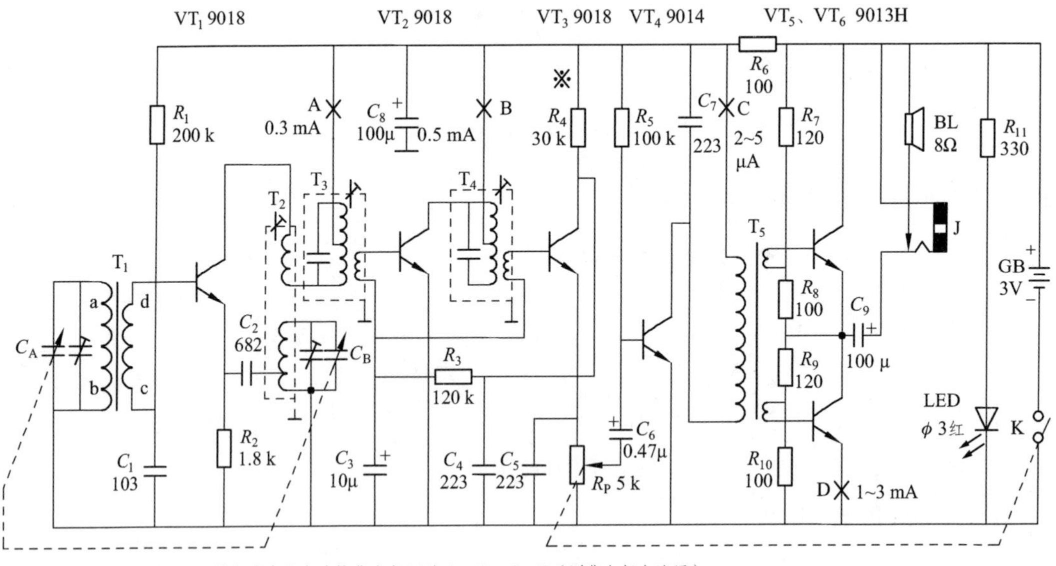

注：1. 调试时请注意连接集电极回路A、B、C、D（测集电极电流用）。
　　2. 中放增益低时，可改变 R_4的阻值，声音会提高。

图 2.38　六管超外差式调幅收音机的整机电路

二、超外差收音机的工作原理

超外差收音机的工作原理是：将所要收听的电台频率在调谐电路里调好以后，经过电路本身的作用，就变成另外一个预先确定好的频率(在我国为 465 kHz)，然后再进行放大和检波。这个固定的频率是由差频作用产生的。如果我们在收音机内制造一个振荡电波(通常称为本机振荡)，使它和外来高频调幅信号同时送到一个晶体管内混合，这种工作叫混频。由于晶体管的非线性作用导致混频的结果就会产生一个新的频率，这就是外差作用。采用了这种电路的收音机叫外差式收音机，混频和振荡的工作合称变频。外差作用产生出来的差频，习惯上我们采用易于控制的一种频率，它比高频较低，但比音频高，这就是常说的中间频率，简称中频。任何电台的频率，由于都变成了中频，放大起来就能得到相同的放大量。调谐回路的输出进入混频级的是高频调制信号，即载波与其携带的音频信号。经过混频，输出载波的波形变得很稀疏，其频率降低了，但音频信号的形状没有变。通常将这个过程(混频和本振的作用)叫做变频。变频仅仅是载波频率变低了，并且无论输入信号频率如何变化最终都变为 465 kHz，而音频信号(包络线的形状)没变。混频器输出的携音频包络的中频信号由中频放大电路进行一级、两级甚至三级中频放大，从而使得到达二极管检波器的中频信号振幅足够大。二极管将中频信号振幅的包络检波出来，这个包络就是我们需要的音频信号。音频信号最后交给低放级放大到我们需要的电平强度，然后推动扬声器发出足够的音量。若要求超外差式收音机得到更高的灵敏度，在调谐回路与混频之间还可以加入高频放大级然后再去混频。根据超外差收音机的原理，我们可以将收音机电路分成以下几个模块：调谐回路、变频回路(包括本振电路、混频电路和选频电路)、中频放大(中放)回路、检波及 AGC 回路、低放级回路、功放级回路如图 2.39 所示。

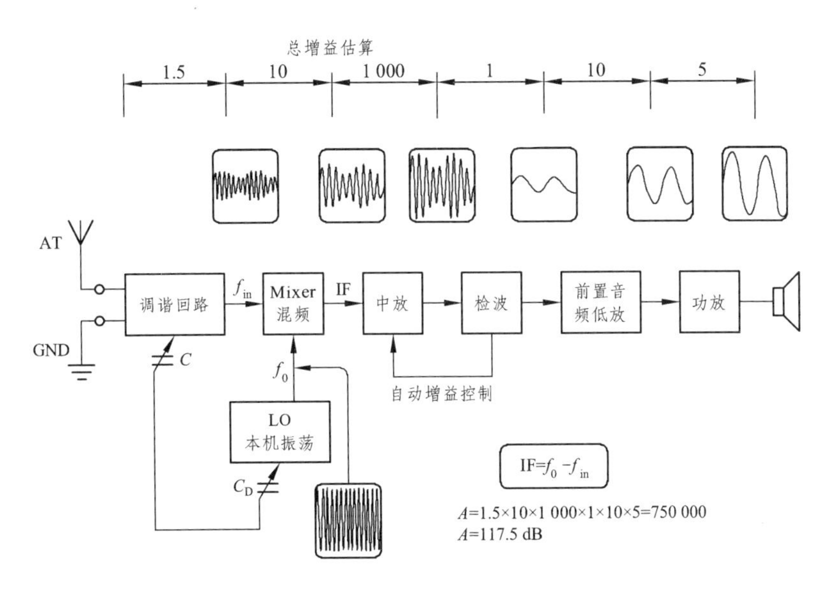

图 2.39　调幅收音机原理框图

三、元件清单

元件清单如表 2.2 所示。

表 2.2 半导体收音机的元件清单

名称	型号规格	位号	数量	名称	型号规格	位号	数量
三极管	9018	VT_1、VT_2、VT_3	3 支	瓷片电容	682、103	C_2、C_1	各 1 支
三极管	9014	VT_4	1 支	瓷片电容	223	C_4、C_5、C_7	3 支
三极管	9013H	VT_5、VT_6	2 支	双联电容	CBM-223P	C_A	1 支
发光二极管		LED	1 支	收音机前后盖			各 1 个
磁棒线圈	5 mm × 13 mm × 55 mm	T_1	1 套	刻度尺和音窗			各 1 块
中周	红，白，黑，	T_2、T_3、T_4	3 个	双联拨盘			1 个
输入变压器	E 型六个引脚	T_5	1 个	电位器拨盘			1 个
扬声器	58 mm	BL	1 个	磁棒支架			1 个
电阻器	100 Ω	R_6、R_8、R_{10}	3 支	印刷电路板			1 块
电阻器	120 Ω	R_7、R_9	2 支	电路原理图及装配说明			1 份
电阻器	330 Ω、1.8 kΩ	R_{11}、R_2	各 1 支	电池正负极片	3 件		1 套
电阻器	30 kΩ、100 kΩ	R_4、R_5	各 1 支	连接导线			4 根
电阻器	120 kΩ、200 kΩ	R_3、R_1	各 1 支	耳机插座			1 个
电位器	5 kΩ (带开关插脚式)	R_P	1 支	双联及拨盘螺丝			3 粒
电解电容	0.47 μF，10 μF	C_6、C_3	各 1 支	电位器拨盘螺丝			1 粒
电解电容	100 μF	C_8、C_9	2 支	自攻螺丝			1 粒

四、元器件说明及安装工艺要求

元器件外形如图 2.40 所示。

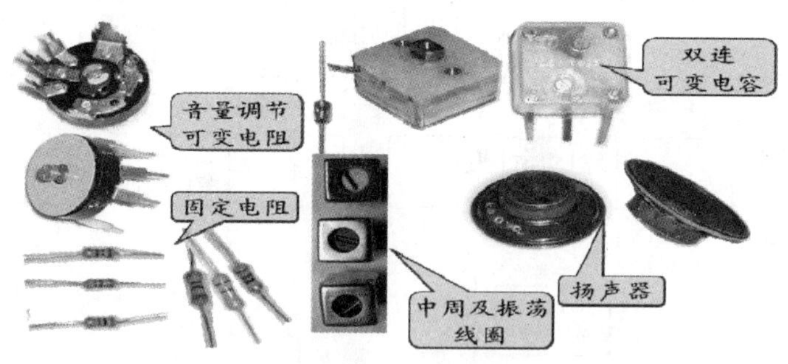

图 2.40 元件外形

在动手焊接前，请用万用表将各元件测量一下，做到心中有数。安装时先装低矮的和耐热的元件(如电阻)，然后再装大一点的元件(如中周、变压器)，最后装不耐热的元件(如三极管)。

1. 电 阻

可以根据色差法对 11 个电阻进行分类：

棕、红、橙、黄、绿、蓝、紫、灰、白、黑、金、银，分别对应 1、2、3、4、5、6、7、8、9、0、5%、10%。

电阻的安装：将合适阻值的电阻选择好后，根据两孔的距离弯曲电阻脚，可采用卧式紧贴电路板安装，也可采用立式安装，高度要统一。

2. 电解电容和瓷片电容

在安装电解电容时，要求电容的管脚长度要适中，太高会影响后盖的安装。要先正确判断管脚的正、负极，以避免方向弄错。电解电容应紧贴线路板立式安装焊接，

瓷片电容和电解电容一样，要求其管脚的长度要合适，不要剪得太短，也不要留得太长，它们不要超过中周的高度。在焊接瓷片电容时不必考虑它的正负极性。

3. 三极管

在这次所组装的收音机中有两种三极管：VT_5、VT_6 为 9013，属于中功率三极管；VT_1 ~ VT_4 为 9018 或 9014，属于高频小功率三极管。在安装时，VT_1 选用低值(绿点或黄点)的三极管，VT_2 和 VT_3 选用中值(蓝点或紫点)的三极管，VT_4 选用高值(紫点或灰点)的三极管，否则装出来的效果不好。要求三极管管脚的长度要适中，不要剪得太短，也不要留得太长，不要超过中周的高度。

4. 中周及磁棒线圈

中频变压器(简称中周)三只为一套。T_2 为振荡线圈的中周，型号为 LF10-1(红色)；T_3 为第一级中放用的中周，型号为 TF10-1(白色)；T_4 为第二级中放的中周，型号为 TF10-1(黑色)。这三只中周在出厂前均已调在规定的频率上，装好后只需微调甚至不调，不要乱调。中周外壳除了起屏蔽作用外，还起导线的作用，所以中周外壳必须接地。

磁棒线圈(是采用进口的自焊线生产的，可以不用刀子刮或砂纸砂线头)的四根引线头可以直接用电烙铁配合松香、焊锡丝来回摩擦几次即可自动镀上锡，四个线头对应地焊在线路板的铜铂面上，即 a、b、c、d 点，焊接前要仔细辨别引脚，不可弄反。

5. 双联拨盘

由于调谐用的双联拨盘安装时离电路板很近，所以在它的圆周内的高出部分的元件引脚在焊接前先用斜口钳剪去，以免安装或调谐时有障碍，影响拨盘调谐的元件有 T_2 和 T_4 的引脚以及接地焊片、双联的三个引出脚、电位器的开关脚和一个引脚。

6. 耳机插座

先将插座的靠尾部下面的一个焊片往下从根部弯曲 90° 插在电路板上，然后再用剪下来的一个引脚的一端插在靠尾部上端的孔内，另一端插在电路板对应的 J 孔内，焊接时的速度一定要快，以免烫坏插座的塑料部分而导致接触不良，影响电路的导通。

7. 变压器

T_5 为输入变压器，线圈骨架上有突点标记的为初级，印制版上也有圆点作为标记。安装时不要装反(还可以配合万用表测量进行分辨)。

8. 发光二极管和喇叭

发光二极管主要用来进行收音机开关的指示，当开关打开时发光二极管亮，反之则不亮。安装时将发光管按照图示弯曲成型，然后直接插到电路板上焊接即可，安装时要注意二极管的正负极。

喇叭安放到位后，再用电烙铁将周围的三个塑料桩子靠近喇叭边缘烫下去，把喇叭压紧以

免喇叭松动。

9. **电位器**

电位器用于调节电压(含直流电压与信号电压)和电流的大小，电位器的电阻体有两个固定端，通过手动调节转轴或滑柄，改变动触点在电阻体上的位置，则改变了动触点与任何一个固定端之间的电阻值，从而改变了电压与电流的大小。

五、调　试

测量电流时，先将电位器开关关掉，装上电池。用万用表的 50 mA 挡，表笔跨接在电位器开关的两端(黑表笔接电池负极，红表笔接开关的另一端)，若电流指示小于 10 mA，则说明可以通电，将电位器开关打开(音量旋至最小即测量静态电流)，用万用表分别依次测量 D、C、B、A 四个电流缺口，若被测量的数字在规定(请参考电路原理图)的参考值左右，即可用烙铁将这四个缺口依次连通，再把音量开到最大，调双联拨盘即可收到电台。

在安装电路板时，注意把喇叭及电池引线埋在比较隐蔽的地方，但不要影响调谐拨盘的旋转并避开螺钉桩子，电路板安装到位后再上螺钉固定，这样一台收音机就安装完毕。当测量值不在规定的电流值左右时，请仔细检查三极管的极性有没有装错，中周、输入变压器是否装错位置以及虚假错焊等，若测量某一级电流不正常，则说明这一级有问题。由于篇幅所限，关于工作原理、中频的调整、频率范围的调整以及跟踪统调的内容请参考有关文献。

【课堂任务】

1. 话筒的作用是什么？扬声器的作用是什么？
2. 请简述常见的扩音机的工作原理。
3. 如何用万用表判断三极管的型号及电极？
4. 如何来理解放大电路中“放大”这个概念？
5. 简述半导体收音机的工作原理。
6. 制作半导体收音机都需要哪些元器件，使用过程中都有哪些注意事项？
7. 在组长的带领下，首先清点元器件，其次进行元器件的检测，和标准值进行比较，是否存在较大的误差，如果有要进行更换，最后安装元器件、焊接和调试。
8. 某放大电路中 BJT 三个电极的电流如右图所示。$I_A = -2$ mA，$I_B = -0.04$ mA，$I_C = +2.04$ mA，试判断其管脚、管型。
9. 测量某 NPN 型 BJT 各电极对地的电压值如下：① $U_C = 6$ V，$U_B = 0.7$ V，$U_E = 0$ V；② $U_C = 6$ V，$U_B = 4$ V，$U_E = 3.6$ V；③ $U_C = 3.6$ V，$U_B = 4$ V，$U_E = 3.4$ V。试判别管子工作在什么区域。

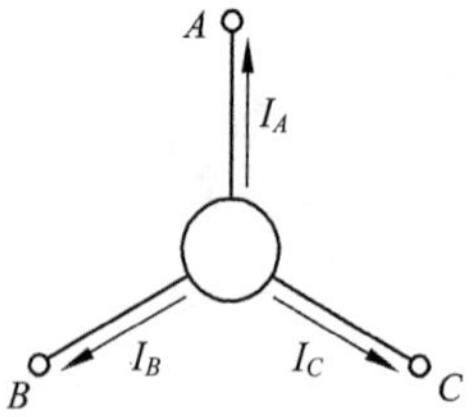

【课后任务】

以小组为单位完成以下任务：

1. 到电子元器件市场进行调研，了解收音机各个元器件的价格。
2. 根据所学知识制作出符合要求的半导体收音机。

3. 上述任务完成后，进行小组自评和互评，最后教师讲评，取长补短，开拓完善知识内容。

项目 2 小结

1. 基本放大电路的组成。BJT 加上合适的偏置电路能保证 BJT 工作在放大区。

2. 正常工作时，放大电路处于交、直流共存的状态。为了分析方便，常将两者分开讨论。直流通路：交流电压源短路，电容开路。交流通路：直流电压源短路，电容短路。

3. 放大电路的工作状态分析：

(1) 估算法(直流模型等效电路法)——估算 Q。

(2) 图解法——分析 Q(Q 的位置是否合适)；分析动态(最大不失真输出电压)。

(3) 微变等效电路法——分析动态(电压放大倍数、输入电阻、输出电阻等)。

项目 3 功率放大器电路分析与制作

【工学目标】

1. 学会分析工作任务，在教师的引导下，完成制订工作计划、课堂任务、课后任务和学习效果评价等工作环节。

2. 了解功率放大电路的基本任务、基本要求，会分析功率放大电路的基本工作原理。

3. 能够正确选择元器件，利用各种工具安装和焊接功率放大器电路，并利用各种仪表和工具排除简单电路故障。

4. 能够主动提出问题，遇到问题能够自主或者与他人研究解决，具有良好的沟通和团队协作能力，建立良好的环保意识、质量意识和安全意识。

5. 通过课堂任务的完成，最后以小组为单位制作出符合要求的功率放大器。

【典型任务】

任务一　功率放大电路分析

一个实用的放大电路要求能够对所要放大的信号源进行不失真的放大和输出，并能向所驱动的负载提供足够大的功率。因此它通常由输入级、中间级和输出级三部分组成。输入级和放大的信号源相连，因此，要求输入电阻要大，电路噪声低，中间级主要完成对信号的电压放大，以保证有足够大的输出电压。输出级则主要向负载(如扬声器、电动机)提供足够大功率，以便有效驱动负载。一般来说，输出级就是一个功率放大电路。

一、功率放大电路的特点与分类

(一) 功率放大电路的特点

功率放大电路的任务是向负载提供足够大的功率，这就要求：

(1) 功率放大电路不仅要有较高的输出电压，还要有较大的输出电流。因此，功率放大电路中的晶体管通常工作在高电压、大电流状态，晶体管的功耗也比较大。对晶体管的各项指标必须认真选择，且尽可能使其得到充分利用。

(2) 因为功率放大电路中的晶体管处在大信号极限运用状态，因此非线性失真也要比小信号的电压放大电路严重得多。

(3) 此外，功率放大电路从电源取用的功率较大，为提高电源的利用率，必须尽可能提高功率放大电路的效率。放大电路的效率是指负载得到的交流信号功率与直流电源供出功率的比值。

(二) 功率放大电路的分类

按照功率放大电路放大信号的频率范围,功率放大电路分为低频功率放大电路和高频功率放大电路。低频功率放大电路用于放大音频范围的信号，即从几十赫兹到几十千赫兹。高频功率放大电路用于放大射频范围的信号,即从几百千赫兹到几十兆赫兹的信号。我们主要研究低频功率放大电路。

按照功率放大电路中三极管导通的时间不同，功率放大电路分为甲类功率放大电路、乙类功率放大电路和甲乙类功率放大电路。如图 3.1 所示，甲类功率放大电路的静态工作点设置在交流负载线的中点，在工作过程中，晶体管始终处在导通状态，这种电路功率损耗较大，效率较低，最高只能达到 50%。乙类功率放大电路的静态工作点设置在交流负载线的截止点，晶体管仅在输入信号的半个周期内导通，这种电路功率损耗减到最少，使效率大大提高。甲乙类功率放大电路的静态工作点介于甲类和乙类之间，晶体管有不大的静态偏流。其失真情况和效率介于甲类和乙类之间。

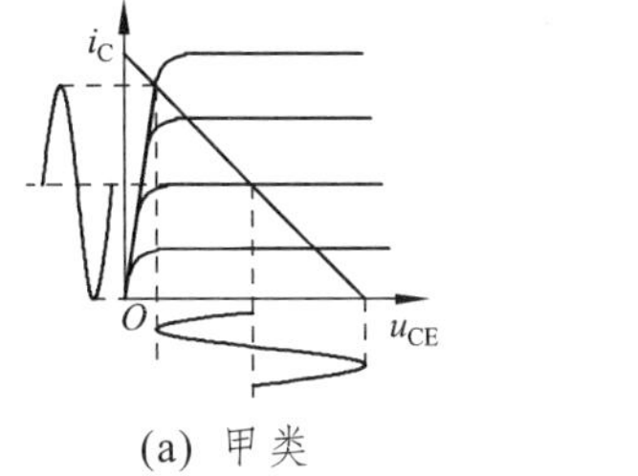

(a) 甲类

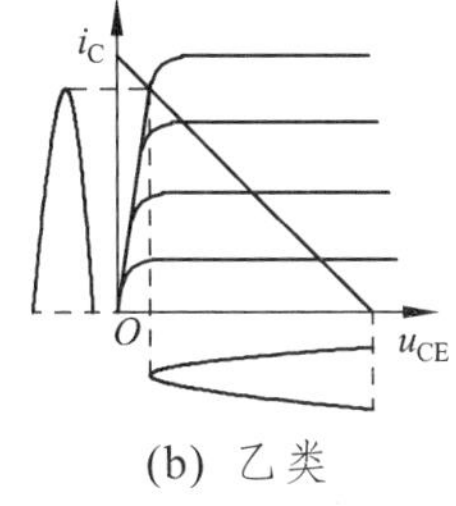

(b) 乙类

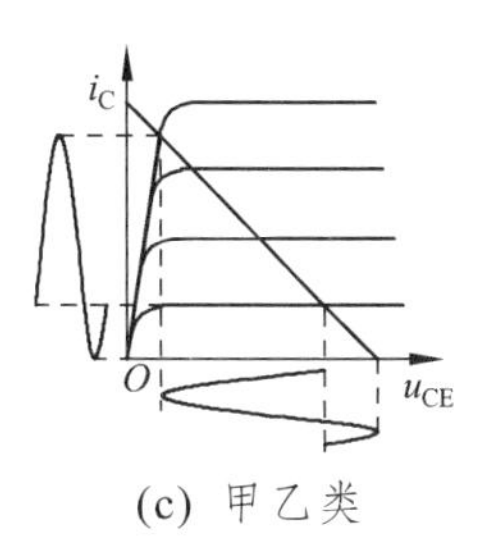

(c) 甲乙类

图 3.1　功率放大电路的工作状态

二、互补对称功率放大电路

互补对称功率放大电路是一种典型的无输出变压器功率放大器，它是利用特性对称的 NPN 型和 PNP 型三极管在信号的正、负半周内轮流工作，互相补充，以此来完成整个信号的功率放大。互补对称功率放大器一般工作在甲乙类状态。按功率放大电路中电源的情况分为双电源互补对称功率放大电路和单电源互补对称功率放大电路。

(一) 双电源互补对称功率放大电路

1. 电路结构及原理

图 3.2(a)所示为乙类双电源互补对称功率放大器。

静态($u_i = 0$)时，$U_B = 0$、$U_E = 0$，偏置电压为零，VT_1、VT_2 均处于截止状态，负载中没有电流，电路工作在乙类状态。

动态($u_i \neq 0$)时，在 u_i 的正半周，VT_1 导通而 VT_2 截止，VT_1 以射极输出器的形式将正半周信号输出给负载；在 u_i 的负半周，VT_2 导通而 VT_1 截止，VT_2 以射极输出器的形式将负半周信号输出给负载。可见，在输入信号 u_i 的整个周期内，VT_1、VT_2 两管轮流交替地工作，互相补充，使负载获得完整的信号波形，故称互补对称电路。

由于 VT_1、VT_2 都工作在共集电极接法，输出电阻极小，可与低阻负载 R_L 直接匹配。从工作波形可以看到，在波形过零的一个小区域内输出波形产生了失真，这种失真称为交越失真。如图 3.2(b)所示。产生交越失真的原因是由于 VT_1、VT_2 发射结的静态偏压为零，放大电路工作在乙类状态。当输入信号 u_i 小于晶体管的发射结死区电压时，两个晶体管都截止，在这一区域内输出电压为零，使波形失真。为减小交越失真，可给 VT_1、VT_2 发射结加上适当的正向偏压，以便产生一个不大的静态偏流，使 VT_1、VT_2 的导通时间稍微超过半个周期，即工作在甲乙类状态，如图 3.3 所示。图中二极管 VD_1、VD_2 用来提供偏置电压。静态时三极管 VT_1、VT_2 虽然都已基本导通，但因它们对称，U_E 仍为零，负载中仍无电流流过。

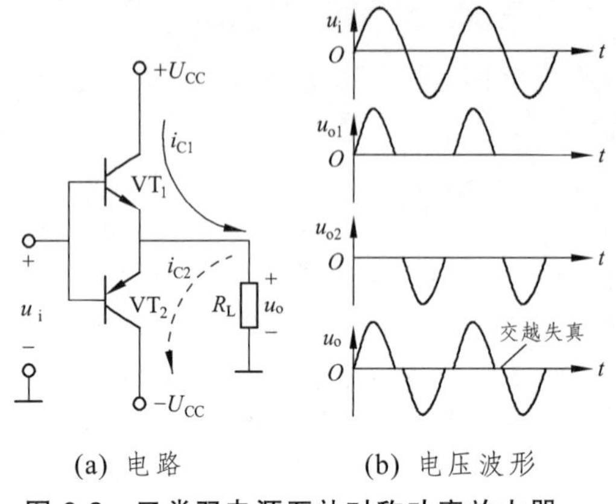

(a) 电路　　　(b) 电压波形

图 3.2　乙类双电源互补对称功率放大器

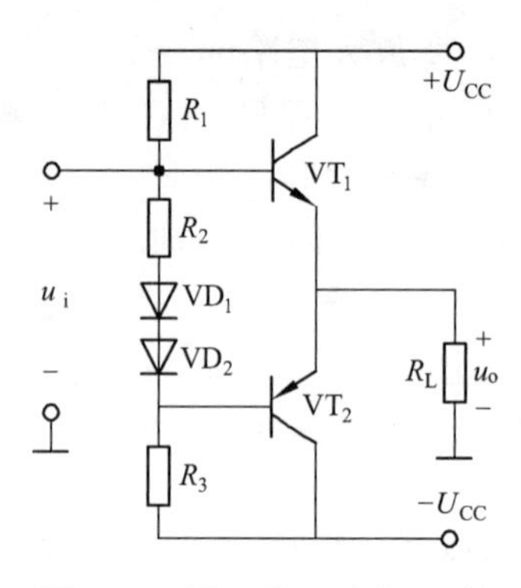

图 3.3　甲乙类双电源互补对称功率放大电路

上述偏置方法的缺点是，其偏置电压不易调整，改进方法可采用 V_{BE} 扩展电路。

2. V_{BE} 扩展电路

利用二极管进行偏置的甲乙类互补对称电路，其偏置电压不易调整，常采用 V_{BE} 扩展电路来解决，如图 3.4 所示。

在图 3.4 中，流入 VT$_4$ 的基极电流远小于流过 R_1、R_2 的电流，则由图可求出

$$U_{CE4} = U_{BE4}(R_1+R_2)/R_2$$

因此，利用 VT$_4$ 管的 U_{BE4} 基本为一固定值(硅管约为 0.6 ~ 0.7 V)，只要适当调节 R_1、R_2 的比值，就可改变 VT$_1$、VT$_2$ 的偏压值。这种方法在集成电路中经常用到。

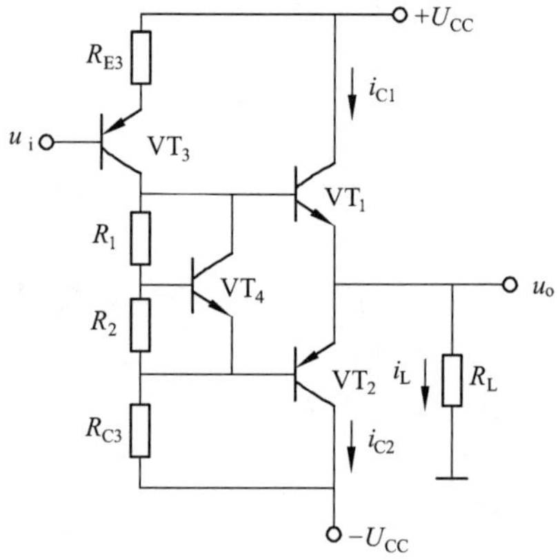

图 3.4　V_{BE} 扩展电路

(三) 单电源互补对称功率放大电路

1. 电路结构与原理

图 3.5 所示是采用一个电源的互补对称功率放大电路，图中的 VT$_3$ 组成前置放大级，VT$_2$ 和 VT$_1$ 组成互补对称电路输出级。在输入信号 $u_i = 0$ 时，一般只要 R_1、R_2 有适当的数值，就可使 I_{C3}、U_{B2} 和 U_{B1} 达到所需大小，给 VT$_2$ 和 VT$_1$ 提供一个合适的偏置，从而使 K 点电位 $V_K = U_C = U_{CC}/2$。

当加入信号 u_i 时，在信号的负半周，VT$_1$ 导电，有电流通过负载 R_L，同时向 C 充电；在信号的正半周，VT$_2$ 导电，则已充电的电容 C 起着双电源互补对称电路中电源 $-U_{CC}$ 的作用，通过负载 R_L 放电。只要选择时间常数 R_LC 足够大(比信号的最长周期还大得多)，就可以认为用电容 C 和一个电源 U_{CC} 可代替原来的 $+U_{CC}$ 和 $-U_{CC}$ 两个电源的作用。

值得指出的是，采用一个电源的互补对称电路，由于每个管子的工作电压不是原来的 U_{CC}，而是 $U_{CC}/2$，因此输出电压幅值 U_{om} 最大也只能达到约 $U_{CC}/2$。

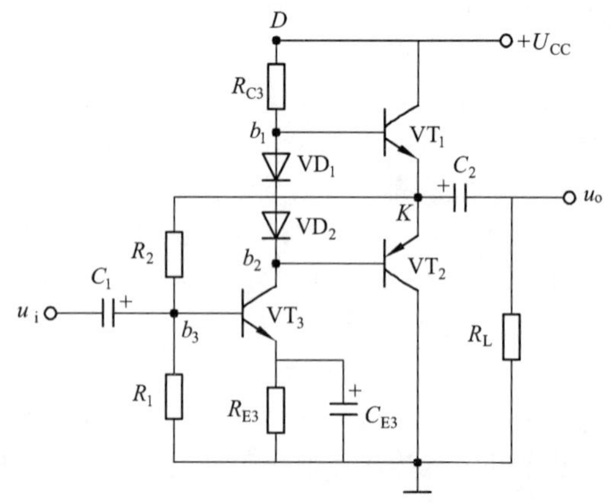

图 3.5　单电源互补对称功率放大电路

2. 自举电路

图 3.5 所示的单电源互补对称功率放大电路，它虽然解决了工作点的偏置和稳定问题，但在实际运用中还存在其他方面的问题，如输出电压幅值达不到 $U_{om}=U_{CC}/2$。现分析如下：

在额定输出功率的情况下，通常输出级的 BJT 是处在接近充分利用的状态下工作的。例如，当 u_i 为负半周最大值时，i_{C3} 最小，U_{B1} 接近于 $+U_{CC}$，此时希望 VT_1 在接近饱和状态下工作，即 $u_{CE1}=U_{CES}$，故 K 点电位 $u_K=+U_{CC}-U_{CES}\gg U_{CC}$。当 u_i 为正半周最大值时，VT_1 截止，VT_2 接近饱和导电，$u_K=U_{CES}\gg 0$。因此，负载 R_L 两端得到的交流输出电压幅值 $U_{om}=U_{CC}/2$。

上述情况是理想的。实际上，图 3.5 的输出电压幅值达不到 $U_{om}=U_{CC}/2$，这是因为，当 u_i 为负半周时，VT_1 导电，因而 i_{B1} 增加，由于 R_{C3} 上的压降和 u_{BE1} 的存在，当 K 点电位向 $+U_{CC}$ 接近时，VT_1 的基流将受限制而不能增加很多，因而也就限制了 VT_1 输向负载的电流，使 R_L 两端得不到足够的电压变化量，致使 U_{om} 明显小于 $U_{CC}/2$。

如何解决这个矛盾呢？如果把图 3.5 中的 D 点电位升高，使 $U_D>+U_{CC}$，例如，将图中 D 点与 $+U_{CC}$ 的连线切断，U_D 由另一电源供给，则问题即可以得到解决。通常的办法是在电路中引入 R_3、C_3 等元件组成所谓的自举电路，如图 3.6 所示。

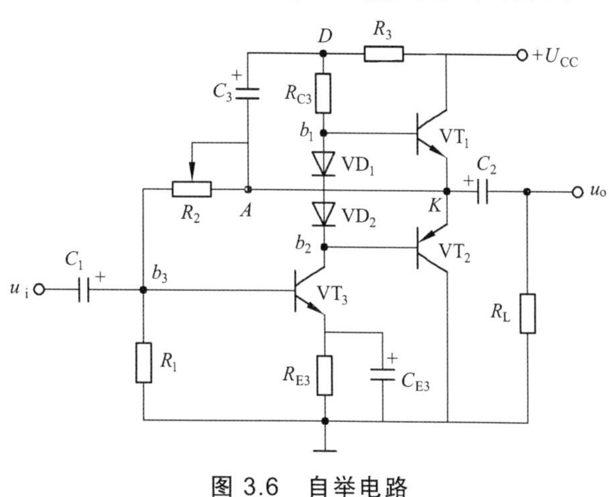

图 3.6　自举电路

在图 3.6 中，当 $u_i=0$ 时，$u_D=U_D=U_{CC}-I_{C3}R_3$，而 $u_K=U_K=U_{CC}/2$，因此电容 C_3 两端电压被充电到 $U_{C_3}=U_{CC}/2-I_{C3}R_3$。

当时间常数 R_3C_3 足够大时，u_{C_3}（电容 C_3 两端电压）将基本为常数（$u_{C_3}\gg U_{C_3}$），不随 u_i 而改变。这样，当 u_i 为负时，VT_1 导通，u_K 将由 $U_{CC}/2$ 向更正方向变化，考虑到 $u_D=u_{C_3}+u_K=U_{C_3}+u_K$，显然，随着 K 点电位升高，D 点电位 u_D 也自动升高。因而，即使输出电压幅度升得很高，也有足够的电流 i_{B1} 使 VT_1 充分导通。这种工作方式称为自举，意思是电路本身把 u_D 提高了。

任务二　集成功率放大器 LM386 电路分析

一、LM386 的内部电路、工作原理及主要性能指标

1. 内部结构

LM386 的内部电路如图 3.7 所示，它是一种音频集成功放，具有自身功耗低、电压增益可调、电源电压范围大、外接元件少等优点。与通用集成运放相类似，它是由输入级、中间级和输出级组成的三级放大电路。

2. 工作原理

输入级是由一个双端输入、单端输出的差动放大电路构成，VT_1 和 VT_2、VT_3 和 VT_4 分别构成复合管，作为差动放大电路的放大管，VT_5 和 VT_6 组成镜像电流源作为 VT_1 和 VT_2 的有源负载，VT_3 和 VT_4 的基极作为信号的输入端，VT_2 的集电极为输出端。中间级由一个共射放大电路构成，

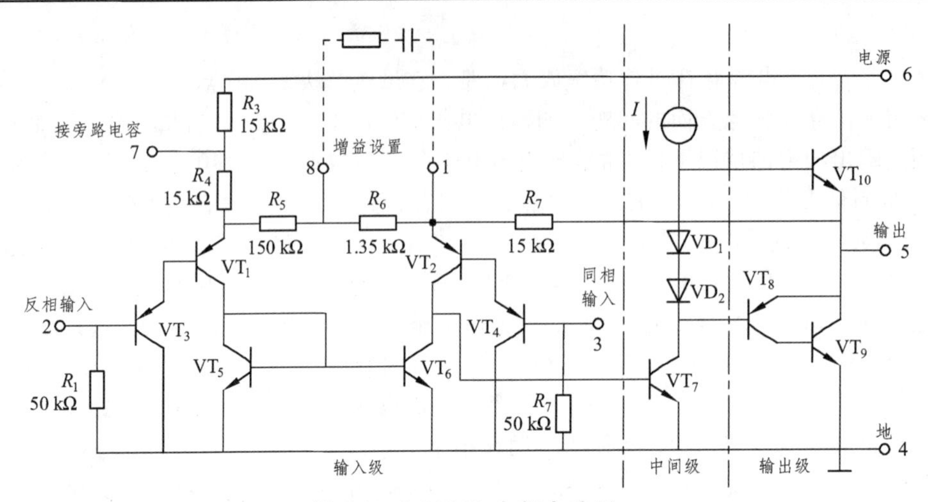

图 3.7　L M386 内部电路图

VT_7 为放大管，恒流源作为有源负载，进一步增大放大倍数。输出级由一个互补型功率放大电路构成，VT_8 与 VT_9 构成 PNP 型复合管，与 NPN 型管 VT_{10} 构成准互补功率放大电路输出级。VD_1、VD_2 用于消除交越失真。电阻 R_7 是反馈电阻，与 R_5 和 R_6 一起构成负反馈网络。使整个功率放大器具有稳定的电压放大倍数。LM386 的外形和引脚排列如图 3.8 所示。

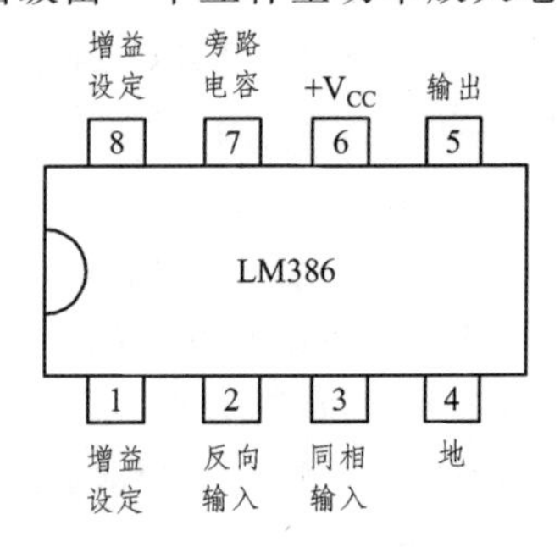

图 3.8　L M386 外形图

3. LM386 的主要性能指标

集成功率放大电路的主要性能指标主要有最大输出功率、电源电压范围、电源静态电流、电压增益、频带宽、输入阻抗、输入偏置电流等。LM386 的主要性能指标参数见表 3.1。

表 3.1　LM386 的主要性能指标

型号	输出功率	电源电压范围	电源静态电流	输入阻抗	电压增益	频带宽
LM386	1 W (U_{CC} = 16 V, R_L = 32 Ω)	5 ~ 18 V	4 mA	50 kΩ	26 ~ 46 dB	300 kHz（1、8 脚开路）

二、LM386 的应用

图 3.9 所示扬声器驱动电路是集成功率放大电路 LM386 的一般用法。C_1 为输出电容，可调电位器只 R_W 可调节扬声器的音量，R 和 C_2 串联构成校正网络来进行相位补偿，R_2 用来改变电压增益，C_5 为电源滤波电容，C_4 为旁路电容。

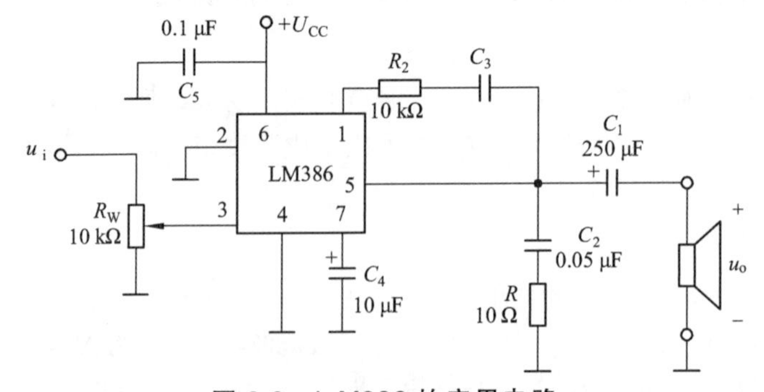

图 3.9　L M386 的应用电路

任务三　功率放大器的制作

一、电路设计

参考电路如图 3.10 所示。

二、元件清单

元件清单见表 3.2。

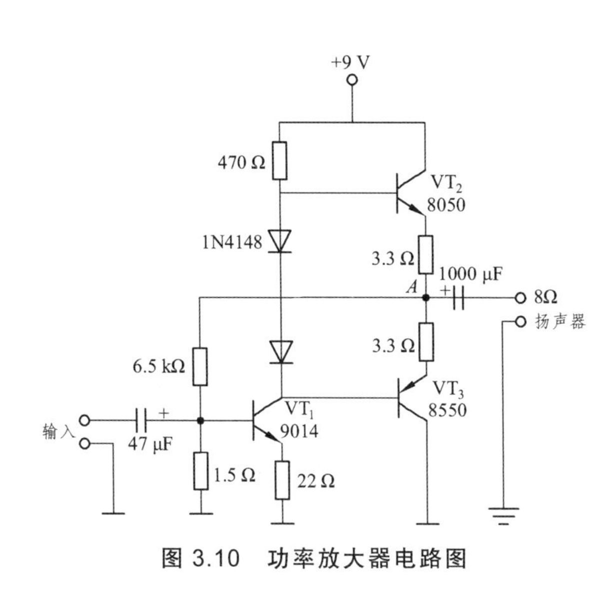

图 3.10　功率放大器电路图

表 3.2　元件清单

名称	型号	数量
二极管	1N4148	2
三极管	9014	1
三极管	8550	1
三极管	8050	1
电解电容	50 V/47 μF	1
电解电容	50 V/1000 μF	1
电阻	1.5 kΩ	1
电阻	5.6 kΩ	1
电阻	22 Ω	1
电阻	470 Ω	1
电阻	3.3 Ω	2
扬声器	8 Ω	1
散热器		2

三、工作原理

图 3.10 所示为一个小巧、线路简单但性能不错的三极管音频放大器电路。此电路适合于制作成耳机放大器或其他小功率放大器。

输入(9014)的基极工作电压等于两输出三极管的中点电压，一般为电源电压的一半，这个电压的稳定由输出三极管基极的两个二极管控制。3.3 Ω 电阻串联在输出三极管的发射极上，以稳定偏流，减小环境温度、不同器件(如二极管、输出三极管)参数的差别对电路的影响。当偏流增加时，输出三极管发射极与基极间电压会减小，以减小偏流。此电路输入阻抗为 500 Ω，在使用 8 Ω 扬声器时，电压增益为 5。电路在不失真输出 50 mW 的功率时，扬声器上有约 2 V 的电压摆动。增加电源电压可提高输出功率，但此时应注意输出晶体管的散热问题。电源电压为 9 V 时，电路耗电约 30 mA。

【课堂任务】

1. 基本放大电路和功率放大电路的区别是什么？
2. 功率放大电路的特点有哪些？

3. 简述晶体管的工作方式。

4. 试比较几种功率放大电路的优缺点。

5. 什么是功率放大器?

6. 简述乙类互补对称功放的缺点。

7. 在组长的带领下，首先清点元器件，其次进行元器件的检测，和标准值进行比较，是否存在较大的误差，如果有，要进行更换，最后安装元器件、焊接和调试。

【课后任务】

以小组为单位完成以下任务:

1. 到电子元器件市场进行调研，了解功率放大器各个元器件的价格。

2. 根据所学知识制作出符合要求的功率放大器。

3. 上述任务完成后，进行小组自评和互评，最后教师讲评，取长补短，开拓完善知识内容。

项目 3 小结

1. 功率放大电路是在大信号下工作，通常采用图解法进行分析。研究的重点是如何在允许的失真情况下，尽可能地提高输出功率和效率。

2. 与甲类功率放大电路相比，乙类互补对称功率放大电路的主要优点是效率高，在理想情况下，其最大效率约为 7.85%。为保证 BJT 安全工作，双电源互补对称电路工作在乙类时，器件的极限参数必须满足：$|U_{(BR)CEO}| > 2U_{CC}$，$I_{CM} > U_{CC}/R_L$。

3. 由于 BJT 输入特性存在死区电压，工作在乙类的互补对称电路将出现交越失真，克服交越失真的方法是采用甲乙类(接近乙类)互补对称电路。通常可利用二极管或 V_{BE} 扩大电路进行偏置。

4. 在单电源互补对称电路中，计算输出功率、效率、管耗和电源供给的功率，可借用双电源互补对称电路的计算公式，但要用 $U_{CC}/2$ 代替原公式中的 U_{CC}。

5. 在集成功放日益发展并获得广泛应用的同时，大功率器件也发展迅速，主要有达林顿管、功率 VMOSFET 和功率模块。为了保证器件的安全运行，可从功率管的散热、防止二次击穿、降低使用定额和保护措施等方面来考虑。

项目 4
闪烁灯电路分析与制作

【工学目标】

1. 学会分析工作任务，在教师的引导下，完成制订工作计划、课堂任务、课后任务和学习效果评价等工作环节。

2. 了解集成运算放大电路的构成与指标要求，了解负反馈电路的分析与特点，掌握其对电路的影响，查阅资料了解常用运放的应用范围，掌握各种运算放大电路的组成与分析方法，掌握集成运算放大电路的安装方法、集成电路的识别方法。掌握闪烁灯控制电路的基本工作原理。

3. 能够正确选择元器件，利用各种工具安装和焊接闪烁灯电路，并利用各种仪表和工具排除简单电路故障。

4. 能够主动提出问题，遇到问题能够自主或者与他人研究解决，具有良好的沟通和团队协作能力，建立良好的环保意识、质量意识和安全意识。

5. 通过课堂任务的完成，最后以小组为单位制作出符合要求的闪烁灯控制电路。

【典型任务】

任务一　差动放大电路分析

一、直接耦合放大电路

直接耦合放大电路的前后级之间没有耦合电容。图 4.1 所示为两级直接耦合放大电路，两级之间直接用导线连接。在放大变化很缓慢的信号和直流分量变化的信号时，必须采用直接耦合方式。在集成电路中，为了避免制造大容量电容的困难，也采用直接耦合方式。

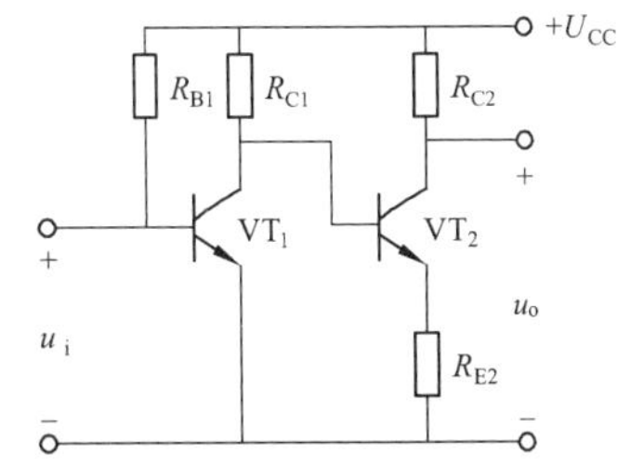

图 4.1　直接耦合放大电路

直接耦合放大电路的放大原理及其分析方法与阻容耦合放大电路完全一样。因为没有耦合电容，所以直接耦合放大电路在低频段电压的放大倍数不会因信号频率的下降而降低；在高频段，晶体管的结电容以及电路中的分布电容等对信号电流的分流作用与阻容耦合放大电路一样不能忽略，所以随着信号频率的增高，电压放大倍数也会降低。直接耦合放大电路的幅频特性曲线如图 4.2 所示。

直接耦合似乎很简单，其实它所带来的问题远比阻容耦合严重。其中主要有两个问题需要解决：一个是前、后级的静态工作点互相影响的问题；另一个是所谓零点漂移的问题。

1．耦合工作点的相互影响

在直接耦合放大器中，由于级与级之间无隔直(流)电容，因此各级的静态工作点相互影响，前级的集电极电位恒等于后级的基极电位，而且前级的集电极电阻同时又是后级的偏流电阻，前、后级的静态工作点就互相影响、互相牵制。因此，在直接耦合放大电路中必须采取一定的措施，以保证既能有效地传递信号，又能使每一级有合适的静态工作点。常用的办法之一是提高后级的发射极电位。若将直接耦合放大器的输入端短路($u_i = 0$)，理论上讲，输出端应保持某个固定值不变。然而，实际情况并非如此。

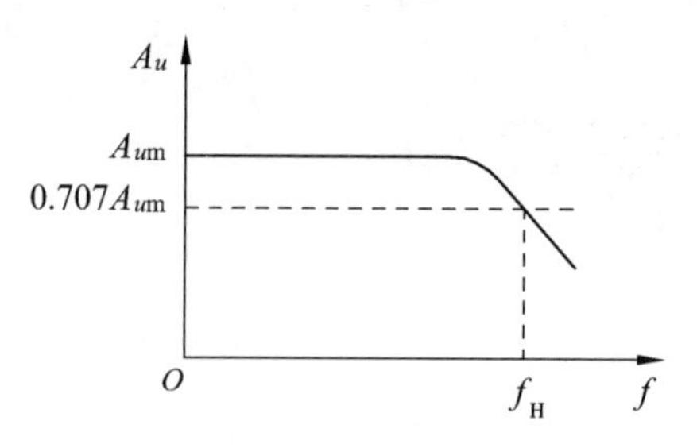

图 4.2　直接耦合放大电路的幅频特性

2．零点漂移

一个理想的直接耦合放大电路，当输入信号为零时，其输出电压应保持不变(不一定是零)。但实际上，把一个多级直接耦合放大电路的输入端短接($u_i = o$)，测其输出端电压时它并不保持恒值，而在缓慢地、无规则地变化着。这种现象就称为零点漂移，简称零漂。

二、差动放大电路

抑制零漂的方法有多种，如采用温度补偿电路、稳压电源以及精选电路元件等方法。最有效且广泛采用的方法是输入级采用差动放大电路。

(一) 电路组成及工作原理

1．电路组成

图 4.3 所示为典型的差动放大电路，它是由两个完全对称的共发射极电路组成的。要求两个三极管特性一致，两侧电路参数对称，电路有两个输入端和两个输出端。当输入信号从某个三极管的基极与“地”之间加入，称为单端输入，如 u_{i1}、u_{i2}；而输入信号从两个基极之间加入，称为双端输入，如 u_i。若输出电压从某个三极管的集电极和“地”之间取出，称为单端输出，如 u_{o1}、u_{o2}；而输出电压从两集电极之间取出，称为双端输出，如 u_o，因此有

$$u_i = u_{i1} - u_{i2} \tag{4-1}$$

$$u_o = u_{o1} - u_{o2} \tag{4-2}$$

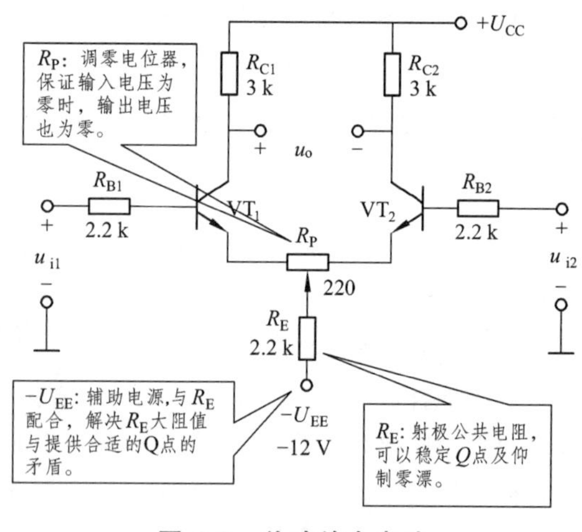

图 4.3　差动放大电路

2．抑制零点漂移的原理

静态时，$u_{i1} = u_{i2} = 0$，此时由负电源 U_{EE} 通过电阻 R_E 和两管发射极提供两管的基极电流。由于电路的对称性，两管的集电极电流相等，集电极电位也相等，即：$I_{C1} = I_{C2}$，$U_{C1} = U_{C2}$，故输出电压：$u_o = U_{C1} - U_{C2} = 0$。

当温度发生变化时，两管的集电极电流都会增大，集电极电位都会下降。由于电路是对称的，所以两管的变化量相等，即：$\Delta I_{C1} = \Delta I_{C2}$，$\Delta U_{C1} = \Delta U_{C2}$。

输出电压：　$u_o = (U_{C1} + \Delta U_{C1}) - (U_{C2} + \Delta U_{C2}) = 0$

即消除了零点漂移。

(二) 差动放大电路的信号输入

1. 共模输入

共模信号：两输入端加的信号大小相等、极性相同。

$$u_{o1}=u_{o2}=A_u u_i, \quad u_o=u_{o1}-u_{o2}=0 \tag{4-3}$$

共模电压放大倍数：

$$A_c=\frac{u_o}{u_i}=0 \tag{4-4}$$

说明电路对共模信号无放大作用，即完全抑制了共模信号。实际上，差动放大电路对零点漂移的抑制就是该电路抑制共模信号的一个特例。所以差动放大电路对共模信号抑制能力的大小，也就是反映了它对零点漂移的抑制能力。

2. 差模输入

差模信号：两输入端加的信号大小相等、极性相反。

$$u_{i1}=-u_{i2}=(1/2)u_{id} \tag{4-5}$$

因两侧电路对称，放大倍数相等，电压放大倍数用 A_d 表示，则：

$$u_{o1}=A_d u_{i1}, \quad u_{o2}=A_d u_{i2} \tag{4-6}$$

$$u_o=u_{o1}-u_{o2}=A_d(u_{i1}-u_{i2})=A_d u_i \tag{4-7}$$

差模电压放大倍数：$A_d=\dfrac{u_o}{u_i}=A_u$

由此可见，差模电压放大倍数等于单管放大电路的电压放大倍数。差动放大电路用多一倍的元件为代价，换来了对零漂的抑制能力。

3. 比较输入

比较输入：两个输入信号电压的大小和相对极性是任意的，既非共模，又非差模。

比较输入可以分解为一对共模信号和一对差模信号的组合，即：

$$u_{i1}=u_{ic}+u_{id} \tag{4-8}$$

$$u_{i2}=u_{ic}-u_{id} \tag{4-9}$$

式中，u_{ic} 为共模信号，u_{id} 为差模信号。由以上两式可解得：

$$u_{ic}=\frac{1}{2}(u_{i1}+u_{i2}) \tag{4-10}$$

$$u_{id}=\frac{1}{2}(u_{i1}-u_{i2}) \tag{4-11}$$

对于线性差动放大电路，可用叠加定理求得输出电压：

$$u_{o1}=A_c u_{ic}+A_d u_{id} \tag{4-12}$$

$$u_{o2}=A_c u_{ic}-A_d u_{id} \tag{4-13}$$

$$u_o=u_{o1}-u_{o2}=2A_d u_{id}=A_d(u_{i1}-u_{i2}) \tag{4-14}$$

上式表明，输出电压的大小仅与输入电压的差值有关，而与信号本身的大小无关，这就是差动放大电路的差值特性。

对于差动放大电路来说，差模信号是有用信号，要求对差模信号有较大的放大倍数；而共模信号是干扰信号，因此对共模信号的放大倍数越小越好。对共模信号的放大倍数越小，就意味着零点漂移越小，抗共模干扰的能力越强，当用作差动放大时，就越能准确、灵敏地反映出信号的偏差值。

在一般情况下，电路不可能绝对对称，$A_c \neq 0$。为了全面衡量差动放大电路放大差模信号和抑制共模信号的能力，引入共模抑制比，以 K_{CMR} 表示。

共模抑制比定义为 A_d 与 A_c 之比的绝对值，即：

$$K_{CMR} = \left| \frac{A_d}{A_c} \right|$$

或用对数形式表示：$K_{CMR} = 20\lg \left| \frac{A_d}{A_c} \right|$

共模抑制比越大，表示电路放大差模信号和抑制共模信号的能力越强。

抑制零点漂移的效果和 R_E 有密切的关系，R_E 越大，效果越好，但维持同样的工作电源所需的负电源就越高，因而 K_{CMR} 的增大将受到限制。既要使 K_{CMR} 较大，又要使负电源不致增加，可以用恒流源来代替。因为恒流源的内阻较大，可以得到较好的共模抑制效果，同时利用恒流源的恒流特性，可给三极管提供更稳定的静态偏置电流，如图 4.4 所示。

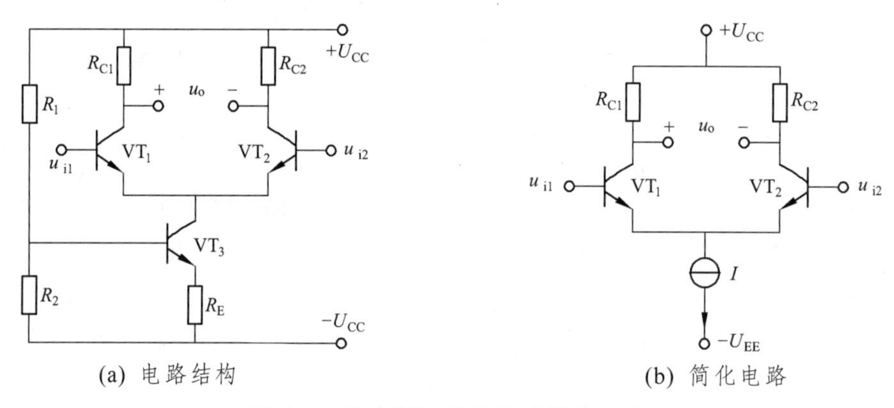

(a) 电路结构　　(b) 简化电路

图 4.4　具有恒流源的差动放大电路

(三) 差动放大电路的输入输出方式

差动放大电路的输入输出方式见图 4.5。双端输入、单端输出式电路[见图 4.5(b)]的输出 u_o 与输入 u_{i1} 极性(或相位)相反，而与 u_{i2} 极性(或相位)相同。所以 u_{i1} 输入端称为反相输入端，而 u_{i2} 输入端称为同相输入端。双端输入、单端输出方式是集成运算放大器的基本输入输出方式。

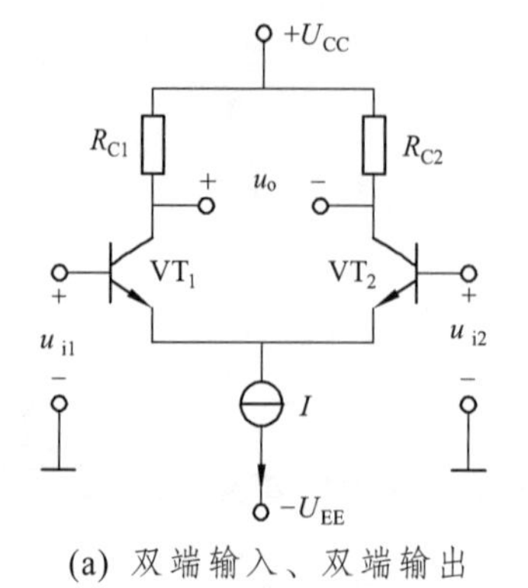

(a) 双端输入、双端输出

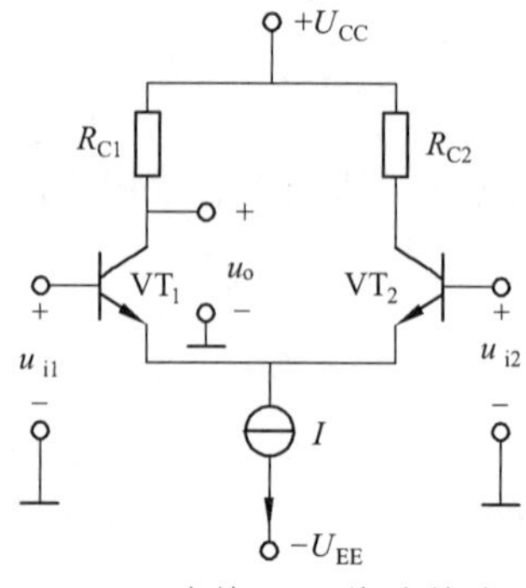

(b) 双端输入、单端输出

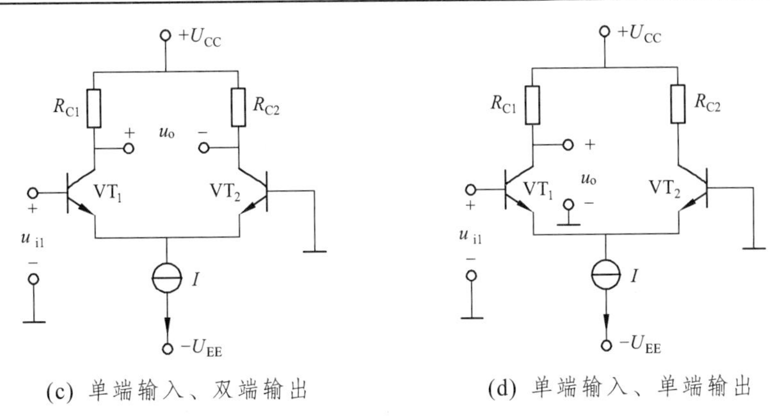

(c) 单端输入、双端输出　　(d) 单端输入、单端输出

图 4.5　差动放大电路的输入输出方式

单端输入式差动放大电路的输入信号只加到放大器的一个输入端，另一个输入端接地。由于两个晶体管发射极电流之和恒定，所以当输入信号使一个晶体管发射极电流改变时，另一个晶体管发射极电流必然随之作相反的变化，情况和双端输入时相同。此时由于恒流源等效电阻或发射极电阻 R_E 的耦合作用，两个单管放大电路都得到了输入信号的一半，但极性相反，即为差模信号。所以，单端输入属于差模输入。

单端输出式差动电路的输出减小了一半，所以差模放大倍数亦减小为双端输出时的二分之一。此外，由于两个单管放大电路的输出漂移不能互相抵消，所以零漂比双端输出时大一些。由于恒流源或射极电阻 R_E 对零点漂移有极强烈的抑制作用，零漂仍然比单管放大电路小得多。所以单端输出时仍常采用差动放大电路，而不采用单管放大电路。

双端输出式差动放大电路的差模电压放大倍数为：

$$A_d = \frac{u_o}{u_{id}} = A_{d1} = A_{d2} = -\frac{\beta R_L'}{r_{be}}$$

单端输出式差动放大电路的差模电压放大倍数为：

$$A_d = \frac{u_o}{u_{id}} = \frac{u_{o1}}{u_{id}} = \frac{u_{o1}}{2u_{i1}} = \frac{1}{2}A_{d1} = -\frac{1}{2}\cdot\frac{\beta R_L'}{r_{be}}$$

或者

$$A_d = \frac{u_o}{u_{id}} = \frac{u_{o2}}{u_{id}} = \frac{u_{o2}}{-2u_{i2}} = -\frac{1}{2}A_{d1} = \frac{1}{2}\cdot\frac{\beta R_L'}{r_{be}}$$

任务二　集成运算放大器电路分析

运算放大器是具有高开环放大倍数的多级直接耦合放大电路，随着半导体工艺的发展，运算放大器已由分立元件电路发展到了集成器件，为电子设备的微型化、低功耗和高可靠性开辟了一条广阔的途径。

一、集成运算放大器简介

(一) 集成运算放大器的组成

集成运放品种繁多，性能各异，已发展为完整的产品系列。其中有适用于多种用途的通用型集成运放，也有以一个或者几个指标见长的特殊集成运放。例如高精度集成运放、低功耗集成运放、高速集成运放、高压集成运放等，它们的电路结构大同小异，一般都是由输入级、中间级、输出级和偏置电路四部分组成，如图 4.6 所示。

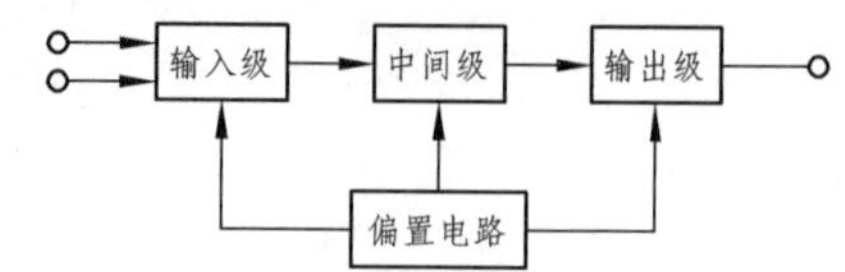

图 4.6 集成运放组成框图

输入级：通常由差动放大电路构成，目的是为了减小放大电路的零点漂移、提高输入阻抗。

中间级：通常由共发射极放大电路构成，目的是为了获得较高的电压放大倍数。中间级一般由各种恒流源电路构成，作用是为上述各级电路提供稳定、合适的偏置电流，决定各级的静态工作点。

输出级：通常由互补对称电路构成，目的是为了减小输出电阻，提高电路的带负载能力。

偏置电路：偏置电路的作用是为上述各级电路提供稳定和合适的偏置电流，决定各级的静态工作点，一般由恒流源电路构成。

(二) 集成电路的分类

集成电路是利用氧化、光刻、扩散、外延、蒸铝等集成工艺，把三极管、电阻、导线等集中制作在一小块半导体(硅)基片上，构成一个完整的电路。集成电路的分类有以下两种方法：

1. 按功能分

集成电路按其功能可分为数字集成电路(输入量和输出量为高低两种电平，实现一定逻辑关系的电路)和模拟集成电路(数字集成电路以外的集成电路)。

模拟集成电路种类繁多，功能各异，大体可分为运算放大电路、宽频带放大电路、功率放大电路、模拟乘法器、模拟锁相环、模数和数模转换器、稳压电源以及通信、广播、雷达等设备中应用的中频放大、变频、鉴频和相位检波电路等。运算放大器是模拟集成电路中应用最广泛的一种。

数字集成电路包括逻辑门、组合逻辑电路、触发器、时序逻辑电路、脉冲的产生与变换电路等。

2. 按集成度分

(1) 小规模集成电路(SSI)。这种集成电路一般少于 100 个元件或少于 10 个门电路。

(2) 中规模集成电路(MSI)。这种集成电路一般含有 100 ~ 1 000 个元件或 10 ~ 100 个门电路。

(3) 大规模集成电路(LSI)。这种集成电路一般含有 1 000 ~ 10 000 个元件或 100 个门电路以上。

(4) 超大规模集成电路(VLSL)。这种集成电路一般含有 10 万个以上元件或 10 000 个以上门电路。目前，已经出现了在一块芯片上集成 60 万甚至上千万个元件的集成电路。

(三) 集成电路的特点

用集成技术制成的放大器实际上是一个多级直接耦合放大电路，它在电路组成和元件安排上同分立元件电路有许多共同之处，因此，可以采用我们熟知的放大电路的分析方法来考虑模拟集成电路中的各种问题。但是由于结构形式上的一些差异，集成电路又有如下一些特点：

(1) 单个元件的精度不高，受温度影响较大，但集成电路中各元件是在同一硅片上，又是通过相同的工艺过程制造出来的，同一片内的元件参数绝对值有同向的偏差，温度均一性好，容易制成两个特性相同的管子或两个阻值相等的电阻，这对于差动式放大器的制造特别有意义。

(2) 集成电路中的电阻元件是由硅半导体的体电阻构成的，电阻值的范围一般约为十几欧姆至 20 千欧姆，阻值范围不太大。此外，电阻值的精度不易控制，阻值误差可达 10% ~ 20% 左右。由于阻值太高或太低的电阻不易制造，所以在集成电路中尽量不采用高阻值的电阻，而且多用半导体三极管来替代电阻元件或采用外接电阻的方法。

(3) 集成电路中的电容量也不大，约在十几皮法以下，常由 PN 结的结电容构成，误差也较大。至于电感的制造就更困难了。由于大电容和电感不易制造，多级放大电路一般采用直接耦合方式。

(4) 在集成电路中，为了不使工艺过于复杂，尽量采用单一类型的管子，元件种类也要少，所以，集成电路在形式上和分立元件电路相比有很大的差别和特点。常用二极管和三极管组成的恒流源和电流源代替大的集电阻和提供微小的偏置电流，二级管用三极管的发射结代替。

(5) 在集成电路中，NPN 管都做成纵向管，β 值大，占用硅片的面积小，容易制造；PNP 管都做成横向管，β 值小而 PN 结耐压高。NPN 管和 PNP 管无法配对使用，一般为同类型管配对使用。

(四) 集成运放的电路符号

如图 4.7 所示。它有两个输入端，标“＋”的输入端称为同相输入端，输入信号由此端输入时，输出信号与输入信号相位相同；标“－”的输入端称为反相输入端，输入信号由此端输入时，输出信号与输入信号相位相反。A 代表集成运算放大器的电压放大倍数，▷代表信号的传输方向。集成运放有同相输入、反相输入及差动输入三种输入方式。

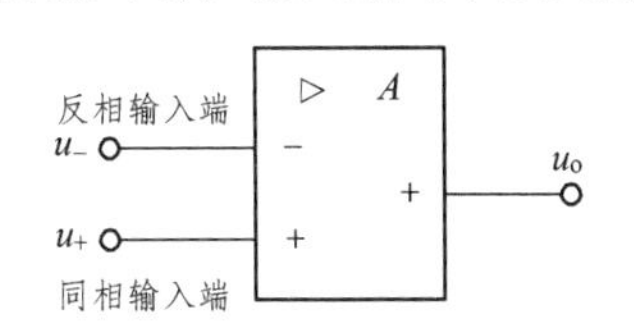

图 4.7　集成运放的电路符号

(五) 集成运算放大器的主要参数及种类

1. 集成运放的主要参数

(1) 差模开环电压放大倍数 A_{do}。是指集成运放本身(无外加反馈回路)的差模电压放大倍数，即 $A_{do}=\dfrac{u_o}{u_+-u_-}$。它体现了集成运放的电压放大能力，一般在 10^4 ~ 10^7 之间。A_{do} 越大，电路越稳定，运算精度也越高。

(2) 共模开环电压放大倍数 A_{co}。是指集成运放本身的共模电压放大倍数，它反映集成运放抗温漂、抗共模干扰的能力，优质的集成运放 A_{co} 应接近于零。

(3) 共模抑制比 K_{CMR}。用来综合衡量集成运放的放大能力和抗温漂、抗共模干扰的能力，一般应大于 80 dB。

(4) 差模输入电阻 r_{id}。是指差模信号作用下集成运放的输入电阻。

(5) 输入失调电压 U_{io}。是指为使输出电压为零，在输入级所加的补偿电压值。它反映差动放大部分参数的不对称程度，显然越小越好，一般为毫伏级。

(6) 失调电压温度系数 $\Delta U_{io}/\Delta T$。是指温度变化 ΔT 时所产生的失调电压变化 ΔU_{io} 的大小，它直接影响集成运放的精确度，一般为几十μV/°C。

(7) 转换速率 S_R。用来衡量集成运放对高速变化信号的适应能力，一般为几 V/μs，若输入信号变化速率大于此值，输出波形会严重失真。

2. 集成运放的种类

(1) 通用型。性能指标适合一般性使用，其特点是电源电压适应范围广、允许有较大的输入电压等，如 CF741 等。

(2) 低功耗型。静态功耗≤2 mW，如 XF253 等。

(3) 高精度型。失调电压温度系数在 1 μV/°C 左右，能保证组成的电路对微弱信号检测的准确性，如 CF75、CF7650 等。

(4) 高阻型。输入电阻可达 10^{12} Ω，如 F55 系列等。

集成运放还有宽带型、高压型等。使用时须查阅集成运放手册，详细了解它们的各种参数，作为使用和选择的依据。

二、集成运算放大器的理想模型

理想运算放大器的电路符号如图 4.8(a)所示，图中的 ∞ 表示开环电压放大倍数为无穷大的理想化条件。图 4.8(b) 所示为集成运算放大器的电压传输特性，它描述了输出电压与输入电压之间的关系。该传输特性分为线性区和非线性区。

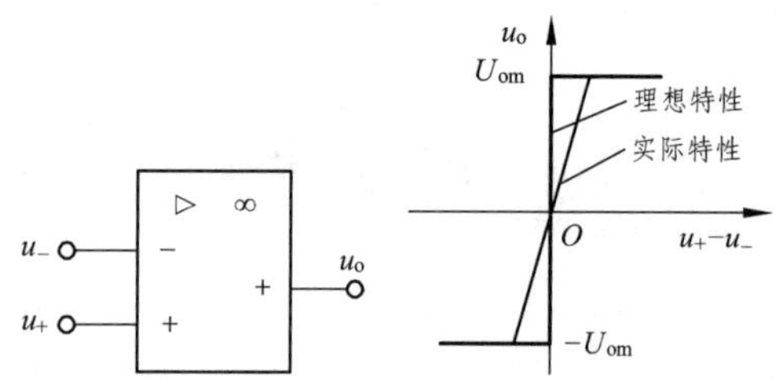

(a) 理想运放符号　(b) 运放电压传输特性

图 4.8 理想运算放大器电路的图形符号和电压传输特性

(一) 集成运放的理想化参数

(1) 开环差模电压放大倍数趋近于无穷大，即 $A_{do}\to\infty$。

(2) 差模输入电阻趋近于无穷大，即 $r_{id}\to\infty$。

(3) 输出电阻趋近于零 $r_o=0$。

(4) 共模抑制比趋近于无穷大，即 $K_{CMR}\to\infty$。

因为集成运算放大器本身就具有高输入电阻、低输出电阻、差模电压放大倍数较大以及能够抑制零点漂移等特点，所以，所谓理想化只是强化了本来就具有的特点。

(二) 理想集成运算放大器的分析方法

线性区分析依据：$i_+=i_-=0$。

当运算放大器工作在线性区时，输出电压 u_o 与输入电压 $u_i=u_+-u_-$ 是一种线性关系，即 $u_o=A_{do}(u_+-u_-)$，这时集成运算放大器是一个线性放大元件。但由于集成运算放大器的开环电压放大倍数极高，只有输入电压 $u_i=u_+-u_-$ 极小时，输出电压与输入电压之间才具有线性关系。当 u_i 稍大一点时，运算放大器便进入非线性区。当运算放大器工作在非线性区时，输出电压为正或负饱和电压，与输入电压 $u_i=u_+-u_-$ 无关，即可近似认为：

(1) 当 $u_i>0$，即 $u_+>u_-$ 时，$u_o=+U_{om}$。

(2) 当 $u_i<0$，即 $u_+<u_-$ 时，$u_o=-U_{om}$。

为了使集成运放能工作在线性区稳定状态，通常把外部元件如电阻、电容跨接在运算放大器的输出端与反相输入端之间构成闭环工作状态，即引入深度电压负反馈，以限制其电压放大倍数。工作在线性区的理想集成运算放大器，利用上述理想参数可以得到以下两条重要结论：

(1) 由于开环增益 $A_{do}\to\infty$，而输出电压却为有限值，所以差模输入电压 u_+-u_- 必趋近于零，即 $u_+-u_-=u_o/A_{do}=0$。

(2) 由于差模输入电阻趋近于无穷大，即 $r_{id}\to\infty$，且差模输入电压 u_+-u_- 为有限值，所以两输入电流都趋近于零，即 $i_+=i_-=u_+-u_-/r_{id}=0$。

理想运放两输入端电位相等，好似短接，但不是实际的短接，称为“虚短”；理想集成运放两输入端无电流，好似断开，但不是实际的断开，称为“虚断”。这是集成运放特有的极限状态或理想特性，灵活运用“虚短”和“虚断”特性，可使集成运放的应用分析大为简化。

任务三　反馈放大电路分析

一、反馈的基本原理

反馈是指将放大电路输出信号(电压或电流)的一部分或全部，通过某种电路(反馈电路)送回至输入回路，从而影响输入信号的过程。

图 4.9 所示为负反馈放大电路的原理框图，它由基本放大电路、反馈网络和比较环节三部分组成。基本放大电路由单级或多级组成，完成信号从输入端到输出端的正向传输。反馈网络一般由电阻元件组成，完成信号从输出端到输入端的反向传输，即通过它来实现反馈。图中箭头表示信号的传输方向，x_i、x_o、x_F、x_d 分别表示外部输入信号、输出信号、反馈信号和基本放大电路的净输入信号，它们可以是电压也可以是电流。假设基本放大电路的放大倍数为 A，反馈网络的反馈系数为 F，则由图 4.9 可得

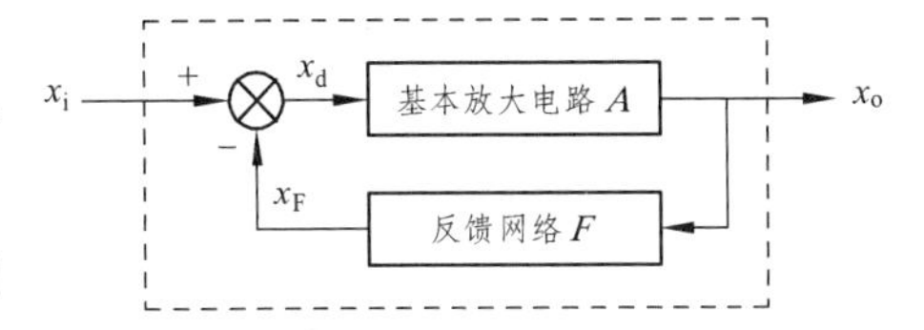

图 4.9　负反馈放大电路的原理框图

$$x_d = x_i - x_F$$
$$x_o = Ax_d$$
$$x_F = Fx_o$$

反馈放大电路的放大倍数为：

$$A_F = \frac{x_o}{x_i} = \frac{x_o}{x_d + x_F} = \frac{A}{1 + AF} \tag{4-15}$$

若 x_i、x_F 和 x_d 三者同相，则 $x_d > x_i$，即反馈信号起到了削弱净输入信号的作用。

二、负反馈的类型和判别方法

反馈的正、负极性通常采用瞬时极性法判别。晶体管、场效应管及集成运算放大器的瞬时极性如图 4.10 所示。晶体管的基极(或栅极)和发射极(或源极)瞬时极性相同，而与集电极(或漏极)瞬时极性相反。集成运算放大器的同相输入端与输出端瞬时极性相同，而反相输入端与输出端瞬时极性相反。

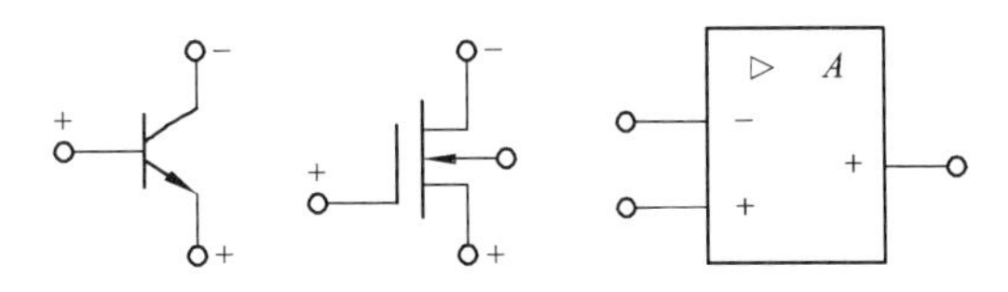

(a) 晶体管　(b) 场效应管　(c) 集成运算放大器

图 4.10　瞬时极性

(一) 正反馈与负反馈

判断放大电路中引入的是正反馈还是负反馈，通常采用的方法是“瞬时极性法”，具体方法如下：

(1) 假定放大电路工作在中频信号频率范围，则电路中电抗元件的影响可以忽略。

(2) 假定放大电路输入的正弦信号处于某一瞬时极性，然后按照先放大、后反馈的正向传输顺序逐级推出电路中各有关点信号的瞬时极性。

(3) 反馈网络一般为线性电阻网络，其输入端、输出端信号的瞬时极性相同。

(4) 最后判断反馈到输入回路信号的瞬时极性是增强还是减弱原输入信号(或净输入信号)，增强者为正反馈，减弱者则为负反馈。

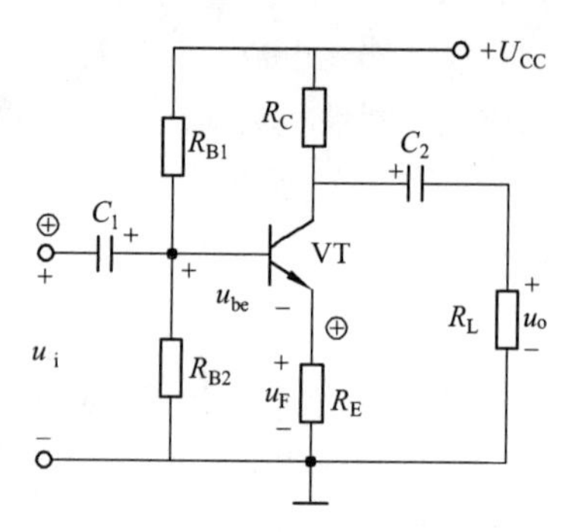

图 4.11 基本放大电路

例 4.1 判断图 4.11 所示电路的反馈极性。

解 设基极输入信号 u_i 的瞬时极性为正，则发射极反馈信号 u_F 的瞬时极性亦为正，发射结上实际得到的信号 u_{be}(净输入信号)与没有反馈时相比减小了，即反馈信号削弱了输入信号的作用，故可确定为负反馈。

例 4.2 判断图 4.12 所示电路的反馈极性。

解 设输入信号 u_i 的瞬时极性为正，则输出信号 u_o 的瞬时极性为负，经 R_F 返送回同相输入端，反馈信号 u_F 的瞬时极性为负，净输入信号 u_d 与没有反馈时相比增大了，即反馈信号增强了输入信号的作用，故可确定为正反馈。

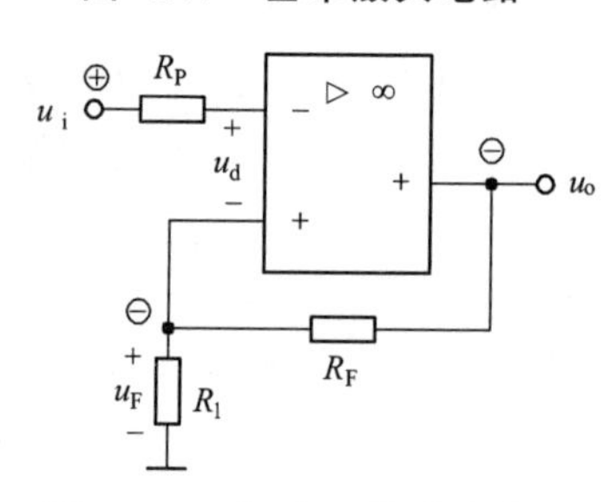

图 4.12 集成运算放大电路

(二) 直流反馈与交流反馈

判断反馈的交、直流性质，只需判断反馈网络的交、直流通路即可。如果从输出端反馈回的信号是直流电压(或电流)，这样的反馈称为直流反馈；如果从输出端反馈回的信号是直流电压(或电流)，这样的反馈称为交流反馈。

通过观察相关电路中是否有隔直元件，容易判定反馈是交流反馈还是直流反馈。

由于直流负反馈常常只用于稳定静态工作点，交流负反馈广泛地用于改善电路的性能，本书将主要讨论交流负反馈。

(三) 电压反馈与电流反馈

如果反馈支路在输出端的取样信号是电压，称为电压反馈；如果取样信号是电流，称为电流反馈。

判断电路中引入的是电压反馈还是电流反馈，通常采用“交流短路法”。具体方法是：假定将放大电路的输出端交流短路(即令 $u_o = 0$)，如果反馈信号 x_F 消失，则引入的是电压反馈，如果 x_F 依然存在，则为电流反馈。

(四) 串联反馈与并联反馈

判断电路中引入的是串联反馈还是并联反馈，通常亦采用“交流短路法”。具体方法是：假定将放大电路的输出端交流短路，如果反馈信号 x_F 依然能加到基本放大电路的输入端，则为串联反馈，否则为并联反馈。

例 4.3 判断图 4.13 所示电路的反馈极性。

(1) 设 u_i 瞬时极性为正，则 u_o 的瞬时极性为正，经 R_F 返送回反相输入端，u_F 的瞬时极性为正，u_d 与没有反馈时相比减小了，即反馈信号削弱了输入信号的作用，故为负反馈。

(2) 将输出端交流短路，R_F 直接接地，反馈电压 $u_F = 0$，即反馈信号消失，故为电压反馈。

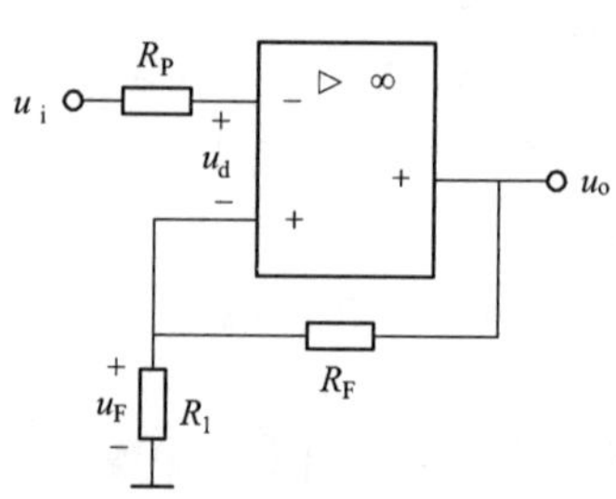

图 4.13 电压串联正反馈

(3) u_i 加在集成运算放大器的同相输入端和地之间，而 u_F

加在集成运算放大器的反相输入端和地之间，不在同一点，故为串联反馈。

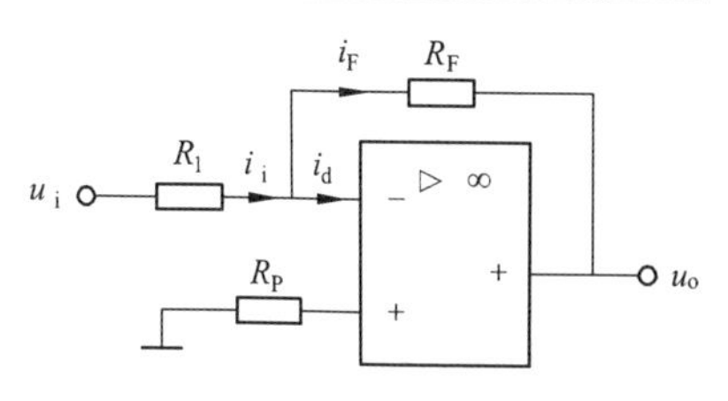

图 4.14　电压并联负反馈

例 4.4　判断图 4.14 所示电路的反馈极性。

(1) 设 $u_i(i_i)$的瞬时极性为正，则 u_o 的瞬时极性为负，i_F 的方向与图示参考方向相同，即 i_F 瞬时极性为正，i_d 与没有反馈时相比减小了，即反馈信号削弱了输入信号的作用，故为负反馈。

(2) 将输出端交流短路，R_F 直接接地，反馈电流 $i_F=0$，即反馈信号消失，故为电压反馈。

(3) i_i 加在集成运算放大器的反相输入端和地之间，而 i_F 也加在集成运算放大器的反相输入端和地之间，在同一点，故为并联反馈。

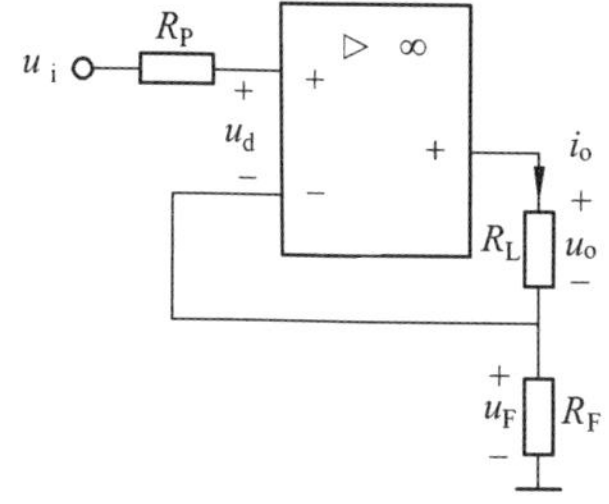

图 4.15　电流串联负反馈

例 4.5　判断图 4.15 所示电路的反馈极性。

(1) 设 u_i 的瞬时极性为正，则 u_o 的瞬时极性为正，经 R_F 返送回反相输入端，u_F 的瞬时极性为正，u_d 与没有反馈时相比减小了，即反馈信号削弱了输入信号的作用，故为负反馈。

(2) 将输出端交流短路，尽管 $u_o=0$，但 i_o 仍随输入信号而改变，在 R_F 上仍有反馈电压 u_F 产生，故可判定不是电压反馈，而是电流反馈。

(3) u_i 加在集成运算放大器的同相输入端和地之间，而 u_F 加在集成运算放大器的反相输入端和地之间，不在同一点，故为串联反馈。

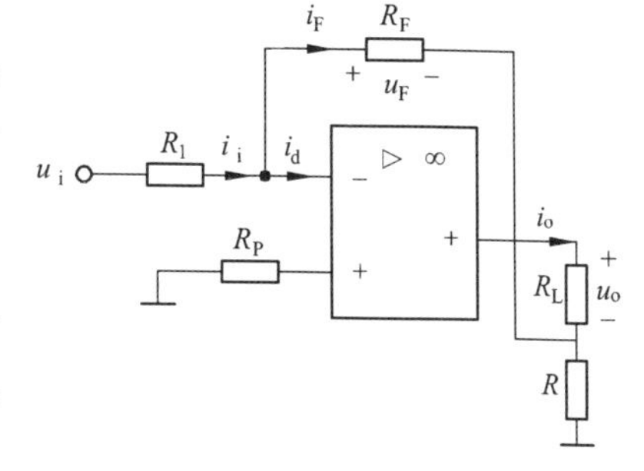

图 4.16　电流并联负反馈

例 4.6　判断图 4.16 所示电路的反馈极性。

(1) 设 u_i 瞬时极性为正，则 u_o 的瞬时极性为负，i_F 的方向与图示参考方向相同，即 i_F 瞬时极性为正，i_d 与没有反馈时相比减小了，即反馈信号削弱了输入信号的作用，故为负反馈。

(2) 将输出端交流短路，尽管 $u_o=0$，但 i_o 仍随输入信号而改变，在 R_F 上仍有反馈电压 u_F 产生，故可判定不是电压反馈，而是电流反馈。

(3) i_i 加在集成运算放大器的反相输入端和地之间，而 i_F 也加在集成运算放大器的反相输入端和地之间，在同一点，故为并联反馈。

总之，从上述四个运算放大器电路可以看出：

(1) 反馈电路直接从输出端引出的，是电压反馈；从负载电阻 R_L 的靠近地端引出的，是电流反馈。

(2) 输入信号和反馈信号分别加在两个输入端(同相和反相)上的是串联反馈；加在同一个输入端(同相或反相)上的是并联反馈。

(3) 反馈信号使净输入信号减小的，是负反馈。

三、负反馈对放大电路性能的影响

1. 稳定放大倍数

因反馈放大电路的放大倍数为 $A_F=\dfrac{A}{1+AF}$，则：

$$\frac{\mathrm{d}A_{\mathrm{F}}}{\mathrm{d}A}=\frac{1+AF-AF}{(1+AF)^2}=\frac{1}{(1+AF)^2}=\frac{1}{1+AF}\cdot\frac{A_{\mathrm{F}}}{A}\Rightarrow\frac{\mathrm{d}A_{\mathrm{F}}}{A_{\mathrm{F}}}=\frac{1}{1+AF}\cdot\frac{\mathrm{d}A}{A}$$

由此可知，引入负反馈后，闭环放大倍数的相对变化率为开环放大倍数相对变化率的 $1+A_{\mathrm{F}}$ 分之一，因 $1+A_{\mathrm{F}}>1$，所以闭环放大倍数的稳定性优于开环放大倍数。

负反馈越深，放大倍数越稳定。在深度负反馈条件下，即 $1+A_{\mathrm{F}}\gg 1$ 时，有：

$$A_{\mathrm{F}}=\frac{A}{1+AF}\approx\frac{1}{F}$$

上式表明，深度负反馈时的闭环放大倍数仅取决于反馈系数 F，而与开环放大倍数 A 无关。通常反馈网络仅由电阻构成，反馈系数 F 十分稳定。所以，闭环放大倍数必然是相当稳定的，诸如温度变化、参数改变、电源电压波动等明显影响开环放大倍数的因素，都不会对闭环放大倍数产生多大影响。

2. 减小非线性失真

电路无负反馈时，产生正半周大、负半周小的失真，如图 4.17 所示。

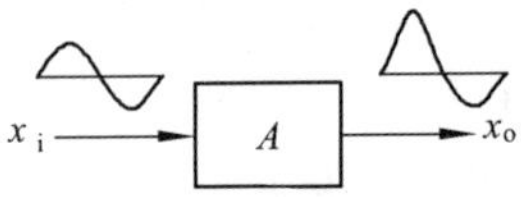

图 4.17　无反馈时产生的波形

引入负反馈后，失真了的信号经反馈网络又送回到输入端，与输入信号反相叠加，得到的净输入信号为正半周小而负半周大，这样正好弥补了放大器的缺陷，使输出信号比较接近于正弦波，如图 4.18 所示。

3. 展宽通频带

因为放大电路在中频段的开环放大倍数 A 较高，反馈信号也较大，因而净输入信号降低的较多，闭环放大倍数 A_{F} 也随之降低较多；而在低频段和高频段，A 较低，反馈信号较小，因而净输入信号降低得较小，闭环放大倍数 A_{F} 也降低较小。这样使放大倍数在比较宽的频段上趋于稳定，即展宽了通频带，如图 4.19 所示。

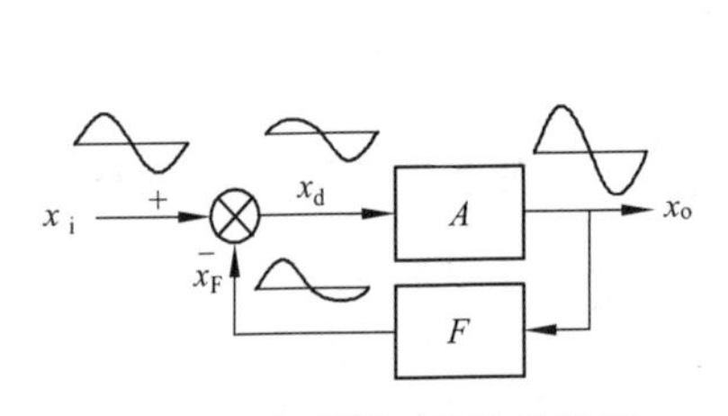

图 4.18　有反馈时产生的波形

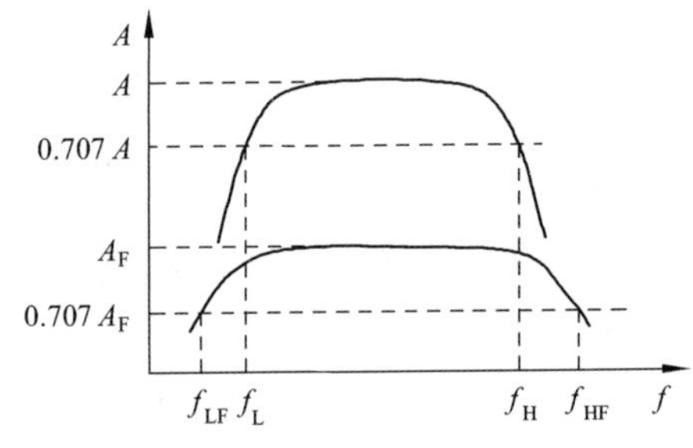

图 4.19　展宽通频带

4. 改变输入电阻

对于串联负反馈，由于反馈网络和输入回路串联，总输入电阻为基本放大电路本身的输入电阻与反馈网络的等效电阻两部分串联相加，故可使放大电路的输入电阻增大。

对于并联负反馈，由于反馈网络和输入回路并联，总输入电阻为基本放大电路本身的输入电阻与反馈网络的等效电阻两部分并联，故可使放大电路的输入电阻减小。

5. 改变输出电阻

对于电压负反馈，由于反馈信号正比于输出电压，反馈的作用是使输出电压趋于稳定，使其受负载变动的影响减小，即使放大电路的输出特性接近于理想电压源特性，故而使输出电阻减小。

对于电流负反馈，由于反馈信号正比于输出电流，反馈的作用是使输出电流趋于稳定，使其受负载变动的影响减小，即使放大电路的输出特性接近于理想电流源特性，故而使输出电阻增大。

任务四　集成运算放大器的应用

一、运算放大器在信号运算方面的应用

(一) 比例运算电路

1. 反相输入比例运算电路

电路如图 4.20 所示，输入电压 u_i 通过 R_1 接到反相输入端，同相输入端接地，输出电压 u_o 又通过反馈电阻 R_F 反馈到反相输入端，构成电压并联负反馈放大电路。

根据运放工作在线性区的两条分析依据可知：

$$i_i = i_F\,,\qquad u_- = u_+ = 0$$

而

$$i_i = \frac{u_i - u_-}{R_1} = \frac{u_i}{R_1},\qquad i_F = \frac{u_- - u_o}{R_F} = -\frac{u_o}{R_F}$$

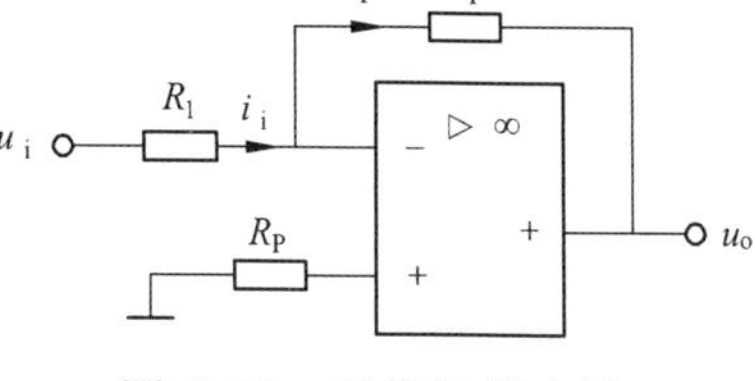

图 4.20　反相比例电路

由此可得：

$$u_o = -\frac{R_F}{R_1}u_i \tag{4-15}$$

式中的负号表示输出电压与输入电压的相位相反。由此可得闭环电压放大倍数为：

$$A_{uF} = \frac{u_o}{u_i} = -\frac{R_F}{R_1}$$

当 $R_F = R_1$ 时，$u_o = -u_i$，即 $A_{uF} = -1$，该电路就成了反相器。

反相输入比例运算电路的特点是：

(1) 图 4.20 中的电阻 R_P 称为平衡电阻，通常取 $R_P = R_1 // R_F$，以保证其输入端的电阻平衡，从而提高了差动电路的对称性。

(2) 输出电压与输入电压是一种比例运算关系，或者说是比例放大的关系，比例系数只取决于 R_F 与 R_L 的比值，而与集成运放本身的参数无关。

(3) 由于 $u_- \approx 0$，即电位接近于零电位，但实际并没有接地，所以称为“虚地”，因此它的共模输入电压为零，即它对集成运放的共模抑制要求低。

2. 同相输入比例运算电路

电路如图 4.21 所示，输入信号 u_i 经外接电阻 R_P 送到同相输入端，而反相输入端通过电阻 R_1 接地。反馈电阻 R_F 跨接在输出端和同相输入端之间，形成电压串联负反馈。

根据运放工作在线性区的两条分析依据可知：

$$i_i = i_F\,,\qquad u_- = u_+ = u_i$$

而

$$i_i = \frac{0 - u_-}{R_1} = -\frac{u_i}{R_1},\qquad i_F = \frac{u_- - u_o}{R_F} = \frac{u_i - u_o}{R_F}$$

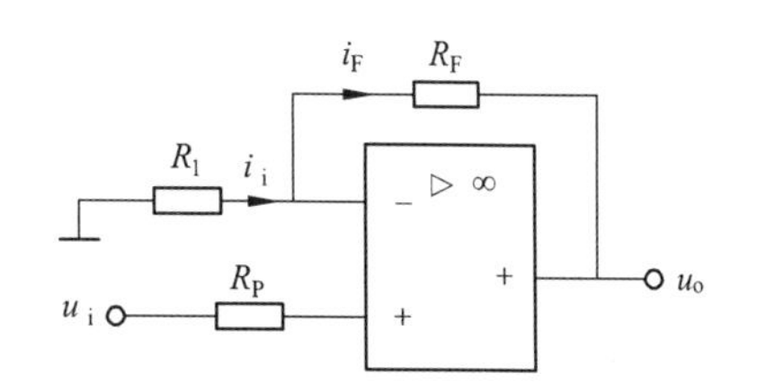

图 4.21　同相比例电路

由此可得：

$$u_o = \left(1 + \frac{R_F}{R_1}\right)u_i \tag{4-16}$$

此式表明输出电压与输入电压的相位相同。由此可得闭环电压放大倍数为：

$$A_{uF}=\frac{u_o}{u_i}=1+\frac{R_F}{R_1}$$

因此，同相比例运算电路的闭环电压放大倍数必定大于或等于 1。当 $R_F=0$ 或 $R_1=\infty$ 时，$u_o=u_i$，即 $A_{uF}=1$，这时输出电压跟随输入电压作相同的变化，称为电压跟随器。电路如图 4.22 所示。

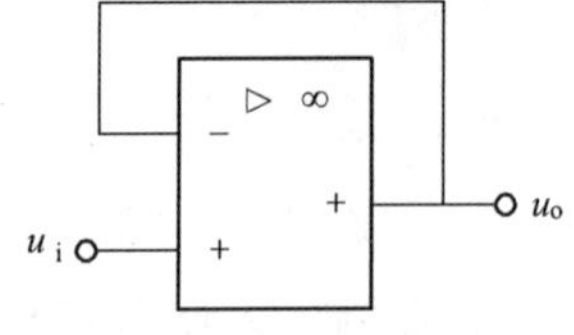

图 4.22　电压跟随器电路

同相输入比例运算电路的特点是：

(1) 同反相输入比例运算电路一样，为了提高差动电路的对称性，平衡电阻 $R_P=R_1//R_F$。

(2) 输出电压与输入电压也是一种比例运算关系，或者说是比例放大的关系。同相输入比例放大电路的闭环电压放大倍数也仅与外部电阻 R_1 和 R_F 的比值有关，而与运算放大器本身的参数无关。

(二) 加法和减法运算电路

1. 加法运算电路

如果在反相比例运算电路的输入端增加若干输入电路，如图 4.23 所示，则构成反相加法运算电路。

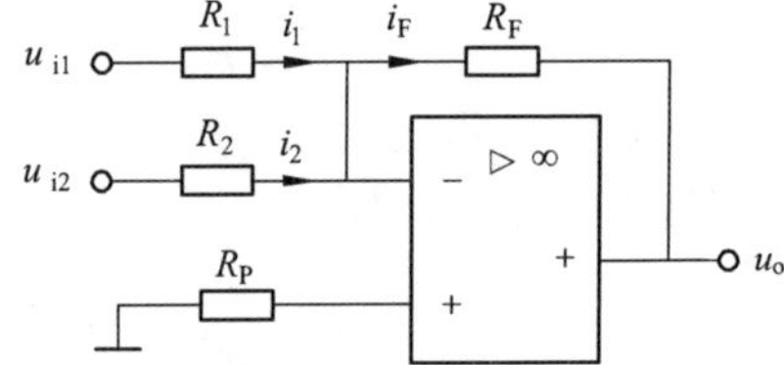

图 4.23　加法运算电路

根据运放工作在线性区的两条分析依据可知：

$$i_1=\frac{u_{i1}}{R_1}，\quad i_2=\frac{u_{i2}}{R_2}，\quad i_F=i_1+i_2=-\frac{u_o}{R_F}$$

由此可得：

$$u_o=-\left(\frac{R_F}{R_1}u_{i1}+\frac{R_F}{R_2}u_{i2}\right)$$

若 $R_1=R_2=R_F$，则：

$$u_o=-(u_{i1}+u_{i2})$$

由此可见，加法运算电路的输出电压与两个输入电压之间是一种反相输入加法运算关系。这一运算关系可推广到有更多个信号输入的情况。平衡电阻 $R_P=R_1//R_2//R_F$。

2. 减法运算电路

减法运算电路是指输出电压与多个输入电压的差值呈比例的电路，常用差动输入方式来实现，如图 4.24 所示。

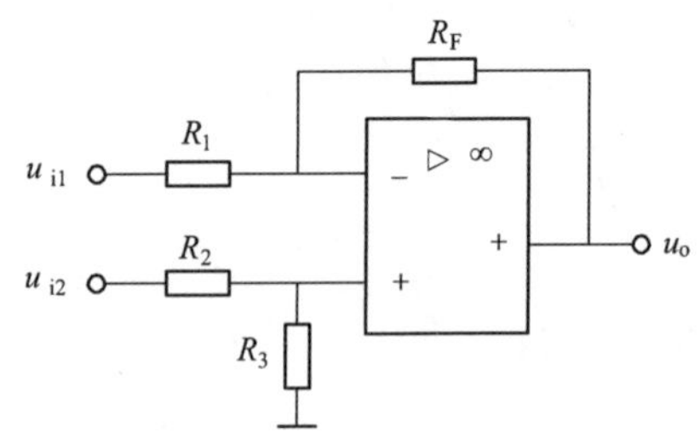

图 4.24　减法运算电路

由叠加定理可知：

(1) u_{i1} 单独作用时为反相输入比例运算电路，其输出电压为：

$$u_o'=-\frac{R_F}{R_1}u_{i1}$$

(2) u_{i2} 单独作用时为同相输入比例运算，其输出电压为：

$$u_o''=\left(1+\frac{R_F}{R_1}\right)\frac{R_3}{R_2+R_3}u_{i2}$$

(3) u_{i1} 和 u_{i2} 共同作用时，输出电压为：

$$u_o=u_o'+u_o''=-\frac{R_F}{R_1}u_{i1}+\left(1+\frac{R_F}{R_1}\right)\frac{R_3}{R_2+R_3}u_{i2}$$

(4) 若 $R_3=\infty$(断开)，则：

$$u_o=-\frac{R_F}{R_1}u_{i1}+\left(1+\frac{R_F}{R_1}\right)u_{i2}$$

(5) 若 $R_1=R_2$，且 $R_3=R_F$，则：

$$u_o=\frac{R_F}{R_1}(u_{i2}-u_{i1})$$

(6) 若 $R_1=R_2=R_3=R_F$，则：

$$u_o=u_{i2}-u_{i1}$$

由此可见，减法运算电路的输出电压与两个输入电压之差成正比，实现了减法运算。该电路又称为差动输入运算电路或差动放大电路。

(三) 积分和微分运算电路

1. 积分运算电路

积分运算电路如图 4.25 所示，由于反相输入端虚地，且 $i_+=i_-$，由图可得：

$$i_R=i_C=\frac{u_i}{R},\qquad i_C=C\frac{du_C}{dt}=-C\frac{du_o}{dt}$$

由此可得：

$$u_o=-\frac{1}{RC}\int u_i dt$$

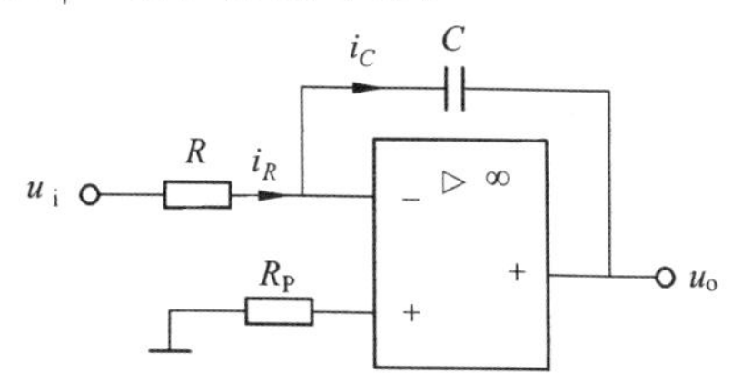

图 4.25　积分运算电路

由此可见，积分运算电路的输出电压与输入电压对时间的积分成正比。

若 u_i 为恒定电压 U，则输出电压 u_o 为：

$$u_o=-\frac{U}{RC}t$$

积分电路波形如图 4.26 所示，积分电路用于方波－三角波转换如图 4.27 所示。

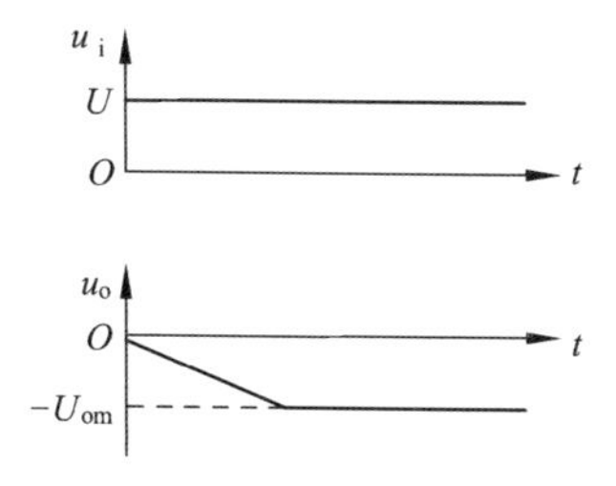

图 4.26　积分电路波形

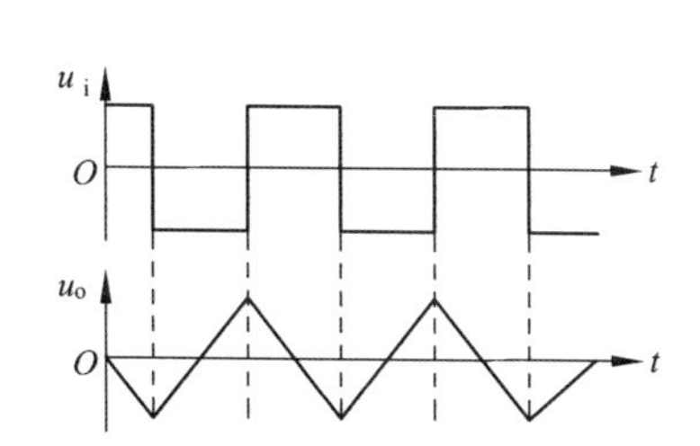

图 4.27　积分电路的方波-三角波转换

2. 微分运算电路

微分运算电路如图 4.28 所示。由于反相输入端虚地，且 $i_+=i_-$，由图可得：

$$i_R=i_C=-\frac{u_o}{R},\qquad i_C=C\frac{du_C}{dt}=C\frac{du_i}{dt}$$

由此可得：

$$u_o=-RC\frac{du_i}{dt}$$

由此可知，微分运算电路的输出电压与输入电压对时间的微分成正比。

若 u_i 为恒定电压 U，则在 u_i 作用于电路的瞬间，微分电路输出一个尖脉冲电压，波形如图 4.29 所示。

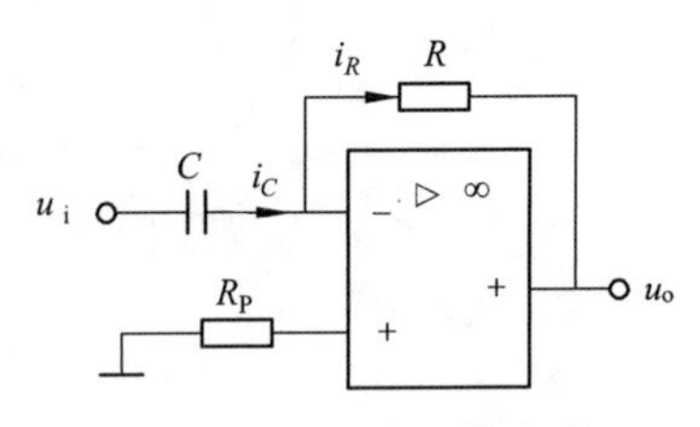

图 4.28　微分运算电路

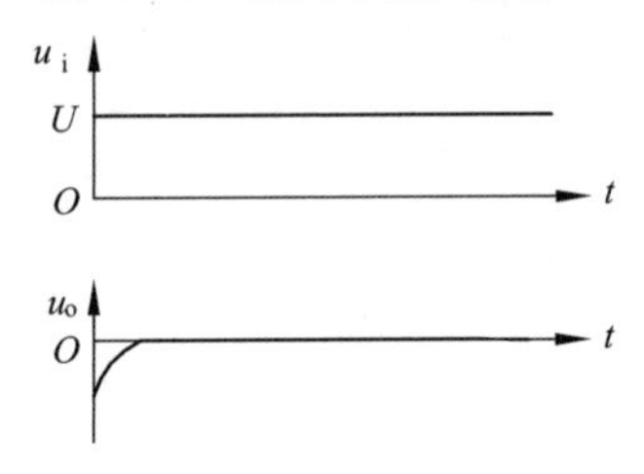

图 4.29　微分运算电路波形

二、信号处理电路

(一) 有源滤波器

滤波器的特点是：选出所需要的频率范围内的信号，使其顺利通过；而对于频率超出此范围的信号，使其不易通过。不同的滤波器具有不同的频率特性，大致可分为低通、高通、带通和带阻四种。

无源滤波器是指：仅由无源元件 R、C 构成的滤波器。无源滤波器的带负载能力较差，这是因为无源滤波器与负载间没有隔离，当在输出端接上负载时，负载也将成为滤波器的一部分，这必然导致滤波器频率特性的改变。此外，由于无源滤波器仅由无源元件构成，无放大能力，所以对输入信号总是衰减的。

有源滤波器是指：由无源元件 R、C 和放大电路构成的滤波器。放大电路广泛采用带有深度负反馈的集成运算放大器。由于集成运算放大器具有高输入阻抗、低输出阻抗的特性，使滤波器的输出和输入之间有良好的隔离，便于级联，以构成滤波特性好或频率特性有特殊要求的滤波器。

1. 低通滤波器

低通滤波器的电路及幅频特性如图 4.30 所示。

$$\dot{U}_+=\dot{U}_C=\frac{\frac{1}{j\omega C}}{R+\frac{1}{j\omega C}}\dot{U}_i=\frac{\dot{U}_i}{1+j\omega RC}$$

$$\dot{A}_{uF}=\frac{\dot{U}_o}{\dot{U}_i}=\left(1+\frac{R_F}{R_1}\right)\cdot\frac{1}{1+j\omega RC}=\frac{A_u}{1+j\frac{\omega}{\omega_0}}$$

式中：$A_u=1+\frac{R_F}{R_1}$ 为通频带放大倍数；$\omega_0=\frac{1}{RC}$，称为截止角频率。电压放大倍数的幅频特性为

$$A_{uF}=\frac{A_u}{\sqrt{1+\left(\frac{\omega}{\omega_0}\right)^2}}$$

一阶有源低通滤波器的幅频特性与理想特性相

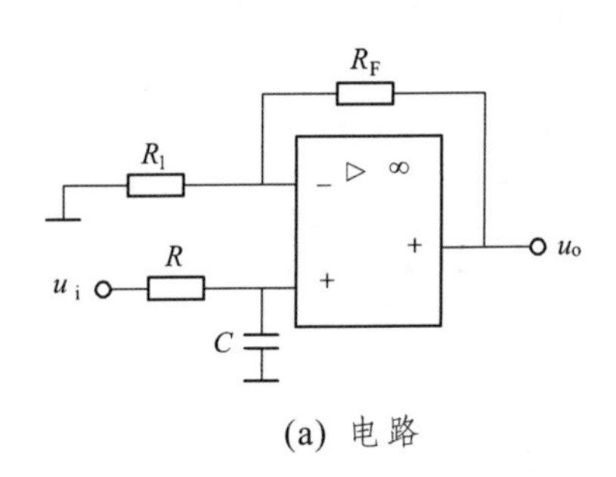

(a) 电路

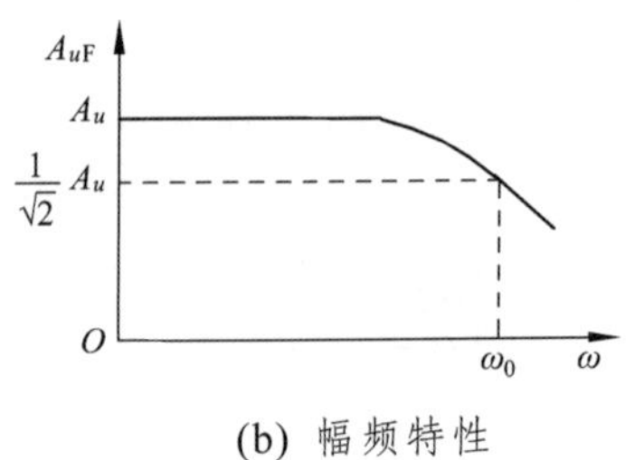

(b) 幅频特性

图 4.30　低通滤波器电路及幅频特性

差较大，滤波效果不够理想，采用二阶或高阶有源滤波器可明显改善滤波效果。图 4.31 所示为用二级 RC 低通滤波电路串联后接入集成运算放大器构成的二阶低通有源滤波器及其幅频特性。

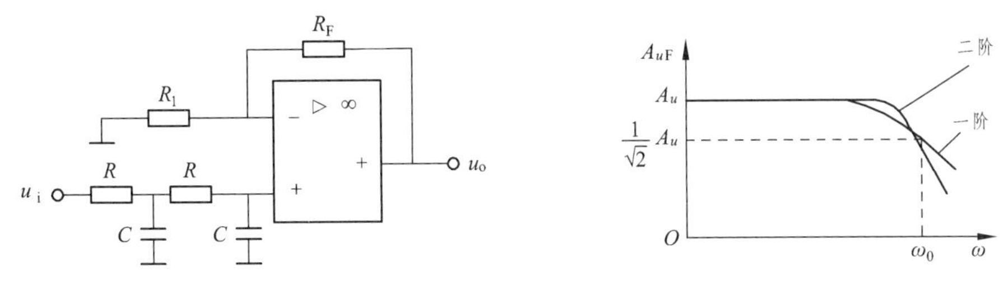

图 4.31 二阶低通有源滤波器电路及其幅频特性

2. 高通滤波器

高通滤波器的电路及幅频特性如图 4.32 所示。

$$\dot{A}_{uF}=\frac{\dot{U}_o}{\dot{U}_i}=\left(1+\frac{R_F}{R_1}\right)\cdot\frac{1}{1+\dfrac{1}{j\omega RC}}=\frac{A_u}{1-j\dfrac{\omega_0}{\omega}}$$

截止角频率：$\omega_0=\dfrac{1}{RC}$

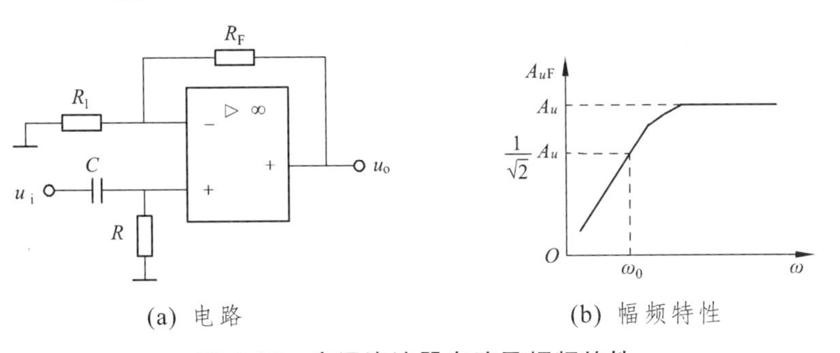

(a) 电路　　(b) 幅频特性

图 4.32 高通滤波器电路及幅频特性

（二）采样保持电路

如图 4.33 所示，采样保持电路的特点是：

(1) 采样阶段：控制信号 u_G 出现时，电子开关接通，输入模拟信号 u_i 经电子开关使保持电容 C 迅速充电，电容电压即输出电压 u_o 跟随输入模拟信号电压 u_i 的变化而变化。

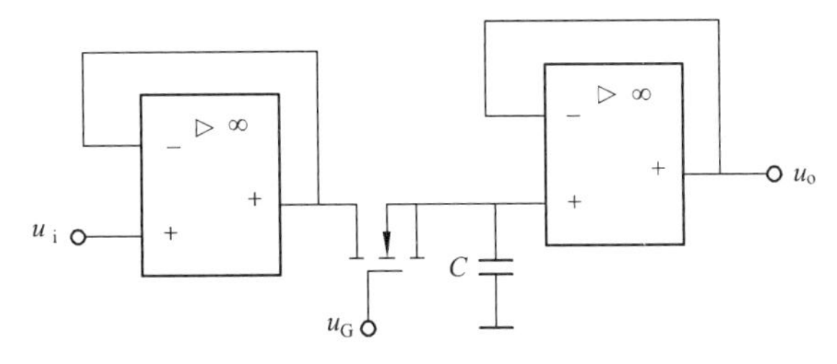

图 4.33 采样保持电路

(2) 保持阶段：$u_G=0$，电子开关断开，保持电容 C 上的电压因为没有放电回路而得以保持。一直到下一次控制信号的到来，开始新的采样保持周期。

任务五　闪烁灯的制作

一、电路设计

闪烁灯参考电路如图 4.34 所示。

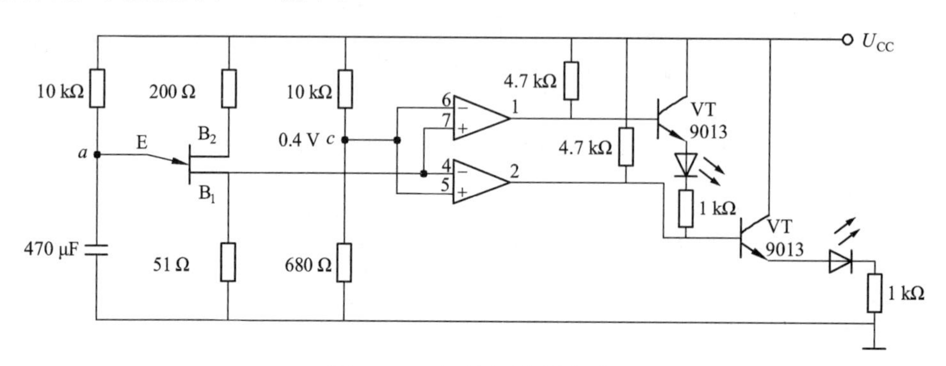

图 4.34　闪烁灯控制电路

二、元件清单

元件清单如表 4.1 所示。

表 4.1　元件清单

名称	数量	名称	数量
焊接万能电路板	1 块	BT33 单结晶体管	1 个
LM339 比较器	1 片	9013 三极管	2 片
发光二极管	2 个	DIP14 脚底座	1 片
电阻	若干	电容	1 个

三、工作原理

1. 单结晶体管的型号及管脚判别方法

国产单结晶体管的型号有 BT31、BT32、BT33、BT35 等。

管脚的判别方法：对于金属管壳的管子，管脚对着自己，以凸口为起始点，顺时针方向数，依次是 E、B_1、B_2；对于环氧封装半球状的管子，平面对着自己，管脚向下，从左向右，依次为 E、B_2、B_1。国外产品的塑料封装管管脚排列一般也和国产环氧封装管的排列相同。

2. LM339 比较器的工作原理

LM339 类似于增益不可调的运算放大器。每个比较器有两个输入端和一个输出端。两个输入端：一个称为同相输入端，用“+”表示；另一个称为反相输入端，用“−”表示。用于比较两个电压时，任意一个输入端加一个固定电压做参考电压(也称为门限电平，它可选择 LM339 输入共模范围的任何一点)，另一端加一个待比较的信号电压。当“+”端电压高于“−”端时，输出管截止，相当于输出端开路；当“−”端电压高于“+”端时，输出管饱和，相当于输出端接低电位。两个输入端电压差别大于 10 mV 就能确保输出能从一种状态可靠地转换到另一种状态，因此，把 LM339 用在弱信号检测等场合是比较理想的。LM339 的输出端相当于一只不接集电极电阻的晶体三极管，在使用时输出端到正电源一般需接一只电阻(称为上拉电阻，选 3 ~ 15 kΩ)。选不同阻值的上拉电阻会影响输出端高电位的值。因为当输出晶体三极管截止时，它的集电极电压基本上取决于上拉电阻与负载的值。另外，各比较器的输出端允许连接在一起使用。

3. LM339 的使用注意事项

LM339 是一种高增益宽带器件，在印刷电路板布局时应注意输入信号线与输出线不要靠近，以免输出信号通过分布电容耦合到输入端引起比较器自激，并注意集成块的接地端应与整机的接地点尽可能地靠近，以减少接地阻抗。

LM339 的驱动电流取决于它的偏置电路，而与工作电压(电源电压)基本无关。

四、电子元器件的焊接

用电烙铁焊接元器件是基本的装配工艺，它对保证电子产品的质量起着关键的作用。下面介绍一些元器件的焊接要点：

(1) 焊接最好是松香、松香油或无酸性焊剂。不能用酸性焊剂，否则会把焊接的地方腐蚀掉。

(2) 焊接前，把需要焊接的地方先用小刀刮净，使它漏出金属光泽，涂上焊剂，再涂上一层焊锡。

(3) 焊接时电烙铁应有足够的热量，才能保证焊接质量，防止虚焊和日久脱焊。

(4) 烙铁在焊接处停留的时间不宜过长。

(5) 烙铁离开焊接处后，被焊接的零件不能立即移动，否则因焊锡尚未凝固而使零件容易脱落。

(6) 对接的元件接线最好先绞合后再上焊剂。

(7) 在焊接晶体管等怕高温的器件时，最好用小平嘴钳或镊子夹住晶体管的引出脚，焊接时还要掌握时间。

(8) 半导体元件的焊接最好采用较细的低温焊丝，焊接时间要短。

【课堂任务】

1. 什么是集成电路，它与分立元件电路相比有何特点？
2. 放大电路产生零点漂移的主要原因是什么，多级直接耦合放大器中，影响零点漂移最严重的是哪一级？
3. 运算放大器的使用注意事项有哪些？
4. 放大电路中为什么要引入反馈，反馈的类型都有哪些，如何来判断反馈类型？
5. BT33 的引脚应如何区分，作用是什么？
6. 闪烁灯控制电路需要哪些元器件，各部分的功能是什么？
7. 在组长的带领下，首先进行元器件的检测，其次进行元器件的安装、焊接和调试。
8. 试判断如下图示电路的反馈极性。

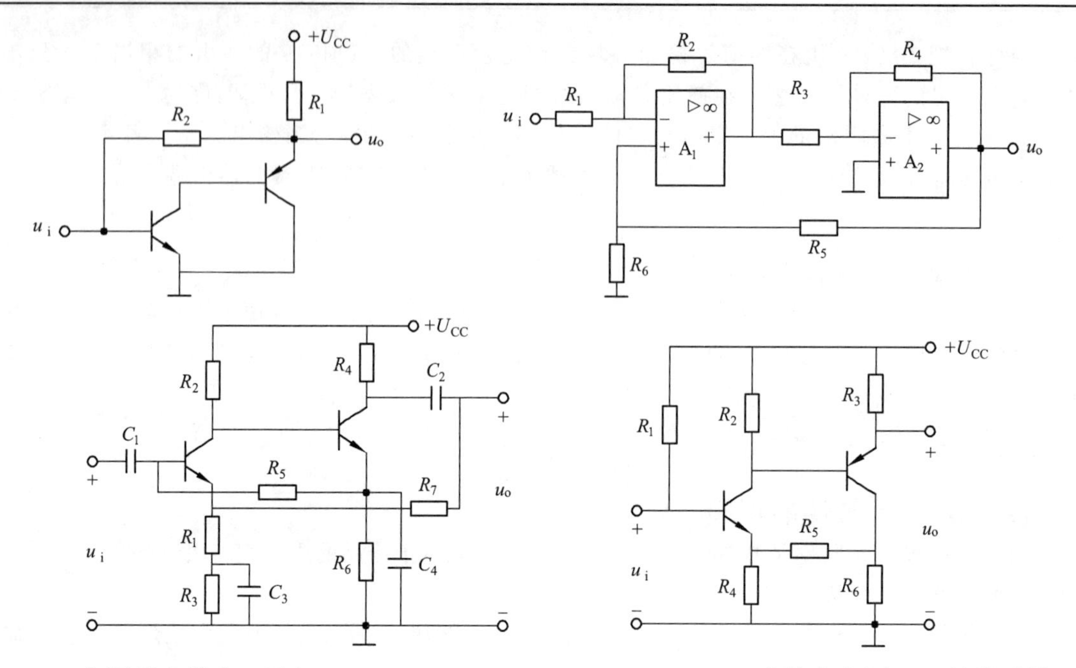

9. 在图示电路中，已知 $R_1 = 100\ \text{k}\Omega$，$R_F = 200\ \text{k}\Omega$，$u_i = 1\ \text{V}$，求输出电压 u_o，并说明输入级的作用。

10. 在图示电路中，已知 $R_1 = 100\ \text{k}\Omega$，$R_F = 200\ \text{k}\Omega$，$R_2 = 100\ \text{k}\Omega$，$R_3 = 200\ \text{k}\Omega$，$u_i = 1\ \text{V}$，求输出电压 u_o。

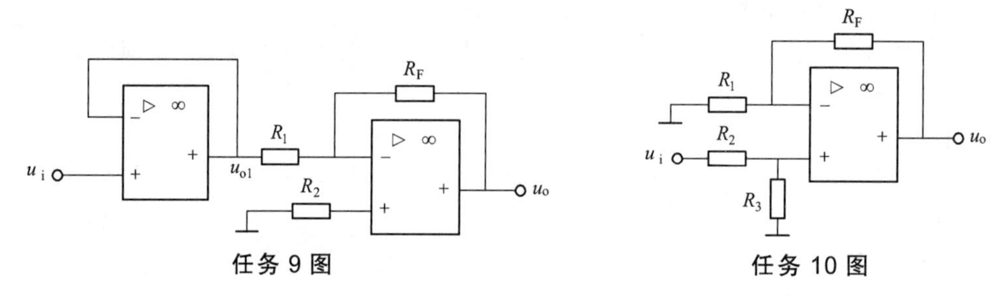

任务 9 图　　任务 10 图

11. 求如下图示电路中 u_o 与 u_{i1}、u_{i2} 的关系。

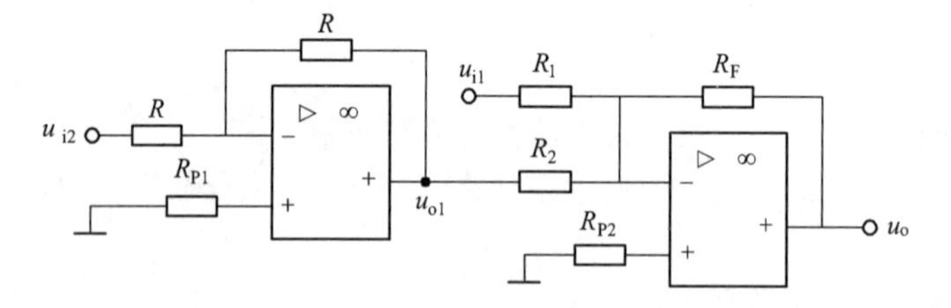

【课后任务】

以小组为单位完成以下任务：

1. 到电子元器件市场进行调研，了解闪烁灯各个组成元器件的价格。
2. 根据所学知识制作出符合要求的闪烁灯。
3. 上述任务完成后，进行小组自评和互评，最后教师讲评，取长补短，开拓完善知识内容。

项目 4 小结

1. 直耦放大器的一个严重问题是零点漂移。差动放大器是解决零点漂移问题的有效方法。差动放大器既能放大直流信号，又能放大交流信号。它对差模信号有很强的放大能力，对共模信号有很强的抑制能力。因此，运算放大器都使用差动放大器作为输入级。

2. 电流源电路是构成运放的基本单元电路，其特点是直流电阻小而交流电阻很大。电流源电路既可以为电路提供偏置电流，又可以作为放大器的有源负载使用。

3. 集成运放是一个高增益、直耦的多级放大器。主要品种有 BJT 集成运放、FET 集成运放、BiMOS 集成运放等。本章重点介绍了 BJT 集成运放 F007。应熟悉集成运放的结构特点及主要参数。

4. 除了通用集成运放以外，还有大量特殊类型的运放。了解这些运放的特性，对于正确选择和使用运放有很大帮助。

5. 将电子系统输出回路的电量(电压或电流)，以一定的方式送回到输入回路的过程称为反馈。

6. 电路中常用的负反馈有四种组态：电压串联负反馈，电压并联负反馈，电流串联负反馈，电流并联负反馈。可以通过观察法、输出短路法和瞬时极性法等方法判断电路的反馈类型。

7. 负反馈电路的四种不同组态可以统一用方框图加以表示，其闭环增益的表达式为：$A_F = \dfrac{A}{1+AF}$。

8. 负反馈可以全面改善放大电路的性能，包括：提高放大倍数的稳定性，减小非线性失真，抑制噪声，扩展频带，改变输入、输出电阻等。

项目 5

电子蚊拍电路分析与制作

【工学目标】

1. 学会分析工作任务，在教师的引导下，完成制订工作计划、课堂任务、课后任务和学习效果评价等工作环节。

2. 了解自激振荡电路的应用，产生自激振荡的条件，RC 振荡电路、LC 正弦波振荡电路的构成及工作原理。

3. 能够正确选择元器件，利用各种工具安装和焊接简单电路，并利用各种仪表和工具排除简单电路故障。

4. 能够主动提出问题，遇到问题能够自主或者与他人研究解决，具有良好的沟通和团队协作能力，建立良好的环保意识、质量意识和安全意识。

5. 通过课堂任务的完成，最后以小组为单位完成电子蚊拍的制作。

【典型任务】

任务一　正弦波振荡电路分析

在基本放大电路实验中，经常使用的信号源就是一种波形发生器，它可以将直流电转换成交流电，从而输出不同频率、不同波形的交流信号，也称为自激振荡电路，在通信、广播、自动控制、仪表测量以及高频加热等方面有着广泛的应用。根据波形发生器产生波形的不同，可分为正弦波发生器和非正弦波发生器。

正弦波振荡电路在无线电通信、电视广播、超声波探伤等领域的应用十分广泛，正弦波振荡电路能产生正弦波输出，是在基本放大电路的基础上加入正反馈而形成的，因此，它是各类波形发生器和信号源的重要电路，正弦波振荡电路也称为正弦波振荡器或正弦波发生器。

一、自激振荡的基本工作原理

通过项目 4 对负反馈放大电路的分析讨论，可以了解到在放大电路中引入负反馈时，可能因为电路中电抗元件的存在而产生 180° 的附加相移，从而由负反馈变成正反馈引发自激振荡。由此可见，要想人为地使一个电路产生振荡，又没有外加输入信号，必须通过引入正反馈来实现，这种电路即称为反馈式自激振荡电路。反馈式自激振荡电路一般由基本放大电路和反馈网络组成，在基本放大电路或反馈网络中还应包含有一个具有选频特性的网络，以确定振荡频率。其原理框图如图 5.1 所示。

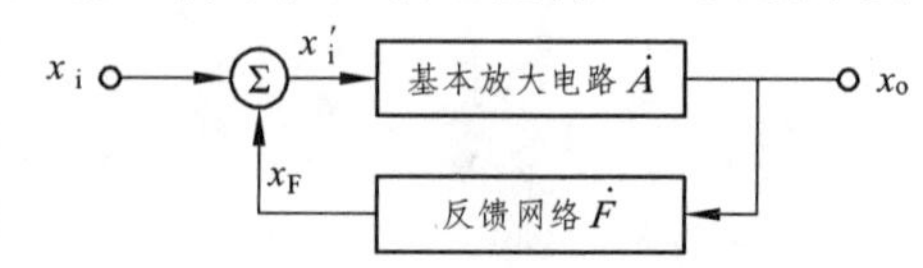

图 5.1　正弦波振荡电路的原理框图

反馈式振荡电路根据选频网络的形式不同，还可分为 RC 正弦波振荡电路、LC 正弦波振荡电路、石英晶体正弦波振荡电路等。

(一) 自激振荡的条件

由图 5.1 可见，基本放大电路的开环增益为 $\dot{A}=\frac{x_o}{x_i'}$，反馈网络的反馈系数为 $\dot{F}=\frac{x_F}{x_o}$，为使电路产生振荡，电路中应引入正反馈，用反馈信号取代输入信号，即有 $x_F=x_i'$，这时 $x_o=\dot{A}x_i'=\dot{A}x_F=\dot{A}\dot{F}x_o$，由此可得自激振荡的条件：

$$\dot{A}\dot{F}=1 \tag{5-1}$$

上式包含了两个方面的含义，即自激振荡的条件应包括振幅平衡条件和相位平衡条件。

1. 振幅平衡条件

$$|\dot{A}\dot{F}|=AF=1 \tag{5-2}$$

即基本放大器的放大倍数与反馈网络的反馈系数的乘积的模等于 1，使 x_F 和 x_i' 的大小相等。

2. 相位平衡条件

$$\varphi_A+\varphi_F=2n\pi \tag{5-3}$$

即基本放大电路的相移 φ_A 和反馈网络的相移 φ_F 之和等于 $2n\pi$，其中 n 为整数，使 x_F 和 x_i' 的相位相等，以保证电路能构成正反馈。

(二) 自激振荡的建立与稳定

1. 自激振荡的建立过程

实际的振荡电路在合上电源的瞬间会有一个电流冲击，同时电路中还存在噪声等，这些因素会使放大电路的输入端产生一个扰动信号，它可作为放大器的初始输入信号。这些电扰动信号中含有丰富的各种频率成分，其中只有某一频率(f_0)成分能满足上述振荡条件，于是该频率(f_0)分量的电压经过放大、正反馈、再放大、正反馈……不断地增大电压幅度，保证每次反馈送回到输入端的信号 x_F 总是大于原输入信号 x_i'，即：$x_F>x_i'$，这就是振荡器的自激振荡建立过程。

2. 起振条件

从上面的起振过程可以知道，振荡电路起振的必要条件是：

$$|\dot{A}\dot{F}|>1 \tag{5-4}$$

即起振的振幅条件为 $AF>1$，起振的相位条件为 $\varphi_A+\varphi_F=2n\pi$。

3. 稳定过程

满足上述振荡条件的某一频率(f_0)分量，经过放大、正反馈、再放大、正反馈不断地增大电压幅度，那么其输出幅度是否会无限制地增大呢？从前面所学过的章节知道，由于组成振荡器的基本放大电路中的三极管具有饱和与截止的非线性特性，因此振荡器的输出信号幅度最终是不会无限制地增大，但输出波形却严重失真。为此，振荡电路中需要有稳定输出幅度的环节，以使振荡器起振后，能自动地逐渐由起振条件过渡到平衡条件，使振荡器的输出波形既稳定又基本不失真。振荡电路中除了利用三极管的非线性失真来限制振幅外，通常还引入负反馈电路来稳幅。

综上所述，正弦波振荡电路一般由以下几个基本电路和环节组成：

(1) 放大电路：能放大电压信号，并提供振荡器能量，与正反馈网络配合实现起振，与稳幅电路配合实现稳幅。

(2) 反馈电路：在振荡器中形成正反馈满足相位平衡条件和幅度平衡条件。

(3) 选频网络：使振荡器在各种频率的信号中，选择所需的频率信号进行放大、反馈，并使之满足振荡的条件，最终使振荡器输出为单一频率的正弦信号。它既可以设置在放大电路中，也可以设置在正反馈网络中。

(4) 稳幅环节：保证振荡器输出的正弦波稳定且基本不失真。由以上三个部分构成的振荡器很难控制正反馈的量，如果正反馈量大，则增幅将使输出幅度越来越大，最后由于三极管的非线性限幅必然产生波形的非线性失真；反之，如果正反馈量不足，则减幅将可能使电路停振，导致得不到正弦波，而是一些非正弦波信号，为了得到正弦波信号，振荡电路必须要有一个稳幅电路。

二、RC 正弦波振荡电路

采用 RC 选频网络的振荡电路称为 RC 振荡电路。常见的 RC 振荡电路有 RC 桥式正弦波振荡电路(又称文氏电桥振荡电路)和 RC 移相式正弦波振荡电路，它们适用于产生频率在几赫兹到几百赫兹的低频信号，这里重点讨论 RC 桥式正弦波振荡电路。在 RC 桥式正弦波振荡电路中，其选频和反馈网络是由 RC 串并联网络构成的，所以，在分析其振荡电路的工作原理之前，有必要先了解 RC 串并联网络的选频特性。

(一) RC 串并联选频网络的选频特性

图 5.2 所示是 RC 串并联选频网络，Z_1 为 RC 串联电路阻抗，Z_2 为 RC 并联电路阻抗，它们在正弦波振荡电路中既作选频网络又作正反馈网络。下面对该电路的选频特性进行分析。

$$Z_1 = R + \frac{1}{\mathrm{j}\omega C} = \frac{1 + \mathrm{j}\omega RC}{\mathrm{j}\omega C}$$

$$Z_2 = \frac{R \times \dfrac{1}{\mathrm{j}\omega C}}{R + \dfrac{1}{\mathrm{j}\omega C}} = \frac{R}{1 + \mathrm{j}\omega RC}$$

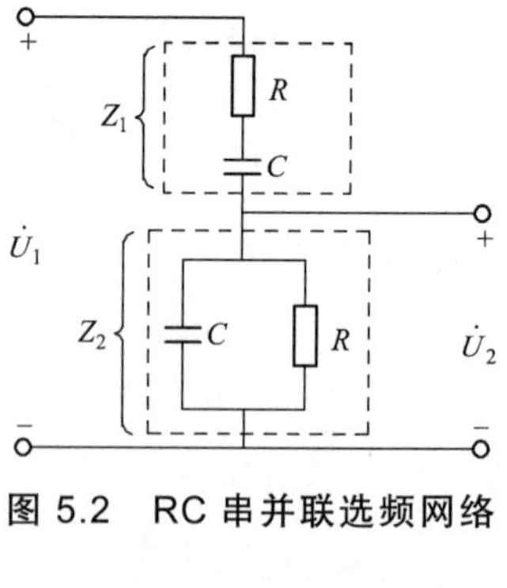

图 5.2 RC 串并联选频网络

RC 串并联网络的传递函数 $\dot{F}$ 为：

$$\dot{F} = \frac{Z_2}{Z_1 + Z_2} = \frac{\dfrac{R}{1 + \mathrm{j}\omega RC}}{\dfrac{1 + \mathrm{j}\omega RC}{\mathrm{j}\omega C} + \dfrac{R}{1 + \mathrm{j}\omega RC}}$$

$$= \frac{R}{3R + \mathrm{j}\left(\omega R^2 C - \dfrac{1}{\omega C}\right)} = \frac{1}{3 + \mathrm{j}\left(\omega RC - \dfrac{1}{\omega RC}\right)} \tag{5-5}$$

如令 $\omega_0 = \dfrac{1}{RC}$，则上式变为：

$$\dot{F}=\frac{1}{3+\mathrm{j}\left(\frac{\omega}{\omega_0}-\frac{\omega_0}{\omega}\right)} \tag{5-6}$$

由此可得 RC 串并联选频网络的幅频响应和相频响应为：

$$|\dot{F}|=F=\frac{1}{\sqrt{3^2+\left(\frac{\omega}{\omega_0}-\frac{\omega_0}{\omega}\right)^2}} \tag{5-7}$$

$$\varphi_{\mathrm{F}}=\arctan\frac{\left(\frac{\omega}{\omega_0}-\frac{\omega_0}{\omega}\right)}{3} \tag{5-8}$$

由式(5-7)和式(5-8)可知，当 $\omega=\omega_0=\frac{1}{RC}$ 或 $f=f_0=\frac{1}{2\pi RC}$ 时，幅频响应的幅值为最大值，即：

$$|\dot{F}|_{\max}=\frac{1}{3} \tag{5-9}$$

而相频响应的相位角为零，即：

$$\varphi_{\mathrm{F}}=0 \tag{5-10}$$

这就是说，在输入电压的幅值一定而频率可调时，若有 $\omega=\omega_0=\frac{1}{RC}$ 时，输出电压的幅值最大，且输出电压是输入电压的 1/3，同时输出电压与输入电压同相位，所以 RC 串并联电路具有选频特性。根据式(5-7)和式(5-8)可画出串并联选频网络的幅频响应及相频响应，如图 5.3 所示。

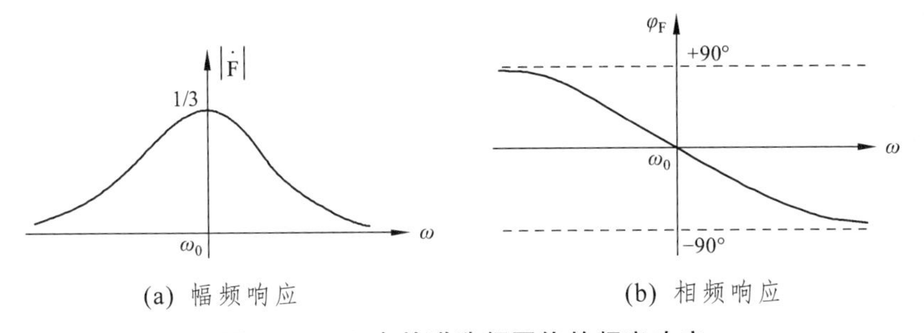

(a) 幅频响应　　(b) 相频响应

图 5.3　RC 串并联选频网络的频率响应

(二) RC 桥式振荡电路

图 5.4 所示是 RC 桥式振荡电路，它由同相输入的比例运算放大电路和 RC 串并联选频网络两部分组成。放大电路的输出电压作为 RC 串并联选频网络的输入电压，其输出电阻相当于 RC 串并联选频网络的信号源的内阻，其值越小对 RC 串并联选频网络的选频特性影响越小；而放大电路的输入端与 RC 串并联网络的输出端连接，即放大电路的输入电阻相当于 RC 串并联网络的负载电阻，其输入电阻越高对RC串并联选频网络的选频特性影响越小。因此，为减小放大电路对 RC 串并联选频网络的影响，要求放大电路具有较高的输入电阻和较低的输出电阻。

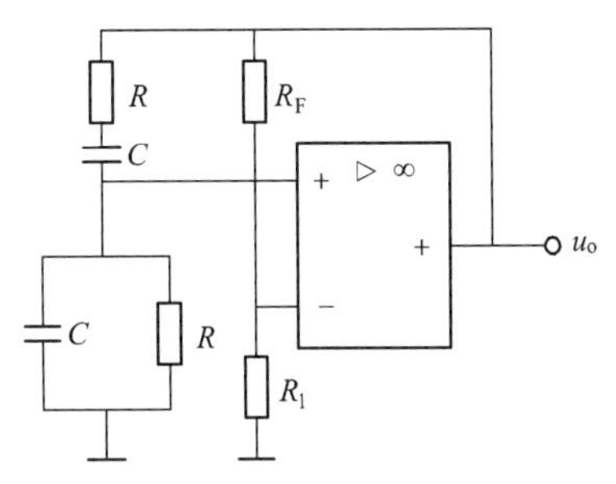

图 5.4　RC 桥式振荡电路

下面对其工作原理进行分析。

从前面分析 RC 串并联选频网络的选频特性可知：当 $f=f_0$ 时，RC 串并联网络的相移为零，即 $\varphi_F=0$；放大电路又是由具有电压串联负反馈的同相运算放大电路组成，即有 $\varphi_A=0$，因此，$\varphi_F+\varphi_A=0$，满足振荡的相位平衡条件，而对于其它频率的信号，RC 串并联网络的相移不为零，不满足相位平衡条件。同时由于串并联网络在 $f=f_0$ 时的电压传输系数 $|\dot{F}|_{max}=\dfrac{1}{3}$，只要满足振幅条件 $|\dot{A}\dot{F}|>1$，电路就能产生正弦振荡，因此要求放大电路的电压放大倍数 $A>3$，这对于集成运放组成的同相输入比例运算电路来说很容易满足。由图 5.4 分析可得放大电路的电压放大倍数为：

$$A=1+\frac{R_F}{R_1}$$

只要适当选择 R_F 与 R_1 的值(使 $R_F\geqslant 2R_1$)，就能实现 $A>3$ 的要求。

由集成运算放大器构成的 RC 桥式振荡电路，具有性能稳定、电路简单等优点。其振荡频率由 RC 串并联正反馈选频网络的参数决定，即：

$$f_0=\frac{1}{2\pi RC} \tag{5-11}$$

例 5.1　图 5.5 所示为实用 RC 桥式正弦振荡电路，已知集成运放的最大输出电压为 ± 14 V。

(1) 计算电路的振荡频率 f_0。

(2) 图中用二极管 VD_1、VD_2 作为自动稳幅元件，试分析它的稳幅原理。

(3) 试定性说明因不慎使 R_{F1} 短路时，输出电压 u_o 的波形。

(4) 试定性画出当 R_F、VD_1、VD_2 并联电路不慎开路时，输出电压 u_o 的波形(并标明振幅)。

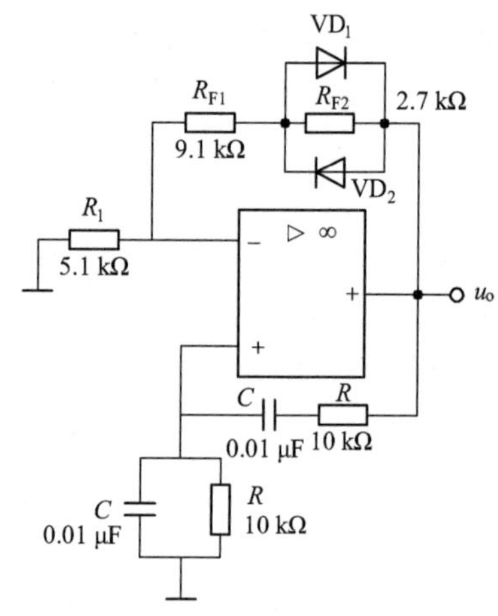

图 5.5　例 5.1 电路图

解　(1) 由式(5-11)可求得振荡频率 f_0 为：

$$f_0=\frac{1}{2\pi RC}=\frac{1}{2\pi\times 10\times 10^3\times 0.01\times 10^{-6}}=1.6\ (\text{kHz})$$

(2) 图中 VD_1、VD_2 的作用是：当 u_o 幅值很小时，二极管 VD_1、VD_2 接近于开路，对电路不起作用，此时 $A=1+\dfrac{(R_{F1}+R_{F2})}{R_1}\approx 3.3>3$，有利于起振；反之，当 u_o 幅值较大时，VD_1 或 VD_2 导通，此时相当于将由 R_{F2} 短路，负反馈加强，放大器的放大倍数 A 随之下降，u_o 幅值趋于稳定。

(3) 当 $R_{F1}=0$，负反馈增强，$A<3$，电路停振，u_o 为一条与时间轴重合的直线。

(4) 当 R_{F2}、VD_1、VD_2 并联电路开路时，负反馈环路断开，$A\to\infty$，在理想情况下，u_o 为方波，但由于受到实际运放参数的限制，输出电压 u_o 的波形将近似如图 5.6 所示。

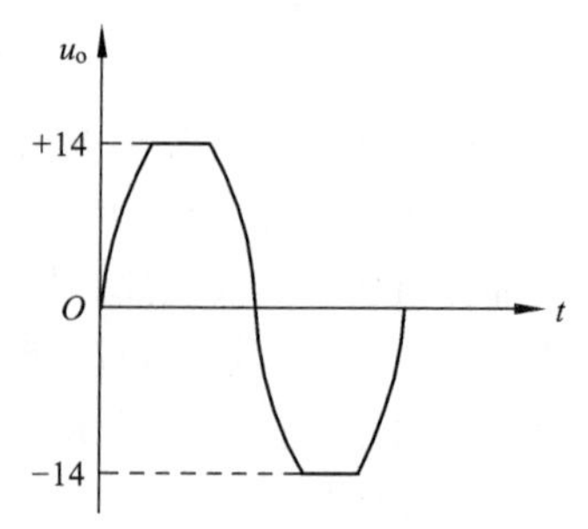

图 5.6　R_{F2} 开路时的输出电压波形

三、LC 正弦波振荡电路

采用 LC 谐振回路作选频网络的振荡电路称为 LC 振荡电路。LC 振荡电路一般分为变压器反馈式振荡电路、电感三点式振荡电路、电容三点式振荡电路。LC 振荡电路常用来产生几兆赫兹以上的高、中频信号。LC 振荡电路和 RC 振荡电路的原理基本相同，它们在电路的组成方面的主要区别在于：RC 振荡电路的选频网络由电阻和电容组成，而 LC 振荡电路的选频网络由电感和电容组成。

LC 振荡电路的选频作用主要由 LC 的并联谐振频率来决定，LC 并联谐振回路的选频特性与 RC 串并联网络非常相似，故它们的选频原理也十分类似。

(一) 变压器反馈式振荡电路

1. 电路组成

变压器反馈式 LC 振荡电路如图 5.7 所示。R_{B1}、R_{B2} 组成放大电路的基极偏置电路，发射极电阻 R_E 具有直流负反馈作用，R_E 与 R_{B1}、R_{B2} 给三极管提供一个稳定的静态工作点，保证三极管工作在放大状态，由图可见，放大器为共发射极放大电路。L_1 和 C 组成 LC 谐振回路，它既是选频电路，又是三极管的集电极的负载，且 L_1 为集电极直流电流提供通路。L_2 是振荡电路的反馈线圈，反馈信号是通过变压器线圈的互感作用，由 L_2 将反馈信号送回输入端。C_B 是基极耦合电容，C_E 为发射极旁路电容。

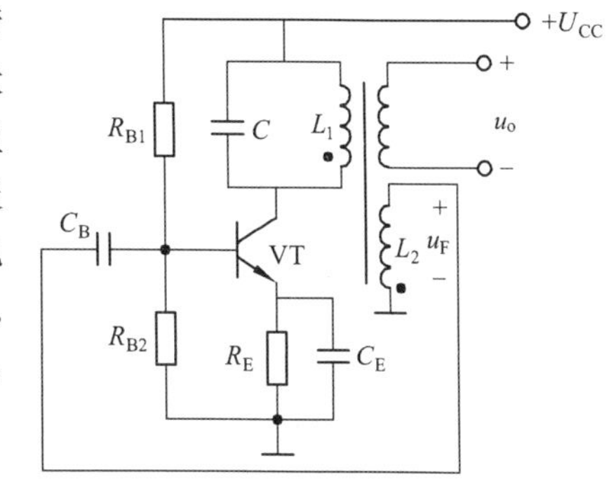

图 5.7 变压器反馈式 LC 正弦波振荡电路

2. 振荡条件

1) 相位平衡条件

为满足相位平衡条件，变压器的初级、次级之间的同名端必须正确连接。如图 5.7 所示电路，由瞬时极性法可以判断由 L_2 构成的反馈网络的反馈极性。假设某一瞬间基极对地信号电压极性为“+”，由于共射电路具有反相的作用，因此集电极的瞬时极性为“−”，即 $\varphi_A = 180°$。

当频率 $f = f_0$ 时，LC 回路的谐振阻抗为纯电阻，由图中变压器的同名端可知，反馈信号与放大器输出电压极性相反，即 $\varphi_F = 180°$，于是有 $\varphi_A + \varphi_F = 360°$，可见 L_2 线圈形成了正反馈，满足振荡的相位条件。

当频率 $f \neq f_0$ 时，LC 回路的谐振阻抗不是纯电阻，而是呈感性或容性，此时 LC 回路对信号会产生附加相移，致使 $\varphi_A \neq 180°$，那么 $\varphi_A + \varphi_F \neq 360°$，不满足相位平衡条件，电路就不可能产生振荡。由此可见，LC 振荡电路只有在 $f = f_0$ 时，才有可能产生振荡。

2) 振幅平衡条件

为了满足振幅平衡条件 $AF \geq 1$，对三极管的 β 值有一定的要求，一般只要 β 值较大，就能满足振幅平衡条件，反馈线圈匝数越多，耦合越强，电路越易起振。

3. 振荡频率

振荡频率由 LC 并联回路的固有谐振频率来确定，即：

$$f_0 = \frac{1}{2\pi\sqrt{LC}} \tag{5-12}$$

4. 电路的优缺点

(1) 该电路易于起振，输出电压大。由于采用变压器耦合，易满足阻抗匹配的要求。

(2) 调频方便。一般在 LC 回路中采用接入可变电容器的方法来实现，调频范围较宽，工作频率通常在几兆赫兹左右，一般常在收音机作本机振荡用。但因其频率稳定性较差，分布电容影响大，在高频段用得很少。

(3) 输出波形不够理想。由于反馈电压取自线圈两端，它对高次谐波的阻抗大，反馈也强，因此在输出波形中含有较多的高次谐波成分。

(二) 电感三点式振荡电路

1. 电路组成

图 5.8(a)所示电路是电感三点式 LC 振荡电路，又称哈特莱振荡电路。电路中 R_{B1}、R_{B2}、R_E 为三极管 VT 的直流偏置电阻，C_1、C_2 为耦合电容，C_E 为发射极旁路电容。L_1、L_2、C 组成并联谐振回路，它既是选频电路又是反馈网络，其交流通路如图 5.8(b)所示。由于反馈电压通过电感 L_2 回送到基极，因此称为电感反馈式振荡电路。又由于电感的三个端子分别与三极管的三个电极相连，所以也称为电感三点式振荡电路。

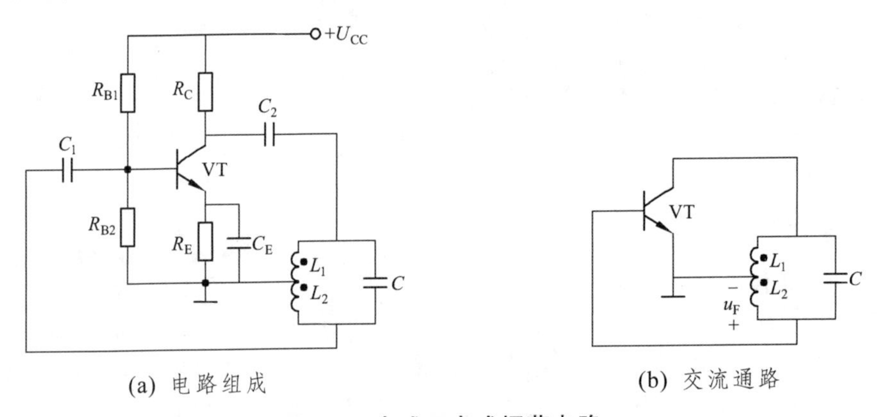

(a) 电路组成　　　　(b) 交流通路

图 5.8　电感三点式振荡电路

2. 振荡条件

1) 相位平衡条件

在图 5.8(b)中，设基极输入信号的瞬间极性为正，由于共发射极放大电路的反相作用，集电极电压极性与基极相反，在 L_1 上的电压极性为上负下正，按照同名端极性，则从电感 L_2 两端获得的反馈信号也为上负下正，这使电路构成正反馈，满足相位平衡条件。

2) 振幅平衡条件

从图 5.8(b)中可以看出，反馈电压取自电感 L_2 两端，并通过 C_1 耦合到三极管基极，所以改变线圈抽头的位置，即改变 L_2 的大小，当满足振幅条件 $AF > 1$ 时，电路便可以起振。通常 L_2 的匝数为电感线圈总匝数的 1/8 ~ 1/4，就能满足振幅起振条件，线圈抽头的位置可通过调试决定。

3. 振荡频率

$$f_0 = \frac{1}{2\pi\sqrt{LC}} = \frac{1}{2\pi\sqrt{(L_1 + L_2 + 2M)C}} \tag{5-13}$$

上式中，$L_1 + L_2 + 2M$ 为 LC 回路的总电感，M 为 L_1、L_2 的互感系数。

4. 电路的优缺点

(1) 因电感 L_1、L_2 之间的耦合很紧，反馈较强，故电路易于起振，输出幅度大。

(2) 调频方便，电容 C 若采用可变电容器，就能获得较大的频率调节范围。

(3) 因反馈电压取自电感 L_2 的两端，它对高次谐波的阻抗大，反馈也强，因此在输出波形中含有较多的高次谐波成分，输出波形较差。

(三) 电容三点式振荡电路

1. 电路组成

电容三点式 LC 振荡电路又称考比兹振荡电路，它也是应用十分广泛的一种正弦波振荡电路，电路的基本组成与电感三点式类似，只要将电感三点式电路的电感 L_1、L_2 分别用电容代替，而在电容的位置接入电感 L，就构成了电容三点式 LC 振荡电路，具体电路如图 5.9 所示。

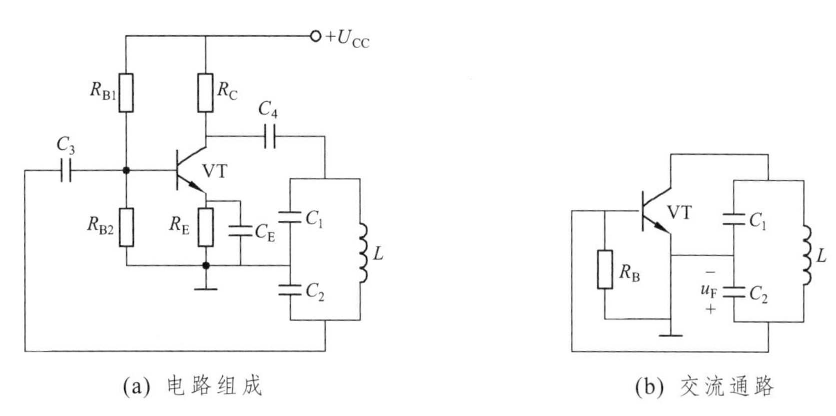

图 5.9　电容三点式振荡电路

从电路图中可以看出，电路中 R_{B1}、R_{B2}、R_E 构成三极管 VT 的直流偏置电阻，C_3、C_4 为耦合电容，C_E 为发射极旁路电容。C_1、C_2、L 组成并联谐振回路，它既是选频电路又是反馈网络，其交流通路如图 5.9(b)所示。由于反馈电压由电容 C_2 回送到基极，因此是电容反馈式振荡电路。又由于电容的三个端子分别与三极管的三个电极相连，所以称为电容三点式振荡电路。

2. 振荡条件

1) 相位平衡条件

其分析方法与电感三点式振荡电路的相位分析相同，该电路也满足相位平衡条件。

2) 振幅条件

从图 5.9(b)中可以看出，反馈电压取自电容 C_2 两端，并通过 C_3 耦合到三极管基极，所以适当地选择 C_1、C_2 的数值，并使放大器有足够的放大倍数，电路便可以起振。

3. 振荡频率

$$f_0=\frac{1}{2\pi\sqrt{LC}}=\frac{1}{2\pi\sqrt{L\frac{C_1C_2}{C_1+C_2}}} \tag{5-14}$$

4. 电路的优缺点

(1) 该电路容易起振，振荡频率高，一般可以达到 100 MHz 以上。

(2) 输出波形好。这是由于电路的反馈电压取自电容 C_2 两端的电压，而电容 C_2 对高次谐波的阻抗小，反馈电路中的谐波成分少，故振荡波形较好。

(3) 调节频率不方便。因为 C_1、C_2 的大小既与振荡频率有关，也与反馈量有关，改变 C_1(或 C_2)时会影响反馈系数，从而影响反馈电压的大小，造成工作性能不稳定。

(四) 改进型电容三点式振荡电路

改进型电容三点式振荡电路具有电容三点式振荡电路的优点，同时又弥补了频率调节不便的缺点。

1. 串联改进型振荡电路

如图 5.10(a)所示，该电路的特点是在电感支路中串接一个容量较小的电容 C_3，此电路又称为克拉泼振荡电路。其交流通路如图 5.10(b)所示。在满足 $C_3 \ll C_1$、$C_3 \ll C_2$ 时，回路总电容 C 主要取决于电容 C_3。在图中，不稳定电容主要是晶体管极间电容 C_{CE}、C_{BE}、C_{CB}，在接入 C_3 后不稳定电容对振荡频率的影响将减小，而且 C_3 越小，极间电容影响越小，频率的稳定性就越高。

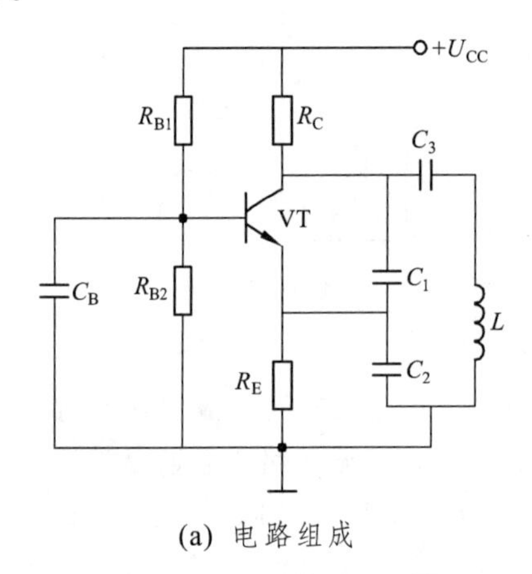

(a) 电路组成

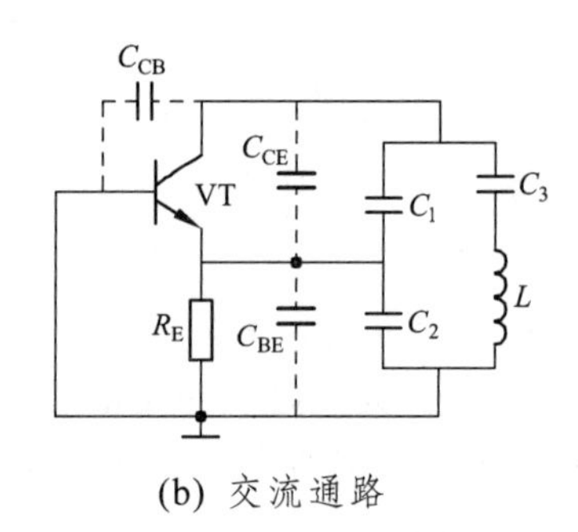

(b) 交流通路

图 5.10 克拉泼振荡电路

回路总电容 C 为：

$$\frac{1}{C}=\frac{1}{C_1}+\frac{1}{C_2}+\frac{1}{C_3}\approx\frac{1}{C_3}$$

该振荡电路的振荡频率为

$$f_0=\frac{1}{2\pi\sqrt{LC}}\approx\frac{1}{2\pi\sqrt{LC_3}} \tag{5-15}$$

值得注意的是，减小 C_3 来提高回路的稳定性是以牺牲环路增益为代价的。如果 C_3 取值过小，振荡就会不满足振幅起振条件而停振。

2. 并联改进型振荡电路

这种电路又称西勒振荡电路，如图 5.11(a)所示。其交流通路如图 5.11(b)所示。

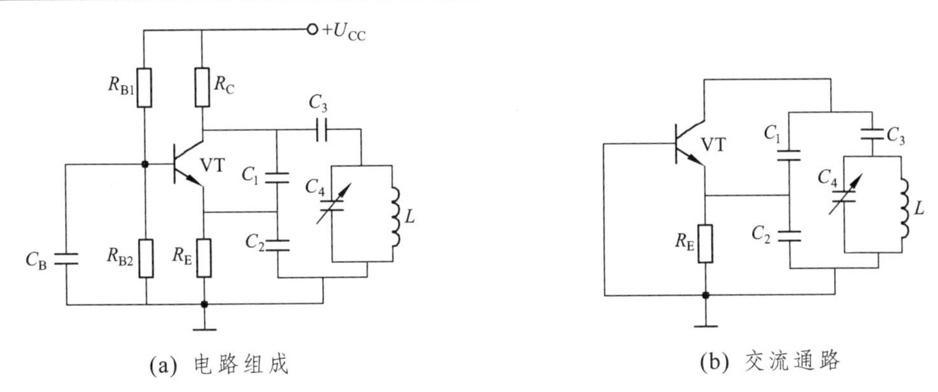

(a) 电路组成　　(b) 交流通路

图 5.11　西勒振荡电路

该电路与克拉泼电路的差别仅在于电感 L 上又并联了一个调节振荡频率的可变电容 C_4。C_1、C_2、C_3 均为固定电容，且满足 $C_3 \ll C_1$、$C_3 \ll C_2$。通常，C_3、C_4 为同一数量级的电容，故回路总电容 $C \approx C_3 + C_4$。西勒电路的振荡频率为：

$$f_0 = \frac{1}{2\pi\sqrt{LC}} \approx \frac{1}{2\pi\sqrt{L(C_3 + C_4)}} \tag{5-15}$$

与克拉泼电路相比，西勒电路不仅频率稳定性高，输出幅度稳定，频率调节方便，而且振荡频率范围宽，振荡频率高，因此，是目前应用较广泛的一种三点式振荡电路。

(五) 应用举例

LC 振荡电路应用十分广泛，这里介绍的接近开关是 LC 振荡电路的应用实例。接近开关是一种不需要机械接触，而是通过感应引起作用的开关。它具有寿命长、工作可靠、反应灵敏、定位准确、防爆性能好等优点，广泛应用于机械设备的定位、自动控制、检测等领域。目前接近开关的种类很多，其中最常用的有高频振荡式和光电式两大类。

图 5.12 所示电路就是一个实用的高频振荡式接近开关电路。该接近式开关电路由三部分组成：VT_1、L_1、L_2 及 C 组成电感三点式振荡电路，VT_2 构成开关控制电路，VT_3 为功率输出级。

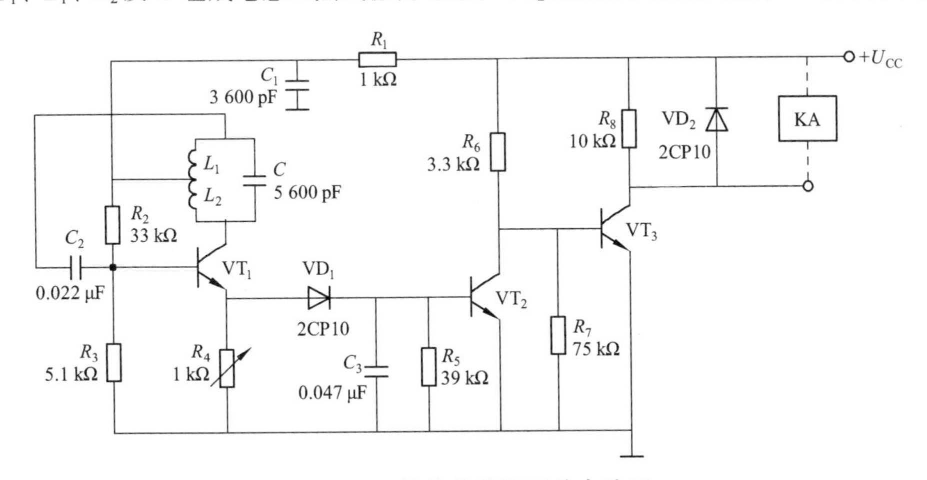

图 5.12　晶体管接近开关电路图

振荡电路的交流通路如图 5.13 所示。正反馈电压由线圈 L_1 取出，再送回 VT_1 的输入端，高频振荡电压从 VT_1 的射极输出。振荡线圈是用高强度漆包线绕在罐形高频磁芯上，中间有一中心抽头，如图 5.14 所示。

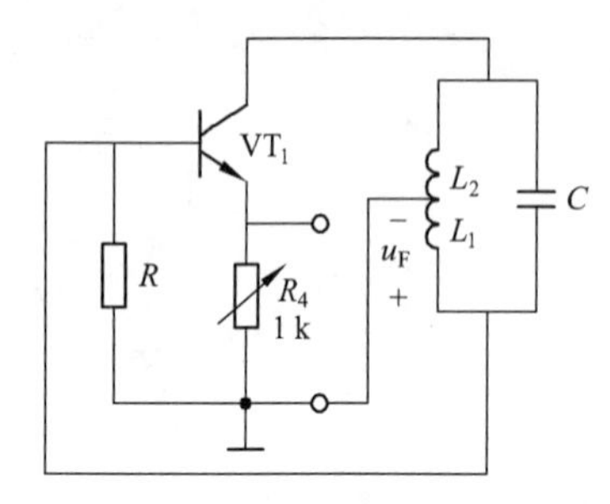

图 5.13　接近开关振荡电路的交流通路

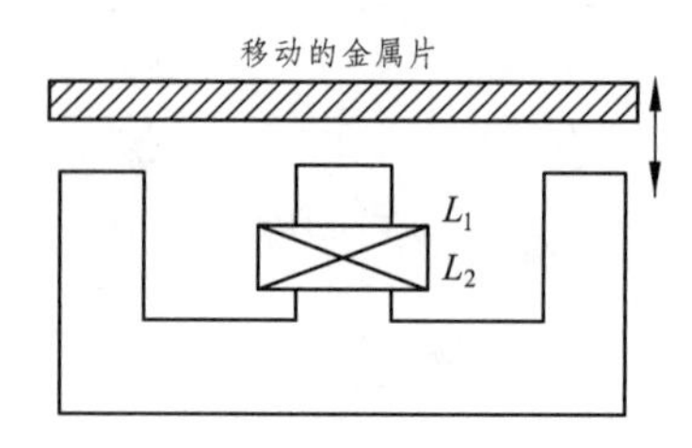

图 5.14　罐形磁芯断面图

接近开关的工作过程是：当设备机件运动时，带动金属片移动，当金属片接近振荡线圈时，如图 5.14 所示，金属片在线圈磁场的作用下感应高频涡流，使振荡电路的 LC 回路损耗增加，品质因素 Q 值下降，振荡减弱，反馈线圈 L_1 上的反馈电压减弱，从而破坏了振荡电路的振幅平衡条件，导致振荡电路停振。VT_1 的发射极无高频电压输出，VT_2 的基极电压为零，因而 VT_2 截止，其集电极电位升高，于是 VT_3 导通，继电器开关 KA 得到电压而吸合，其触点带动执行机构动作；当金属片离开振荡线圈后，振荡电路又起振，VT_1 射极有高频电压输出，经过整流滤波(整流滤波电路由 VD_1 与 C_1 构成)后，VT_2 的基极获得一直流偏置电压，因而 VT_2 导通并进入饱和工作状态，其集电极电位下降到接近于零，于是 VT_3 截止，继电器开关 KA 释放，执行机构返回原状态。

四、石英晶体正弦波振荡电路

实际应用中，往往要求正弦波振荡器的频率有一定的稳定度，一般 LC 振荡电路的频率稳定度只有 10^{-5}。如果采用石英晶体振荡器，它频率稳定度可达 $10^{-9} \sim 10^{-11}$ 数量级，所以石英晶体振荡器能适用于频率稳定度要求较高的场合。

(一) 石英晶体谐振器

石英是一种硅石，其化学成分是二氧化硅(SiO_2)，自然界中的石英是具有晶体结构(外形呈角椎形六棱体)的矿物质。它的物理及化学性能极为稳定，对周围环境条件(如温度、湿度、大气压力)的变化极不敏感。若按一定方位角将石英晶体切割成晶片，晶片的形状有正方形、矩形或圆形等。切片的尺寸和厚度直接影响其工作频率，若选择合适形状的晶片，就可获得所需的频率。在石英晶片的两对应表面上涂敷银层作为电极，再用金属或玻璃外壳封装，就构成了石英晶体产品。

石英晶片具有压电效应和反压电效应。从物理学中知道，若在晶片两侧极板上施加机械力，就会在相应的方向上产生电场，电场的强弱与晶片的变形量成正比，这种现象称为压电效应；反之，若在晶片的两极板间加一电场，会使晶体产生机械变形，变形的大小与外加电压成正比，这便是反压电效应。如果在极板间所加的电压是交变电压，石英晶片就会按交变电压的频率产生机械振动，同时机械振动又会产生交变电场。但当外加交变电压的频率与晶片的固有机械振动频率(决定于晶片的尺寸)相等时，晶片发生共振，机械振动的幅度将急剧增加且最大，同时在晶片的两极板间产生的电场也最强，通过石英晶体的电流幅度达到最大，这种现象称为压电谐振。由于它与 LC 回路的谐振现象十分相似，因此石英晶体又称为石英晶体谐振器。石英晶体谐振器就是利用石英晶体的压电效应而制成的一种谐振元件。

石英晶体谐振器的电路符号如图 5.15(a)所示，石英晶体的等效电路如图 5.15(b)所示。

在图 5.15(b)所示的等效电路中，C_0 等效为晶片不振动时两极板间的静态电容；L 为晶片振动时的动态电感，等效为机械振动的惯性；C 为晶片振动时的动态电容，等效为晶片的弹性；R 等效为晶片在振动中的损耗。L 一般为几十 mH 到上千 mH，C 约为 0.005～0.1 pF 范围，R 约为几欧姆至几百欧姆，C_0 约为几 pF 至几十 pF，$C \ll C_0$。由于 L 很大，C 和 R 都很小，所以它的品质因数 $\left(Q_0=\frac{1}{R}\sqrt{\frac{L}{C}}\right)$ 极高，可达 $10^4 \sim 10^6$。

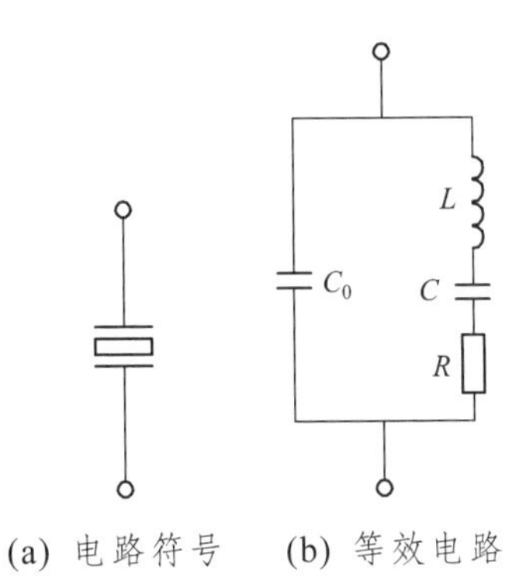

图 5.15　石英晶体电路符号及等效电路

图 5.16 所示为石英晶体谐振器在忽略 R 以后的电抗频率特性。由电抗频率特性可知，石英晶体有两个谐振频率，一个是 R、L、C 串联支路发生谐振时的串联谐振频率 f_s，另一个是 R、L、C 串联支路与 C_0 支路发生并联谐振时的并联谐振频率 f_p，即：

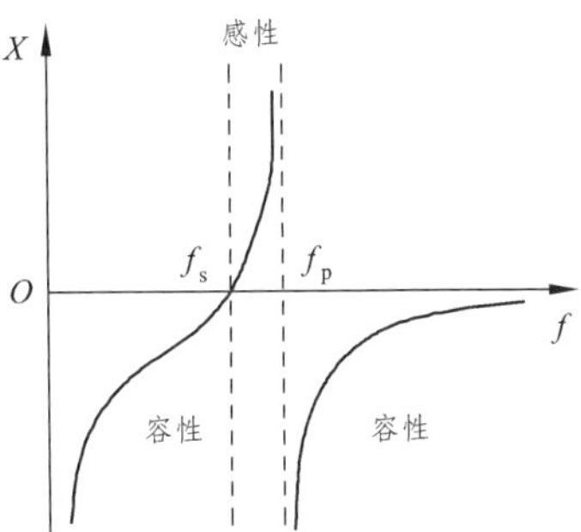

图 5.16　石英晶体电抗频率特性

(1) 当 R、L、C 串联支路发生谐振时，其串联谐振频率为

$$f_s=\frac{1}{2\pi\sqrt{LC}} \tag{5-16}$$

串联谐振时该支路的等效电抗呈纯阻性，等效电阻为 R，其阻值很小。在谐振频率下，整个电路的电抗等于 R 和 C_0 容抗的并联，由于 C_0 很小，它的容抗比 R 大得多，因此，近似认为石英晶体也呈纯阻性，等效电阻为 R。

当工作频率小于串联谐振频率时，即 $f<f_s$ 时，电容容抗为主导，石英晶体呈容性。

当 $f>f_s$ 时，R、L、C 串联支路呈感性。

(2) 当 R、L、C 串联支路呈感性时且与 C_0 发生并联谐振时，石英晶体呈纯阻性，其振荡频率为

$$f_p=\frac{1}{2\pi\sqrt{L\frac{CC_0}{C+C_0}}}=f_s\sqrt{1+\frac{C}{C_0}} \tag{5-17}$$

由于 $C \ll C_0$，因此 f_s 与 f_p 很接近。当 $f_s>f_P$ 时，电抗又取决于 C_0，石英晶体呈容性。

综上所述，频率在 $f_s \sim f_p$ 的窄小范围内，石英晶体呈感性；当频率为 f_s、f_p 时，石英晶体呈阻性；频率在此之外，石英晶体呈容性。

通常石英晶体产品所给出的标称频率既不是 f_s 也不是 f_p，而是外接一个小电容 C_L(又称为负载电容)时校正的振荡频率，C_L 与石英晶体串接如图 5.17 所示。利用 C_L 可以使石英晶体的谐振频率在一个小范围内调整。实际使用时，C_L 是一个微调电容，C_L 的值应选择得比 C 大，使得串联 C_L 后的新的谐振频率在 f_s 与 f_p 之间的一个狭窄范围内变动。

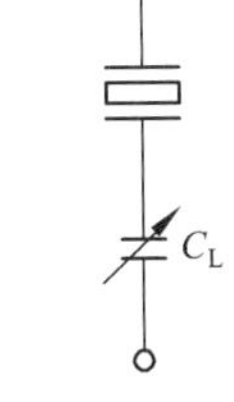

图 5.17　石英晶体谐振频率的调整

2. 石英晶体正弦波振荡电路的组成及原理

石英晶体振荡电路的形式有许多，但其基本电路只有两类，即并联型

晶体振荡器和串联型晶体振荡器，前者石英晶体是以并联谐振的形式出现，而后者则是以串联谐振的形式出现。

1）并联型石英晶体振荡电路

并联型石英晶体振荡电路如图 5.18 所示。由上述分析知，频率在 $f_s \sim f_p$ 的范围内，石英晶体呈感性，因此在图中石英晶体作为电感取代了 LC 电容三点式振荡电路中的 L。图中 C_1 和 C_2 串联后与石英晶体中的 C_0 并联，且 C、$C_0 \ll C_1$、C_2，故电路的振荡频率约等于石英晶体的并联谐振频率 f_p，而与 C_1、C_2 的数值关系不大。

2）串联型石英晶体振荡电路

串联型晶体振荡电路是利用石英晶体在串联谐振频率 f_s 处阻抗最小的特性工作的。它的石英晶体作为反馈元件来组成振荡器。

图 5.19 所示是一个串联型石英晶体振荡电路。当石英晶体发生串联谐振时，石英晶体才呈现很小的纯电阻性，此时振荡满足相位平衡条件，且电路的正反馈最强。因此，电路的振荡频率约等于石英晶体的串联谐振频率 f_s。调整 R_P 的阻值可满足振荡的幅值平衡条件。

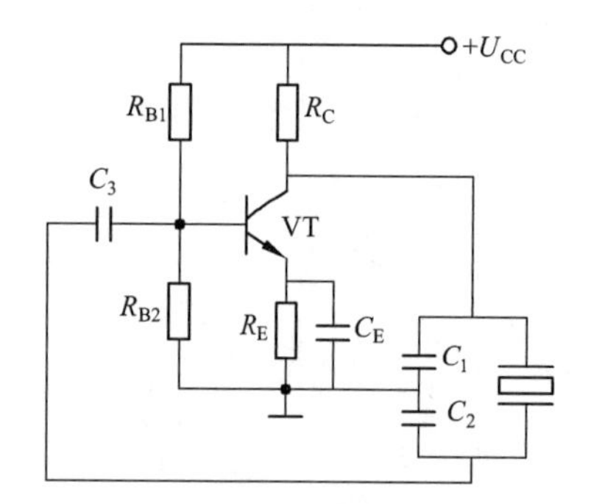

图 5.18　并联型石英晶体振荡电路

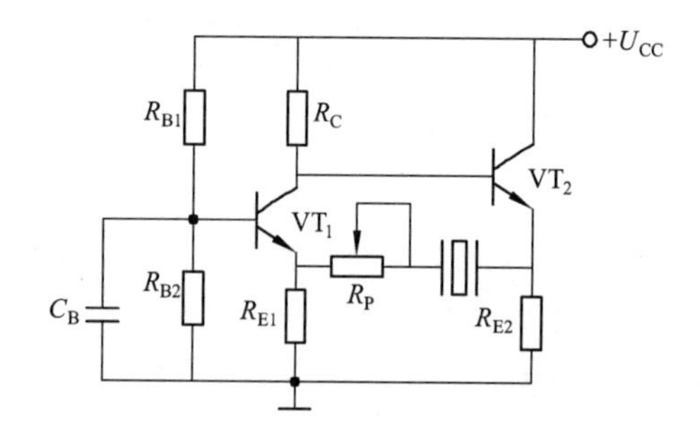

图 5.19 串联型石英晶体振荡电路

任务二　非正弦波发生器电路分析

在自动控制系统和电子设备中，方波、矩形波、三角波、锯齿波等非正弦波发生电路有着广泛的用途。这些波形有的可以由正弦波转化而来，也可以由电路直接产生。下面介绍非正弦波发生器——方波、三角波、锯齿波发生器。

一、方波发生电路

方波发生器是一种能够直接产生方波或矩形波的非正弦波发生器。由于方波或矩形波包含着极丰富的谐波，因此，这种电路又称为多谐振荡器。

1. 电路组成

如图 5.20 所示，方波发生器由滞回比较器(起开关作用)和 RC 充放电回路(起定时作用)两部分组成，图中 VD_Z 是双向稳压管(起限制输出电压幅值的作用)，R_3 是 VD_Z 的限流电阻。其中滞回比较器是在过零比较器的基础上，从输出端引一个电阻 R_1、R_2 分压支路到同相输入端，形成正反馈，而电阻 R、电容 C 组成 RC 电路，起反馈延迟作用。这样，作为参考电压的同相端电压不再是固定的，而是随着输出电压而改变。

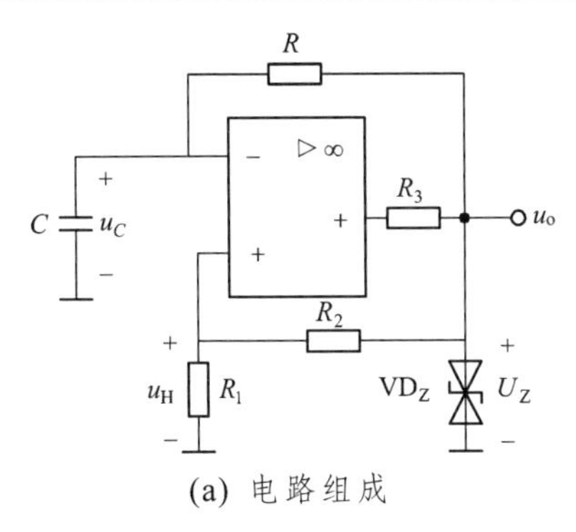

(a) 电路组成

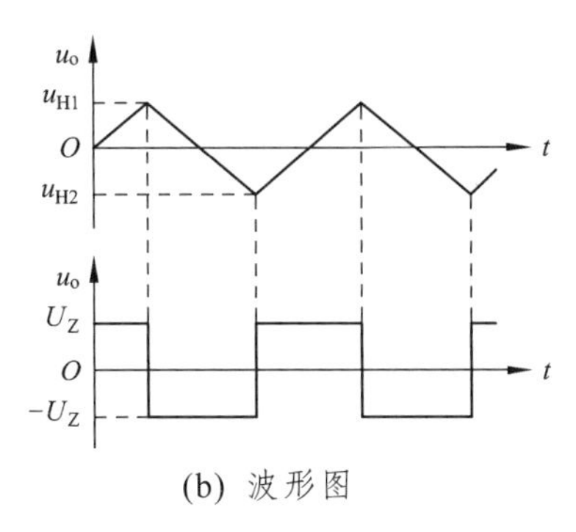

(b) 波形图

图 5.20　方波发生器

2. 电路工作原理

设 $t = 0$ 时电容上电压 $u_C = 0$，滞回比较器的输出电压 $u_o = +U_{om}$，则集成运放同相输入端的电位为：

$$u_{H1} = \frac{R_1}{R_1 + R_2} u_o = \frac{R_1}{R_1 + R_2} U_Z \tag{5-18}$$

此时输出电压 u_o 通过电阻 R 向电容 C 充电，使电容两端的电压 u_C 按指数规律上升。由于电容 C 接在集成运放的反向输入端，所以，只要 $u_C < u_{H1}$，比较器的输出电压 u_o 仍维持在 U_Z。一旦 u_C 上升至 $u_C > u_{H1}$，u_o 即由 $+U_Z$ 跳变至 $-U_Z$，于是集成运放同相输入端的电位立即变为：

$$u_{H2} = \frac{R_1}{R_1 + R_2} u_o = -\frac{R_1}{R_1 + R_2} U_Z \tag{5-19}$$

输出电压 u_o 变为 $-U_Z$ 后，电容 C 通过电阻 R 放电，使电容两端的电压 u_C 按指数规律下降。u_C 下降到零后，电容 C 反方向充电。直至 $u_C < u_{H2}$ 时，比较器的输出电压 u_o 又立即由 $-U_Z$ 跳变至 $+U_Z$。如此周而复始，便在输出端得到方波电压，而电容两端则得到三角波电压，如图 5.20(b)所示。

二、三角波发生电路

1. 电路结构

三角波发生器是专门产生三角波的信号发生电路，如图 5.21 所示。它由滞回比较器和积分器闭环回路组合而成。在输出端接上一个积分器，再将积分器的输出反馈给滞回比较器即可产生三角波波形，其中 A_1 是方波发生器，A_2 是一个积分器。

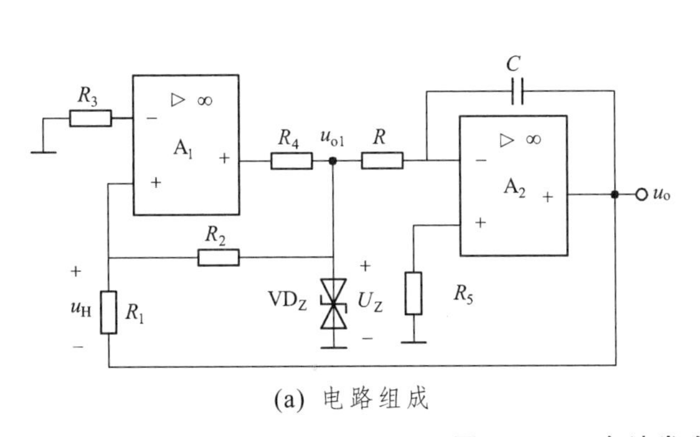

(a) 电路组成

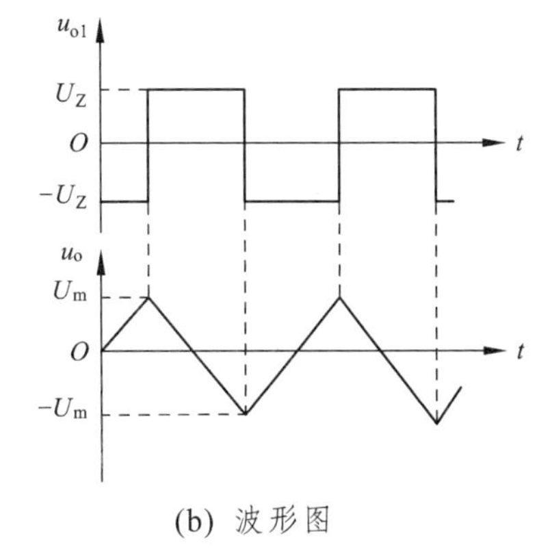

(b) 波形图

图 5.21　三角波发生器

2. 电路工作原理

由于虚断，运放 A_1 反相输入端的电位为零，而同相输入端的电位 u_H 同时与滞回比较器的输出电压 u_{o1} 和积分电路的输出电压 u_o 有关，根据叠加定理，可得：

$$u_H = \frac{R_1}{R_1 + R_2} u_{o1} + \frac{R_2}{R_1 + R_2} u_o \tag{5-20}$$

设 $t = 0$ 时滞回比较器的输出电压 $u_{o1} = -U_Z$，积分电路的输出电压 $u_o = 0$，根据上式可知此时 $u_H < 0$。此后 u_o 将随时间按线性规律上升，u_H 也随时间按线性规律上升，当上升到 $u_H = 0$ 时，u_{o1} 即由 $-U_Z$ 跳变至 $+U_Z$，同时 u_H 也跳变为一个正值。在此之后，u_o 将随时间按线性规律下降，使 u_H 也随时间按线性规律下降。当下降到 $u_H = 0$ 时，u_{o1} 又由 $+U_Z$ 跳变至 $-U_Z$，同时 u_H 也跳变为一个负值。然后重复以上过程，于是在滞回比较器输出端得到的电压 u_{o1} 为方波，而在积分电路输出端得到的电压 u_o 为三角波，如图 5.21(b)所示，其中三角波电压 u_o 的幅度为：

$$U_m = \frac{R_1}{R_2} U_Z \tag{5-21}$$

三、锯齿波发生电路

锯齿波常用在示波器的扫描电路、雷达设备或数字电压表中。锯齿波发生器的工作原理与三角波发生电路基本相同，只是在集成运放 A_2 的反相输入电阻 R_3 上并联由二极管 VD 和电阻 R_5 组成的支路，如图 5.22 所示，这样积分器的正向积分和反向积分的速度明显不同，当 $u_{o1} = -U_Z$ 时，VD 反偏截止，正向积分的时间常数为 R_3C；当 $u_{o1} = +U_Z$ 时，VD 正偏导通，负向积分常数为$(R_3 /\!/ R_5)C$，锯齿波的周期可以根据时间常数和锯齿波幅值求得，如图 5.22(b)所示。

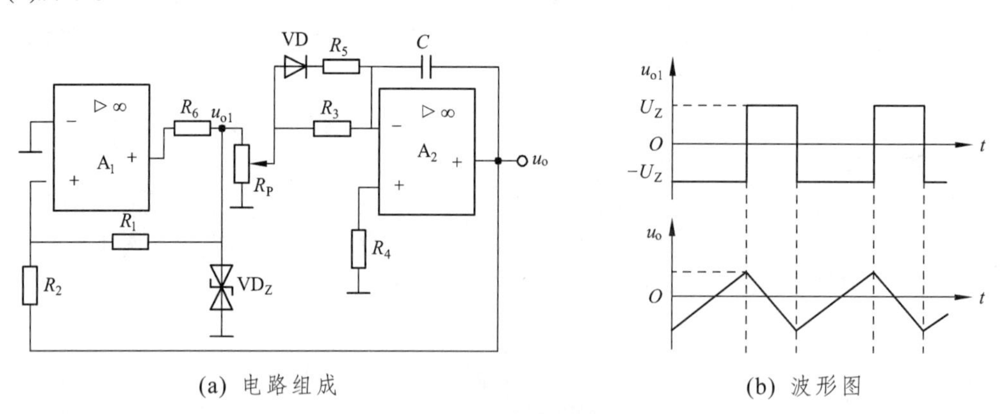

(a) 电路组成　　(b) 波形图

图 5.22　锯齿波发生器

任务三　电子蚊拍的制作

一、电路设计

参考电路如图 5.23 所示。

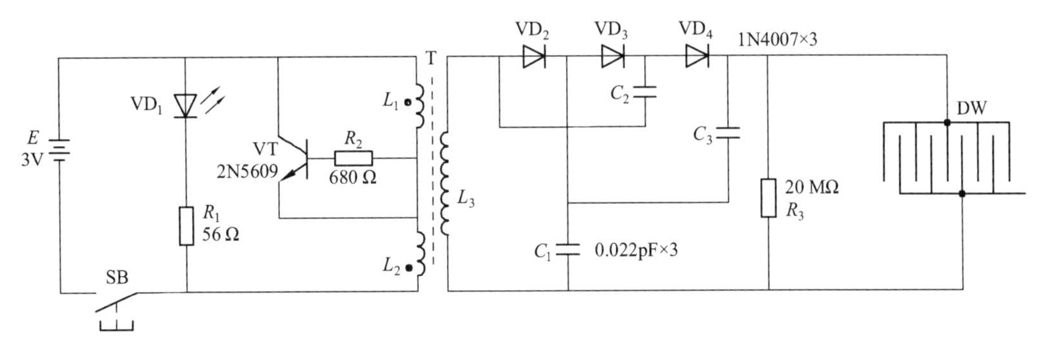

图 5.23 电子蚊拍电路图

二、元件清单

元件清单如表 5.1 所示。

表 5.1 元件清单

名 称	规 格	数量	名 称	规 格	数量
红色发光二极管 VD_1	ϕ3 mm	1	CL11 型涤纶电容 $C_1 \sim C_3$	0.022 pF/1 kv	1
硅整流二极管 $VD_2 \sim VD_4$	1N4007	2	高频变压器 T (2E19 型铁氧体磁芯及配套塑料骨架)	L_1：ϕ0.22 mm(22 匝) L_2：ϕ0.22 mm(8 匝) L_3：ϕ0.08 mm(1400 匝)	1
三极管 VT	2N5609	1	印制电路板		1
1/8W 型碳膜电阻 R_1	56 kΩ	1	电烙铁	25 W	1
1/8W 型碳膜电阻 R_2	680 kΩ	1	焊锡、松香		若干
1/8W 型碳膜电阻 R_3	22 MΩ	1	连接导线		若干

三、工作原理及制作

1. 工作原理

电蚊拍的电路主要由高频振荡电路、三倍压整流电路和高压电击网 DW 三部分组成。

当按下电源开关 SB 时，由三极管 VT 和变压器 T 构成的高频振荡器通电工作，把 3 V 直流变成 18 kHz 左右的高频交流电，经 T 升到约 500 V(L_3 两端实测)，再经二极管 $VD_2 \sim VD_4$、电容器 $C_1 \sim C_3$ 三倍压整流升到 1 500 V 左右，加到蚊拍的金属网 DW 上。当蚊蝇触及金属网丝时，虫体成电网短路，即会被电流、电弧杀灼或击晕、击毙。电路中，发光二极管 VD_1 和限流电阻值 R_1 构成指示灯电路，用来指示灯电路的通断状态及显示电池电况。

2. 制作

按图 5.23 所示正确无误地焊接，无须任何调试(焊接完毕，仔细检查电路是否有虚焊、假焊和短路，元器件是事接错、接反)。将电路板、电池架装入，并固定按钮开关 SB 和发光二极管 VD_1。该蚊拍耗电省，由于其输出功率有限(瞬间短路电流实测≤1.5 mA)，故对人及宠物绝对安全。

【课堂任务】

1. 请列举正弦波振荡电路在实际生活中的应用都有哪些。
2. 振荡器与放大器有何区别与联系？

3. 振荡电路中引入负反馈的作用是什么？
4. 正弦波产生自激振荡的条件是什么？
5. 以小组为单位，首先查找各个元器件，其次搭接电路图，完成电子蚊拍的制作。

【课后任务】

以小组为单位完成以下任务：
1. 到电子元器件市场调研，了解电子蚊拍各个元器件的价格。
2. 根据所学知识制作出符合要求的电子蚊拍。
3. 上述任务完成后，进行小组自评和互评，最后教师讲评，取长补短，开拓完善知识内容。

项目 5 小结

1. 正弦波振荡电路实际上是一种特殊形式的正反馈放大电路。它由两大部分组成，即基本的放大电路 $\dot{A}$ 和反馈网络 $\dot{F}$。基本放大电路完成放大作用，并将直流电源的能量转换成交流信号输出；反馈网络提供能满足振荡的相位平衡条件。基本放大电路或反馈网络还必须具有选频网络。从构成选频网络的形式不同，正弦波振荡电路又分为 LC 正弦波振荡电路、RC 正弦波振荡电路和石英晶体正弦波振荡电路。

2. 正弦波振荡电路能正常工作必须满足的振荡平衡条件是：$\dot{A}\dot{F}=1$，即振幅平衡条件 $|\dot{A}\dot{F}|=1$ 和相位平衡条件 $\varphi_A+\varphi_F=2n\pi$。相位平衡条件是判别电路能否振荡的主要依据，而振幅平衡条件一般在电路中比较容易满足。

3. RC 振荡电路是用 RC 串并联网络作为选频网络，同时又作为反馈电路。RC 振荡电路有 RC 桥式和 RC 移相式两种形式。由于其品质因数较低，受放大电路的输入、输出电阻及晶体管极间电容的影响，因此振荡频率不高，产生的频率一般在几百千赫兹以下，常用作低频信号源。RC 桥式振荡电路的输出频率由 RC 串并联网络选频特性决定。

4. LC 振荡电路的种类繁多。根据取得反馈电压方式的不同，主要分为变压器反馈式、电感三点式和电容三点式。由于电容三点式振荡电路具有波形好、工作频率较高、频率易于调节等特点，因而应用较为广泛。为了克服电容三点式电路的缺点，进一步提高频率的稳定度，实用的电容三点式振荡电路都是改进型的克拉波振荡电路和西勒振荡电路。

5. 石英晶体振荡器是利用石英晶体谐振器的压电效应来选频的。它具有很高的品质因数和温度稳定性。一般用在频率稳定度要求很高的场合，适合于产生高频振荡信号。石英晶体振荡器按照谐振频率分为并联型石英晶体振荡器和串联型石英晶体振荡器。

项目 6
三人表决器电路分析与制作

【工学目标】

1. 学会分析工作任务，在教师的引导下，完成制订工作计划、课堂任务、课后任务和学习效果评价等工作环节。

2. 了解常用的数制及其转换方法；掌握逻辑函数的化简方法；能根据要求合理选用集成门电路、组合逻辑电路的分析和设计方法；了解典型集成编码电路的引脚功能并能正确使用；通过实验或日常生活实例，了解译码器的基本功能。

3. 能够正确选择元器件，利用各种工具安装和焊接三人表决器，并利用各种仪表和工具排除简单电路故障。

4. 能够主动提出问题，遇到问题能够自主或者与他人研究解决，具有良好的沟通和团队协作能力，建立良好的环保意识、质量意识和安全意识。

5. 通过课堂任务的完成，最后以小组为单位制作出符合要求的三人表决器。

【典型任务】

任务一　数字电路认知

一、数字电路概述

1. 模拟信号

在时间上和数值上连续的信号。对模拟信号进行传输、处理的电子线路称为模拟电路。

2. 数字信号

在时间上和数值上不连续的(即离散的)信号。对数字信号进行传输、处理的电子线路称为数字电路。

数字电路由三极管、场效应管及其有关元器件组成。与模拟电路不同的是，它的管子不是工作在放大状态，而是工作在截止状态或饱和状态。因此，电路的输出状态基本上只有高、低两种电平。

3. 数字电路的特点

(1) 工作信号是二进制的数字信号，在时间上和数值上是离散的(不连续)，反映在电路上就是低电平和高电平两种状态(即 0 和 1 两个逻辑值)。

(2) 在数字电路中，研究的主要问题是电路的逻辑功能，即输入信号的状态和输出信号的状态之间的逻辑关系。

(3) 对组成数字电路的元器件的精度要求不高，只要在工作时能够可靠地区分 0 和 1 两种状态即可。

(4) 数字电路所用的数学工具是逻辑代数，也称为布尔代数。

二、数制与码制

(一) 数　制

数制是指多位数码中每一位的构成方法以及从低位到高位的进位规则。常用的数制有以下几种：

1. 十进制数

十进制是人们十分熟悉的计数体制，十进制的特点是：

(1) 每一位数是 0 ~ 9 十个数字符号中的一个，这些基本数字符号称为数码。

(2) 每一个数字符号在不同的数位代表的数值不同，即使同一数字符号在不同的数位代表的数值也不同。10^3、10^2、10^1、10^0 称为十进制的权。各数位的权是 10 的幂。

(3) 十进制的计数规律是“逢十进一”。

对于十进制数的任一数 M，可以写成以 10 为底的幂求和的展开形式，即：

$$M = a_{n-1} \times 10^{n-1} + a_{n-2} \times 10^{n-2} + \cdots + a_1 \times 10^1 + a_0 \times 10^0 + a_{-1} \times 10^{-1} + a_{-2} \times 10^{-2} + \cdots + a_{-m} \times 10^{-m}$$

式中：n 是整数部分的位数，m 是小数部分的位数；10^{n-1}、10^{n-2}、…、10^1、10^0、10^{-1}、10^{-2}、…、10^{-m} 是各位数的位权；a_{n-1}、a_{n-2}、…、a_1、a_0、a_{-1}、a_{-2}、…、a_{-m} 是各位数的数码(0 ~ 9)。

例如：

$$(5555)_{10} = 5 \times 10^3 + 5 \times 10^2 + 5 \times 10^1 + 5 \times 10^0$$

$$(209.04)_{10} = 2 \times 10^2 + 0 \times 10^1 + 9 \times 10^0 + 0 \times 10^{-1} + 4 \times 10^{-2}$$

由此可见，十进制数是由数码的值和位权来表示的，这种数制的优点是简单明了，十分方便，缺点是有十个状态，很难在电路中进行处理和运算。

2. 二进制数

二进制是数字电路中应用最广泛的计数体制。它只有 0 和 1 两个符号，在数字电路中实现起来比较容易，只要能区分两种状态的元件即可实现。如三极管的饱和和截止、灯泡的亮与暗、开关的接通和断开等。

二进制数采用两个数字符号，所以计数的基数为 2。各位数的权是 2 的幂，它的计数规律是“逢二进一”。

对于二进制数的任一数 M，可以写成以 2 为底的幂求和的展开形式，即：

$$M = a_{n-1} \times 2^{n-1} + a_{n-2} \times 2^{n-2} + \cdots + a_1 \times 2^1 + a_0 \times 2^0 + a_{-1} \times 2^{-1} + a_{-2} \times 2^{-2} + \cdots + a_{-m} \times 2^{-m}$$

式中：n 是整数部分的位数，m 是小数部分的位数；2^{n-1}、2^{n-2}、…、2^1、2^0、2^{-1}、2^{-2}、…、2^{-m} 是各位数的位权；a_{n-1}、a_{n-2}、…、a_1、a_0、a_{-1}、a_{-2}、…、a_{-m} 是各位数的数码(0 ~ 1)。

例如：

$$(101.01)_2 = 1\times 2^2 + 0\times 2^1 + 1\times 2^0 + 0\times 2^{-1} + 1\times 2^{-2}$$

3. 八进制数

在八进制数中，有 0 ~ 7 八个数字符号，计数基数为 8，计数规律是“逢八进一”，各位数的权是 8 的幂。八进制数的任一数 M，可以写成以 8 为底的幂求和的展开形式，即：

$$M = a_{n-1} \times 8^{n-1} + a_{n-2} \times 8^{n-2} + \cdots + a_1 \times 8^1 + a_0 \times 8^0 + a_{-1} \times 8^{-1} + a_{-2} \times 8^{-2} + \cdots + a_{-m} \times 8^{-m}$$

式中：n 是整数部分的位数，m 是小数部分的位数；8^{n-1}、8^{n-2}、…、8^1、8^0、8^{-1}、8^{-2}、…、8^{-m} 是各位数的位权；a_{n-1}、a_{n-2}、…、a_1、a_0、a_{-1}、a_{-2}、…、a_{-m} 是各位数的数码(0 ~ 7)。

例如：　$(17.05)_8 = 1\times8^1 + 7\times8^0 + 0\times8^{-1} + 5\times8^{-2}$

4. 十六进制数

在十六进制数中，计数基数为 16，有十六个数字符号：0、1、2、3、4、5、6、7、8、9、A、B、C、D、E、F。计数规律是“逢十六进一”。各位数的权是 16 的幂，十六进制数的任一数 M，可以写成以 16 为底的幂求和的展开形式，即：

$$M = a_{n-1}\times16^{n-1} + a_{n-2}\times16^{n-2} + \cdots + a_1\times16^1 + a_0\times16^0 + a_{-1}\times16^{-1} + a_{-2}\times16^{-2} + \cdots + a_{-m}\times16^{-m}$$

式中：n 是整数部分的位数，m 是小数部分的位数；16^{n-1}、16^{n-2}、…、16^1、16^0、16^{-1}、16^{-2}、…、16^{-m} 是各位数的位权；a_{n-1}、a_{n-2}、…、a_1、a_0、a_{-1}、a_{-2}、…、a_{-m} 是各位数的数码(0 ~ F)。

例如：　$(1B.2)_{16} = 1\times16^1 + B\times16^0 + 2\times16^{-1}$

(二) 数制间的相互转换

1. 二进制、八进制、十六进制数转换成十进制数

方法：只要将二进制、八进制、十六进制数按各位权展开，并把各位的加权系数相加，即得相应的十进制数。

例 6.1　将二进制数转换成十进制数。

$$10011_2 = 1\times2^4 + 0\times2^3 + 0\times2^2 + 1\times2^1 + 1\times2^0 = 19_{10}$$

例 6.2　将八进制数转换成十进制数。

$$436.5_8 = 4\times8^2 + 3\times8^1 + 6\times8^0 + 5\times8^{-1} = 286.625_{10}$$

例 6.3　将十六进制数转换成十进制数。

$$1CE8_{16} = 1\times16^3 + 12\times16^2 + 14\times16^1 + 8\times16^0 = 7400_{10}$$

2. 十进制数转换成二进制数

1) 整数部分的转换一般采用除 2 取余法

第一步：把给出的十进制数除以 2，余数为 0 或 1 就是二进制数最低位 k_0。

第二步：把第一步得到的商再除以 2，余数即为 k_1。

第三步及以后各步骤：继续相除、记下余数，直到商为 0，最后余数即为二进制数最高位，即将余数从下写到上就得到了所转换的二进制数。

例 6.4　将十进制数 44 转换成二进制数。

除数	被除数/商		余数	
2	44		余数	低位
2	22	………	$0=K_0$	↑
2	11	………	$0=K_1$	
2	5	………	$1=K_2$	
2	2	………	$1=K_3$	
2	1	………	$0=K_4$	
	0	………	$1=K_5$	高位

所以：　$(44)_{10} = (101100)_2$

2）小数的转化一般采用乘 2 取整法

步骤如下：将已知的十进制小数乘以 2，若整数部分为 1，则相应的二进制数码为 1；若整数为 0，则相应的二进制数码为 0。取小数部分，重复以上过程，直到小数部分为零(或转换结果达到要求的精度)。将得到的二进制数码按先后顺序排列，就得到了所转换的二进制数。

例 6.5 将十进制数 0.375 转换成二进制数。

```
 0.375
×    2              整数        高位
─────────
 0.750 ……………  0=K₋₁          │
 0.750                          │
×    2                          │
─────────                       │
 1.500 ……………  1=K₋₂          │
 0.500                          │
×    2                          │
─────────                       ↓
 1.000 ……………  1=K₋₃               低位
```

所以：

$$(0.375)_{10} = (0.011)_2$$

由此可以推导出将十进制数转换成 N 进制数的方法：

(1) 整数部分：将十进制数除以 N 取余数，除到商为零为止，读数顺序从下至上。

(2) 小数部分：将十进制数乘以 N 取整数，乘到小数部分为零为止，读数顺序从上至下。

3. 二进制与八进制、十六进制的相互转换

1）二进制与八进制之间的相互转换

方法：因为三位二进制数正好表示 0 ~ 7 八个数字，所以一个二进制数转换成八进制数时，只要从最低位开始，每三位分为一组，每组都对应转换为一位八进制数。若最后不足三位时，可在前面加 0，然后按原来的顺序排列就得到八进制数。反之，如将八进制数转换成二进制数，只要将每位八进制数写成对应的三位二进制数，按原来的顺序排列起来即可。

例 6.6 将 1101010.01 的二进制数转换成八进制数。

$$(001\quad 101\quad 010.\quad 010)_2 = (152.2)_8$$

例 6.7 将八进制数 374.26 转换成相应的二进制数。

$$(374.26)_8 = (011\quad 111\quad 100.\ 010\quad 110)_2$$

2）二进制数与十六进制数之间的相互转换

方法：因为四位二进制数正好可以表示 O ~ F 十六个数字，所以转换时可以从最低位开始，每四位二进制数分为一组，每组对应转换为一位十六进制数。最后不足四位时可在前面加 0，然后按原来顺序排列就可得到十六进制数。反之，十六进制数转换成二进制数，可将十六进制的每一位用对应的四位二进制数来表示。

例 6.8 将二进制数 111010100.0110 转换成相应的十六进制数。

$$(0001\quad 1101\quad 0100\ .0110)_2 = (1E8.6)_{16}$$

例 6.9 将十六进制数 AF4.76 转换成相应的二进制数。

$$(AF4.76)_{16} = (1010\quad 1111\quad 0100.\ 0111\quad 0110)_2$$

(三) 编　码

数字系统只能识别 0 和 1，怎样才能表示更多的数码、符号、字母呢？用编码可以解决此问题。用一定位数的二进制数来表示十进制数码、字母、符号等信息称为编码。用以表示十进制数码、字母、符号等信息的一定位数的二进制数称为代码。

(1) 二-十进制代码：用 4 位二进制数 $b_3b_2b_1b_0$ 来表示十进制数中的 0～9 十个数码。简称 BCD 码

(2) 有权码：用四位自然二进制码中的前十个码字来表示十进制数码，因各位的权值依次为 8、4、2、1，故称 8421 BCD 码。

2421 码的权值依次为 2、4、2、1；余 3 码由 8421 码加 0011 得到；格雷码是一种循环码，其特点是任何相邻的两个码字，仅有一位代码不同，其它位相同。

常用的 BCD 码如表 6.1 所示。

表 6.1　常用的 BCD 码

十进制数	8421 码	余 3 码	格雷码	2421 码	5421 码
0	0000	0011	0000	0000	0000
1	0001	0100	0001	0001	0001
2	0010	0101	0011	0010	0010
3	0011	0110	0010	0011	0011
4	0100	0111	0110	0100	0100
5	0101	1000	0111	1011	1000
6	0110	1001	0101	1100	1001
7	0111	1010	0100	1101	1010
8	1000	1011	1100	1110	1011
9	1001	1100	1101	1111	1100
权	8421			2421	5421

任务二　逻辑代数认知

逻辑代数是按一定的逻辑关系进行运算的代数，是分析和设计数字电路的数学工具。在逻辑代数中只有 0 和 1 两种逻辑值，有“与”、“或”、“非”三种基本逻辑运算，还有“与或”、“与非”、“与或非”、“异或”几种导出逻辑运算。

逻辑是指事物的因果关系，或者说条件和结果的关系，这些因果关系可以用逻辑运算来表示，也就是用逻辑代数来描述。

事物往往存在两种对立的状态，在逻辑代数中可以抽象地表示为 0 和 1，称为逻辑 0 状态和逻辑 1 状态。

逻辑代数中的变量称为逻辑变量，用大写字母表示。逻辑变量的取值只有两种，即逻辑 0 和逻辑 1，0 和 1 称为逻辑常量，并不表示数量的大小，而是表示两种对立的逻辑状态。

一、基本逻辑关系

(一) “与”逻辑(“与”运算)

“与”逻辑的定义：仅当决定事件(Y)发生的所有条件(A，B，C，…)均满足时，事件(Y)才能发生。例如，图 6.1 所示的电路中，开关 A、B 串联控制灯泡 Y，分析过程如图 6.2 ~ 图 6.5 所示。

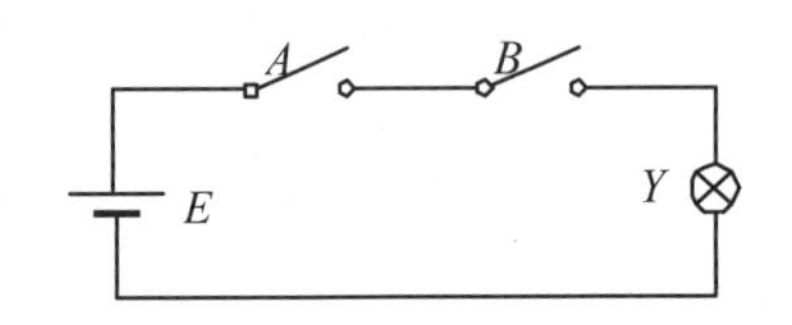

图 6.1 “与”逻辑电路图

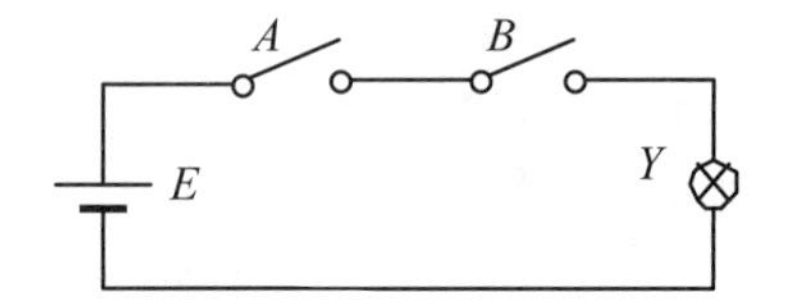

图 6.2 A、B 都断开，灯不亮

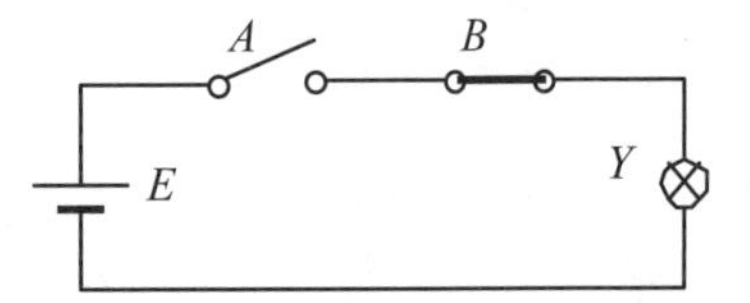

图 6.3 A 断开、B 接通，灯不亮

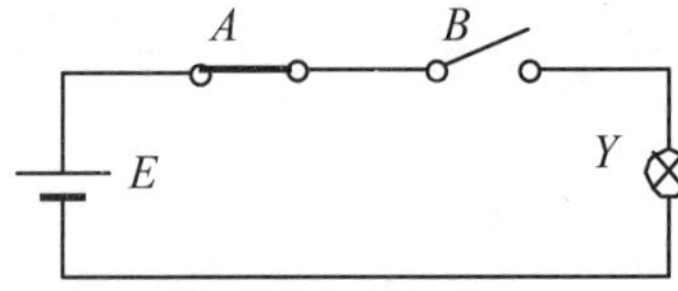

图 6.4 A 接通、B 断开，灯不亮

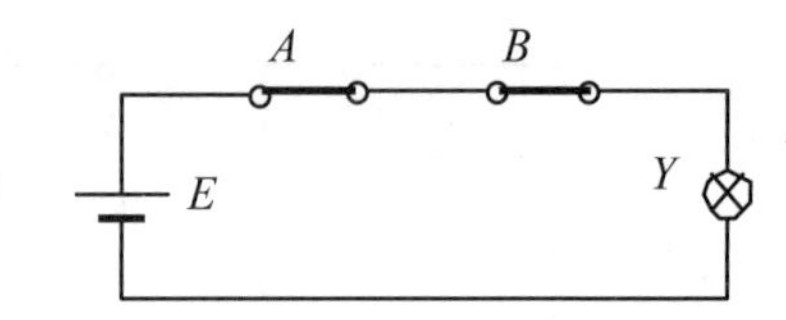

图 6.5 A、B 都接通，灯亮

将开关接通记作 1，断开记作 0；灯亮记作 1，灯灭记作 0。两个开关必须同时接通，灯才亮。这时 Y 和 A、B 之间便存在“与”逻辑关系。由以上分析可得出“与”逻辑的功能表如表 6.2 所示。

表示这种逻辑关系有多种方法：

(1) 用逻辑符号表示。“与”逻辑关系的逻辑图形符号如图 6.6 所示。

(2) 用逻辑关系式表示。“与”逻辑关系也可以用输入/输出的逻辑关系式来表示，若输出用 Y 表示，输入分别用 A、B 来表示，则记成 $Y = AB$。

(3) 用真值表表示。真值表是用于描述逻辑输入变量与逻辑输出变量间对应逻辑关系的表格。可以作出表 6.3 所示表格来描述“与”逻辑关系。

实现“与”逻辑的电路称为“与”门。

表 6.2 “与”逻辑功能表

开关 A	开关 B	灯 Y
断开	断开	灭
断开	闭合	灭
闭合	断开	灭
闭合	闭合	亮

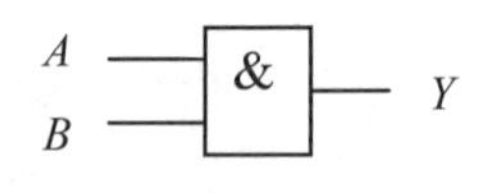

图 6.6 “与”逻辑图形符号

表 6.3 “与”逻辑真值表

A	B	Y
0	0	0
0	1	0
1	0	0
1	1	1

(二) “或”逻辑(“或”运算)

“或”逻辑的定义：当决定事件(Y)发生的各种条件(A，B，C，…)中，只要有一个或多个条件具备，事件(Y)就发生。如图 6.7 所示，开关 A、B 并联控制灯泡 Y，分析过程如图 6.8 ~ 图 6.11 所示。

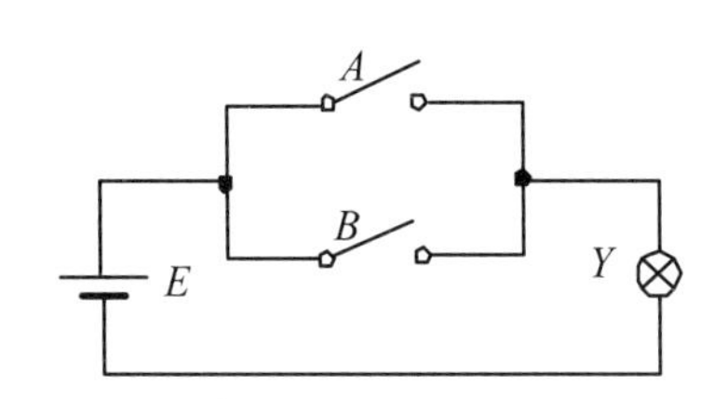

图 6.7　“或”逻辑电路图

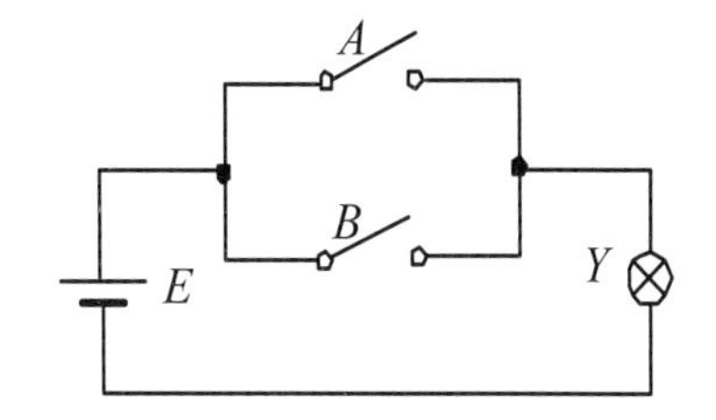

图 6.8　A、B 都断开，灯不亮

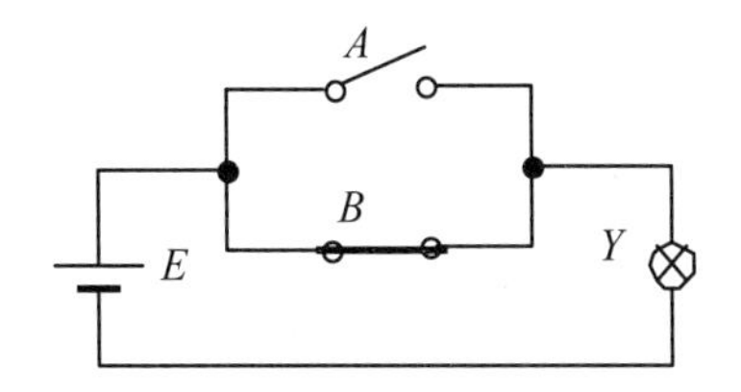

图 6.9　A 断开、B 接通，灯亮

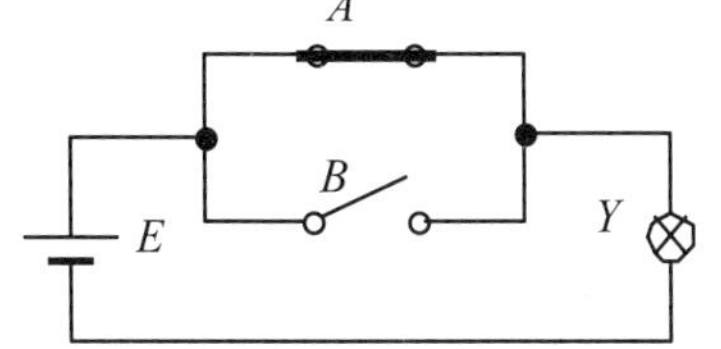

图 6.10　A 接通、B 断开，灯亮

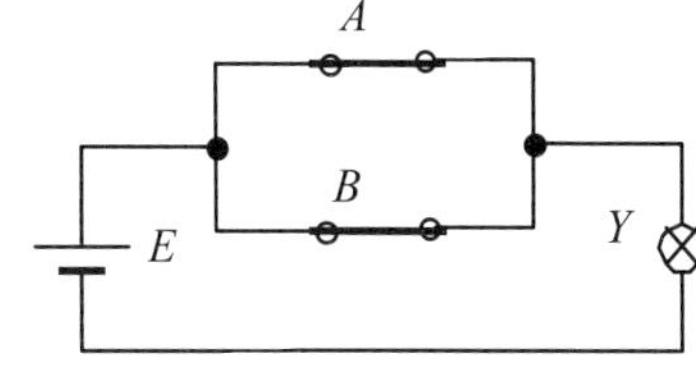

图 6.11　A、B 都接通，灯亮

两个开关只要有一个接通，灯就会亮。这时 Y 和 A、B 之间便存在“或”逻辑关系。表示这种逻辑关系有多种方法：

(1) 用逻辑符号表示。“或”逻辑关系的逻辑图形符号如图 6.12 所示。

(2) 用逻辑关系式表示。“或”逻辑关系也可以用输入/输出的逻辑关系式来表示，若输出用 Y 表示，输入分别用 A、B 来表示，则记成 $Y=A+B$。

(3) 用真值表表示。

由以上分析可得功能表如表 6.3 所示。将开关接通记作 1，断开记作 0；灯亮记作 1，灯灭记作 0。两个开关只要有一个接通，灯就会亮。其真值表如表 6.5 所示。

实现或逻辑的电路称为“或”门。

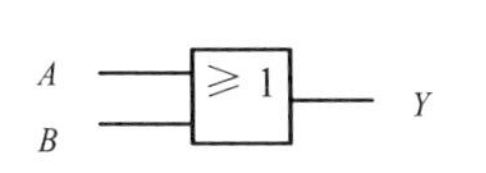

图 6.12　“或”逻辑图形符号

表 6.4　“或”逻辑功能表

开关 A	开关 B	灯 Y
断开	断开	灭
断开	闭合	亮
闭合	断开	亮
闭合	闭合	亮

表 6.5　“或”逻辑真值表

A	B	Y
0	0	0
0	1	1
1	0	1
1	1	1

(三) “非”逻辑(“非”运算)

“非”逻辑指的是逻辑的否定。当决定事件(Y)发生的条件(A)满足时，事件不发生；条件不满足，事件反而发生。如图 6.13 所示，开关 A 控制灯泡 Y，分析过程如图 6.14～图 6.15 所示。

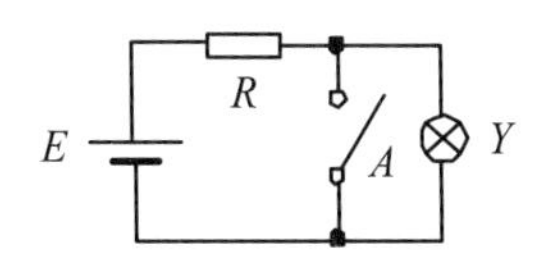

图 6.13　“或”逻辑电路图

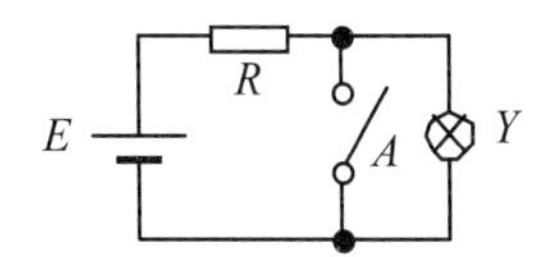

图 6.14　开关断开，灯亮

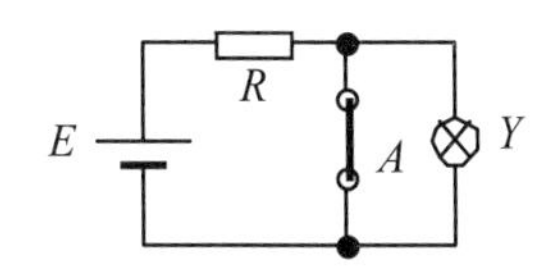

图 6.15　开关闭合，灯灭

表示这种逻辑关系有多种方法：

(1) 用逻辑符号表示。“非”逻辑关系的逻辑图形符号如图 6.16 所示。

(2) 用逻辑关系式表示。“非”逻辑关系也可以用输入/输出的逻辑关系式来表示，若输出用 Y 表示，输入用 A 来表示，则记成 $Y=\overline{A}$。

(3) 用真值表表示。

由以上分析可得：当开关 A 断开，灯 Y 亮；当开关 A 闭合，灯 Y 灭。由此得到功能表如表 6.6 所示。将开关接通记作 1，断开记作 0；灯亮记作 1，灯灭记作 0，得到如表 6.7 所示的真值表。

实现“非”逻辑的电路称为“非”门。

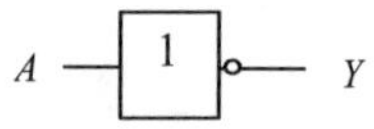

A —[1]o— Y

图 6.16 “非”逻辑图形符号

表 6.6 “非”逻辑功能表

开关 A	灯 Y
断开	亮
闭合	灭

表 6.7 “非”逻辑真值表

A	Y
0	1
1	0

二、常用的逻辑运算

1.“与非”运算

“与非”运算是“与”运算和“非”运算的组合，先进行“与”运算，再进行“非”运算。逻辑表达式为：$Y=\overline{AB}$。真值表如表 6.8 所示。逻辑符号见图 6.17。

表 6.8 “与非”真值表

A	B	Y
0	0	1
0	1	1
1	0	1
1	1	0

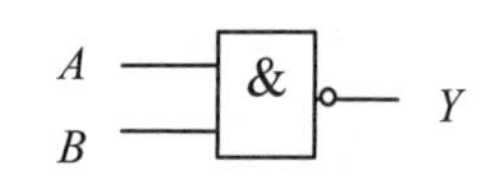

图 6.17 “与非”逻辑符号

2.“或非”运算

“或非”运算是“或”运算和“非”运算的组合，先进行“或”运算，再进行“非”运算。逻辑真值表如表 6.9 所示。逻辑符号如图 6.18 所示。

逻辑表达式为：$Y=\overline{A+B}$

表 6.9 “或非”真值表

A	B	Y
0	0	1
0	1	0
1	0	0
1	1	0

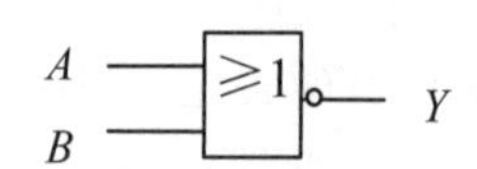

图 6.18 “或非”逻辑符号

3.“异或”运算

“异或”逻辑与“同或”逻辑相反，当 A、B 不相同时，输出 Y 为 1；当 A、B 相同时，输出 Y 为 0。逻辑真值表如表 6.10 所示。逻辑符号如图 6.19 所示。

逻辑表达式为：$Y=\bar{A}B+A\bar{B}=A\oplus B$

表 6.10　“异或”真值表

A	B	Y
0	0	0
0	1	1
1	0	1
1	1	0

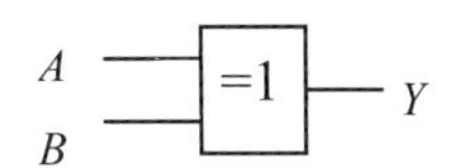

图 6.19　“异或”逻辑符号

4.“同或”运算

“同或”逻辑是这样一种逻辑关系：当 A、B 相同时，输出 Y 为 1；当 A、B 不相同时，输出 Y 为 0。逻辑表达式为：$Y=A\odot B$。逻辑真值表如表 6.11 所示。逻辑符号如图 6.20 所示。

表 6.11　“同或”真值表

A	B	Y
0	0	1
0	1	0
1	0	0
1	1	1

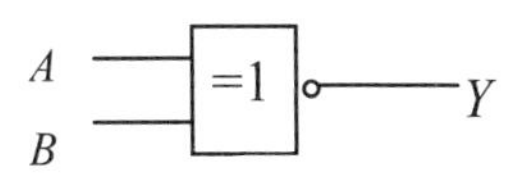

图 6.20　“同或”逻辑符号

5.“与或非”运算

“与或非”运算是“与”运算、“或”运算和“非”运算的组合，先进行“与”运算，再进行“或”运算，最后进行“非”运算。逻辑符号如图 6.21 所示，等效电路如图 6.22 所示。

逻辑表达式为：$Y=\overline{AB+CD}$

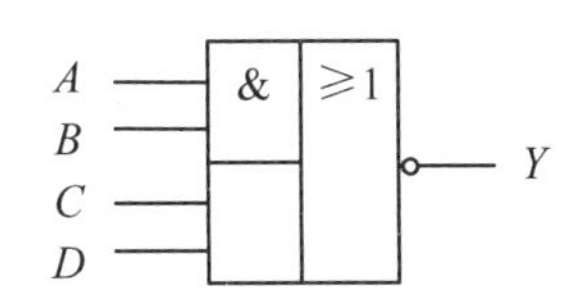

图 6.21　“与或非”逻辑符号

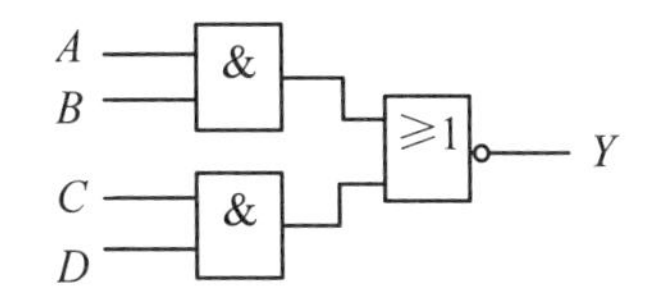

图 6.22　“与或非”等效电路

三、逻辑代数运算的基本规律

(一) 逻辑代数的基本公式有

交换律：$A+B=B+A$；$A\cdot B=B\cdot A$

结合律：$A+(B+C)=(A+B)+C$；$A(BC)=(AB)C$

分配律：$A+BC=(A+B)(A+C)$；$A(B+C)=AB+AC$

互补律：$A+\bar{A}=1$；$A\cdot\bar{A}=0$

0-1 律：$A+0=A$，$A+1=1$；$1\cdot A=A$，$0\cdot A=0$

双否律：$\bar{\bar{A}}=A$

等幂率：$A+A=A$；$A\cdot A=A$

吸收律：$A+A\cdot B=A$，$A(A+B)=A$；$A+\bar{A}B=A+B$；$A\cdot(\bar{A}+B)=A\cdot B$

反演律(摩根定律)：$\overline{A\cdot B}=\bar{A}+\bar{B}$；$\overline{A+B}=\bar{A}\cdot\bar{B}$

冗余律：$AB+\bar{A}C+BC=AB+\bar{A}C$

(二) 逻辑代数的常用运算公式和三个规则

1. 逻辑代数的常用运算公式

表 6.12 列出了逻辑代数的常用公式。

表 6.12 逻辑代数的常用公式

序号	公 式	序号	公 式
1	$AB+A\overline{B}=A$	1′	$(A+B)(A+\overline{B})=A$
2	$A+AB=A$	2′	$A(A+B)=A$
3	$A+\overline{A}B=A+B$	3′	$A(\overline{A}+B)=AB$
4	$AB+\overline{A}C+BCD\cdots=AB+\overline{A}C$	4′	$(A+B)(\overline{A}+C)(b+C+D+\cdots)$ $=(A+B)(\overline{A}+C)$
5	$AB+\overline{A}C=(A+C)(\overline{A}+B)$	5′	$(A+B)(\overline{A}+C)=AC+\overline{A}B$

以上各公式在公式法化简中可以消去多余变量和多余乘积项。

2. 逻辑代数的三个规则

1) 代入规则

任何一个含有变量 A 的等式，如果将所有出现变量 A 的地方都代之以一个逻辑函数 F，则等式仍然成立。利用代入规则可以扩大逻辑代数等式的应用范围。

2) 反演规则

对于任意一个逻辑函数表达式 F，如果将 F 中所有的“·”换为“+”，所有的“+”换为“·”，所有的 0 换为 1，所有的 1 换为 0，所有的原变量换为反变量，所有的反变量换为原变量，则得到一个新的函数式为 $\overline{F}$。$\overline{F}$ 为原函数 F 的反函数，它是反演律的推广。

利用反演规则可以很方便地求出反函数。

例 6.10 求逻辑函数 $F=\overline{A+B+\overline{C+D}}(\overline{X}+\overline{Y})$ 的反函数。

解 (1) 根据反演规则：

$$\overline{F}=\overline{\overline{A}\cdot\overline{B}\cdot\overline{\overline{C}\cdot\overline{D}}}+X\cdot Y$$

(2) 如果将 $\overline{A+B+\overline{C+D}}$ 作为一个整体，则：

$$\overline{F}=A+B+\overline{C+D}+X\cdot Y$$

(3) 如果将 $\overline{C+D}$ 作为一个变量，则：

$$\overline{F}=\overline{\overline{A}\cdot\overline{B}\cdot(C+D)}+X\cdot Y$$

以上三式等效，但繁简程度不同。

3) 对偶规则

对于任意一个逻辑函数表达式 F，如果将 F 中所有的“·”换为“+”，所有的“+”换为“·”；所有的 0 换为 1，所有的 1 换为 0，则得到一个新的函数表达式 F^*，F^* 称为 F 的对偶式。

在证明或化简逻辑函数时，有时通过对偶式来证明或化简更方便。

逻辑代数中逻辑运算的规则是“先括号，然后乘，最后加”的运算优先次序。在以上三个规则应用时，都必须注意与原函数的运算顺序不变。

四、逻辑函数及其描述方法

(一) 逻辑函数

如果以逻辑变量作为输入，以运算结果作为输出，则输出与输入之间是一种函数关系，这种函数关系称为逻辑函数。任何一个具体的因果关系都可以用逻辑函数来描述它的逻辑功能。

(二) 逻辑函数的描述方法

逻辑函数的描述方法有真值表、函数表达式、卡诺图、逻辑图及波形图。有关卡诺图及波形图将在后面叙述。

1. 真值表

求出逻辑函数输入变量的所有取值下所对应的输出值，并列成表格，称为真值表。

例 6.11　有 a、b、c 三个输入信号，只有当 a 为 1，且 b、c 至少有一个为 1 时输出为 1，其余情况输出为 0。

解　a、b、c 三个输入信号共有 8 种可能，如表 6.13 左边所列。对应每一个输入信号的组合均有一个确定输出，根据题意，如表 6.13 右边所列，则表 6.13 即为例 6.11 所述问题的真值表。

表 6.13　例 6.11 真值表

a	b	c	F
0	0	0	0
0	0	1	0
0	1	0	0
0	1	1	0
1	0	0	0
1	0	1	1
1	1	0	1
1	1	1	1

2. 逻辑函数表达式

将输出和输入之间的关系写成“与”、“或”、“非”运算的组合式就得到逻辑函数表达式。

根据例 6.11 中的要求及“与”、“或”逻辑的基本定义，“b、c 中至少有一个为 1”可以表示为“或”逻辑关系$(b+c)$，同时还要 a 为 1，可以表示为“与”逻辑关系，写成 $a(b+c)$。因此可以得到例 6.11 的逻辑函数表达式为：$F=a(b+c)$。

3. 逻辑图

将逻辑函数表达式中各变量之间的“与”、“或”、“非”等逻辑关系用逻辑图形符号表示，即得到表示函数关系的逻辑图。例 6.11 的逻辑图如图 6.23 所示。

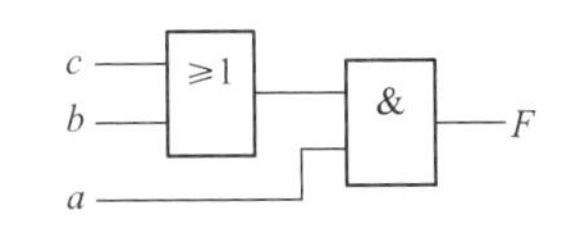

图 6.23　例 6.11 的逻辑图

(三) 各种描述方法之间的相互转换

1. 由真值表写出逻辑函数表达式

一般方法为：

(1) 由真值表中找出使逻辑函数输出为 1 的对应输入变量取值组合。

(2) 每个输入变量取值组合状态以逻辑乘形式表示，用原变量表示变量取值 1，用反变量表示变量取值 0。

(3) 将所有使输出为 1 的输入变量取值逻辑乘进行逻辑加，即得到逻辑函数表达式。

例 6.12 由表 6.14 写出逻辑函数表达式。

表 6.14 例 6.12 真值表

a	b	c	F
0	0	0	1
0	0	1	1
0	1	0	1
0	1	1	0
1	0	0	1
1	0	1	0
1	1	0	0
1	1	1	1

解 由表 6.14 可见，使 $F=1$ 的输入组合有 abc 为 000、001、010、100 和 111，对应的逻辑乘为 abc、abc、abc、abc 和 abc，所以逻辑函数表达式为：

$$F=\bar{a}\,\bar{b}\,\bar{c}+\bar{a}\,\bar{b}c+\bar{a}b\bar{c}+a\bar{b}\,\bar{c}+abc$$

2. 由逻辑函数表达式列真值表

将输入变量取值的所有状态组合逐一列出，并将输入变量组合取值代入表达式，求出函数值，列成表，即为真值表。

3. 由逻辑函数表达式画逻辑图

用逻辑图符号代替函数表达式中的运算符号，即可画出逻辑图。

例 6.13 已知逻辑函数表达式为 $F=\overline{\overline{A\overline{AB}}\cdot\overline{B\overline{AB}}}$，试画出相应逻辑图。

解 用“与”、“或”、“非”等逻辑图符号代替表达式中的运算符号，按运算的优先顺序连接起来，如图 6.24 所示。

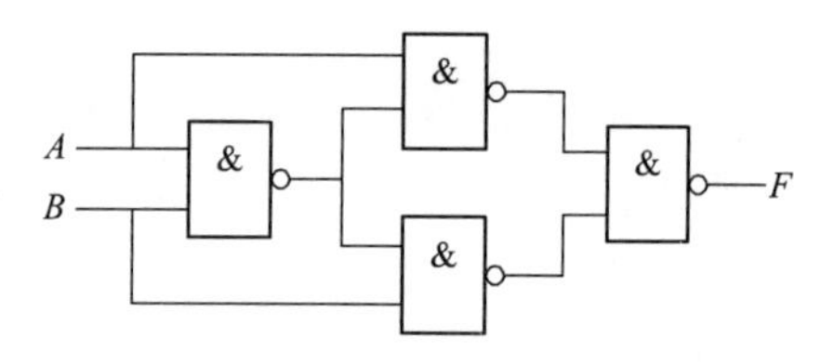

图 6.24 例 6.13 逻辑图

4. 由逻辑图写出逻辑函数表达式

从输入端开始逐级写出每个逻辑图形符号对应的逻辑运算，直至输出，就可以得到逻辑函数表达式。

任务三 逻辑函数化简

一、逻辑函数的表达式

一个逻辑函数的表达式可以有“与或”表达式、“或与”表达式、“与非-与非”表达式、“或非-或非”表达式、“与或非”表达式 5 种表示形式。

“与或”表达式：$Y=\bar{A}B+AC$

“或与”表达式：$Y=(A+B)(\bar{A}+C)$

“与非-与非”表达式：$Y=\overline{\overline{\bar{A}B}\cdot\overline{AC}}$

“或非-或非”表达式：$Y=\overline{\overline{A+B}+\overline{\bar{A}+C}}$

“与或非”表达式：$Y=\overline{\bar{A}\bar{B}+A\bar{C}}$

一种形式的函数表达式对应于一种逻辑电路。尽管一个逻辑函数表达式的各种表示形式不同，但逻辑功能是相同的。

二、逻辑函数的标准形式

逻辑函数的标准形式有最小项表达式(标准“与或”式)和最大项表达式(标准“或与”式)。

(一) 最小项表达式(标准“与或”式)

在一个逻辑函数的“与或”表达式中，每一个乘积项(“与”项)都包含了全部输入变量，每个输入变量或以原变量形式或以反变量形式在乘积项中出现，并且仅仅出现一次，这样的函数表达式称为标准“与或”式。由于包含全部输入变量的乘积项称为最小项，所以全部由最小项逻辑加构成的“与或”表达式又称为最小项表达式。

1. 最小项的性质

由于最小项包含了全部输入变量，且每个输入变量均以原变量或反变量形式出现一次，所以有以下性质：

(1) 在输入变量的任何取值下必有一个最小项，而且只有一个最小项的值为 1。

(2) 全部最小项之和为 1。

(3) 任意两个最小项的乘积为 0。

2. 最小项编号

假设一个 3 变量函数，ABC 为其最小项，只有当 $A=1$、$B=0$、$C=1$ 时才会使最小项 $A\bar{B}C=1$，如果将 ABC 取值 101 看作二进制数，那么它所表示的十进制数为 5，为了以后书写及使用方便，记作 m_5。据此，可以得到 3 变量最小项编号表，如表 6.15 所示。

表 6.15　3 变量最小项和最大项

$A\ B\ C$	对应的最小项及编号		对应的最大项及编号	
0 0 0	$\bar{A}\bar{B}\bar{C}$	m_0	$A+B+C$	M_0
0 0 1	$\bar{A}\bar{B}C$	m_1	$A+B+\bar{C}$	M_1
0 1 0	$\bar{A}B\bar{C}$	m_2	$A+\bar{B}+C$	M_2
0 1 1	$\bar{A}BC$	m_3	$A+\bar{B}+\bar{C}$	M_3
1 0 0	$A\bar{B}\bar{C}$	m_4	$\bar{A}+B+C$	M_4
1 0 1	$A\bar{B}C$	m_5	$\bar{A}+B+\bar{C}$	M_5
1 1 0	$AB\bar{C}$	m_6	$\bar{A}+\bar{B}+C$	M_6
1 1 1	ABC	m_7	$\bar{A}+\bar{B}+\bar{C}$	M_7

3. 如何求最小项表达式

(1) 由真值表写出的逻辑函数表达式为最小项表达式，因此对于一个任意的逻辑函数表达式，可以先转换成真值表，再写出最小项表达式。

例 6.14　将 $F=AB+BC$ 转换成最小项表达式。

解　$F=AB+BC$ 的真值表如表 6.16 所示。

$$F=\bar{A}B\bar{C}+A\bar{B}\bar{C}+A\bar{B}C+AB\bar{C}=\sum m(2,4,5,6)$$

表 6.16　例 6.14 真值表

A	B	C	F
0	0	0	0
0	0	1	0
0	1	0	1
0	1	1	0
1	0	0	1
1	0	1	1
1	1	0	1
1	1	1	0

(2) 利用 $A=AB+AB$ 把非标准“与-或”式中每一个乘积项所缺变量补齐，展开成最小项表达式。如例 6.14 中，F 是包含 A、B、C 三变量的函数，则：

$$F=A\bar{B}+B\bar{C}=A\bar{B}\bar{C}+A\bar{B}C+\bar{A}B\bar{C}+AB\bar{C}$$
$$=\sum m(4,5,2,6)=\sum m(2,4,5,6)$$

(二) 最大项表达式(标准“或-与”式)

1. 最大项的性质

最大项是指这样的和项，它包含了全部变量，每个变量或以原变量或以反变量的形式出现，且仅仅出现一次，因此：

(1) 在输入变量的任何取值下，必有一个最大项，而且只有一个最大项的值为 0。

(2) 全体最大项之积为 0。

(3) 任意两个最大项之和为 1。

2. 最大项编号

见表 6.15 最右列。全部由最大项组成的逻辑表达式为标准“或与”表达式，又称为最大项表达式。

3. 如何求最大项表达式

(1) 由真值表可以直接写出最大项表达式。将真值表中输出为 0 的一组输入变量组合状态(用原变量表示变量取值 0，用反变量表示变量取值 1)用逻辑加形式表示，再将所有的逻辑加进行逻辑乘，就得到标准“或与”表达式。对于任意一个函数表达式均可先列真值表，再写出标准“或与”式(最大项表达式)。

如由表 6.16 可以写出例 6.14 函数 F 的最大项表达式为：

$$F=(A+B+C)(A+B+\overline{C})(A+\overline{B}+\overline{C})(\overline{A}+\overline{B}+\overline{C})=\prod M(0,1,3,7)$$

(2) 利用 $A=(A+B)(A+B)$，将每个和项所缺变量补齐，展开成最大项表达式。

4. 最小项表达式与最大项表达式的关系

如果有一个函数的最小项表达式为：

$$F=\sum_i m_i$$

则其最大项表达式为：

$$F=\prod_j M_j$$

式中，$j\neq i$，j 为 $2n$ 个编号中除去 i 以外的号码。如上例中 $F=\sum m(2,4,5,6)=\prod M(0,1,3,7)$。

三、逻辑函数化简

所谓化简就是使逻辑函数中所包含的乘积项最少，而且每个乘积项所包含的变量因子最少，从而得到逻辑函数的最简“与或”逻辑表达式。例如：

$$\begin{aligned}Y&=\overline{A}B\overline{E}+\overline{A}B+A\overline{C}+A\overline{C}E+B\overline{C}+B\overline{C}D\\&=\overline{A}B+A\overline{C}+B\overline{C}=\overline{A}B+A\overline{C}\end{aligned}$$

逻辑函数化简通常有以下两种方法：

(1) 公式化简法，又称代数法，利用逻辑代数公式进行化简。它可以化简任意逻辑函数，但取决于经验、技巧、洞察力和对公式的熟练程度。

(2) 卡诺图法，又称图解法。卡诺图化简比较直观、方便，但对于 5 变量以上的逻辑函数就失去直观性。

(一) 公式法化简

公式法化简的基本原则是：

(1) 一般先用并项法(提取公因式)，看看有没有公共项。

(2) 再观察有没有可用消去法的消去项。

(3) 最后试试配项法。

公式法化简常用以下几种方法：

1. 并项法

利用 $A+\bar{A}=1$ 消去一个变量。

证明　　$AB+A\bar{B}=A$

解　　$AB+A\bar{B}=A(B+\bar{B})=A$

2. 吸收法

利用 $A+AB=A(1+B)=A$ 消去多余的项。

证明　　$Y=\bar{A}B+\bar{A}BCD(E+F)$

解　　$Y=\bar{A}B[1+CD(E+F)]=\bar{A}B$

3. 消去法

利用 $A+\bar{A}B=A+AB+\bar{A}B=A+B(A+\bar{A})=A+B$ 消去需化简的逻辑函数表达式中的多余项。

证明　　$y=AB+\bar{A}C+\bar{B}C$

解　　$y=AB+(\bar{A}+\bar{B})C=AB+\overline{AB}C=(AB+\overline{AB})(AB+C)=AB+C$

4. 配项法

利用 $A=A(B+\bar{B})$ 将其配项，消去多余项。

证明　　$Y=AB+\bar{A}\bar{C}+B\bar{C}$

解　　$Y=AB+\bar{A}\bar{C}+(A+\bar{A})B\bar{C}=AB+\bar{A}\bar{C}+AB\bar{C}+\bar{A}B\bar{C}$

$$=AB+(1+\bar{C})+\bar{A}\bar{C}(1+B)=AB+\bar{A}\bar{C}$$

5. 反演法

利用摩根定理化简。

证明　　$Y=\overline{A\bar{B}+\bar{A}B}$

解　　$Y=\overline{A\bar{B}\bar{A}B}=(\bar{A}+B)(A+\bar{B})=\bar{A}A+\bar{A}\bar{B}+AB+B\bar{B}=\bar{A}\bar{B}+AB$

例 6.15　化简 $Y=B(ABC+\bar{A}B+AB\bar{C})$。

解　　$Y=B(AC+\bar{A}+A\bar{C})=B[A(C+\bar{C})+\bar{A}]=B(A+\bar{A})=B$

例 6.16　化简 $Y=\bar{A}+AB+\bar{B}\bar{C}$。

解　　$Y=\bar{A}+B+\bar{B}\bar{C}=\bar{A}+B+\bar{C}$

例 6.17　化简 $Y=AD+A\bar{D}+AB+\bar{A}C+\bar{C}D+A\bar{B}EF$。

解　　$Y=A(D+\bar{D})+AB+\bar{A}C+\bar{C}D+A\bar{B}EF$ Y

$$=A+AB+\bar{A}C+\bar{C}D+A\bar{B}EF=A+\bar{A}C+\bar{C}D=A+C+\bar{C}D=A+C+D$$

例 6.18　化简函数 $F=(A+B)(A+B)(B+C)(A+C)$。

解　求 F 的对偶式：

$$F^*=A\bar{B}+\bar{A}B+BC+\bar{A}C$$

$$=A\bar{B}+\bar{A}B+BC+\bar{A}C+\underline{\underline{AC}}\quad\text{(配项)}$$

$$=A\bar{B}+\bar{A}B+BC+C\quad\text{(合并)}$$

$$=A\bar{B}+\bar{A}B+C\quad\text{(吸收)}$$

再求 F^* 的对偶式：

$$F=(A+\bar{B})(\bar{A}+B)C$$

例 6.19 化简函数 $F=(\overline{A+AB+\bar{B}+CD}+\overline{B\overline{AD}})(A(\bar{A}C+BD)+B(C+DE)+B\bar{C})$。

解

$$
\begin{aligned}
F&=(\overline{A+AB+\bar{B}+CD}+\overline{B\overline{AD}})(A(\bar{A}C+BD)+B(C+DE)+B\bar{C})\\
&=(A+\underline{\overline{AB}\cdot B\cdot\overline{CD}}+\underline{\bar{B}}+AD)(ABD+BC+BDE+B\bar{C}) &&(\text{反演律、分配律})\\
&=(A+\overline{AB}\cdot\overline{CD}+\bar{B})(ABD+BDE+B) &&(\text{合并、吸收})\\
&=(A+(\bar{A}+\bar{B})(\bar{C}+\bar{D})+\bar{B})B &&(\text{吸收、反演})\\
&=(A+\bar{A}\bar{C}+\bar{A}\bar{D}+\bar{B}\bar{C}+\bar{B}\bar{D}+\bar{B})B &&(\text{分配律})\\
&=(A+\bar{C}+\bar{D}+\bar{B})B &&(\text{吸收})\\
&=AB+B\bar{C}+B\bar{D}
\end{aligned}
$$

(二) 卡诺图化简

1. 用卡诺图表示逻辑函数的方法

所谓卡诺图，就是将 n 变量的全部最小项各用一个小方格表示，最小项按循环码(即相邻两组之间只有一个变量取值不同的编码)规则排列组成的方格图。图 6.25 所示分别为 3 变量函数和 4 变量函数的卡诺图。

n 变量的卡诺图可以表示 n 变量的逻辑函数。若 $F=\sum_{i=0}^{2^n-1}a_i m_i$，则在卡诺图对应的 m_i 最小项的方格中填 1，其余填 0。例如，用卡诺图表示函数 $Y(A,B,C,D)=\sum m(1,3,4,6,7,11,14,15)$，如图 6.26 所示。

C \ AB	00	01	11	10
0	m_0	m_2	m_6	m_4
1	m_1	m_3	m_7	m_5

(a) 3 变量函数

CD \ AB	00	01	11	10
00	m_0	m_4	m_{12}	m_8
01	m_1	m_5	m_{13}	m_9
11	m_3	m_7	m_{15}	m_{11}
10	m_2	m_6	m_{14}	m_{10}

(b) 4 变量函数

图 6.25　3 变量函数和 4 变量函数的卡诺图

CD \ AB	00	00	11	10
00	0	1	0	0
01	1	0	0	0
11	1	1	1	1
10	0	1	1	0

图 6.26　4 变量函数的卡诺图

2. 卡诺图合并最小项规律

将 2^i 个相邻的 1 格进行合并(卡诺图中加圈表示)，合并成一项，该乘积项由 $(n-i)$ 个变量组成。

3. 卡诺图的性质

(1) 任何两个(2^1 个)标 1 的相邻最小项，可以合并为一项，并消去一个变量(消去互为反变量的因子，保留公因子)。

(2) 任何 4 个(2^2 个)标 1 的相邻最小项，可以合并为一项，并消去 2 个变量。

(3) 任何 8 个(2^3 个)标 1 的相邻最小项，可以合并为一项，并消去 3 个变量。

4. 卡诺图化简的基本步骤

用卡诺图化简逻辑函数时，一般按以下步骤进行：

(1) 作出描述逻辑函数的卡诺图。

(2) 圈出没有相邻的 1 格。

(3) 找出只有一种合并可能的 1 格，从它出发，把含有 2^i 个相邻 1 格圈在一起，构成一个合并乘积项。

(4) 余下没有被包含的 1 格有两种或两种以上合并可能，选择既能包含全部 1 格又使圈数最少的合并方法，使卡诺图中全部 1 格均被覆盖。

例 6.20　用卡诺图化简 $F = AB + BD + BCD + ABC$。

解　卡诺图如图 6.27 所示，化简得 $F = AB + BD$。

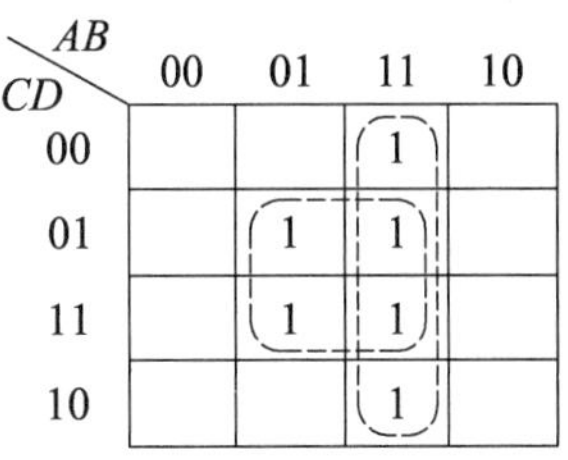

图 6.27　例 6.20 卡诺图

例 6.21　已知 $X(A,B,C,D)=\sum m(1,5,7,8,10,11,15)$，$Y(A,B,C,D)=\sum m(1,4,6,9,10,12,13,14)$，求 $F = X \oplus Y$ 的最简“与-或”逻辑表达式。

解　要求 F 的卡诺图，可以通过 X 和 Y 卡诺图进行“异或”运算，即 X、Y 两卡诺图相同位置上的数值进行“异或”运算，得 F 的卡诺图，如图 6.28 所示。对 F 化简得 $F = B + A\overline{C} + AD$。

CD \ AB	00	01	11	10
00	0	0	0	1
01	1	1	0	0
11	0	1	1	1
10	0	0	0	1

X

$\oplus$

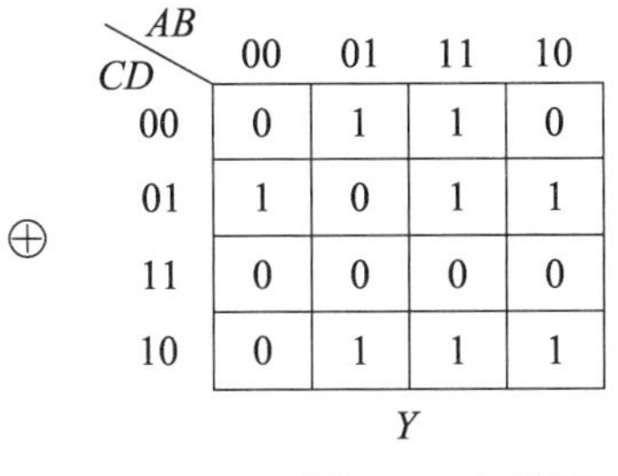

=

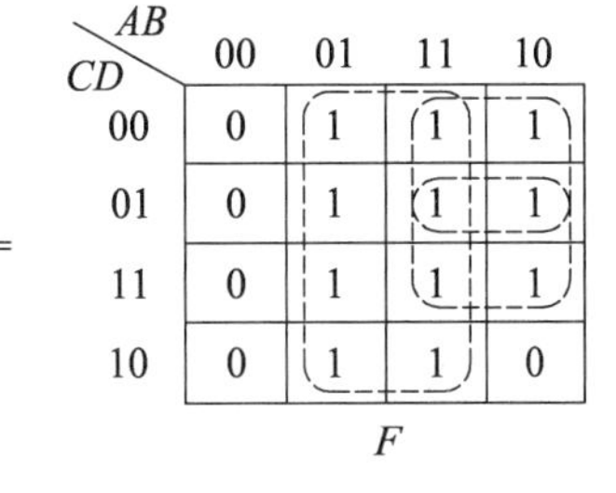

图 6.28　例 6.21 卡诺图

任务四　逻辑门电路认知

一、TTL“与非”门

1. 结构特点

TTL“与非”门电路由输入级、中间级和输出级三部分组成。输入级采用多发射极晶体管，实现对输入信号的“与”的逻辑功能。输出级采用推拉式输出结构(也称图腾柱结构)，具有较强的负载能力。

2. TTL“与非”门的电路特性及主要参数

1) 电压传输特性

“与非”门电压传输特性是指 TTL“与非”门输出电压 U_o 与输入电压 U_i 之间的关系曲线，即 $U_o = f(U_i)$。

2) 输入特性

当输入端为低电平 U_{iL} 时，“与非”门对信号源呈现灌电流负载，$I_{iL} = -\dfrac{U_{CC} - U_{BE1} - U_{iL}}{R_1}$ 称为输入低电平电流，通常 $I_{iL} = -1 \sim 1.4$ mA。

当输入端为高电平 U_{iH} 时，“与非”门对信号源呈现拉电流负载，通常 $I_{iH} \leqslant 50$ μA 称为输入高电平电流。

3) 输入负载特性

实际应用中，往往遇到在“与非”门输入端与地或信号源之间接入电阻的情况。

若 $U_i \leqslant U_{OFF}$，则电阻的接入相当于该输入端输入低电平，此时的电阻称为关门电阻，记为

R_{OFF}。若 $U_i \geq U_{ON}$，则电阻的接入相当于该输入端输入高电平，此时的电阻称为开门电阻，记为 R_{ON}。通常 $R_{OFF} \leq 0.7\ k\Omega$，$R_{ON} \geq 2\ k\Omega$。

4) 输出特性

反映“与非”门带负载能力的一个重要参数——扇出系数 N_o 是指在灌电流(输出低电平)状态下驱动同类门的个数：

$$N_o = I_{oL\max} / I_{iL}$$

式中：$I_{oL\max}$ 为最大允许灌电流，I_{iL} 是一个负载门灌入本级的电流(≈1.4 mA)。N_o 越大，说明“与非”门的带负载能力越强。

5) 传输延迟时间

传输延迟时间是表明“与非”门开关速度的重要参数。平均传输延迟时间越小，电路的开关速度越高。

二、其它类型常用 TTL 门电路

1. 集电极开路门(OC 门)

OC 门电路的输出级的“非”门电路的集电极开路，在使用时必须外接电源和集电极负载电阻 R_L。OC 门的输出端可以直接相连，实现“线与”逻辑功能，其带负载能力强，可以用于驱动感性器件或实现电平变换。

2. 三态门(TSL 门)

三态输出门除具有一般“与非”门的两种低阻输出状态(高电平和低电平状态)外，还具有高阻输出的第三种状态，称为高阻态，又称禁止态或失效态。可通过使能控制端控制电路的工作状态，有低电平使能和高电平使能两种情况。

3. ECL 集成逻辑门

ECL 又称射极耦合逻辑电路，具有“或/或非”的功能。ECL 电路中的三极管均工作于放大与截止状态，没有存储时间，所以该电路的最大特点是开关速度高，电路具有“或/或非”互补输出端且采用射极开路形式，允许多个输出端直接并联，实现输出变量的“线或”操作，且带负载能力也较强。但电路的功耗较大，抗干扰能力差。

4. I^2L 集成逻辑门

I^2L 的基本单元电路由一个 NPN 多集电极晶体管 VT_2 和一个 PNP 晶体管 VT_1 构成的恒流源所组成。VT_2 的各集电极之间相互隔离，VT_2 的驱动电流是由 VT_1 射极注入的，故有注入逻辑之称。由基本单元电路可以构成其它逻辑功能门，如“与非”门、“与或非”门等。I^2L 门电路的优点是：结构简单，集成度高；能在低电压(0.8 V)、微电流(1 nA/单元)情况下工作，是目前功耗最低的集成电路；品质因素最佳，是目前品质因数最好的电路；生产工艺简单。I^2L 电路也有突出的不足之处：开关速度低；抗干扰能力差，多块连接性能差。

5. MOS 门电路

MOS 门电路分为 NMOS 门电路、PMOS 门电路和 CMOS 门电路。为提高工作速度，降低输出阻抗和功耗，目前 MOS 数字集成电路广泛采用 CMOS 电路，它是由 PMOS 和 NMOS 两管组成的互补型 MOS 电路。

1) CMOS 反相器

CMOS 反相器是由一个 PMOS 管 VT_2 和一个 NMOS 管 VT_1 组成的互补器件，其电路输出阻抗很小，有效地减小了对负载电容的充放电时间，因此 CMOS 门电路工作速度快，甚至可以同 TTL 门电路媲美；电源静态电流非常小，电路静态功耗极低，一般在纳瓦数量级；此外，由于 CMOS 门输入阻抗高，所以 CMOS 电路级联时扇出系数很大；具有较大的噪声容限；转折区的变化率很大，所以 CMOS 反相器更接近于理想开关特性。

2) CMOS 传输门(TG)

CMOS 传输门与 CMOS 反相器一样，也是构成各种逻辑电路的一种基本单元电路。

由于 MOS 管的对称性，其源极和漏极可以互换，输入和输出端可以互换使用，因此 CMOS 传输门是双向器件。传输门的导通电阻为几百欧姆，当它与输入阻抗为兆欧级的电路连接时，此导通电阻可以忽略不计。传输门的截止电阻达 50 MΩ 以上，每个门的平均延迟时间为几十至一二百 ns，已接近理想开关特性。

3) CMOS 门电路

CMOS 反相器和 CMOS 传输门是构成各种 CMOS 逻辑电路的基本单元电路。CMOS 门电路包括 COMS“与非”门、CMOS“或非”门、COMS“异或”门和三态门等。

任务五　组合逻辑电路分析

根据数字电路的特点，按照逻辑功能的不同，数字电路可以分为两类：一类是组合逻辑电路，简称组合电路；另一类是时序逻辑电路，简称时序电路。我们前面学习了基本逻辑门，而在实际应用时，大多是这些逻辑门的组合形式。例如，计算机系统中使用的编码器、译码器、数据分配器等就是较复杂的组合逻辑电路。

一、组合逻辑电路的分析与设计方法

所谓组合逻辑电路，是指在任何时刻电路输出信号的状态仅仅取决于该时刻输入信号的状态，而与输入信号作用前电路本身的状态无关。组合逻辑电路的组成框图如图 6.29 所示。

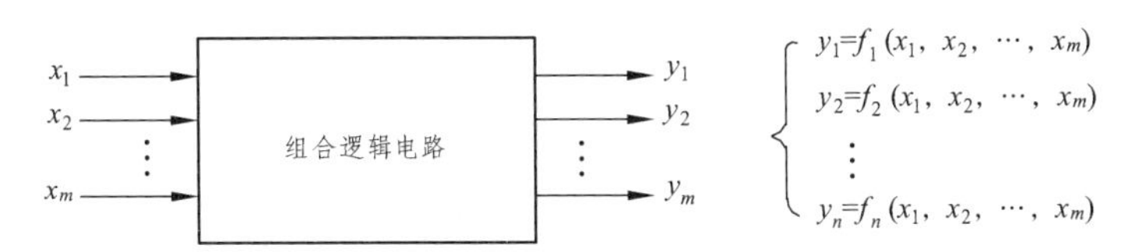

图 6.29　组合逻辑电路的组成框图

组合逻辑电路的特点：

(1) 电路中不存在输出端到输入端的反馈通路。

(2) 电路中不包含储能元件，它由门电路组成，一般包括若干个输入。

(3) 组合逻辑电路在任何时刻的输出状态直接由当时的输入状态决定，即组合逻辑电路不具有记忆功能，输出与输入信号作用前的电路状态无关。

(一) 组合逻辑电路的分析方法

分析组合逻辑电路的任务是：找出给定组合电路的逻辑功能，用函数式或真值表的形式表

示，并用文字表述出来。

组合电路的分析步骤：

(1) 由已知的逻辑图，写出相应的逻辑函数式。

(2) 对函数式进行化简。

(3) 根据化简后的函数式列真值表，找出其逻辑功能。

所谓组合逻辑电路的分析，就是根据给定的逻辑电路图，求出电路的逻辑功能。

例 6.22 试分析图 6.30 所示逻辑电路的功能。

第一步：由逻辑图可以写输出 F 的逻辑表达式为 $F=\overline{\overline{AB}\cdot\overline{AC}\cdot\overline{BC}}$

第二步：可变换为 $F=AB+AC+BC$

第三步：列出真值表如表 6.17 所示。

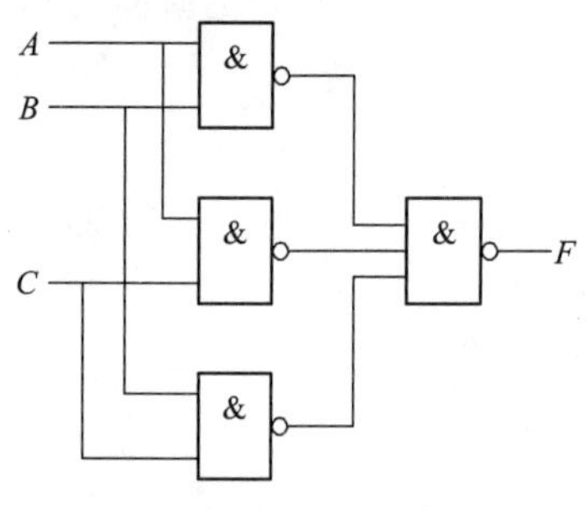

图 6.30 例 6.22 逻辑电路图

表 6.17 例 6.22 真值表

A	B	C	F
0	0	0	0
0	0	1	0
0	1	0	0
0	1	1	1
1	0	0	0
1	0	1	1
1	1	0	1
1	1	1	1

逻辑功能：当输入 A、B、C 中有 2 个或 3 个为 1 时，输出 F 为 1，否则输出 F 为 0。所以这个电路实际上是一种 3 人表决用的组合电路：只要有 2 票或 3 票同意，表决就通过。

例 6.23 分析图 6.31 所示电路的逻辑功能。

解 根据电路图写出逻辑表达式：

$$X=A\cdot\overline{ABC},\quad Y=B\cdot\overline{ABC},\quad Z=C\cdot\overline{ABC}$$

$$F=\overline{X+Y+Z}=\overline{A\cdot\overline{ABC}+B\cdot\overline{ABC}+C\cdot\overline{ABC}}$$

化简 $$F=\overline{(A+B+C)(\overline{A}+\overline{B}+\overline{C})}=\overline{A}\overline{B}\overline{C}+ABC$$

真值表如表 6.18 所示，由真值表可知，当 3 个输入变量 A、B、C 取值一致时，$F=1$，否则输出 $F=0$。所以这个电路可以判断 3 个输入变量的取值是否一致，故称为判一致电路。

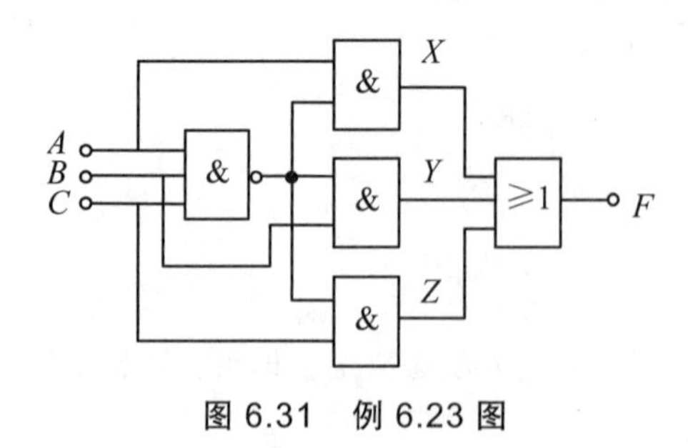

图 6.31 例 6.23 图

表 6.18 例 6.23 真值表

A	B	C	F
0	0	0	1
0	0	1	0
0	1	0	0
0	1	1	0
1	0	0	0
1	0	1	0
1	1	0	0
1	1	1	1

(二) 组合逻辑电路的设计方法

与分析过程相反，组合逻辑电路的设计是根据给定的实际逻辑问题，求出实现其逻辑功能的最简单的逻辑电路。

设计步骤：

(1) 分析设计要求，设置输入/输出变量并逻辑赋值。

(2) 列真值表。

(3) 写出逻辑表达式，并化简。

(4) 画逻辑电路图。

例 6.24　用“与非”门设计一个交通报警控制电路。交通信号灯有红、绿、黄 3 种，3 种灯分别单独工作或黄、绿灯同时工作时属正常情况，其他情况均属故障，出现故障时输出报警信号。

解　设红、绿、黄灯分别用 A、B、C 表示，灯亮时其值为 1，灯灭时其值为 0；输出报警信号用 F 表示，灯正常工作时其值为 0，灯出现故障时其值为 1。

(1) 根据逻辑要求列出真值表，如表 6.19 所示。

(2) 写逻辑表达式：$F=\bar{A}\bar{B}\bar{C}+A\bar{B}C+AB\bar{C}+ABC$

(3) 化简逻辑表达式：

$$F=\bar{A}\bar{B}\bar{C}+ABC+AB\bar{C}+ABC+A\bar{B}C$$
$$=\bar{A}\bar{B}\bar{C}+AB(C+\bar{C})+AC(B+\bar{B})=\bar{A}\bar{B}\bar{C}+AB+AC$$

写成最简“与非”式：$F=\overline{\overline{\bar{A}\bar{B}\bar{C}}\,\overline{AB}\,\overline{AC}}$

(4) 画出逻辑电路图，如图 6.32 所示。

表 6.19　例 6.24 真值表

A	B	C	F	A	B	C	F
0	0	0	1	1	0	0	0
0	0	1	0	1	0	1	1
0	1	0	0	1	1	0	1
0	1	1	0	1	1	1	1

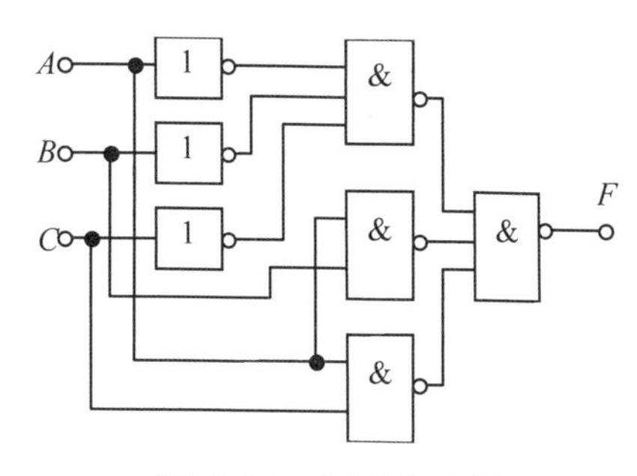

图 6.32　逻辑电路图

例 6.25　用“与非”门设计一个举重裁判表决电路。设举重比赛有 3 个裁判，1 个主裁判和 2 个副裁判。杠铃完全举上的裁决由每个裁判按一下自己面前的按钮来确定。只有当 2 个或 2 个以上裁判判明成功并且其中有 1 个为主裁判时，表明成功的灯才亮。

解　设主裁判为变量 A，副裁判分别为 B 和 C；表示成功与否的灯为 F。

(1) 根据逻辑要求列出真值表，如表 6.20 所示。

(2) 写逻辑表达式：$F=A\bar{B}C+AB\bar{C}+ABC$

(3) 用公式法化简：

$$F=A\bar{B}C+AB\bar{C}+ABC=ABC+AB\bar{C}+ABC+A\bar{B}C$$
$$=AB(C+\bar{C})+AC(B+\bar{B})=AB+AC$$

写成最简“与或”式：$F=\overline{\overline{AB}\cdot\overline{AC}}$

(4) 画出逻辑电路图，如图 6.33 所示。

表 6.20 例 6.25 真值表

A	B	C	F	A	B	C	F
0	0	0	0	1	0	0	0
0	0	1	0	1	0	1	1
0	1	0	0	1	1	0	1
0	1	1	0	1	1	1	1

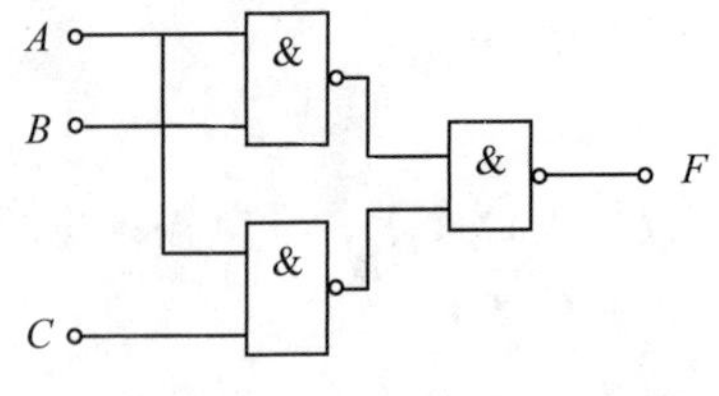

图 6.33 例 6.25 逻辑电路图

二、组合逻辑电路的设计与应用

人们为解决实践上遇到的各种逻辑问题，设计了许多逻辑电路。然而，我们发现，其中有些逻辑电路经常、大量出现在各种数字系统当中。为了方便使用，各厂家已经把这些逻辑电路制造成中规模集成的组合逻辑电路产品。

比较常用的组合逻辑部件有编码器、译码器、数据选择器、加法器和数值比较器等。

(一) 编码器的设计

用二进制代码表示文字、符号或者数码等特定对象的过程，称为编码。实现编码的逻辑电路，称为编码器。例如，电话局给每台电话机编上号码的过程、对运动员的编号、对单位邮政信箱的编号等，都是编码。

在编码过程中，要注意确定二进制代码的位数。1 位二进制数只有 0 和 1 两个状态，可表示两种特定含义，2 位二进制数有 00、01、10、11 四个状态，可表示四种特定含义。一般 n 位二进制数有 2^n 个状态，可表示 2^n 种特定含义。

常用的编码器有二进制编码器、二-十进制编码器、优先编码器等。

1. 二进制编码器

若编码状态数为 2^n，编码输出位数为 n，则称之为二进制编码器。

下面以 8 线-3 线编码器为例子，说明编码器的电路结构和工作原理。

8 线-3 线编码器有八个输入端和三个输出端，输入用 I_0、I_1、…、I_7 表示十进制数的 0 ~ 7 八个数。由于 $2^3 = 8$，八个信号可用一组三位二进制数来表示，所以编码器的输出端是一组三位二进制代码，用 Y_2、Y_1、Y_0 表示。

因为在任一时刻，编码器只能对其中一个输入信号进行编码，也就是说只能有一个是 1，其它七个均为 0，由此可得真值表，如表 6.21 所示。

表 6.21 8 线-3 线编码器真值表

I_0	I_1	I_2	I_3	I_4	I_5	I_6	I_7	Y_2	Y_1	Y_0
1	0	0	0	0	0	0	0	0	0	0
0	1	0	0	0	0	0	0	0	0	1
0	0	1	0	0	0	0	0	0	1	0
0	0	0	1	0	0	0	0	0	1	1
0	0	0	0	1	0	0	0	1	0	0
0	0	0	0	0	1	0	0	1	0	1
0	0	0	0	0	0	1	0	1	1	0
0	0	0	0	0	0	0	1	1	1	1

由真值表列出逻辑表达式如下：

$$Y_2 = I_4 + I_5 + I_6 + I_7 = \overline{\overline{I_4}\,\overline{I_5}\,\overline{I_6}\,\overline{I_7}}$$

$$Y_1 = I_2 + I_3 + I_6 + I_7 = \overline{\overline{I_2}\,\overline{I_3}\,\overline{I_6}\,\overline{I_7}}$$

$$Y_0 = I_1 + I_3 + I_5 + I_7 = \overline{\overline{I_1}\,\overline{I_3}\,\overline{I_5}\,\overline{I_7}}$$

由表达式画出“或”门逻辑电路如图 6.34 所示，“与非”门逻辑电路如图 6.35 所示。

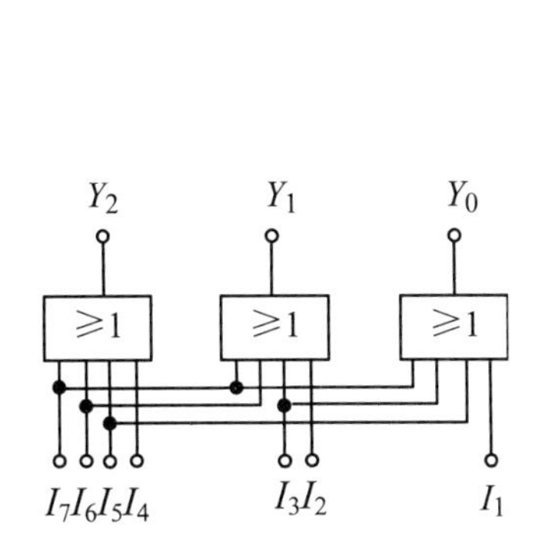

图 6.34　由“或”门构成

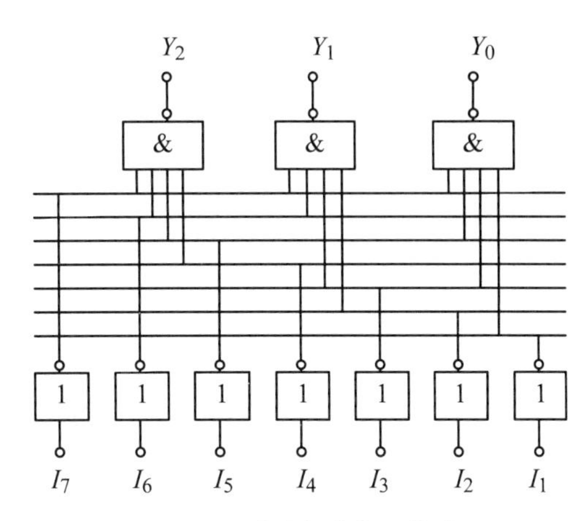

图 6.35　由“与非”门构成

2. 二-十进制数编码器

将十进制数 0 ~ 9 变成二进制代码的电路，称为二-十进制编码器。要对 10 个信号进行编码，至少需要 4 位二进制代码。所以二-十进制编码器有 10 个输入信号和 4 个输出信号。现以 8421BCD 码为例说明其电路结构和工作原理。

输入信号用 $I_0 \sim I_9$ 表示十进制数。输出为 4 位二进制代码用 $Y_3 \sim Y_0$ 表示。列真值表如表 6.22 所示。

表 6.22　二-十进制编码器真值表

输入	输出			
I	Y_3	Y_2	Y_1	Y_0
$0(I_0)$	0	0	0	0
$1(I_1)$	0	0	0	1
$2(I_2)$	0	0	1	0
$3(I_3)$	0	0	1	1
$4(I_4)$	0	1	0	0
$5(I_5)$	0	1	0	1
$6(I_6)$	0	1	1	0
$7(I_7)$	0	1	1	1
$8(I_8)$	1	0	0	0
$9(I_9)$	1	0	0	1

写表达式并转化成“与非”式：

$$Y_3 = I_8 + I_9 = \overline{\overline{I}_8\overline{I}_9}$$

$$Y_2 = I_4 + I_5 + I_6 + I_7 = \overline{\overline{I}_4\overline{I}_5\overline{I}_6\overline{I}_7}$$

$$Y_1 = I_2 + I_3 + I_6 + I_7 = \overline{\overline{I}_2\overline{I}_3\overline{I}_6\overline{I}_7}$$

$$Y_0 = I_1 + I_3 + I_5 + I_7 + I_9 = \overline{\overline{I}_1\overline{I}_3\overline{I}_5\overline{I}_7\overline{I}_9}$$

输入 10 个互相排斥的代码，输出为 4 位二进制代码。画出逻辑电路图如图 6.36 所示。

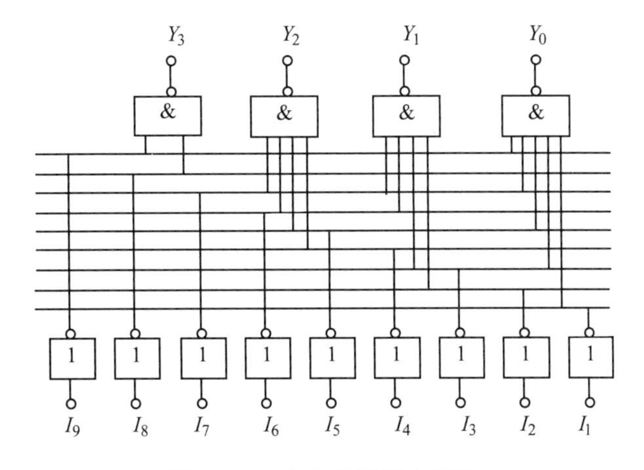

图 6.36　或非门逻辑电路图

3. 优先编码器

在优先编码器中，允许同时输入两个以上的有效编码请求信号。当几个输入信号同时出现时，只对其中优先权最高的一个进行编码。优先级别的高低由设计者根据输入信号的轻重缓急情况而定。下面以 8 线-3 线优先编码器为例，说明优先编码器的电路结构和工作原理。

真值表如表 6.23 所示。

表 6.23　8 线-3 线优先编码器真值表

输入								输出		
I_7	I_6	I_5	I_4	I_3	I_2	I_1	I_0	Y_2	Y_1	Y_0
1	×	×	×	×	×	×	×	1	1	1
0	1	×	×	×	×	×	×	1	1	0
0	0	1	×	×	×	×	×	1	0	1
0	0	0	1	×	×	×	×	1	0	0
0	0	0	0	1	×	×	×	0	1	1
0	0	0	0	0	1	×	×	0	1	0
0	0	0	0	0	0	1	×	0	0	1
0	0	0	0	0	0	0	1	0	0	0

在优先编码器中优先级别高的信号排斥级别低的，即具有单方面排斥的特性。设 I_7 的优先级别最高，I_6 次之，依此类推，I_0 最低。

列出表达式为：

$$\begin{cases} Y_2 = I_7 + \overline{I}_7 I_6 + \overline{I}_7\overline{I}_6 I_5 + \overline{I}_7\overline{I}_6\overline{I}_5 I_4 = I_7 + I_6 + I_5 + I_4 \\ Y_1 = I_7 + \overline{I}_7 I_6 + \overline{I}_7\overline{I}_6\overline{I}_5\overline{I}_4 I_3 + \overline{I}_7\overline{I}_6\overline{I}_5\overline{I}_4\overline{I}_3 I_2 = I_7 + I_6 + \overline{I}_5\overline{I}_4 I_3 + \overline{I}_5\overline{I}_4 I_2 \\ Y_0 = I_7 + \overline{I}_7\overline{I}_6 I_5 + \overline{I}_7\overline{I}_6\overline{I}_5\overline{I}_4 I_3 + \overline{I}_7\overline{I}_6\overline{I}_5\overline{I}_4\overline{I}_3\overline{I}_2 I_1 = I_7 + \overline{I}_6 I_5 + \overline{I}_6\overline{I}_4 I_3 + \overline{I}_6\overline{I}_4\overline{I}_2 I_1 \end{cases}$$

画出逻辑电路图如图 6.37 所示。

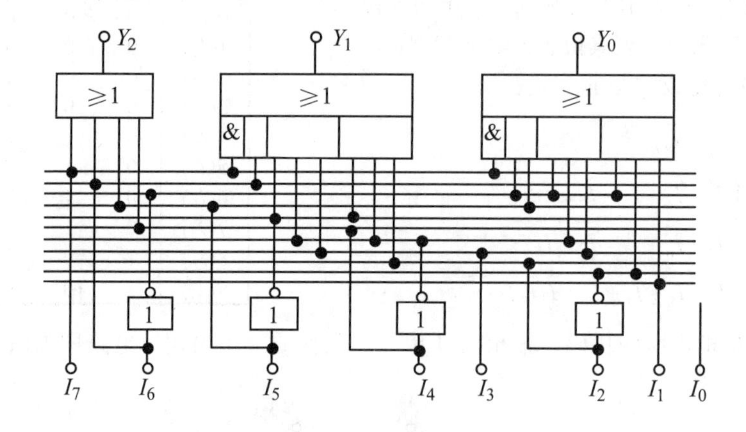

图 6.37　逻辑电路图

(二) 译码器的设计

译码是编码的逆过程，将编码时赋予代码的特定含义“翻译”出来，即将每一组输入的二进制代码译成相应特定的输出高、低电平信号，完成这种功能的电路称为译码器。译码器是多输入多输出的组合逻辑电路，一般输入信号少于输出信号，常用的译码器有二进制译码器、二-十进制译码器和显示译码器等。

1. 二进制译码器

设二进制译码器的输入端为 n 个，则输出端为 2^n 个，且对应于输入代码的每一种状态，2^n 个输出中只有一个为 1(或为 0)，其余全为 0(或为 1)。

下面以 3 线-8 线译码器为例，说明译码器的电路结构和工作原理。

设输入变量用 $A_2 \sim A_0$ 来表示，输出用 $Y_0 \sim Y_7$ 来表示，则列出真值表如表 6.24 所示。

表 6.24　3 线-8 线译码器真值表

A_2	A_1	A_0	Y_0	Y_1	Y_2	Y_3	Y_4	Y_5	Y_6	Y_7
0	0	0	1	0	0	0	0	0	0	0
0	0	1	0	1	0	0	0	0	0	0
0	1	0	0	0	1	0	0	0	0	0
0	1	1	0	0	0	1	0	0	0	0
1	0	0	0	0	0	0	1	0	0	0
1	0	1	0	0	0	0	0	1	0	0
1	1	0	0	0	0	0	0	0	1	0
1	1	1	0	0	0	0	0	0	0	1

写出逻辑表达式为：

$$\begin{cases} Y_0 = \overline{A}_2\overline{A}_1\overline{A}_0 \\ Y_1 = \overline{A}_2\overline{A}_1 A_0 \\ Y_2 = \overline{A}_2 A_1\overline{A}_0 \\ Y_3 = \overline{A}_2 A_1 A_0 \\ Y_4 = A_2\overline{A}_1\overline{A}_0 \\ Y_5 = A_2\overline{A}_1 A_0 \\ Y_6 = A_2 A_1\overline{A}_0 \\ Y_7 = A_2 A_1 A_0 \end{cases}$$

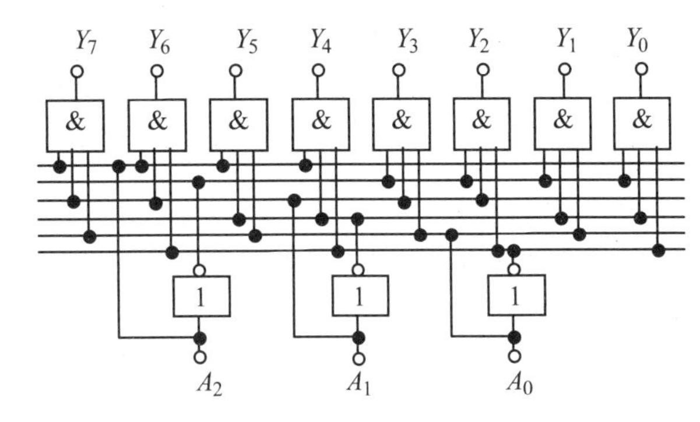

图 6.38　逻辑电路图

画出逻辑电路图如图 6.38 所示。

2. 集成二进制译码器 74LS138

74LS138 为 3 线-8 线译码器，共有 54/74S138 和 54/74LS138 两种线路结构型式。其引脚排列和逻辑功能图如图 6.39 所示。其中，A_2、A_1、A_0 为二进制译码输入端，$\overline{Y}_7 \sim \overline{Y}_0$ 为译码输出端(低电平有效)，S_1、$\overline{S}_2$、$\overline{S}_3$ 为选通控制端。

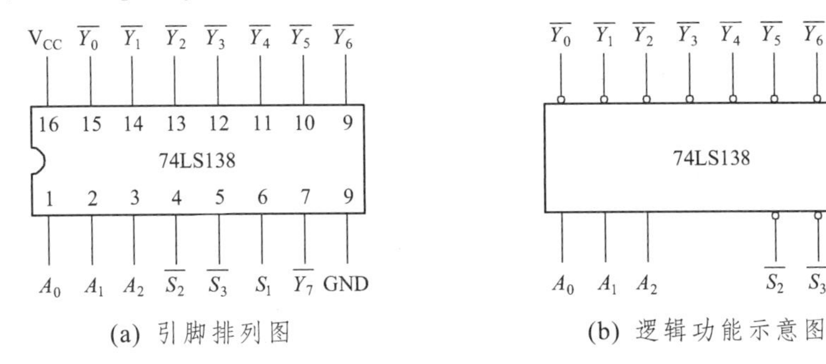

(a) 引脚排列图　　(b) 逻辑功能示意图

图 6.39　74LS138 二进制译码器

用“与非”门组成的 3 线-8 线译码器 74LS138 的内部电路如图 6.40 所示。

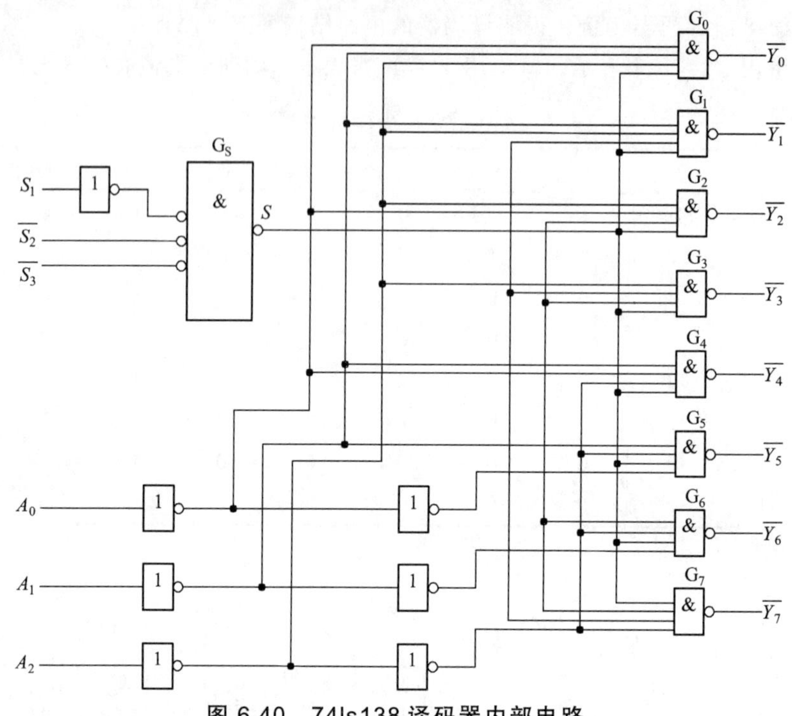

图 6.40　74ls138 译码器内部电路

3 线-8 线译码器 74LS138 的真值表如表 6.25 所示。

当选通控制端 S 输出为高电平($S = 1$)时，可由逻辑图写出：

$$\begin{cases}\overline{Y_0}=\overline{\overline{A_2}\,\overline{A_1}\,\overline{A_0}}=\overline{m_0}\\ \overline{Y_1}=\overline{\overline{A_2}\,\overline{A_1}A_0}=\overline{m_1}\\ \overline{Y_2}=\overline{\overline{A_2}A_1\overline{A_0}}=\overline{m_2}\\ \overline{Y_3}=\overline{A_2\overline{A_1}\,\overline{A_0}}=\overline{m_3}\\ \overline{Y_4}=\overline{A_2\overline{A_1}\,\overline{A_0}}=\overline{m_4}\\ \overline{Y_5}=\overline{A_2\overline{A_1}A_0}=\overline{m_5}\\ \overline{Y_6}=\overline{A_2A_1\overline{A_0}}=\overline{m_6}\\ \overline{Y_7}=\overline{A_2A_1A_0}=\overline{m_7}\end{cases}$$

表 6.25　74LS138 真值表

输入					输出							
S_1	$\overline{S_2}+\overline{S_3}$	A_2	A_1	A_0	$\overline{Y_0}$	$\overline{Y_1}$	$\overline{Y_2}$	$\overline{Y_3}$	$\overline{Y_4}$	$\overline{Y_5}$	$\overline{Y_6}$	$\overline{Y_7}$
0	X	×	×	×	1	1	1	1	1	1	1	1
×	1	×	×	×	1	1	1	1	1	1	1	1
1	0	0	0	0	0	1	1	1	1	1	1	1
1	0	0	0	1	1	0	1	1	1	1	1	1
1	0	0	1	0	1	1	0	1	1	1	1	1
1	0	0	1	1	1	1	1	0	1	1	1	1
1	0	1	0	0	1	1	1	1	0	1	1	1
1	0	1	0	1	1	1	1	1	1	0	1	1
1	0	1	1	0	1	1	1	1	1	1	0	1
1	0	1	1	1	1	1	1	1	1	1	1	0

由上式可以看出，在同一个时间又是这三个变量的全部最小项的译码输出，所以也把这种译码器叫做最小项译码器。

无论从逻辑图还是真值表我们都可以看出，74LS138 的八个输出管脚，任何时刻要么全为高电平 1（芯片处于不工作状态），要么只有一个为低电平 0，其余 7 个输出管脚全为高电平 1。如果出现两个输出管脚在同一个时间为 0 的情况，说明该芯片已经损坏。

74LS138 有三个附加的控制端 S_1、$\overline{S_2}$、$\overline{S_3}$。当 $S_1=1$、$\overline{S_2}+\overline{S_3}=0$ 时，输出为高电平($S = 1$)，译码器处于工作状态。否则，译码器被禁止，所有的输出端被封锁在高电平，如表 6.25 所示。这三个控制端也叫做“片选”输入端，利用片选的作用还可以扩展译码器的功能。如将选通端中的一个作为数据输入端时，74LS138 还可作数据分配器。

3. 二-十进制译码器

把二-十进制代码翻译成 10 个十进制数字信号的电路，称为二-十进制译码器。二-十进制译码器的输入是十进制数的 4 位二进制编码(BCD 码)，分别用 A_3、A_2、A_1、A_0 表示；输出的是与 10 个十进制数字相对应的 10 个信号，用 $Y_9 \sim Y_0$ 表示。由于二-十进制译码器有 4 根输入线，10 根输出线，所以又称为 4 线-10 线译码器。共真值表如表 6.26 所示。

表 6.26　二-十进制译码器真值表

A_3	A_2	A_1	A_0	Y_9	Y_8	Y_7	Y_6	Y_5	Y_4	Y_3	Y_2	Y_1	Y_0
0	0	0	0	0	0	0	0	0	0	0	0	0	1
0	0	0	1	0	0	0	0	0	0	0	0	1	0
0	0	1	0	0	0	0	0	0	0	0	1	0	0
0	0	1	1	0	0	0	0	0	0	1	0	0	0
0	1	0	0	0	0	0	0	0	1	0	0	0	0
0	1	0	1	0	0	0	0	1	0	0	0	0	0
0	1	1	0	0	0	0	1	0	0	0	0	0	0
0	1	1	1	0	0	1	0	0	0	0	0	0	0
1	0	0	0	0	1	0	0	0	0	0	0	0	0
1	0	0	1	1	0	0	0	0	0	0	0	0	0

由真值表写出逻辑表达式如下：

$$Y_0 = \overline{A}_3\overline{A}_2\overline{A}_1\overline{A}_0,$$
$$Y_1 = \overline{A}_3\overline{A}_2\overline{A}_1 A_0,$$
$$Y_2 = \overline{A}_3\overline{A}_2 A_1\overline{A}_0,$$
$$Y_3 = \overline{A}_3\overline{A}_2 A_1 A_0,$$
$$Y_4 = \overline{A}_3 A_2\overline{A}_1\overline{A}_0,$$
$$Y_5 = \overline{A}_3 A_2\overline{A}_1 A_0,$$
$$Y_6 = \overline{A}_3 A_2 A_1\overline{A}_0,$$
$$Y_7 = \overline{A}_3 A_2 A_1 A_0,$$
$$Y_8 = A_3\overline{A}_2\overline{A}_1\overline{A}_0,$$
$$Y_9 = A_3\overline{A}_2\overline{A}_1 A_0$$

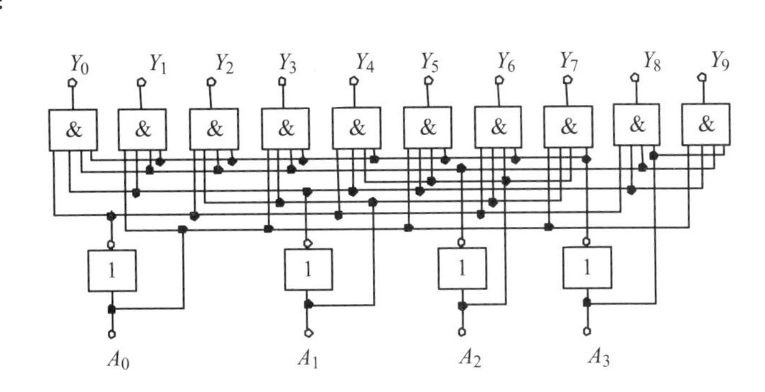

图 6.41　二-十进制译码器逻辑电路图

画出逻辑电路图如图 6.41 所示。

4. 显示译码器

用来驱动各种显示器件，从而将用二进制代码表示的数字、文字、符号翻译成人们习惯的形式直观地显示出来的电路，称为显示译码器。

下面对显示器和译码驱动器分别进行介绍。

1) 数字显示器件

第一类：气体放电显示器，如辉光数码管、等离子体显示板等。

第二类：荧光数字显示器，如荧光数码管、场致发光数字板等。

第三类：半导体显示器，亦称为发光二极管(LED)显示器。

第四类：液体数字显示器，如液晶显示器、电泳显示器等。

常用的显示器有：

(1) 半导体数码管：这是当前用得最广泛的显示器之一，它是用发光二极管(简称 LED)来组成字形显示数字、文字和符号的。

发光二极管和普通二极管不同，它是在半导体中掺入质量浓度很高的杂质而制成的，所用材料有砷化镓，磷化镓等。砷化镓和磷化镓七段数码管分共阴和共阳两类，其外形图和内部接线图如图 6.42 所示。七段显示 a、b、c、d、e、f、g 是用条形发光二

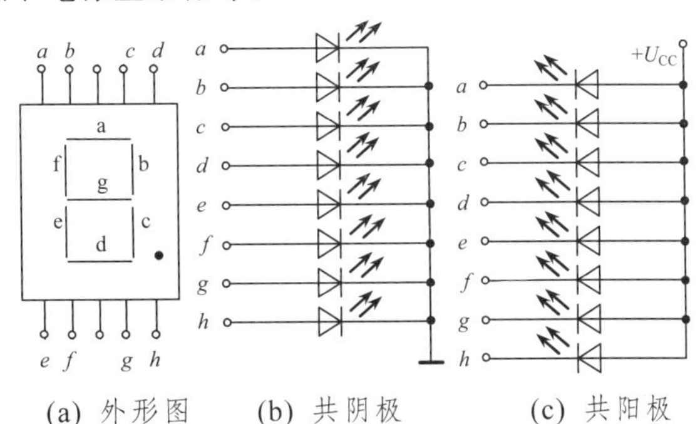

(a) 外形图　(b) 共阴极　(c) 共阳极

图 6.42　半导体数码管

极管做成的。共阴极数码管是将各发光二极管阴极连在一起接低电平，阳极分别由译码器输出端来驱动。当译码输出某段码为低电平时，二极管导通发光。

LED 具有许多优点，它不仅有工作电压低(1.5 ~ 3 V)、体积小、寿命长、可靠性高等优点，而且响应速度快(≤100 ns)、亮度比较高。一般 LED 的工作电流选在 5 ~ 10 mA，但不允许超过最大值(通常为 50 mA)。LED 可以直接由门电路驱动。

(2) 液晶显示器(LCD)：液晶是一种既具有液体的流动性又具有晶体光学特性的有机化合物。它的透明度和显示的颜色受外加电场的控制，利用这一特点，人们制成了液晶显示器。

2) 七段显示器的译码原理

七段数码显示器是用 $a \sim g$ 七个发光线段的组合来表示 0 ~ 9 十个十进制数码的。这就要求译码电路把十组 8421BCD 码翻译成对应于显示器所要求的七段二进制代码信号，其真值表如表 6.27 所示。该表输出为 1 时，对应段发光显示。

表 6.27 七段译码器真值表

输入				输出							显示字形
A_3	A_2	A_1	A_0	a	b	c	d	e	f	g	
0	0	0	0	1	1	1	1	1	1	0	0
0	0	0	1	0	1	1	0	0	0	0	1
0	0	1	0	1	1	0	1	1	0	1	2
0	0	1	1	1	1	1	1	0	0	1	3
0	1	0	0	0	1	1	0	0	1	1	4
0	1	0	1	1	0	1	1	0	1	1	5
0	1	1	0	0	0	1	1	1	1	1	6
0	1	1	1	1	1	1	0	0	0	0	7
1	0	0	0	1	1	1	1	1	1	1	8
1	0	0	1	1	1	1	0	0	1	1	9

3) 7448 七段显示译码器

7448 七段显示译码器输出高电平有效，用以驱动共阴极显示器。该集成显示译码器设有多个辅助控制端，以增强器件的功能。7448 的功能表如表 6.28 所示，它有 3 个辅助控制端 LT、RBI、BI/RBO，现简要说明如下：

(1) 灭灯输入 BI/RBO。BI/RBO 是特殊控制端，有时作为输入，有时作为输出。当 BI/RBO 作输入使用且 BI = 0 时，无论其它输入端是什么电平，所有各段输入 $a \sim g$ 均为 0，所以字形熄灭。

(2) 试灯输入 LT。当 LT = 0 时，BI/RBO 是输出端，且 RBO = 1，此时无论其它输入端是什么状态，所有各段输出 $a \sim g$ 均为 1，显示字形 8。该输入端常用于检查 7488 本身及显示器的好坏。

(3) 动态灭零输入 RBI。当 LT = 1，RBI = 0 且输入代码 DCBA = 0000 时，各段输出 $a \sim g$ 均为低电平，与 BCD 码相应的字形0熄灭，故称“灭零”。利用 LT = 1 与 RBI = 0 可以实现某一位的“消隐”。此时 BI/RBO 是输出端，且 RBO = 0。

(4) 动态灭零输出 RBO。BI/RBO 作为输出使用时，受控于 LT 和 RBI。当 LT = 1 且 RBI = 0，输入代码 DCBA = 0000 时，RBO = 0；若 LT = 0 或者 LT = 1 且 RBI = 1，则 RBO = 1。该端主要用于显示多位数字时，多个译码器之间的连接。

表 6.28　7488 功能表

十进制或功能	输入						BI/RBO	输出							字形
	LT	RBI	*D*	*C*	*B*	*A*		*a*	*b*	*c*	*d*	*e*	*f*	*g*	
0	H	H	L	L	L	L	H	H	H	H	H	H	H	L	0
1	H	×	L	L	L	H	H	L	H	H	L	L	L	L	1
2	H	×	L	L	H	L	H	H	H	L	H	H	L	H	2
3	H	×	L	L	H	H	H	H	H	H	H	L	L	H	3
4	H	×	L	H	L	L	H	L	H	H	L	L	H	H	4
5	H	×	L	H	L	H	H	H	L	H	H	L	H	H	5
6	H	×	L	H	H	L	H	L	L	H	H	H	H	H	6
7	H	×	L	H	H	H	H	H	H	H	L	L	L	L	7
8	H	×	H	L	L	L	H	H	H	H	H	H	H	H	8
9	H	×	H	L	L	H	H	H	H	H	H	L	H	H	9
10	H	×	H	L	H	L	H	L	L	L	H	H	L	H	
11	H	×	H	L	H	H	H	L	L	H	H	L	L	H	
12	H	×	H	H	L	L	H	L	H	L	L	L	H	H	
13	H	×	H	H	L	H	H	H	L	L	H	L	H	H	
14	H	×	H	H	H	L	H	L	L	L	H	H	H	H	
15	H	×	H	H	H	H	H	L	L	L	L	L	L	L	
消隐	×	×	×	×	×	×	L	L	L	L	L	L	L	L	
脉冲消隐	H	L	L	L	L	L	L	L	L	L	L	L	L	L	
灯测试	L	×	×	×	×	×	H	H	H	H	H	H	H	H	8

从功能表还可以看出，对输入代码 0000，译码条件是：LT 和 RBI 同时等于 1，而对其它输入代码则仅要求 LT = 1，这时候，译码器各段 $a \sim g$ 输出的电平是由输入 BCD 码决定的，并且满足显示字形的要求。

任务六　三人表决器的制作

一、参考电路图

参考电路图如图 6.43 所示。

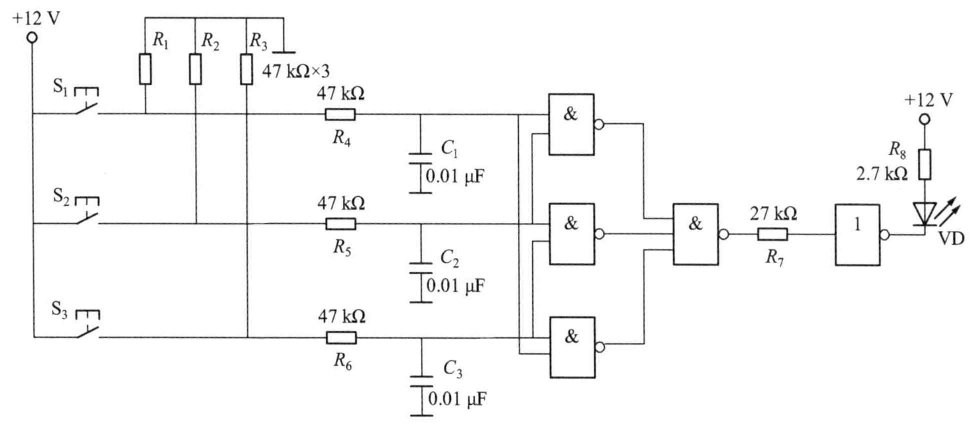

图 6.43　三人表决器电路图

二、元件清单

元件清单如表 6.29 所示。

表 6.29　三人表决器元件清单

名　称	型　号	数 量	名　称	型　号	数 量
电源变压器	12 V/3 W	1	按钮开关 $S_1 \sim S_3$		3
集成芯片	7809/7805	各 1	电阻器 $R_1 \sim R_6$	47 kΩ	6
发光二极管 VD	1N400F	1	电阻器 R_7	27 kΩ	1
双四输入“与非”门 IC_1、IC_2	CD4012	2	电阻器 R_8	2.7 kΩ	1
OC 门 IC_3	ULN2003AN	1	电容器 $C_1 \sim C_3$	0.01 μF	3
集成电路插座	16 脚	1	实验板		1
集成电路插座	14 脚	2			

三、元器件的检测及安装

(1) 清点元器件。按照表 6.29 核对元器件的数量、型号和规格，如有缺陷、差错应及时补缺和更换。

(2) 检测元器件。用万用表的电阻挡对元器件进行检测，对不符合质量要求的元器件剔除并更换。

(3) 实验板的插装与焊接：

① 按装配图将元器件插装在实验板上，安装原则是先低后高、先里后外，上道工序不得影响下道工序的安装。

② 圆柱形的原件(电阻器)采用卧式安装，占用四个焊盘，紧贴板面安装，电阻的色环标志顺序方向一致。

③ 集成电路应安装相应插座，插座的标记口的方向应与实际的集成块标记口方向一致，将集成电路插入插座时，应避免插反及引脚完全插入插座等现象。16 脚的插座占 4×8 个焊盘，14 脚的插座占 4×7 个焊盘。

④ 发光二极管片用两个焊盘，引线脚高度与集成电路插座高度相等。

⑤ 电容器引线脚高度为 3 mm。

⑥ 导线连线在焊点面上拐弯时，采用直角形状，直角处用焊点固定。

⑦ 按钮占用 3×4 个焊盘。

⑧ 所有焊点均采用直角焊，焊后剪去多余引脚。

【课堂任务】

1. 数字电路和模拟电路的区别和联系是什么？
2. 常用的进制有哪些，各有什么特点？
3. 卡诺图化简的步骤是什么？
4. 请设计 4-2 线的编码器和 2-4 线的译码器。
5. 请标注双四输入“与非”门 CD4012 的引脚功能。
6. 请设计三人表决器的原理图。

7. 在组长的带领下，首先进行元器件的检测，其次进行元器件的安装、焊接，最后进行调试。

【课后任务】

以小组为单位完成以下任务：

1. 到电子元器件市场调研，了解三人表决器各个元器件的价格。
2. 根据所学知识制作出符合要求的三人表决器。
3. 上述任务完成后，进行小组自评和互评，最后教师讲评，取长补短，开拓完善知识内容。

项目 6 小结

1. 数字电路是工作于数字信号下的电路，也称为逻辑电路，数字电路是电子技术的一个重要分支，其应用十分广泛。

2. 数字电路的输入信号及输出信号是用高电平和低电平表示的，并以逻辑符号 1 和 0 来表示。

3. 数的进制有很多种，但常用的有二进制、八进制、十进制和十六进制，数字电路中主要应用二进制。

4. 基本逻辑关系有三种，即“与”、“或”、“非”，能分别实现三种逻辑关系。“与”门、“或”门和“非”门是三种逻辑门电路。

5. 逻辑代数是研究数字电路的一种数学工具，逻辑函数的化简方法主要有代数法和卡诺图法。

6. 组合逻辑电路的特点是输出状态只决定于输入时刻的状态，而与电路初始状态无关。

7. 编码器用于将信息符号转换为二进制代码，译码器则将二进制代码的特定含义翻译出来，加法器则用于实现二进制的加法运算。

项目 7 八人抢答器电路分析与制作

【工学目标】

1. 学会分析工作任务，在教师的引导下，完成制订工作计划、课堂任务、课后任务和学习效果评价等工作环节。

2. 掌握触发器和常用集成电路的结构、工作原理、主要参数及其应用。掌握真值表、状态表、状态图的编制。

3. 能够正确选择元器件，利用各种工具安装和焊接八人抢答器，并利用各种仪表和工具排除简单电路故障。

4. 能够主动提出问题，遇到问题能够自主或者与他人研究解决，具有良好的沟通和团队协作能力，建立良好的环保意识、质量意识和安全意识。

5. 通过课堂任务的完成，最后以小组为单位制作出符合要求的八人抢答器。

【典型任务】

任务一　触发器认知

组合电路和时序电路是数字电路的两大类。门电路是组合电路的基本单元；触发器是时序电路的基本单元。

一、触发器的基本特性和作用

1. 基本特性

(1) 有两个稳定状态(简称稳态)。稳态是指在输入保持一定组合状态时，输出可长期保持的某种状态，在数字电路中指某个输出端保持高电平或低电平的能力。正好用来表示逻辑 0 和 1。

(2) 在输入信号作用下，触发器的两个稳定状态可相互转换(称为状态的翻转)。输入信号消失后，新状态可长期保持下来，因此具有记忆功能，可存储二进制信息。

2. 触发器的作用

触发器有记忆功能，由它构成的电路在某时刻的输出不仅取决于该时刻的输入，还与电路原来的状态有关。而门电路无记忆功能，由它构成的电路在某时刻的输出完全取决于该时刻的输入，与电路原来的状态无关。

二、触发器的类型及逻辑功能描述方法

触发器按其稳定工作状态可分为双稳定触发器、单稳定触发器、无稳态触发器(多谐振荡器)等。双稳态触发其按其逻辑功能可分为 RS 触发器、JK 触发器，D 触发器和 T 触发器等；按其结构可分为主从触发器和维持阻塞型触发器等。

触发器逻辑功能的描述方法：主要有特性表、特性方程、驱动表 (又称激励表)、状态转换图和波形图(又称时序图)等。

任务二　触发器电路分析

一、"与非"型基本 RS 触发器

(一) 基本 RS 触发器的工作原理

基本 RS 触发器是组成其它触发器的基础，一般有"与非"门和"或非"门组成的两种，以下介绍"与非"门组成的基本 RS 触发器。

1. 电路结构与符号图

用"与非"门组成的 RS 触发器的电路及符号如图 7.1 所示。Q 与 $\overline{Q}$ 是基本触发器的输出端，一般以 Q 的状态作为触发器的状态。两者的逻辑状态在正常条件下能保持相反。这种触发器有两种稳定状态：一个状态是 $Q=1$，$\overline{Q}=0$，称为置位状态("1"态)；另一个状态是 $Q=0$，$\overline{Q}=1$，称为复位状态("0"态)。相应的输入端分别称为直接置位端或直接置"1"端和直接复位端"0"端。

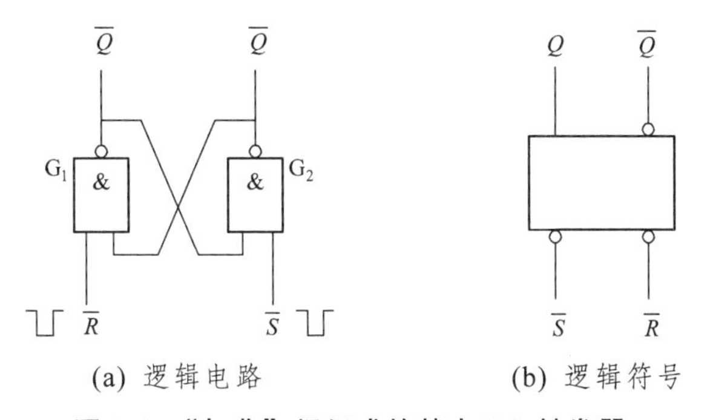

(a) 逻辑电路　　(b) 逻辑符号

图 7.1 "与非"门组成的基本 RS 触发器

2. 工作原理

(1) 当 $\overline{R}=0$，$\overline{S}=1$ 时，G_2 门的输出端 $\overline{Q}=1$，G_1 门的两输入为 1，G_1 门的输出端 $Q=0$。

(2) 当 $\overline{R}=1$，$\overline{S}=0$ 时，G_1 门的输出端 $Q=1$，G_2 门的两输入为 1，G_2 门的输出端 $\overline{Q}=0$。

(3) 当 $\overline{R}=1$，$\overline{S}=1$ 时，G_1 门和 G_2 门的输出端被它们的原来状态锁定，故输出不变。

(4) 当 $\overline{R}=0$，$\overline{S}=0$ 时，$Q=\overline{Q}=1$，则输出状态不确定。

由于 $\overline{S}=0$、$\overline{R}=0$ 时，一方面使 Q 与 $\overline{Q}$ 不具有互补的关系，另一方面之后在 $\overline{S}=0$、$\overline{R}=0$ 之后出现 $\overline{S}=1$、$\overline{R}=1$，则输出状态不确定。因此 $\overline{S}=0$、$\overline{R}=0$ 的情况不能出现，为使这种情况不出现，特给该触发器加一个约束条件 $\overline{S}+\overline{R}=1$。

3. 基本 RS 触发器的特点

(1) 有两个互补的输出端，有两个稳态。

(2) 有复位($Q = 0$)、置位($Q = 1$)、保持原状态三种功能。

(3) R 为复位输入端，S 为置位输入端，该电路为低电平有效。

(4) 由于反馈线的存在，无论是复位还是置位，有效信号只需作用很短的一段时间，即“一触即发”

(二) 逻辑功能描述

触发器的输出状态不仅取决于输入信号，而且还与输入信号作用前电路的状态有关，因此，触发器的逻辑功能表示方法要比门电路复杂一些，通常采用特性表、特性方程、状态转换图及波形图对触发器的逻辑功能进行描述。

1. 特性表

基本 RS 触发器的特性表见表 7.1。

这里 Q^n 表示输入信号到来之前 Q 的状态，一般称为现态。同时，也可用 Q^{n+1} 表示输入信号到来之后 Q 的状态，一般称为次态。

表 7.1 基本 RS 触发器的特性表

$\overline{R}$	$\overline{S}$	Q^n	$\overline{Q}^{n+1}$
0	1	0	1
1	0	1	0
1	1	Q^n	$\overline{Q}^n$
0	0	×	×

2. 特性方程

把特性表所表示的逻辑功能用逻辑表达式的形式表示出来，就得到相应的特性方程。

$$\begin{cases} Q^{n+1} = \overline{\overline{S}} + \overline{R}Q^n \\ \overline{R} + \overline{S} = 1 \end{cases} \tag{7-1}$$

3. 状态转换图

用来形象表示触发器状态转换规律的图称为状态转换图。“与非”型基本触发器的状态转换图如图 7.2 所示。图中圈内代表触发器的两种状态，箭头旁边标注的是输入信号的取值，是表明转换条件的。

4. 波形图(时间图)

用时间图也可以很好地描述触发器的工作过程，时间图的横坐标为时间，纵坐标为电压，表示脉冲的大小。在数字电路中，脉冲的大小对结果一般无影响。

时间图分为理想时间图和实际时间图，理想时间图是不考虑门电路延迟的时间图，而实际时间图考虑门电路的延迟时间。由“与非”门组成的 RS 触发器的理想时间图见图 7.3。

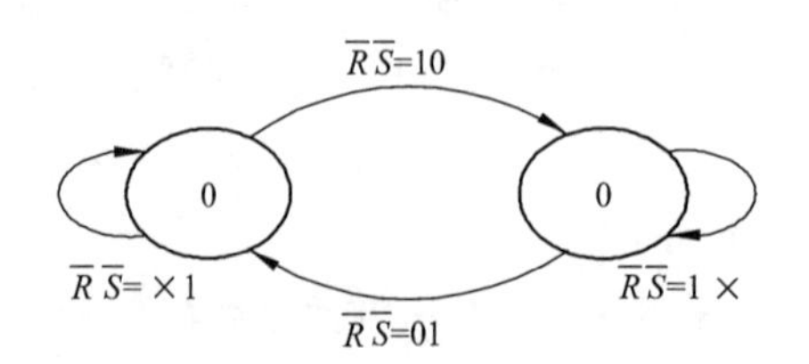

图 7.2 “与非”型基本 RS 触发器的状态转换图

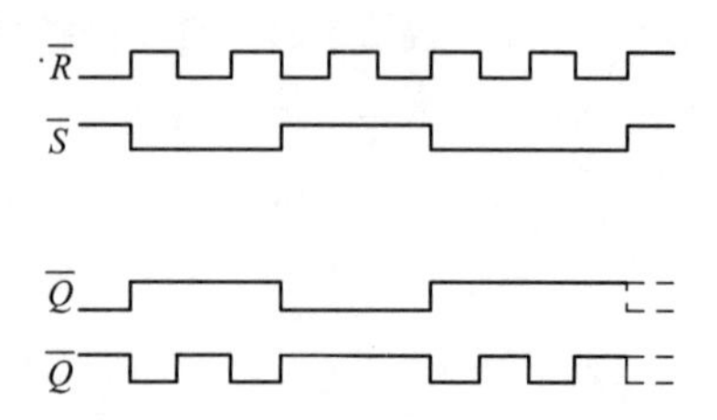

图 7.3 RS 触发器的理想时间图

二、“或非”型基本 RS 触发器

基本 RS 触发器也可用“或非”门组成，其电路如图 7.4 所示。该电路的工作原理和“与非”型基本 RS 触发器的相似，所以不再重复说明。虽然结构不同，但可以证实它的逻辑功能和“与非”型相同，只是输入信号是高电平有效，所以它的逻辑符号的输入端没有小圆圈，也没有“非”号。所有触发器的逻辑功能相同，只是触发方式不同。“或非”型基本 RS 触发器的特性表如表 7.2 所示。

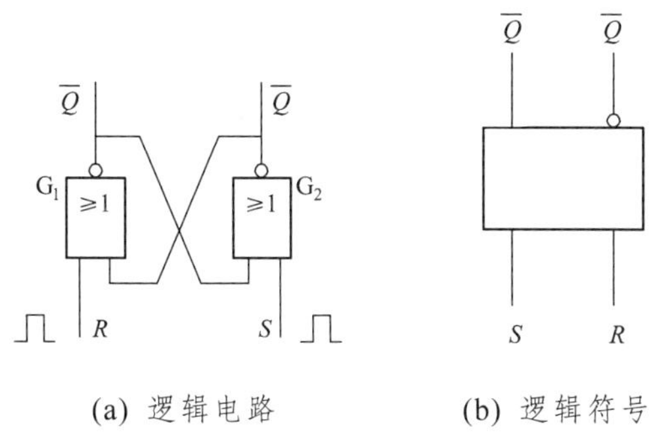

(a) 逻辑电路　　(b) 逻辑符号

图 7.4　或非型基本 RS 触发器

表 7.2　基本 RS 触发器的特性表

R	S	Q^{n+1}	$\overline{Q}^{n+1}$
0	1	0	1
1	0	1	0
1	1	×	×
0	0	Q^n	$\overline{Q}^n$

其卡诺图见图 7.5(a)，状态转换图见图 7.5(b)。它的特性方程由卡诺图化简得：

$$\begin{cases} Q^{n-1} = S + \bar{R}Q^n \\ SR = 0 \text{（约束条件）} \end{cases} \tag{7-2}$$

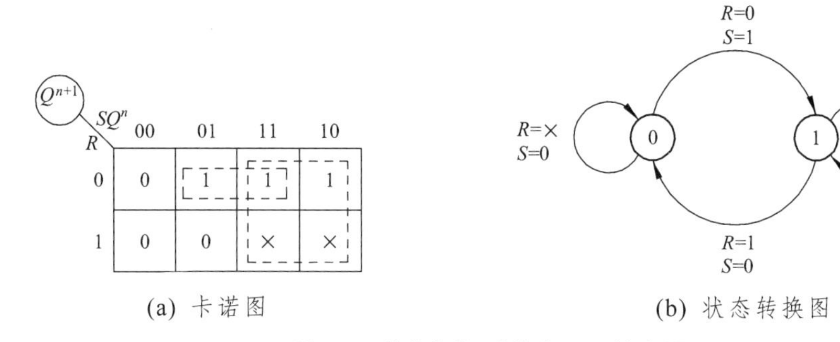

(a) 卡诺图　　(b) 状态转换图

图 7.5　“或非”型基本 RS 触发器

三、同步 RS 触发器

在数字系统中，为了多个触发器协调一致地工作，常常要求触发器有一个控制端，在此控制信号的作用下，各触发器的输出状态有序地变化。具有此类控制信号的触发器称为同步 RS 触发器，又称为时钟控制 RS 触发器。

(一) 同步 RS 触发器的工作原理

1. 电路结构与符号图

同步 RS 触发器见图 7.6。相比较基本 RS 触发器多了两个触发器。图中 CP 为控制信号。

当门控信号 CP 为 1 时，R、S 信号可以通过 G_3、G_4 门，这时的门控触发器就是“与非”门结构的 RS 触发器，当门控信号 CP 为 0 时，R、S 信号被封锁，使触发器保持原来的状态。

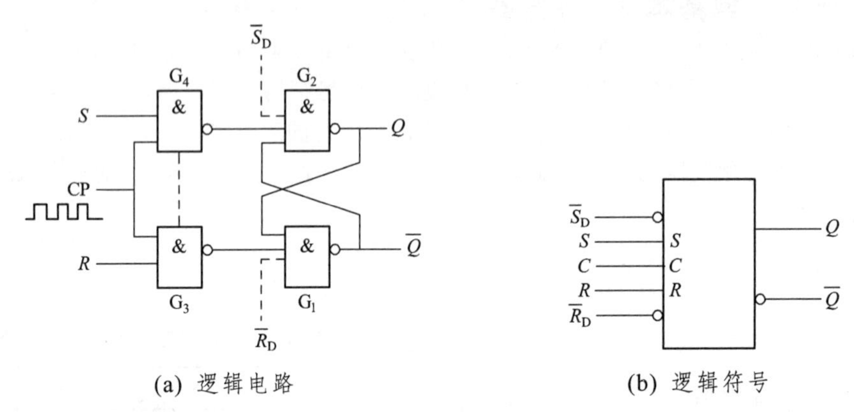

(a) 逻辑电路　　(b) 逻辑符号

图 7.6　同步 RS 触发器的电路结构及逻辑符号

2. 工作原理

(1) 若 $R=S=0$，G_3、G_4的输出均为 1，基本 RS 触发器保持原来状态不变，同步 RS 触发器也保持原来状态不变。

(2) 若 $R=1$，$S=0$，G_3输出为 0，G_4的输出为 1，Q 被置 0。

(3) 若 $R=0$，$S=1$，G_3输出为 1，G_4的输出为 0，Q 被置 1。

(4) 若 $R=S=1$，G_3、G_4的输出均为 0，$Q=\overline{Q}=1$，这是不允许的，所以同步 RS 触发器的 S 端和 R 端不允许同时为 1。

由以上分析可以得出：① 当 CP = 0 时，触发器保持原状态不变；② 当 CP = 1 时，触发器的状态随输入信号的不同而改变。

(二) 逻辑功能描述

1. 特性表

触发器的次态 Q^{n+1} 不仅与触发器的输入 S、R 有关，也与触发器的现态 Q^n 及 CP 脉冲控制信号有关。触发器的次态 Q^{n+1} 与现态 Q^n 以及输入 S、R 之间的关系表称为特性表。同步 RS 触发器的特性表如表 7.3 所示。

表 7.3　同步 RS 触发器的特性表

R	S	CP	Q
×	×	0	保持
0	1	1	1
1	0	1	0
0	0	1	保持
1	1	1	不允许

2. 特性方程

触发器的次态 Q^{n+1} 与现态 Q^n 以及输入 S、R 之间的关系式称为特性方程。由特性表可得门控 RS 触发器的特性方程为：

$$\begin{cases} Q^{n-1}=S+\overline{R}Q^n \\ SR=0 \ (\text{约束条件}) \end{cases} \tag{7-3}$$

注意，对于同步 RS 触发器，输入端 S、R 不可同时为 1，或者说 $SR=0$ 为它的约束条件。

3. 状态转换图及波形图

同步 RS 触发器的状态转换图如图 7.7 所示。其波形图如图 7.8 所示。

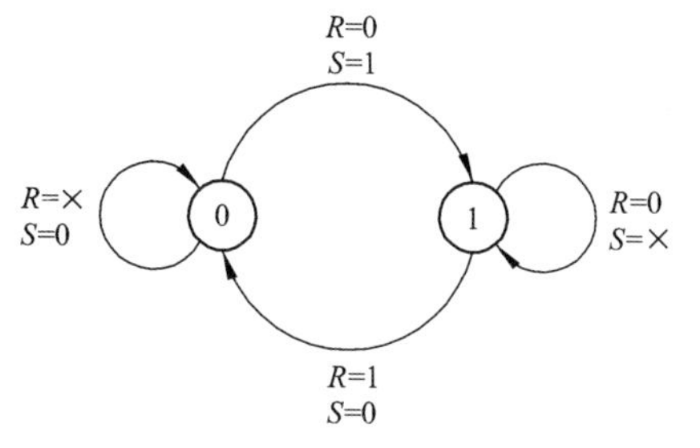

图 7.7　同步 RS 触发器的状态转换图

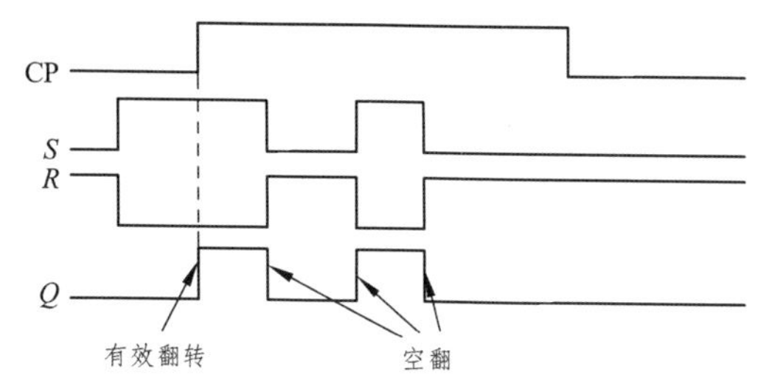

图 7.8　同步 RS 触发器的空翻波形

(三) 空翻现象

对触发器而言，在一个时钟脉冲的作用下，要求触发器的状态只能翻转一次。而同步 RS 触发器是电位触发，在一个时钟周期的整个有效电平期间，如果输入信号多次发生变化，可能引起输出端发生一次以上的翻转，产生所谓的空翻现象，造成系统的混乱和不稳定。钟控触发器的空翻现象如图 7.8 所示。

为了克服空翻现象，对触发器作进一步改进，进而产生了主从型和维持阻塞型触发器。这两类触发器均是边沿型触发器，即触发器只能在脉冲的上升沿触发和下降沿触发，从而避免了空翻问题。

四、主从 RS 触发器

主从 RS 触发器主要解决了同步 RS 触发器的空翻现象。

(一) 电路组成

主从 RS 触发器的电路结构和逻辑符号如图 7.9 所示。主从触发器由两个门控触发器组成，接收输入信号的门控触发器称为主触发器，提供输出信号的门控触发器称为从触发器。主触发器的输出作为从触发器的输入，而从触发器的输出即为总触发器的输出。

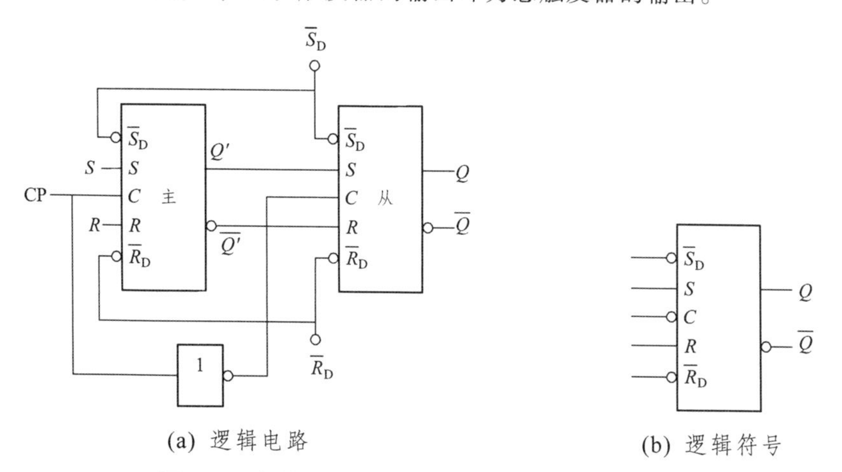

图 7.9　主从 RS 触发器的电路结构和逻辑符号

(二) 工作原理

主从 RS 触发器由两级门控 RS 触发器串联组成，各级的门控端由互补时钟信号控制。

(1) 当时钟信号 CP = 1 时，主触发器控制门信号为高电平，其逻辑功能与同步 RS 触发器一致，从触发器由于门控信号为低电平而被封锁；

(2) 当时钟信号 CP = 0 时，主触发器控制门信号为低电平而被封锁，从触发器的门控信号为高电平，所以从触发器接收主触发器的输出信号。

(3) 当 CP 脉冲由“1”变“0”的时刻，通常称为下降沿触发，从触发器接收主触发器状态。

(4) 若 $R=S=0$，在 $CP=1$ 期间，主触发器状态保持不变；CP 下降沿到，从触发器也保持原来状态不变。

(5) 若 $R=1$，$S=0$，在 $CP=1$ 期间，主触发器被置“0”，CP 下降沿到，从触发器接收主触发器状态，$Q=0$，$\overline{Q}=1$。

(6) 若 $R=0$，$S=1$，在 $CP=1$ 期间，主触发器被置“1”，CP 下降沿到，从触发器接收主触发器状态，$Q=1$，$\overline{Q}=0$。

(7) 若 $R=S=1$，$Q=\overline{Q}=1$，这是不允许的，所以主从 RS 触发器的 S 端和 R 端不允许同时为 1。

(三) 特性方程

从以上分析可见，主从 RS 触发器的输出 Q 与输入 R、S 之间的逻辑关系仍与可控 RS 触发器的逻辑功能相同，只是 R、S 对 Q 的触发分两步进行，时钟信号 $CP=1$ 时，主触发器接收 R、S 送来的信号；时钟信号 $CP=0$ 时，从触发器接收主触发器的输出信号。触发器的最后状态只在 CP 下降沿发生变化，同步 RS 触发器的输出状态在 $CP=1$ 期间，随着输入的变化而变化，故主从 RS 触发器的特性方程仍为：

$$\begin{cases} Q^{n-1}=S+\overline{R}Q^n \\ SR=0 \ (\text{约束条件}) \end{cases} \tag{7-4}$$

五、主从 JK 触发器

主从型 RS 触发器克服了空翻现象，但 R、S 端仍然存在着约束条件，如果利用 Q 和 $\overline{Q}$ 端不同时为“1”的特点，将 Q 端反馈到 R 输入端，将 $\overline{Q}$ 端反馈到 S 输入端，显然在 R、S 端不可能同时出现“1”，便克服了约束条件这个缺点。为了与主从 RS 触发器区别，将 R 端改称为 K 端，S 端改称为 J 端，便构成了主从 JK 触发器。

1. 电路结构和逻辑符号

电路结构和逻辑符号如图 7.10 所示。

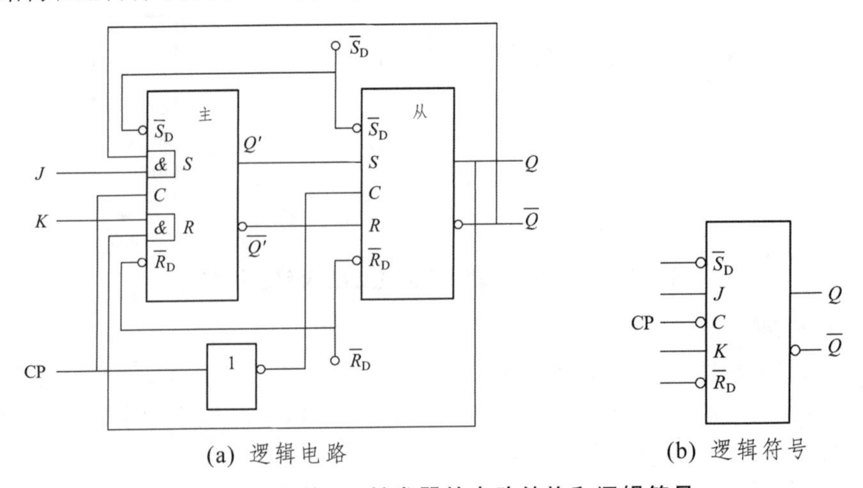

(a) 逻辑电路　　(b) 逻辑符号

图 7.10 主从 JK 触发器的电路结构和逻辑符号

2. 工作原理

将 $S = J\overline{Q}$，$R = KQ$ 代入主从 RS 触发器的方程便得到了主从型 JK 触发器的方程为：

$$Q^{n+1} = J\overline{Q}^n + \overline{K}Q^n$$

(1) 当 $J = K = 0$，且 CP 的下降沿到来时，$Q^{n+1} = Q^n$。

(2) 当 $J = 0$，$K = 1$，且 CP 的下降沿到来时，$Q^{n+1} = 0$。

(3) 当 $J = 1$，$K = 0$，且 CP 的下降沿到来时，$Q^{n+1} = 1$。

(4) 当 $J = K = 1$，且 CP 的下降沿到来时，$Q^{n+1} = \overline{Q}^n$。

3. 逻辑功能描述

主从 JK 触发器的功能表见表 7.4，状态转换图见图 7.11，波形图见图 7.12。

表 7.4　主从 JK 触发器的特性表

J	K	Q^{n+1}	功能
0	0	Q^n	保持
0	1	0	置 0
1	0	1	置 1
1	1	$\overline{Q}^n$	计数

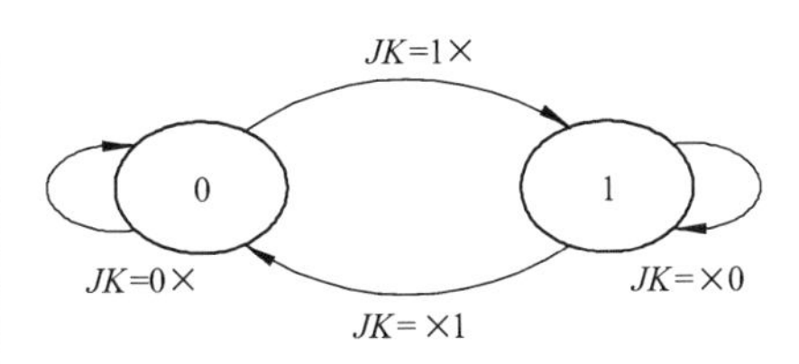

图 7.11　JK 触发器的状态转换图

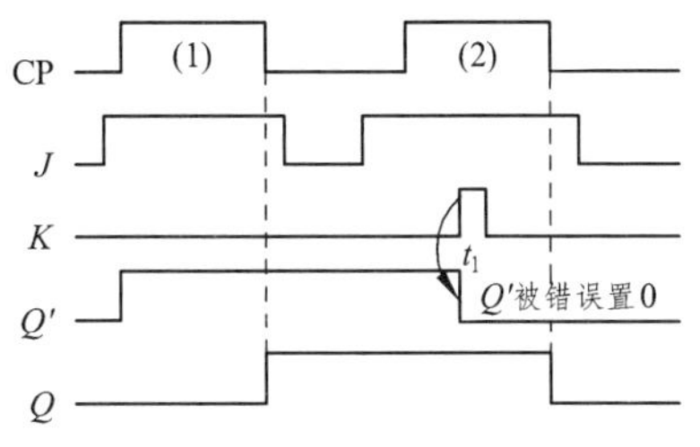

图 7.12　JK 触发器的波形图

六、D 触发器

把门控 RS 触发器作成图 7.13 的形式，有 $S = D$，$R = \overline{D}$，将这两式代入 $Q^{n+1} = S + \overline{R}Q^n$，得到其特性方程为：

$$Q^{n+1} = D + \overline{\overline{D}}Q^n = D + DQ^n = D$$

该形式的触发器称为 D 触发器或 D 锁存器。

1. 电路结构和逻辑符号

电路结构和逻辑符号如图 7.13 所示。

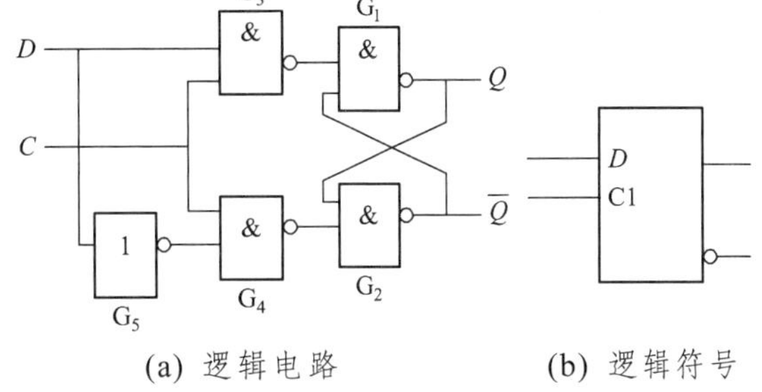

(a) 逻辑电路　　(b) 逻辑符号

图 7.13　D 触发器的电路结构及逻辑符号

2. 工作原理

D 触发器有一个输入端，具有置 0、置 1 两种功能。

(1) 输入信号 $D = 0$，时钟脉冲 CP 到来后，$Q^{n+1} = 0$，$\overline{Q^{n+1}} = 1$。

(2) 输入信号 $D = 0$，时钟脉冲 CP 到来后，$Q^{n+1} = 1$，$\overline{Q^{n+1}} = 0$。

触发器状态的变化发生在 CP 脉冲的上升沿或下降沿。

3. 逻辑功能表

D 触发器的逻辑功能如表 7.5 所示。

表 7.5　D 触发器的逻辑功能表

D	CP	Q^{n+1}
×		保持
0	↓(或↑)	0
1	↓(或↑)	1

七、T 触发器

图 7.14 所示电路，是由门控 JK 触发器组成的门控 T

触发器。令 $J=K=T$ 代入 JK 触发器特性方程得到 T 触发器特性方程为：

$$Q^{n+1}=T\overline{Q^n}+\overline{T}Q^n$$

T 触发器就是有一个控制信号 T，当 $T=1$ 时，触发器在时钟脉冲的作用下不断地翻转；而当 $T=0$ 时，触发器状态保持不变的一种电路。

1. 电路结构和逻辑符号

电路结构和逻辑符号如图 7.14 所示。

2. 工作原理

(1) 输入信号 $T=0$，时钟脉冲 CP 到来后，$Q^{n+1}=Q^n$，$\overline{Q^{n+1}}=\overline{Q^n}$。

(2) 输入信号 $T=1$，时钟脉冲 CP 到来后，$Q^{n+1}=\overline{Q^n}$，$\overline{Q^{n+1}}=Q^n$。

3. 逻辑功能表

T 触发器的逻辑功能如表 7.6 所示。

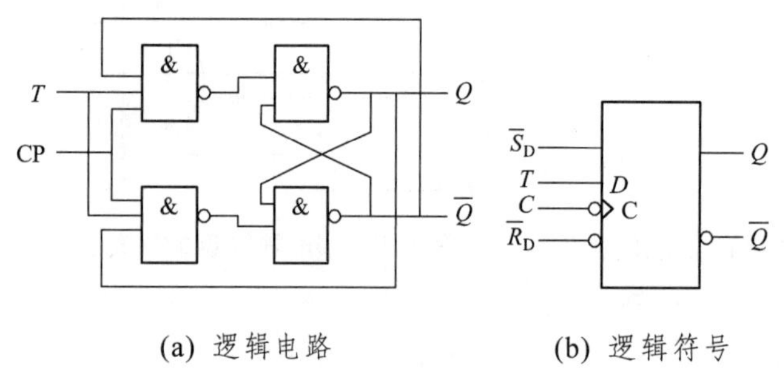

(a) 逻辑电路　　(b) 逻辑符号

图 7.14 T 触发器的电路结构及逻辑符号

表 7.6 T 触发器的逻辑功能表

T	CP	Q^{n+1}
×		保持
0	↓	保持
1	↓	翻转

任务三 触发器的应用

在数字电路中，各种功能的触发器都会用到，但市面上现有的集成触发器多为 JK 触发器和 D 触发器，因此，有必要了解不同类型触发器间的相互转换，便于发挥现有器件的作用，同时可以进一步熟悉各类触发器的功能，掌握数字电路的分析和设计方法。

一、JK 触发器转换为 D 触发器

JK 触发器的特性方程为：

$$Q^{n+1}=J\overline{Q}^n+\overline{K}Q^n$$

D 触发器的特性方程为：

$$Q^{n+1}=D+\overline{\overline{D}}Q^n=DQ^n+D\overline{Q}^n$$

比较得　　$J=D$；　$\overline{K}=D$

JK 触发器转换成 D 触发器的电路如图 7.15 所示。

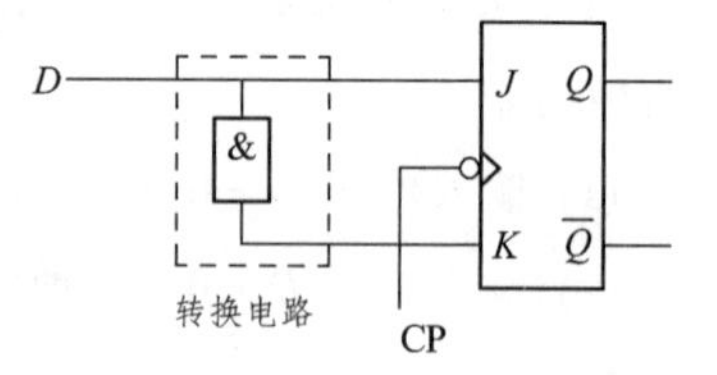

图 7.15 JK 触发器转换成 D 触发器的电路

二、JK 触发器转换为 T 触发器

T 触发器的特性方程为：

$$Q^{n+1}=T\overline{Q^n}+\overline{T}Q^n$$

与 JK 触发器的特性方程相比较，得 $J=T$，$K=T$，JK 触发器转换为 T 触发器的电路如图 7.16 所示。

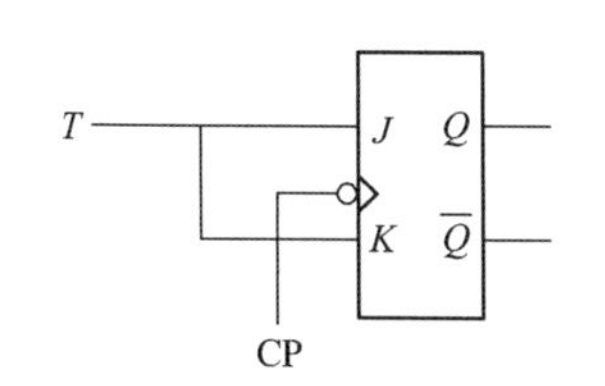

图 7.16 JK 触发器转换为 T 触发器的电路

三、D 触发器转换为 RS 触发器

RS 触发器的特性方程为：

$$Q^{n+1}=S+\overline{R}Q^{n}$$

与 D 触发器的特性方程比较，得

$$D=S+\overline{R}Q^{n}$$

用“与非”门实现的转换电路如图 7.17 所示。

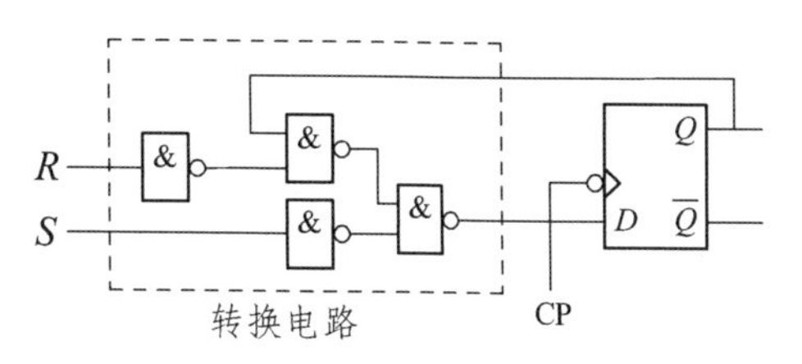

图 7.17 D 触发器转换为 RS 触发器电路

总结以上转换过程，得到转换步骤为：

(1) 写出已有触发器和待求触发器的特性方程。

(2) 变换待求触发器的特性方程，使之形式与已有触发器的特性方程一致。

(3) 比较已有触发器和待求触发器的特性方程，根据两个方程相等的原则求出转换逻辑。

(4) 根据转换逻辑画出逻辑电路图。

任务四 八人抢答器电路分析

一、系统功能简介

(一) 基本功能

(1) 抢答器同时供 8 名选手或 8 个代表队比赛，分别用 8 个按钮 S_0 ~ S_7 表示。

(2) 设置一个系统清除和抢答控制开关 S，该开关由主持人控制。

(3) 抢答器具有锁存与显示功能。即选手按动按钮，锁存相应的编号，扬声器发出声响提示，并在 DPY_7-SEG 七段数码管上显示选手号码。选手抢答实行优先锁存，优先抢答选手的编号一直保持到主持人将系统清除为止。

(二) 扩展功能

(1) 抢答器具有定时抢答功能，且一次抢答的时间由主持人设定(如 30 s)。当主持人启动“开始”键后，定时器进行减计时。

(2) 参赛选手在设定的时间内进行抢答，抢答有效，定时器停止工作，显示器上显示选手的编号和抢答的时间，并保持到主持人将系统清除为止。

(3) 如果定时时间已到，无人抢答，本次抢答无效，系统报警并禁止抢答，定时显示器上显示 00。

二、设计原理

(一) 数字抢答器总体方框图

图 7.18 所示为总体方框图。其工作原理为：接通电源后，主持人将开关拨到“清零”状态，抢答器处于禁止状态，编号显示器灭灯，定时器显示设定时间；主持人将开关置“开始”状态，宣布“开始”；抢答器开始工作，定时器倒计时，扬声器给出声响提示。选手在定时时间内抢答时，抢答器完成：优先判断、编号锁存、编号显示、扬声器提示。当一轮抢答之后，定时器停止、禁止二次抢答、定时器显示剩余时间。如果再次抢答必须由主持人再次操作“清除”和“开始”状态开关。

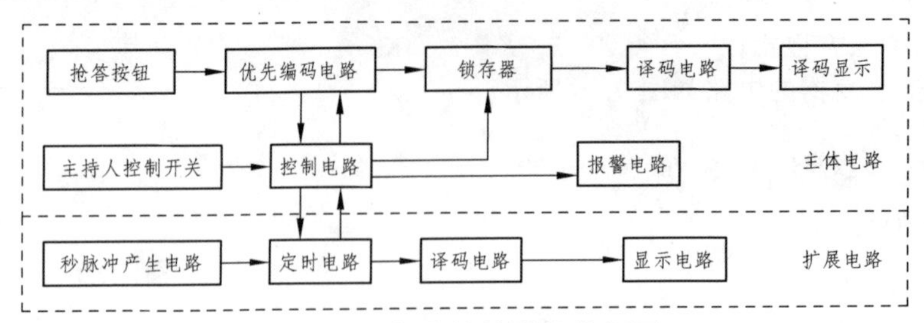

图 7.18　数字抢答器总体框图

(二) 单元电路设计

1. 抢答器电路

设计电路如图 7.19 所示。电路选用了优先编码器 74LS148 和锁存器 74LS279。该电路主要完成两个功能：一是分辨出选手按键的先后，并锁存优先抢答者的编号，同时译码显示电路显示编号(显示电路采用七段数字数码显示管)；二是禁止其他选手按键，其按键操作无效。

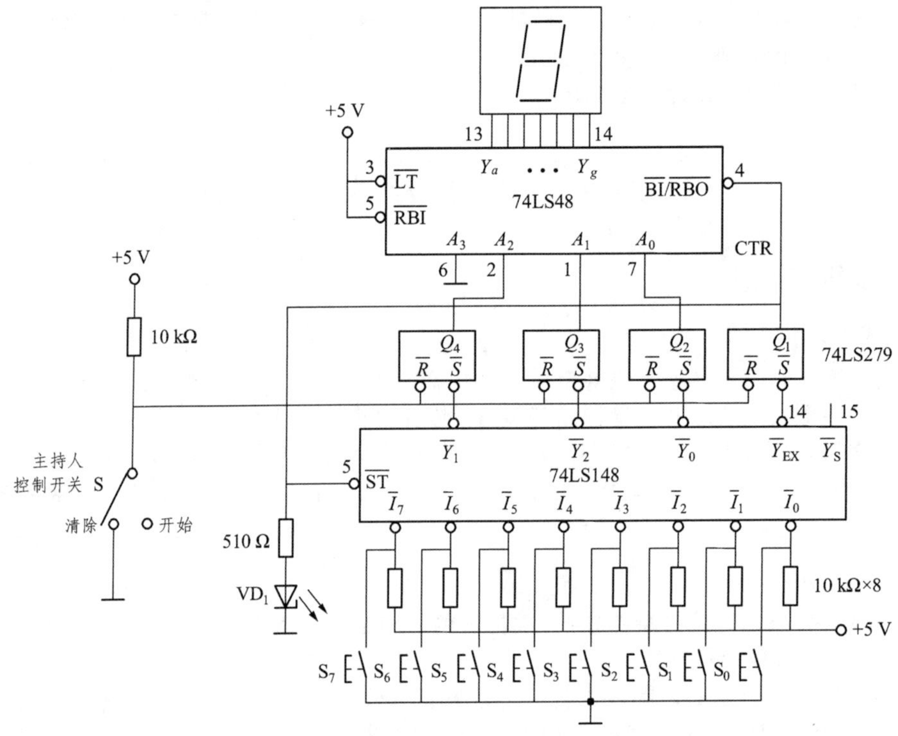

图 7.19　数字抢答器电路

工作过程：开关 S 置于“清除”端时，RS 触发器的 $\bar{R}$ 端均为 0，4 个触发器输出置 0，使 74LS148 的 $\overline{ST}=0$，使之处于工作状态。当开关 S 置于“开始”时，抢答器处于等待工作状态，当有选手将键按下时(如按下 S_5)，74LS148 的输出 $\overline{Y}_2\overline{Y}_1\overline{Y}_0=010$，$\overline{Y}_{EX}=0$ 经 RS 锁存后，$Q=1$，$\overline{BI}=1$，74LS48 处于工作状态，$Q_4Q_3Q_2=101$，经译码显示为“5”。此外，$Q=1$，使 74LS148 的 $\overline{ST}=1$，处于禁止状态，封锁其他按键的输入。当按键松开即按下时，74LS148 的 $\overline{Y}_{EX}=1$，此时由于仍为 $Q=1$，使 $\overline{ST}=1$，所以 74LS148 仍处于禁止状态，确保不会在二次按键时输入信号，保证了抢答者的优先性。如要进行下一轮抢答，需由主持人将开关 S 重新置于“清除”然后才能再次抢答。74LS148 的功能表如表 7.7 所示。

表 7.7　74LS148 的功能真值表

输入									输出				
$\overline{ST}$	$\overline{I_0}$	$\overline{I_1}$	$\overline{I_2}$	$\overline{I_3}$	$\overline{I_4}$	$\overline{I_5}$	$\overline{I_6}$	$\overline{I_7}$	$\overline{Y_0}$	$\overline{Y_1}$	$\overline{Y_2}$	$\overline{Y_{EX}}$	$\overline{Y_S}$
1	×	×	×	×	×	×	×	×	1	1	1	1	1
0	1	1	1	1	1	1	1	1	1	1	1	1	0
0	×	×	×	×	×	×	×	0	0	0	0	0	1
0	×	×	×	×	×	×	0	1	0	0	1	0	1
0	×	×	×	×	×	0	1	1	0	1	0	0	1
0	×	×	×	×	0	1	1	1	0	1	1	0	1
0	×	×	×	0	1	1	1	1	1	0	0	0	1
0	×	×	0	1	1	1	1	1	1	0	1	0	1
0	×	0	1	1	1	1	1	1	1	1	0	0	1
0	0	1	1	1	1	1	1	1	1	1	1	0	1

2. 定时电路

定时电路如图 7.20 所示。由节目主持人根据抢答题的难易程度，设定一次抢答的时间，通过预置时间电路对计数器进行预置，计数器的时钟脉冲由秒脉冲电路提供。可预置时间的电路选用十进制同步加减计数器 74LS192 进行设计。

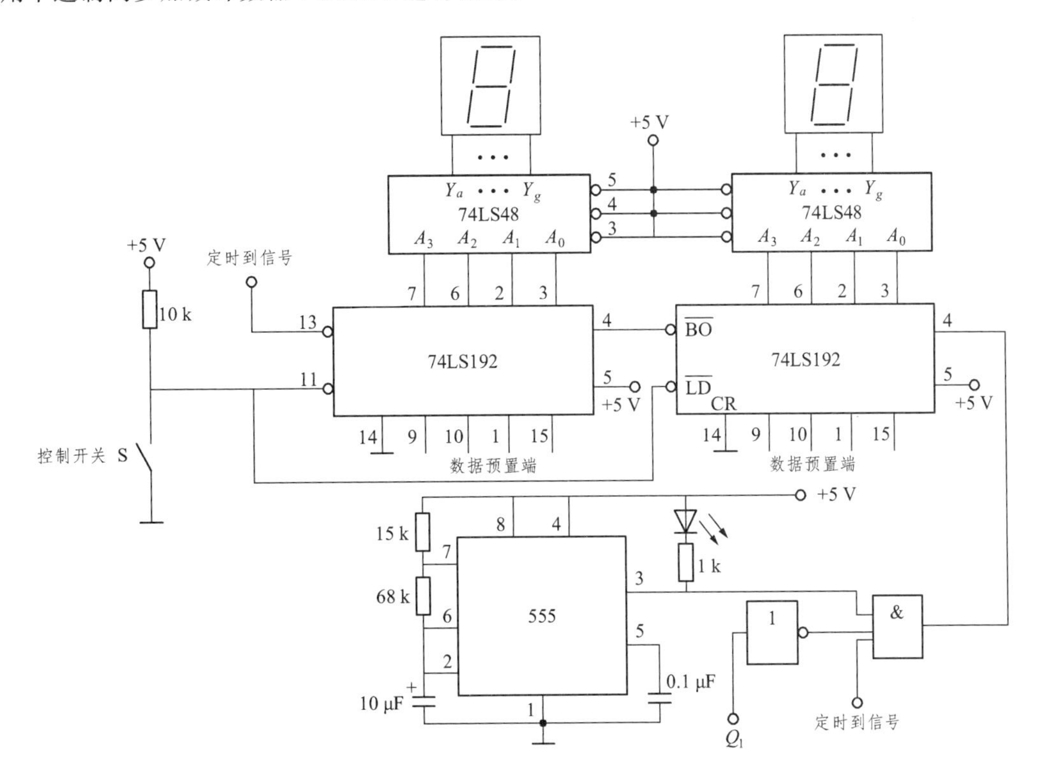

图 7.20　可预置时间的定时电路

3. 报警电路

由 555 定时器和三极管构成的报警电路如图 7.21 所示。其中 555 构成多谐振荡器，振荡频率 $f_0 = 1.43/[(R_1 + 2R_2)C]$，其输出信号经三极管推动扬声器。PR 为控制信号，当 PR 为高电平时，多谐振荡器工作；反之，电路停振。

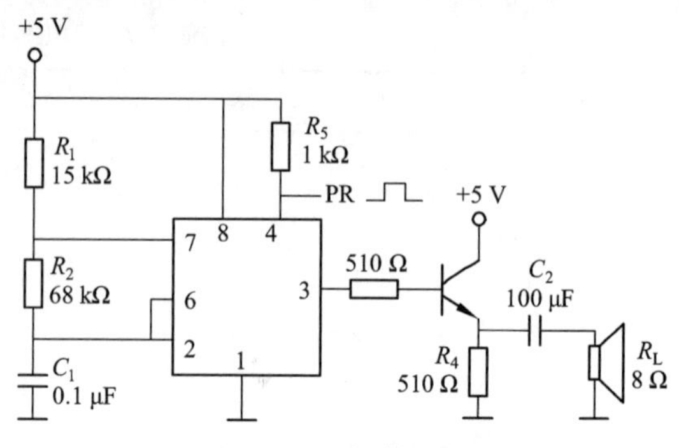

图 7.21 报警电路

4. 时序控制电路

时序控制电路是抢答器设计的关键，它要完成以下三项功能：

(1) 主持人将控制开关拨到“开始”位置时，抢答电路和定时电路进入正常抢答工作状态。

(2) 当参赛选手按动抢答按键时，扬声器发声，抢答电路和定时电路停止工作。

(3) 当设定的抢答时间到，无人抢答时，扬声器自动报警，表示此次抢答无效。

时序控制电路如图 7.22 所示。图中，门 G_1 的作用是控制时钟信号 CP 的放行与禁止，门 G_2 的作用是控制 74LS148 的输入使能端 $\overline{ST}$。

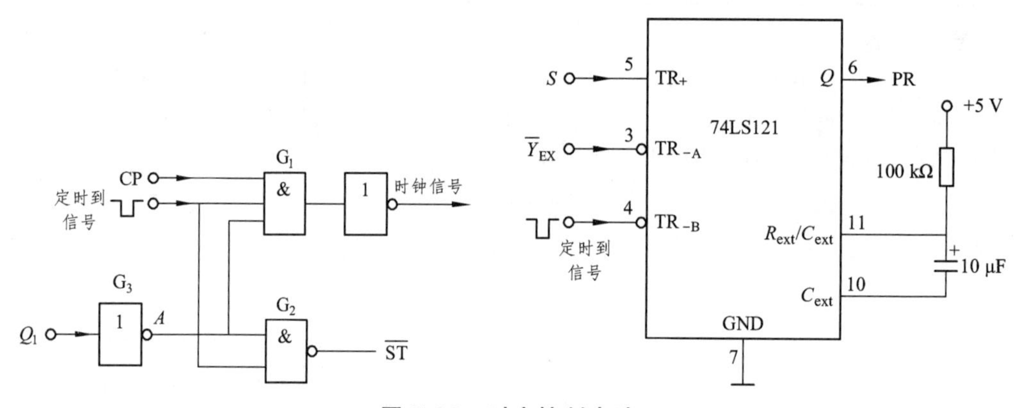

图 7.22 时序控制电路

时序控制电路的工作原理是：主持人控制开关从“清除”位置拨到“开始”位置时，来自图 7.19 中的 74LS279 的输出 $Q = 0$，经 G_3 反相，$A = 1$，则时钟信号 CP 能够加到 74LS192 的 CP_D 时钟输入端，定时电路进行递减计时。同时，在定时时间未到时，则“定时到信号”为 1，门 G_2 的输出 $\overline{ST} = 0$，使 74LS148 处于正常工作状态，从而实现功能(1)的要求。当选手在定时时间内按动抢答键时，$Q = 1$，经 G_3 反相，$A = 0$，封锁 CP 信号，定时器处于保持工作状态；同时，门 G_2 的输出 $\overline{ST} = 1$，74LS148 处于禁止工作状态，从而实现功能(2)的要求。当定时时间到时，则“定时到信号”为 0，$\overline{ST} = 1$，74LS148 处于禁止工作状态，禁止选手进行抢答。同时，门 G_1 处于关门状态，封锁 CP 信号，使定时电路保持 00 状态不变，从而实现功能(3)的要求。集成单稳触发器 74LS121 用于控制报警电路及发声的时间。

任务五 八人数字抢答器的制作

一、设计电路

整机电路原理图如图 7.23 所示。

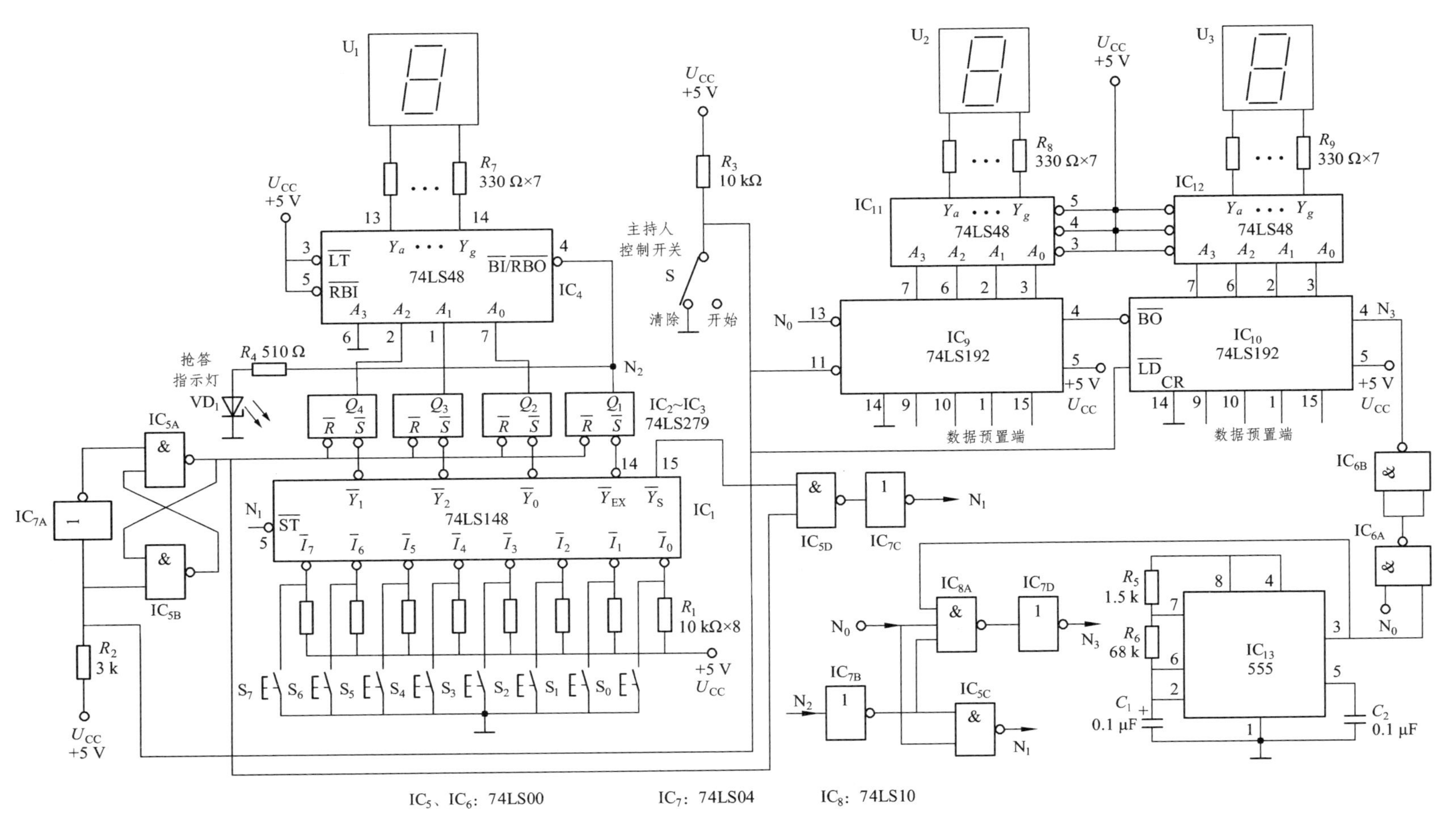

U1
U2
U3
74LS48
74LS192
74LS148
555
IC1
IC4
IC9
IC10
IC11
IC12
IC13
R7 330 Ω×7
R8 330 Ω×7
R9 330 Ω×7
R3 10 kΩ
R1 10 kΩ×8
R4 510 Ω
R2 3 k
R5 1.5 k
R6 68 k
C1 0.1 μF
C2 0.1 μF
主持人控制开关
清除
开始
数据预置端
抢答指示灯
VD1
IC2~IC3 74LS279
IC5、IC6：74LS00
IC7：74LS04
IC8：74LS10

图 7.23　抢答器电路

二、元件清单

元件清单如表 7.8 所示。

表 7.8 元件清单

型 号	名 称	数 量	说 明
74LS192	十进制可逆计数器	2 片	工作电压 5 V
NE555	单稳态触发器	2 片	工作电压 5 V
74LS48	七路显示译码器	3 片	工作电压 5 V
74LS148	优先编码器	1 片	工作电压 5 V
74LS279	触发器	1 片	工作电压 5 V
74LS00	“与非”门	1 片	工作电压 5 V
74LS10	“与非”门	1 片	工作电压 5 V
74LS04	反向器	1 片	工作电压 5 V
R_4	510 Ω	1 只	
R_3	10 kΩ 电阻	1 只	
R_2	3 kΩ 电阻	1 只	
R_1	13 Ω 电阻	8 只	
R_6	68 kΩ 电阻	1 只	
R_5	15 kΩ 电阻	1 只	
R_7、R_8、R_9	330 Ω 电阻	各 7 只	
C_1、C_2	0.1 uF	2 只	
Speaker	蜂鸣器	1 只	8 Ω，6 V
S_0 ~ S_7	按钮	8 只	
LED	发光二极管	2 只	
DPY_7-SEG	共阴极七段数码显示管	3 片	
S	主持人控制开关	1 只	

三、电路调试

(1) 组装调试抢答器电路。

(2) 可预置时间的定时电路，并进行组装和调试。当输入 1 Hz 的时钟脉冲信号时，要求电路能进行减计时，当减计时到零时，能输出低电平有效的“定时时间到”信号。

(3) 调试报警电路。

(4) 定时抢答器的联调，注意各部分电路之间的时序配合关系。然后检查电路各部分的功能，使其满足设计要求。

【课堂任务】

1. 同步 RS 触发器在结构上有何特点？CP 脉冲的作用是什么？
2. 什么是空翻现象？同步 RS 触发器产生空翻现象的原因是什么？

3. 主从 RS 触发器有何特点？为什么能克服空翻现象？

4. JK 触发器有何特点，为什么能解决不定状态？

5. 各种触发器之间如何转换？

6. 请写出抢答器电路的设计思路。

7. 在组长的带领下，首先进行元器件的检测，其次进行元器件的安装、焊接，最后进行调试。

【课后任务】

以小组为单位完成以下任务：

1. 到电子元器件市场调研，了解八人抢答器各个元器件的价格。

2. 根据所学知识制作出符合要求的八人抢答器。

3. 上述任务完成后，进行小组自评和互评，最后教师讲评，取长补短，开拓完善知识内容。

项目 7 小结

1. 触发器是数字电路的一种基本逻辑单元，它作为二进制存储单元，是时序逻辑电路的基本组成部分。

2. 触发器的逻辑功能和机构形式是两个不同的概念。逻辑功能反映的是次态输出和现态输出及输入信号之间的逻辑关系，如置 0、置 1、保持和翻转功能。根据逻辑功能的不同，把触发器分成 RS、D、T、JK 等几种类型。而基本 RS 触发器、时钟型 RS 触发器、主从型触发器是指电路的不同结构形式。同一种类型的触发器，可以用不同的电路结构形式来反映。反过来说，同一种电路结构形式可以具有不同功能的各种类型触发器。

项目 8 数字电子钟电路分析与制作

【工学目标】

1. 学会分析工作任务，在教师的引导下，完成制订工作计划、课堂任务、课后任务和学习效果评价等工作环节。

2. 分析时序电路逻辑图，得出状态方程、状态图、时序图、状态表的方法；同步电路和异步电路的差异，分析方法；

3. 能够正确选择元器件，利用各种工具安装和焊接数字电子钟，并利用各种仪表和工具排除简单电路故障。

4. 能够主动提出问题，遇到问题能够自主或者与他人研究解决，具有良好的沟通和团队协作能力，建立良好的环保意识、质量意识和安全意识。

5. 通过课堂任务的完成，最后以小组为单位制作出符合要求的数字电子钟。

【典型任务】

任务一 时序电路分析

一、时序逻辑电路概述

(一) 时序逻辑电路的基本特征

时序电路在任何时刻的稳定输出，不仅与该时刻的输入信号有关，而且还与电路原来的状态有关。时序逻辑电路的结构框图如图 8.1 所示。

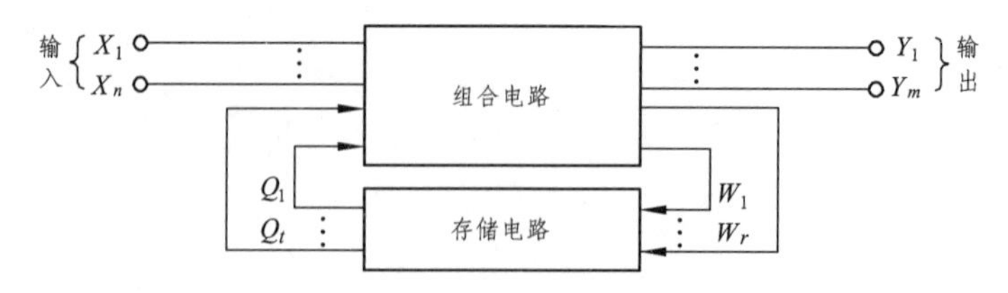

图 8.1 时序逻辑电路的结构框图

(二) 时序电路的分类

1. 根据时钟分类

同步时序电路中，各个触发器的时钟脉冲相同，即电路中有一个统一的时钟脉冲，每来一个时钟脉冲，电路的状态只改变一次。

异步时序电路中，各个触发器的时钟脉冲不同，即电路中没有统一的时钟脉冲来控制电路状态的变化，电路状态改变时，电路中要更新状态的触发器的翻转有先有后，是异步进行的。

2. 根据输出分类

米利型时序电路的输出不仅与现态有关，而且还决定于电路当前的输入。

穆尔型时序电路的输出仅决定于电路的现态，与电路当前的输入无关；或者根本就不存在独立设置的输出，而以电路的状态直接作为输出。

二、同步时序逻辑电路分析

所有触发器的状态都是在同一时钟信号作用下发生变化的时序电路，称为同步时序电路。

(一) 分析步骤

1. 根据给定的电路，写出它的输出方程和驱动方程，并求状态方程

输出方程：时序电路的输出逻辑表达式。

驱动方程：各触发器输入信号的逻辑表达式。

状态方程：将驱动方程代入相应触发器的特性方程中所得到的方程。

2. 列状态转换真值表

状态转换真值表简称状态转换表，是反映电路状态转换的规律与条件的表格。

方法：将电路现态的各种取值代入状态方程和输出方程进行计算，求出相应的次态和输出，从而列出状态转换表。

如现态起始值已给定，则从给定值开始计算。如没有给定，则可设定一个现态起始值依次进行计算。

3. 分析逻辑功能

根据状态转换真值表来说明电路逻辑功能。

4. 画出状态转换图和时序图

状态转换图：用圆圈及其内的标注表示电路的所有稳态，用箭头表示状态转换的方向，箭头旁的标注表示状态转换的条件，从而得到的状态转换示意图。

时序图：在时钟脉冲 CP 作用下，各触发器状态变化的波形图。

(二) 分析举例

例 8.1 试分析图 8.2 所示电路的逻辑功能，并画出状态转换图和时序图。

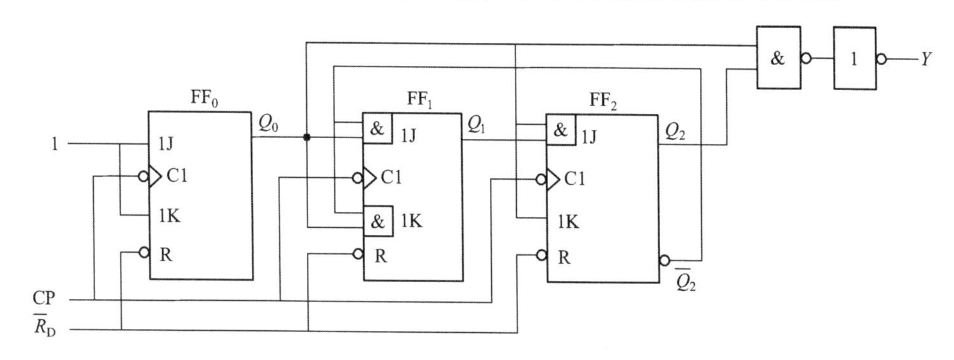

图 8.2 例 8.1 同步时序电路

解 这是时钟 CP 下降沿触发的同步时序电路。

(1) 写方程式：

输出方程：$Y=Q_2^nQ_0^n$

驱动方程：

$$\begin{cases}J_0=K_0=1\\J_1=K_1=\overline{Q_2^n}Q_0^n\\J_2=Q_1^nQ_0^n\end{cases}$$

状态方程：

$$\begin{cases}Q_0^{n+1}=J_0\overline{Q_0^n}+\overline{K_0}Q_0^n=1\overline{Q_0^n}+\overline{1}Q_0^n=\overline{Q_0^n}\\Q_1^{n+1}=J_1\overline{Q_1^n}+\overline{K_1}Q_1^n=\overline{Q_2^n}Q_0^n\\Q_2^{n+1}=J_2\overline{Q_2^n}+\overline{K_2}Q_2^n=Q_1^nQ_0^n\overline{Q_2^n}+\overline{Q_0^n}Q_2^n\end{cases}$$

(2) 列状态转换真值表：设电路初始状态 $Q_2Q_1Q_0=000$，则真值表如表 8.1 所示。

表 8.1 真值表

现态			次态			输出
Q_2^n	Q_1^n	Q_0^n	Q_2^{n+1}	Q_1^{n+1}	Q_0^{n+1}	Y
0	0	0	0	0	1	0
0	0	1	0	1	0	0
0	1	0	0	1	1	0
0	1	1	1	0	0	0
1	0	0	1	0	1	0
1	0	1	0	0	0	1

(3) 逻辑功能说明：该电路能对 CP 脉冲进行六进制计数，并在 Y 端输出脉冲下降沿作为进位输出信号，故为六进制计数器。

(4) 画状态转换图和时序图：状态转换图如图 8.3 所示，时序图如图 8.4 所示。

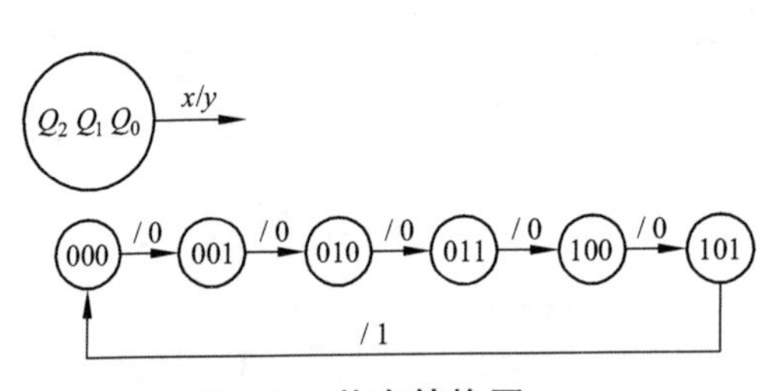

图 8.3 状态转换图

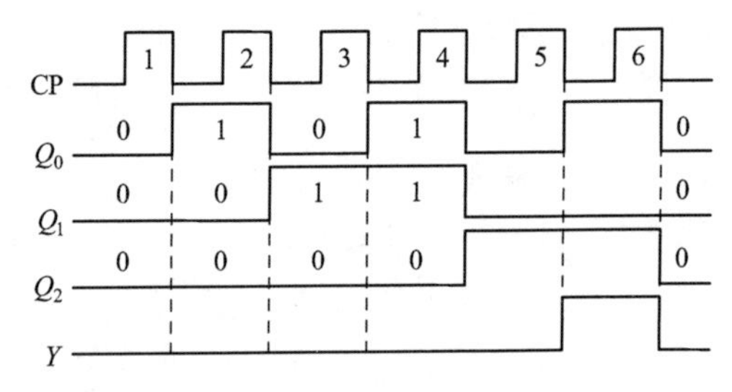

图 8.4 时序图

例 8.2 试写出图 8.5 所示电路的驱动方程、状态方程、输出方程并画出状态表、状态图。

解

(1) 驱动方程：

$$J_1=xQ_2,\quad K_1=\overline{x},$$

$$J_2=x,\quad K_2=\overline{x}+\overline{Q}_1$$

(2) 状态方程：

$$Q_1^{n+1}=J_1\overline{Q}_1+\overline{K}_1Q_1=(xQ_2)\overline{Q}_1+(\overline{\overline{x}})Q_1$$

$$Q_2^{n+1}=J_2\overline{Q}_2+\overline{K}_2Q_1=(x)\overline{Q}_2+(\overline{\overline{x}+\overline{Q}_1})Q_2$$

(3) 输出方程：

$$z=xQ_1Q_2$$

(4) 状态表：如表 8.2 所示。

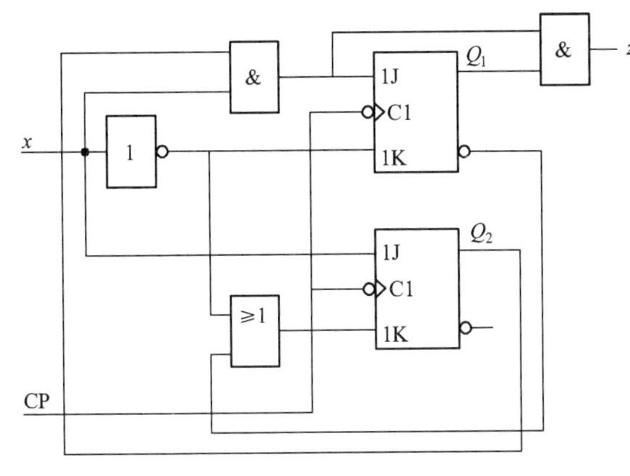

图 8.5　例 8.2 时序逻辑电路图

表 8.2　例 8.2 的状态表

输入	现态		次态		输出
x	Q_1	Q_2	Q_1^{n+1}	Q_2^{n+1}	z
0	0	0	0	0	0
0	0	1	0	0	0
0	1	0	0	0	0
0	1	1	0	0	0
1	0	0	0	1	0
1	0	1	1	0	0
1	1	0	1	1	0
1	1	1	1	1	1

(5) 由以上分析可画出图 8.6 所示的状态图。

(6) 若 $x=0011110$，触发器初始状态 $Q_1=1$，$Q_2=0$，则可以做出该电路的时序图如图 8.7 所示。

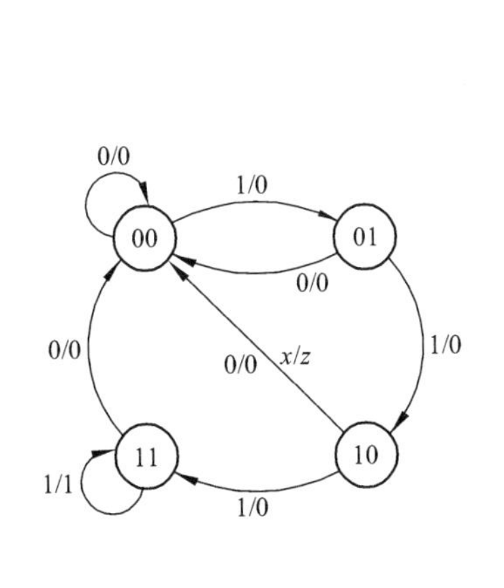

图 8.6　例 8.2 的状态图

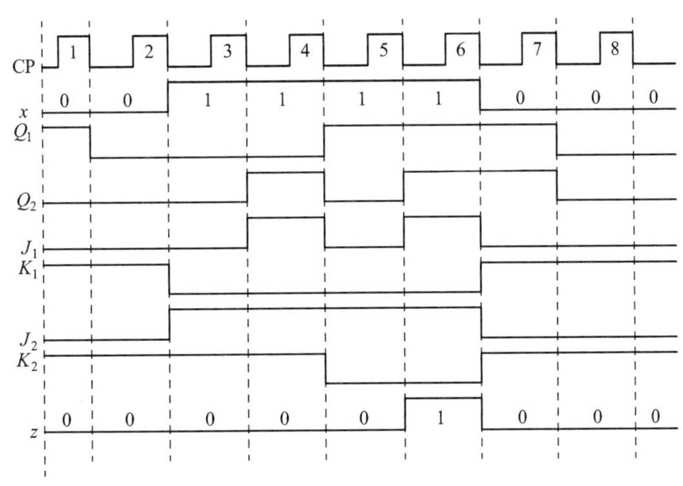

图 8.7　例 8.2 的时序图

三、异步时序逻辑电路分析

若各触发器的状态不是在同一时钟信号作用下变化的时序电路称为异步时序电路。异步时序电路的分析方法与同步时序电路的分析方法基本相同，只是由于异步时序电路中的各个触发器在各自的时钟出现之后才发生翻转，因此分析异步时序电路时，触发器的 CP 脉冲是一个必须考虑的逻辑变量。或者说，列状态方程时，应标出状态方程的有效条件。

下面通过一个例子具体说明异步时序电路的分析方法和步骤。

例 8.3 试分析图 8.8 所示异步时序电路的功能。

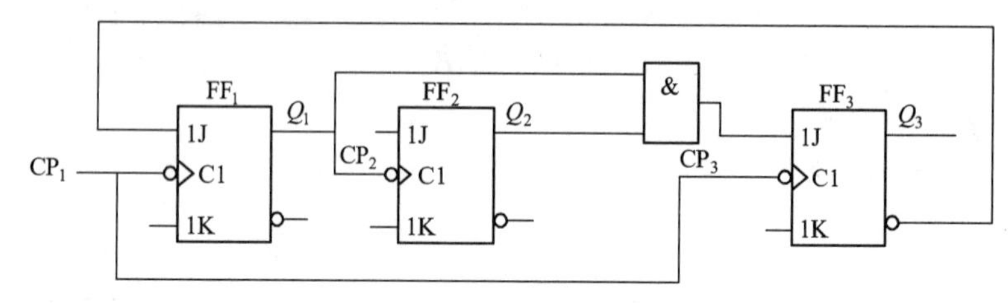

图 8.8 例 8.3 的电路

解

(1) 确定各个触发器的驱动方程：

$$J_1=\overline{Q}_3,\quad K_1=1$$

$$J_2=K_2=1$$

$$J_3=Q_1Q_2,\quad K_3=1$$

(2) 列出电路的状态方程：

$$Q_1^{n+1}=\overline{Q}_3\overline{Q}_1 \qquad \mathrm{CP}\downarrow$$

$$Q_2^{n+1}=\overline{Q}_2 \qquad Q_1\downarrow$$

$$Q_3^{n+1}=Q_1Q_2\overline{Q_3} \qquad \mathrm{CP}\downarrow$$

(3) 作状态图。由状态方程得到状态图如图 8.9 所示。从状态图可知该电路是能自启动五进制加法计数器。图 8.9 中的 111、110 和 101 为无效状态，另外五个状态为有效。从无效状态可以自动进入有效状态，称为能自启动。

这里要注意的是，异步时序电路在 CP 脉冲的作用下，由一个状态转化到另一个状态时，不是所有的状态方程都有效，本例中关于 Q_2 的状态方程，只有在 Q_1 的现态是 1、次态是 0 时，Q_1 出现下降沿时才有效。

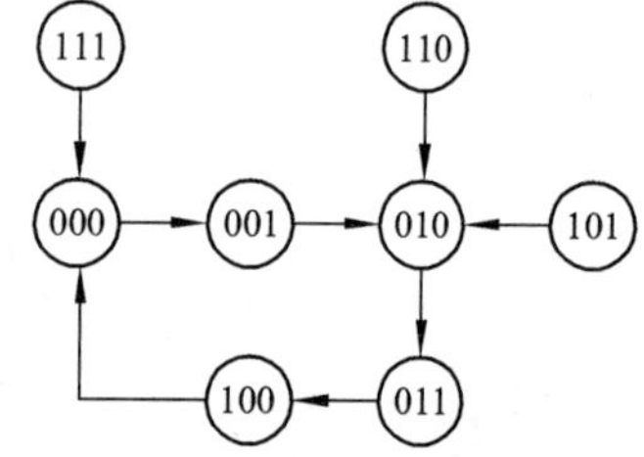

图 8.9 例 8.3 的状态图

四、寄存器分析

(一) 寄存器概述

寄存器用来暂时存放参与运算的数据和运算结果。一个触发器只能寄存一位二进制数，要存多位数时，就得用多个触发器。常用的有四位，八位，十六位等寄存器。

寄存器存放数码的方式有并行和串行两种。并行存放就是数码各位从各对应位输入端同时输入到寄存器中，串行存放就是数从一个输入端逐位输入到寄存器中。

从寄存器取出数码的方式也有并行和串行两种。串行方式是指被取出的数码在一个输出端逐位出现；并行方式是指被取出的数码各位在对应于各位的输出端上同时出现

寄存器常分为数码寄存器和移位寄存器两种，其区别在于有无移位的功能。

(二) 数码寄存器

这种寄存器只有寄存数码和清除原有数码的功能。

图 8.10 是一种四位数码寄存器。设输入的二进制数为“1011”。在“寄存指令“(正脉冲)

来到之前，1～4 四个“与非”门的输出全为“1”。由于经过清零(复位)，F_0～F_3 四个由“与非”门构成的基本 RS 触发器全处于“0”态。当“寄存指令”来到时，由于第一、二、四位数码输入为 1，“与非“门 4、2、1 的输出均为”0“，即输出置”1“负脉冲，使触发器 F_3、F_1、F_0 置”1“，而由于第三位数码输入位 0，“与非”门 3 的输出仍为“1”，故 F_2 的状态不变。这样，就把数码存放进去。若要取出时，可给“与非”门 5～8“取出指令”(正脉冲)。各位数码就在输出端 Q_0～Q_3 上取出。在未给“取出指令”时，Q_0～Q_3 端均为“0”。

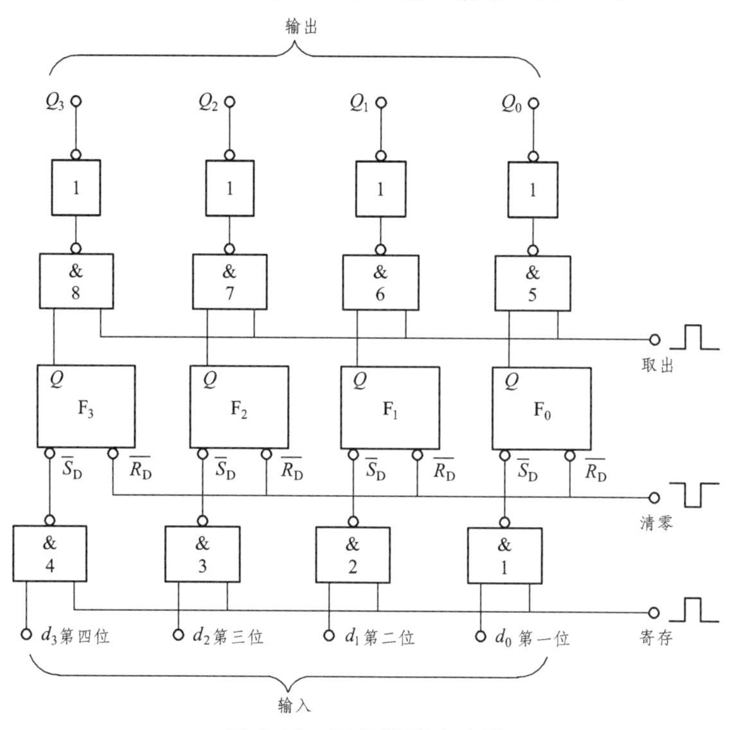

图 8.10　四位数码寄存器

(三) 移位寄存器

1. 移位寄存器的原理

在时钟信号的控制下，所寄存的数据依次向左(由低位向高位)或向右(由高位向低位)移位的寄存器称为移位寄存器。根据移位方向的不同，有左移寄存器、右移寄存器和双向寄存器之分。移位寄存器的原理图如图 8.11 所示。

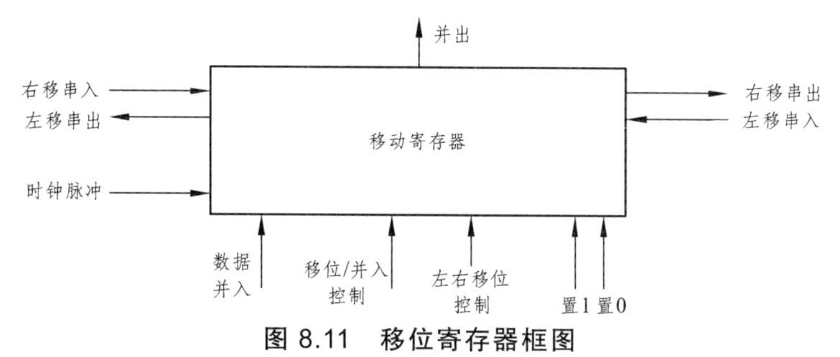

图 8.11　移位寄存器框图

一般移位寄存器具有如下全部或部分输入输出端：

并行输入端——寄存器中的每一个触发器输入端都是寄存器的并行数据输入端。

并行输出端——寄存器中的每一个触发器输出端都是寄存器的并行数据输出端。

移位脉冲 CP 端——寄存器的移位脉冲。

串行输入端——寄存器中最左侧或最右侧触发器的输入端是寄存器的串行数据输入端。

串行输出端——寄存器中最左侧或最右侧触发器的输出端是寄存器的串行数据输出端。

置 0 端——将寄存器中的所有触发器置 0。

置 1 端——将寄存器中的所有触发器置 1。

移位/并入控制——控制寄存器是否进行数据串行移位或数据并行输入。

左/右移位控制端——控制寄存器的数据移位方向。

以上介绍的这些输入、输出和控制端并不是每一个移位寄存器都具有，但是移位寄存器一定有移位脉冲端。

2. 移位寄存器分析

1) 由 JK 触发器组成的四位移位寄存器

如图 8.12 所示，其工作过程：F_0 接成 D 触发器，数码由 D 端输入。设寄存器的二进制数为“1011”，按移位脉冲(即时钟脉冲)的工作节拍从高位到低位依次串行送到 D 端。工作之初先清零。首先 $D = 1$，第一个移位脉冲的下降沿来到时使触发器 F_0 翻转，$Q_0 = 1$，其他仍保持“0”态。接着 $D = 0$，第二个移位脉冲的下降沿来到时使 F_0 和 F_1 同时翻转，由于 F_1 的 J 端为 1，F_0 的 J 端为 0，所以 $Q_1 = 1$，$Q_0 = 0$，Q_2 和 Q_3 仍为“0”。移位一次，存入一个新数码，直到第四个脉冲的下降沿来到时，存数结束。这时，可以从四个触发器的 Q 端得到并行的数码输出。

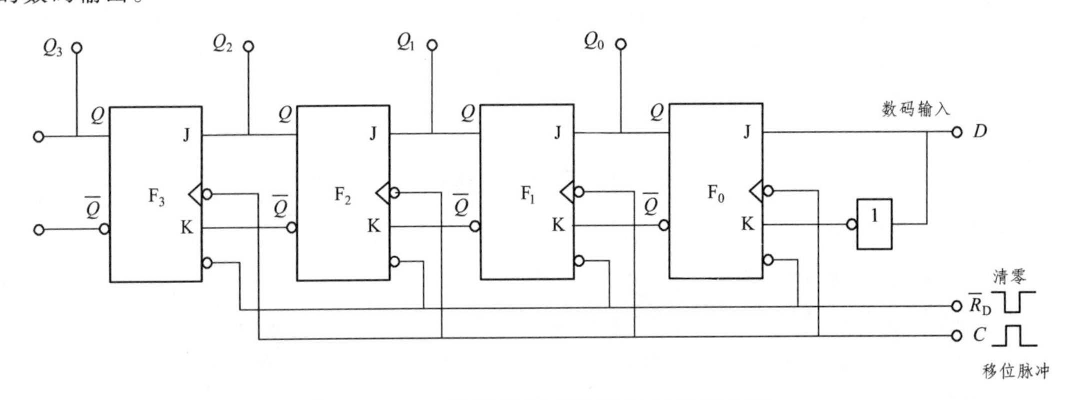

图 8.12 JK 触发器组成的四位移位寄存器

2) 由维持阻塞型 D 触发器组成的四位移位寄存器

如图 8.13 所示，它既可并行输入/串行输出，又可串行输入(输入端为 D)/串行输出。

工作过程：当工作于并行输入/串行输出时(串行输入端 D 为“0”)，首先清零，使四个触发器的输出全为“0”。再给“寄存指令”之前，$G_3 \sim G_0$ 四个“与非”门的输出全为“1”。当加上该指令时，并设并行输入的二进制数 $d_3d_2d_1d_0 = 1011$，于是 G_3、G_1、G_0 输出置“1”负脉冲，使触发器 F_3、F_1、F_0 的输出为“1”，G_2 和 F_2 的输出未变。这样，就把“1011”输入寄存器。而后输入移位脉冲 C，使 d_0、d_1、d_2、d_3 依次(从低位到高位)从 Q_0 输出(右移)，各个触发器的输出端均为恢复为“0”。

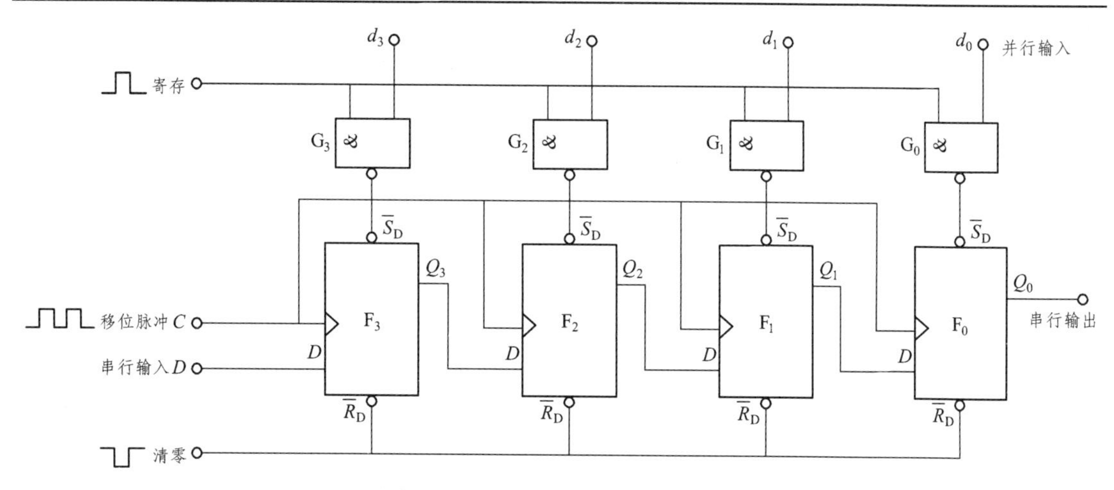

图 8.13　维持阻塞型 D 触发器组成的四位移位寄存器

五、计数器分析

(一) 计数器概述

计数器是最常见的时序电路，它常用于计数、分频、定时及产生数字系统的节拍脉冲等，其种类很多，按照触发器是否同时翻转可分为同步计数器或异步计数器；按照计数顺序的增减，分为加、减计数器，计数顺序增加称为加计数器，计数顺序减少称为减计数器，计数顺序可增可减称为可逆计数器；按计数容量(M)和构成计数器的触发器的个数(N)之间的关系可分为二进制和非二十进制计数器。计数器所能记忆的时钟脉冲个数(容量)称为计数器的模。当 $M=2^N$ 时为二进制否则非二进制计数器。当然二进制计数器又可称为 $M=2^N$ 计数器。

(二) 二进制计数器分析

1. 异步二进制加法计数器

由于双稳态触发器有“1”和“0”两个状态，所以一个触发器可以表示移位二进制数。如果要表示 n 位二进制数，就得用 n 个触发器。

图 8.14 所示是采用四个主从型 JK 触发器组成的四位异步二进制加法计数器。每个触发器的 J、K 端悬空，相当于“1”，故具有计数功能。触发器的进位脉冲从 Q 端输出送到相邻高位触发器的 C 端，这符合主从型触发器在输入正脉冲的下降沿触发的特点。图 8.15 所示是它的工作波形图，表 8.3 是四位二进制加法计数器的状态表，由表 8.3 可见，每来一个计数脉冲，最低位触发器翻转一次；而高位触发器是在相邻的低位触发器从“1”变位“0”进位时翻转。由于计数脉冲不是同时加到各位触发器的 C 端，而只加到最低位触发器，其他各位触发器则由相邻低位触发器输出的进位脉冲来触发，因此它们状态的变化有先有后，是异步的，称为异步加法计数器。

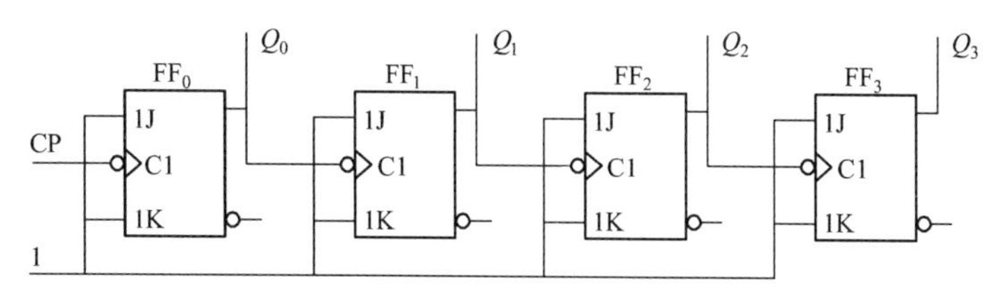

图 8.14　四位异步二进制加法计数器

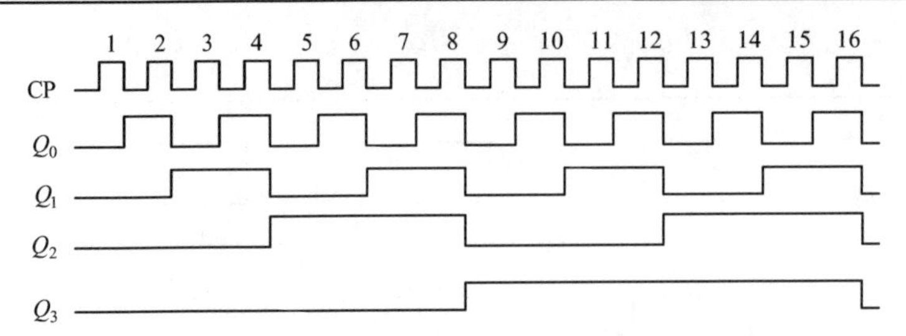

图 8.15　四位异步二进制加法计数器的工作波形

表 8.3　四位二进制加法计数器的状态表

计数脉冲数	二进制数				十进制数
	Q_3	Q_2	Q_1	Q_0	
0	0	0	0	0	0
1	0	0	0	1	1
2	0	0	1	0	2
3	0	0	1	1	3
4	0	1	0	0	4
5	0	1	0	1	5
6	0	1	1	0	6
7	0	1	1	1	7
8	1	0	0	0	8
9	1	0	0	1	9
10	1	0	1	0	10
11	1	0	1	1	11
12	1	1	0	0	12
13	1	1	0	1	13
14	1	1	1	0	14
15	1	1	1	1	15
16	0	0	0	0	0

2. 异步二进制减法计数器

为了得到二进制减法计数器的规律，首先列出表 8.4 所示二进制减法计数器状态表。由状态表可以看出，当 Q_0 从 0 变 1 时，Q_1 发生变化，而只有当 Q_1 从 0 变为 1 时，Q_2 才发生变化，由此可以得出结论，异步二进制加法计数器各位触发器的翻转发生在前一位输出从 0 变 1 的时刻。用 JK 触发器实现四位异步二进制减法计数器见图 8.16。

表 8.4　二进制减法计数状态表

Q_n	…	Q_2	Q_1	Q_0
0	…	0	0	0
1	…	1	1	1
1	…	1	1	0
1	…	1	0	1
1	…	1	0	0
1	…	0	1	1
0	…	0	1	0
⋮	…	⋮	⋮	⋮

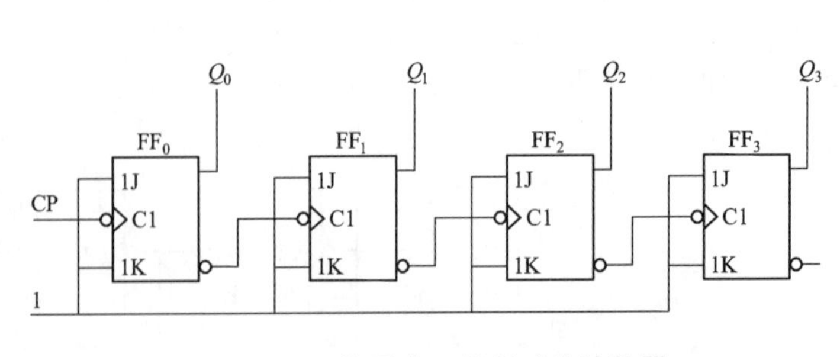

图 8.16　四位异步二进制减法计数器

任务二　数字电子钟电路分析

一、数字电子钟概述

数字电子钟是一个将“时、分、秒”显示于人的视觉器官的计时装置。它的计时周期为 24 小时，显示满刻度为 23 时 59 分 59 秒。因此，一个基本的数字钟电路主要由译码显示器、“时、分、秒”计数器、校时电路和振荡器组成。主电路系统由秒信号发生器、“时、分、秒”计数器、译码器及显示器、校时电路、整点报时电路组成。秒信号产生器是整个系统的时基信号，它直接决定计时系统的精度，一般用石英晶体振荡器加分频器来实现。将标准秒信号送入“秒计数器”，“秒计数器”采用 60 进制计数器，每累计 60 秒发出一个“分脉冲”信号，该信号将作为“分计数器”的时钟脉冲。“分计数器”也采用 60 进制计数器，每累计 60 分钟，发出一个“时脉冲”信号，该信号将被送到“时计数器”。“时计数器”采用 24 进制计时器，可实现对一天 24 小时的累计。译码显示电路将“时、分、秒”计数器的输出状态用七段显示译码器译码，通过七段显示器显示出来。校时电路时用来对“时、分、秒”显示数字进行校对调整。

二、方案设计

数字电子钟的逻辑框图如图 8.17 所示。它由 555 集成芯片构成的振荡电路、分频器、计数器、显示器和校时电路组成。555 集成芯片构成的振荡电路产生的信号经过分频器作为秒脉冲，秒脉冲送入计数器，计数结果通过“时、分、秒”译码器显示时间。

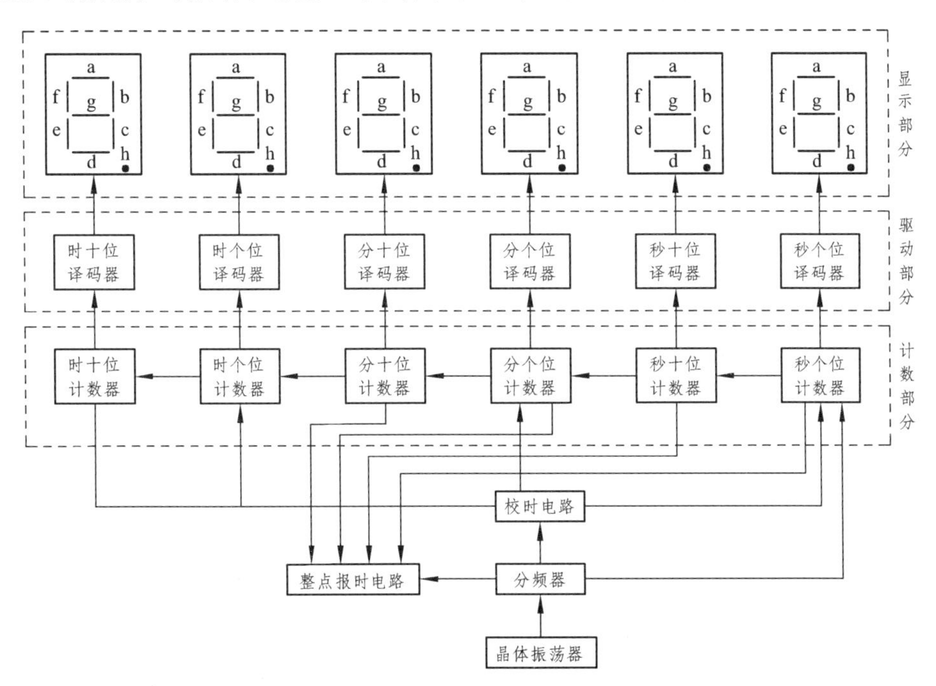

图 8.17　数字电子钟的逻辑框图

(一) 振荡器

石英晶体振荡器的特点是振荡频率准确、电路结构简单、频率易调整。它还具有压电效应，在晶体某一方向加一电场，则在与此垂直的方向产生机械振动，有了机械振动，就会在相应的垂直面上产生电场，从而机械振动和电场互为因果，这种循环过程一直持续到晶体的机械强度限止时，才达到最后稳定。这个压电谐振的频率即为晶体振荡器的固有频率。

一般来说，振荡器的频率越高，计时精度越高，但耗电量将增大。如果精度要求不高也可以采用由集成电路定时器 555 与 RC 组成的多谐振荡器，如图 8.18 所示。设振荡频率 f= 1 kHz，R_P 为可调电阻，微调 R_1 可以调出 1 kHz 输出。

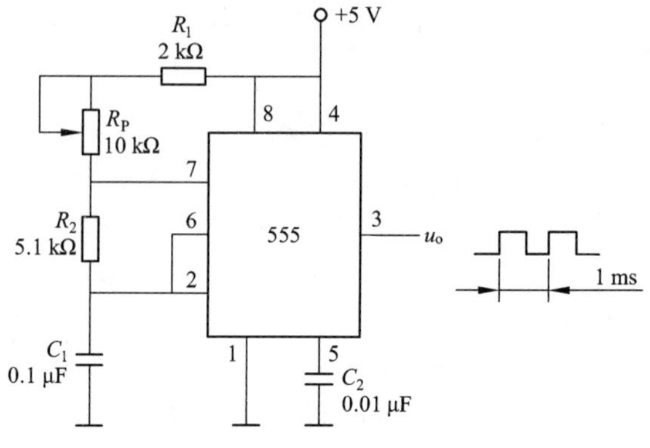

图 8.18　555 振荡电路

(二) 分频器

由于振荡器产生的频率很高，要得到秒脉冲，需要分频电路。本实验是由集成电路定时器 555 与 RC 组成的多谐振荡器，产生 1 kHz 的脉冲信号。故采用 3 片中规模集成电路计数器 74LS90 来实现，得到需要的秒脉冲信号，如图 8.19 所示。

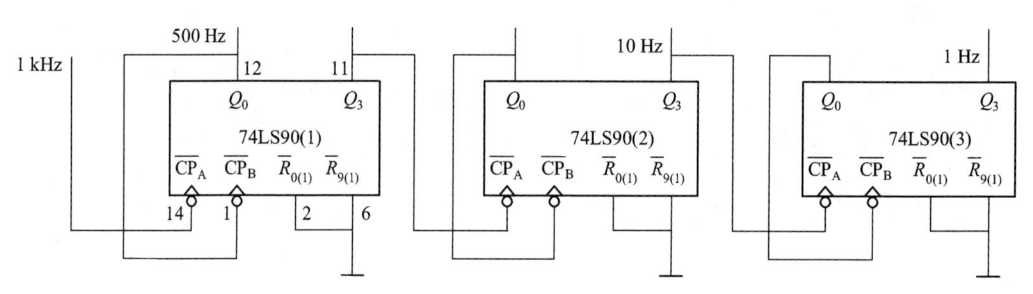

图 8.19　分频器电路

(三) 计数器

秒脉冲信号经过 6 级计数器，分别得到“秒”个位、十位、“分”个位、十位以及“时”个位、十位的计时。“秒、分”计数器为六-十进制，小时为十-二进制。

1. 六–十进制计数

由分频器来的秒脉冲信号首先送到“秒”计数器进行累加计数，秒计数器应完成 1 分钟之内秒数目的累加，并达到 60 秒时产生一个进位信号，所以，选用 1 片 74LS90 和 1 片 74LS92 组成六-十进制计数器，采用反馈归零的方法来实现六-十进制计数。其中，“秒”十位是六进制，“秒”个位是十进制，如图 8.20 所示。

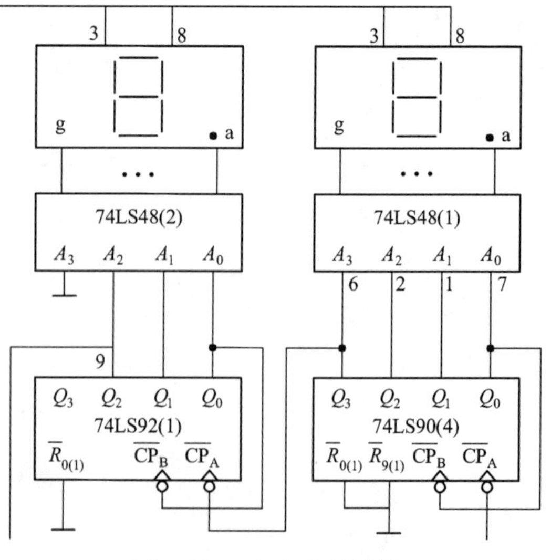

图 8.20　六十进制计数

2. 十-二进制计数

"12 翻 1" 小时计数器是按照 "01—02—03—…—11—12—01—02—…" 规律计数的，这与日常生活中的计时规律相同。在此实验中，小时的个位计数器由 4 位二进制同步可逆计数器 74LS191 构成，十位计数器由 D 触发器 74LS74 构成，将它们级联组成 "12 翻 1" 小时计数器。

(四) 译码器

译码是指把给定的代码进行翻译的过程。计数器采用的码制不同，译码电路也不同。74LS48 驱动器是与 8421BCD 编码计数器配合用的七段译码驱动器。74LS48 配有灯测试 LT、动态灭灯输入 RBI，灭灯输入/动态灭灯输出 BI/RBO，当 LT = 0 时，74LS48 的输出全为 1。

(五) 显示器

本系统用七段发光二极管来显示译码器输出的数字，显示器有两种：共阳极显示器或共阴极显示器。74LS48 译码器对应的显示器是共阴极显示器。

(六) 校时电路

当数字钟走时出现误差时，需要校正时间。校时电路实现对 "时" "分" "秒" 的校准。在电路中设有正常计时和校对位置。本实验实现 "时" "分" 的校对。对校时的要求是：在小时校正时不影响分和秒的正常计数；在分校正时不影响秒和小时的正常计数。需要注意的是，校时电路是由 "与非" 门构成的组合逻辑电路，开关 S_1 或 S_2 为 "0" 或 "1" 时，可能会产生抖动，为防止这一情况的发生，我们接入一个由 RS 触发器组成的防抖动电路来控制。功能表如表 8.5 所示，电路如图 8.21 所示。

表 8.5　校时开关的功能表

S_1	S_2	功能
1	1	计数
0	1	校分
1	0	校时

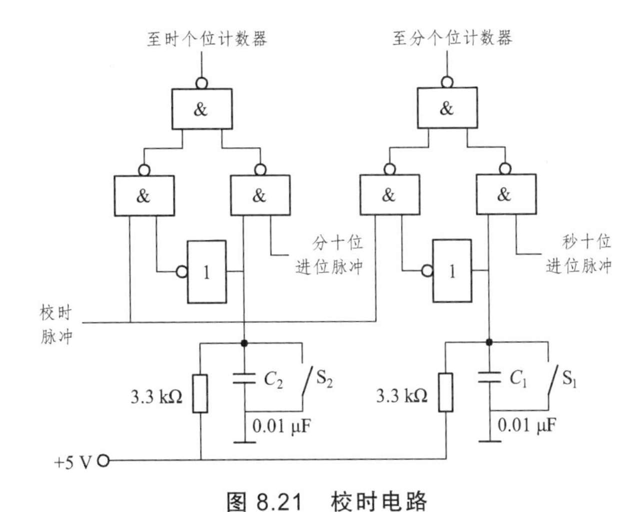

图 8.21　校时电路

任务三　数字电子钟的制作

一、设计电路

数字电子钟的参考电路如图 8.22 所示。

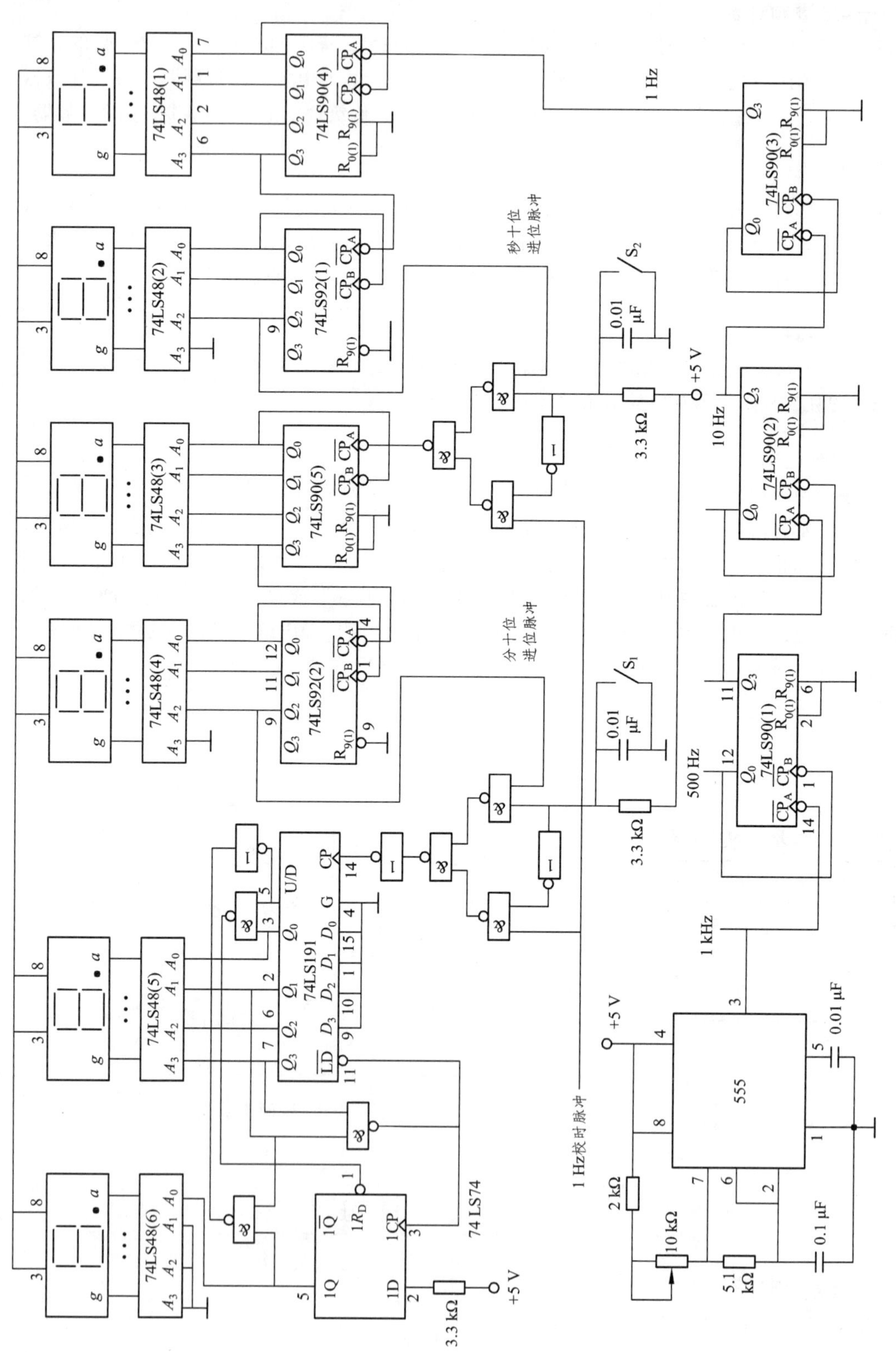

图 8.22 数字电子钟参考电路

二、元件清单

元件清单如表 8.6 所示。

表 8.6　元件清单

元件名称	数量	元件名称	数量
ch555	1 片	74LS90	5 片
74LS74	1 片	LM324	1 片
74LS191	1 片	七段显示器	4 片
74LS92	2 片	电阻、电容、导线等	若干
74LS48	6 片		

三、元器件检测

(1) 清点元器件。按照元件清单核对元器件的数量、型号和规格，如有短缺、差错应及时补缺和更换。

(2) 检测元器件。用万用表的电阻挡对元器件进行检测，对不符合质量要求的元器件剔除并更换。

(3) 电路板的插装和焊接。

四、数字电子钟的组装与调试

根据图 8.22 所示的数字电子钟系统组成框图，按照信号的流向分级安装，逐级级联。这里的每一级是指组成数字钟的各个功能电路。

级联时如果出现时序配合不同步或尖峰脉冲干扰引起的逻辑混乱，可以增加多级逻辑门来延时。如果显示字符变化很快，模糊不清，可能是由于电源电流的跳变引起的，可在集成电路器件的电源端 U_{CC} 加退藕滤波电容。通常用几十微法的大电容与 0.01 μF 的小电容相并联。

【课堂任务】

1. 简述同步时序逻辑电路的分析步骤。
2. 简述寄存器的作用。
3. 简述计数器的作用。
4. 常用的计数器有哪些？简述其工作原理。
5. 请写出数字电子钟的设计步骤。
6. 请设计数字电子钟的原理图。
7. 在组长的带领下，首先进行元器件的检测，其次进行元器件的安装、焊接，最后进行调试。

【课后任务】

以小组为单位完成以下任务：

1. 到电子元器件市场调研，了解数字电子钟各个元器件的价格。

2. 根据所学知识制作出符合要求的数字电子钟。

3. 上述任务完成后，进行小组自评和互评，最后教师讲评，取长补短，开拓完善知识内容。

项目 8 小结

1. 数字电路按逻辑功能分为两大类，即组合逻辑电路和时序逻辑电路。与组合逻辑电路不同，时序逻辑电路在任一时刻的输出不仅与当时的输入信号有关，还与电路原来所处的状态有关，这是时序逻辑电路在逻辑功能上的特点。

2. 在结构特点上，时序逻辑电路必须包含存储电路，用来记忆电路的状态。由存储电路的输出和外部输入信号共同决定输出的状态。

3. 时序逻辑电路的具体种类很多，因此要掌握它们的共同特点及一般的分析方法和设计方法。

项目 9 电子门铃电路分析与制作

【工学目标】

1. 学会分析工作任务，在教师的引导下，完成制订工作计划、课堂任务、课后任务和学习效果评价等工作环节。

2. 掌握施密特触发器和单稳态触发器电路的构成及原理，掌握 555 定时器的工作原理，以及应用 555 定时器构成施密特触发器、单稳态触发器和多谐振荡器的方法。

3. 能够正确选择元器件，利用各种工具安装和焊接电子门铃电路，并利用各种仪表和工具排除简单电路故障。

4. 能够主动提出问题，遇到问题能够自主或者与他人研究解决，具有良好的沟通和团队协作能力，建立良好的环保意识、质量意识和安全意识。

5. 通过课堂任务的完成，最后以小组为单位制作出符合要求的电子门铃电路。

【典型任务】

任务一　整形电路认知

一、多谐振荡器

多谐振荡器是一种能产生矩形波的自激振荡器，也称矩形波发生器。“多谐”是指矩形波中除了基波成分外，还含有丰富的高次谐波成分。多谐振荡器没有稳态，只有两个暂稳态。在工作时，电路的状态在这两个暂稳态之间自动地交替变换，由此产生矩形波脉冲信号，常用作脉冲信号源及时序电路中的时钟信号。

(一) 石英晶体多谐振荡器

在许多数字系统中，都要求时钟脉冲的频率十分稳定，例如，在数字钟表里，计数脉冲频率的稳定性就直接决定着计时的精度。在上面介绍的多谐振荡器中，由于其工作频率取决于电容 C 充、放电过程中电压到达转换值的时间，因此稳定度不够高。这是因为：第一，转换电平易受温度变化和电源波动的影响；第二，电路的工作方式易受干扰，从而使电路状态转换提前或滞后；第三，电路状态转换时，电容充、放电的过程已经比较缓慢，转换电平的微小变化或者干扰对振荡周期影响都比较大。一般在对振荡器频率稳定度要求很高的场合，都需要采取稳频措施，其中最常用的一种方法，就是利用石英谐振器（简称石英晶体或晶体）构成石英晶体多谐振荡器。

1. 石英晶体的选频特性

石英晶体的电抗频率特性和符号如图 9.1 所示。有两个谐振频率。当 $f=f_s$ 时，为串联谐振，石英晶体的电抗 $X=0$；当 $f=f_p$ 时，为并联谐振，石英晶体的电抗无穷大。

由晶体本身的特性决定：$f_s \approx f_p \approx f_0$(晶体的标称频率)。

石英晶体的选频特性极好，f_0 十分稳定，其稳定度可达 $10^{-10} \sim 10^{-11}$。

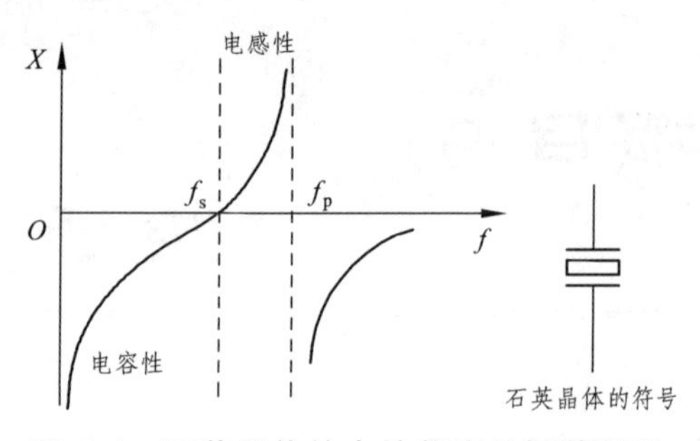

图 9.1 石英晶体的电抗频率特性和符号

2. 串联式石英晶体多谐振荡器

串联式石英晶体多谐振荡器如图 9.2 所示，图中 R_1、R_2 的作用是使两个反相器在静态时都工作在转折区，成为具有很强放大能力的放大电路。对于 TTL 门，常取 $R_1=R_2=0.7 \sim 2\ \text{k}\Omega$；若是 CMOS 门则常取 $R_1=R_2=10 \sim 100\ \text{M}\Omega$。$C_1=C_2$ 是耦合电容。

石英晶体工作在串联谐振频率 f_0 下，只有频率为 f_0 的信号才能通过，满足振荡条件。因此，电路的振荡频率 $=f_0$，与外接元件 R、C 无关，所以这种电路振荡频率的稳定度很高。

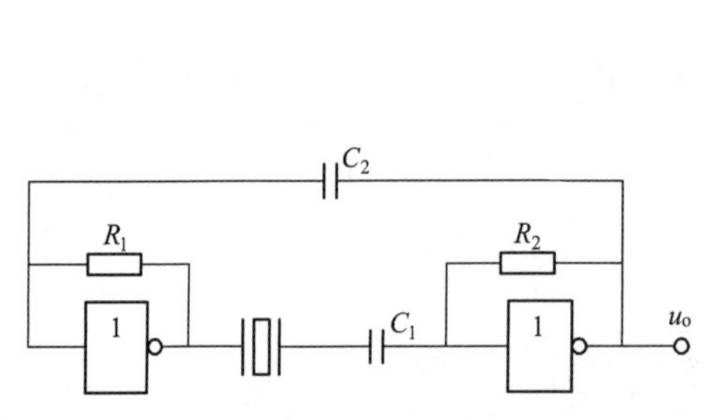

图 9.2 串联式石英晶体多谐振荡器

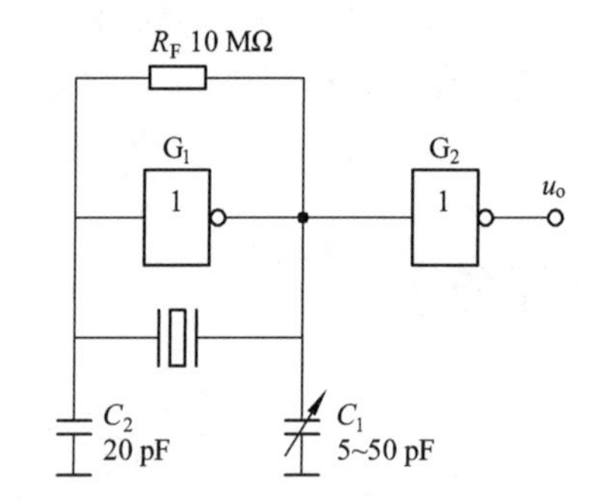

图 9.3 CMOS 石英晶体多谐振荡器

3. 并联式石英晶体多谐振荡器

CMOS 石英晶体多谐振荡器如图 9.3 所示。图中 R_F 是偏置电阻，保证在静态时使 G_1 工作在转折区，构成一个反相放大器。晶体工作在 f_s 与 f_p 之间，等效于一个电感，与 C_1、C_2 共同构成电容三点式振荡电路。电路的振荡频率 $=f_0$。反相器 G_2 起整形缓冲作用，同时 G_2 还可以隔离负载对振荡电路工作的影响。

(二) 石英晶体多谐振荡器的应用

1. 模拟声响发生器

将两个多谐振荡器连接起来，前一个振荡器的输出接到后一个振荡器的复位端，后一个振荡器的输出接到扬声器上。这样，只有当前一个振荡器输出高电平时，才驱动后一个振荡器振荡，扬声器发声；而前一个振荡器输出低电平时，导致后面振荡器复位并停止震荡，此时扬声器无音频输出。因此从扬声器中听到间歇式的“呜……呜”声响。

2. 简易温控报警器

图 9.4 所示是利用多谐振荡器构成的简易温控报警电路，利用 555 构成可控音频振荡电路，用扬声器发声报警，可用于火警或热水温度报警，电路简单、调试方便。

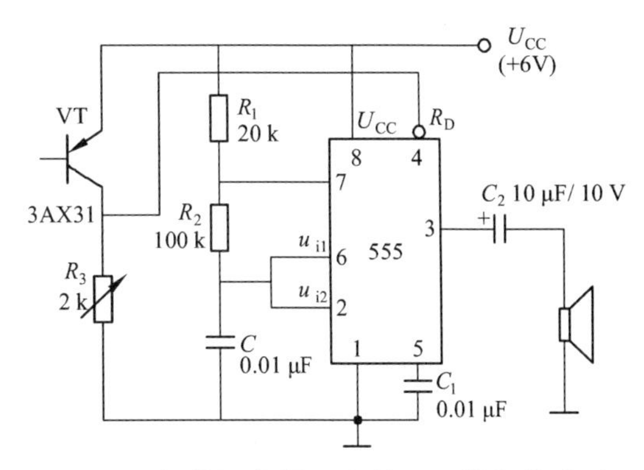

图 9.4　多谐振荡器用作简易温控报警电路

图中，晶体管 VT 可选用锗管 3AX31、3AX81 或 3AG 类，也可选用 3DU 型光敏管。3AX31 等锗管在常温下，集电极和发射极之间的穿透电流 I_{CEO} 一般在 10 ~ 50 μA，且随温度升高而增大较快。当温度低于设定温度值时，晶体管 VT 的穿透电流 I_{CEO} 较小，555 复位端 R_D(4 脚)的电压较低，电路工作在复位状态，多谐振荡器停振，扬声器不发声。当温度升高到设定温度值时，晶体管 VT 的穿透电流 I_{CEO} 较大，555 复位端 R_D 的电压升高到解除复位状态之电位，多谐振荡器开始振荡，扬声器发出报警声。

需要指出的是，不同的晶体管，其 I_{CEO} 值相差较大，故需改变 R_1 的阻值来调节控温点。方法是先把测温元件 VT 置于要求报警的温度下，调节 R_1 使电路发出报警声。报警的音调取决于多谐振荡器的振荡频率，由元件 R_2、R_3 和 C_1 决定，改变这些元件值，可改变音调，但要求 R_2 大于 1 kΩ。

二、单稳态触发器

单稳态触发器具有下列特点：第一，它有一个稳定状态和一个暂稳状态；第二，在外来触发脉冲作用下，能够由稳定状态翻转到暂稳状态；第三，暂稳状态维持一段时间后，将自动返回到稳定状态。暂稳态时间的长短与触发脉冲无关，仅决定于电路本身的参数。

单稳态触发器在数字系统和装置中，一般用于定时(产生一定宽度的脉冲)、整形(把不规则的波形转换成等宽、等幅的脉冲)以及延时(将输入信号延迟一定的时间之后输出)等。

(一) 用 555 定时器构成的单稳态触发器

1. 工作原理

1) 无触发信号输入时电路工作在稳定状态

用 555 定时器构成的单稳态触发器及工作波形如图 9.5 所示。

当电路无触发信号时，u_i 保持高电平，电路工作在稳定状态，即输出端 u_o 保持低电平，555 内放电三极管 VT 饱和导通，管脚 7“接地”，电容电压 u_C 为 0 V。

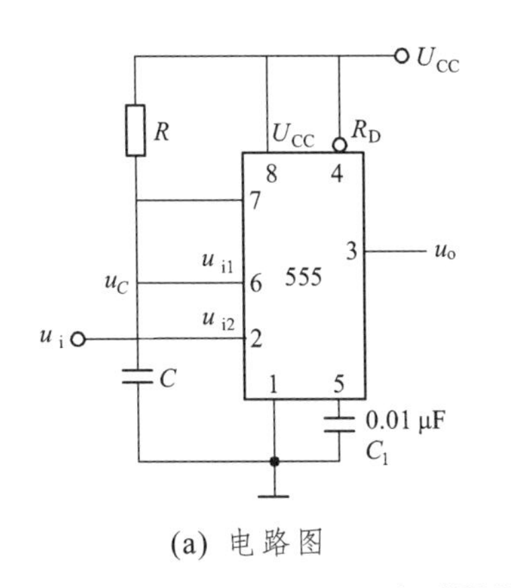

(a) 电路图

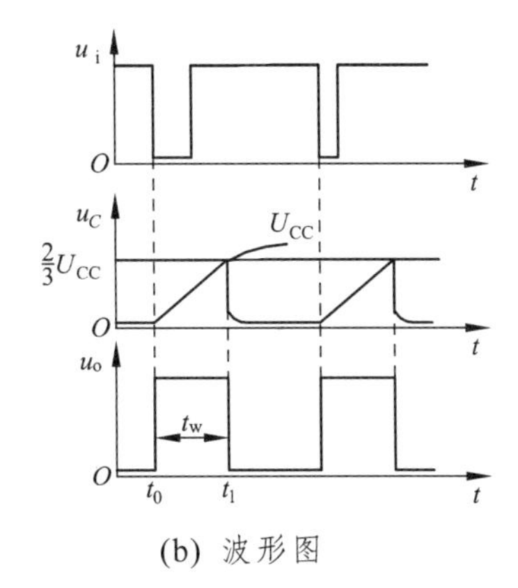

(b) 波形图

图 9.5　用 555 定时器构成的单稳态触发器及工作波形

2) u_i下降沿触发

当u_i下降沿到达时，555触发输入端(2脚)由高电平跳变为低电平，电路被触发，u_o由低电平跳变为高电平，电路由稳态转入暂稳态。

3) 暂稳态的维持时间

在暂稳态期间，555内放电三极管VT截止，U_{CC}经R向C充电。其充电回路为$U_{CC}\to R\to C\to$地，时间常数$\tau_1 = RC$，电容电压u_C由0 V开始增大，在电容电压u_C上升到阈值电压$\frac{2}{3}U_{CC}$之前，电路将保持暂稳态不变。

4) 自动返回(暂稳态结束)时间

当u_C上升至阈值电压$\frac{2}{3}U_{CC}$时，输出电压u_o由高电平跳变为低电平，555内放电三极管VT由截止转为饱和导通，管脚7“接地”，电容C经放电三极管对地迅速放电，电压u_C由$\frac{2}{3}U_{CC}$迅速降至0 V(放电三极管的饱和压降)，电路由暂稳态重新转入稳态。

5) 恢复过程

当暂稳态结束后，电容C通过饱和导通的三极管VT放电，时间常数$\tau_2 = R_{CES}C$，式中R_{CES}是VT的饱和导通电阻，其阻值非常小，因此τ_2之值亦非常小。经过$(3\sim5)\tau_2$后，电容C放电完毕，恢复过程结束。恢复过程结束后，电路返回到稳定状态，单稳态触发器又可以接收新的触发信号。

2. 主要参数估算

1) 输出脉冲宽度 t_W

输出脉冲宽度就是暂稳态维持时间，也就是定时电容的充电时间。由图9.5(b)所示电容电压u_C的工作波形不难看出，$u_C(0^+)\approx 0$ V，$u_C(\infty) = U_{CC}$，$u_C(t_W) = \frac{2}{3}U_{CC}$，代入$RC$过渡过程计算公式，可得

$$t_W = \tau_1 \ln\frac{u_C(\infty)-u_C(0^+)}{u_C(\infty)-u_C(t_W)} = \tau_1 \ln\frac{U_{CC}-0}{U_{CC}-\frac{2}{3}U_{CC}} = \tau_1 \ln 3 = 1.1RC$$

上式说明，单稳态触发器输出脉冲宽度t_W仅决定于定时元件R、C的取值，与输入触发信号和电源电压无关，调节R、C的取值，即可方便地调节t_W。

2) 恢复时间 t_{re}

一般取$t_{re} = (3\sim5)\tau_2$，即认为经过3～5倍的时间常数电容就放电完毕。

3) 最高工作频率 f_{max}

若输入触发信号u_i是周期为T的连续脉冲时，为保证单稳态触发器能够正常工作，应满足下列条件：

$$T > t_W + t_{re}$$

即u_i周期的最小值T_{min}应为$t_W + t_{re}$（$T_{min} = t_W + t_{re}$）。因此，单稳态触发器的最高工作频率应为

$$f_{max} = \frac{1}{T_{min}} = \frac{1}{t_W + t_{re}}$$

需要指出的是，在图9.5所示电路中，输入触发信号u_i的脉冲宽度(低电平的保持时间)必

须小于电路输出 u_o 的脉冲宽度(暂稳态维持时间 t_W)，否则电路将不能正常工作。因为当单稳态触发器被触发翻转到暂稳态后，如果 u_i 端的低电平一直保持不变，那么 555 定时器的输出端将一直保持高电平不变。

解决这一问题的一个简单方法，就是在电路的输入端加一个 RC 微分电路，即当 u_i 为宽脉冲时，让 u_i 经 RC 微分电路之后再接到 u_{i2} 端。不过微分电路的电阻应接到 U_{CC}，以保证在 u_i 下降沿未到来时，u_{i2} 端为高电平。

(二) 集成单稳态触发器

用门电路组成的单稳态触发器虽然电路简单，但输出脉宽的稳定性差，调节范围小，且触发方式单一。为适应数字系统中的广泛应用，现已生产出单片集成单稳态触发器。

1. 不可重复触发的集成单稳态触发器

不可重复触发的集成单稳态触发器，在进入暂稳态期间，如有触发脉冲作用，电路的工作过程不受其影响，只有当电路的暂稳态结束后，输入触发脉冲才会影响电路状态。

74121 是一种不可重复触发集成单稳态触发器，图 9.6(a)、(b)分别为其逻辑图和引脚图。

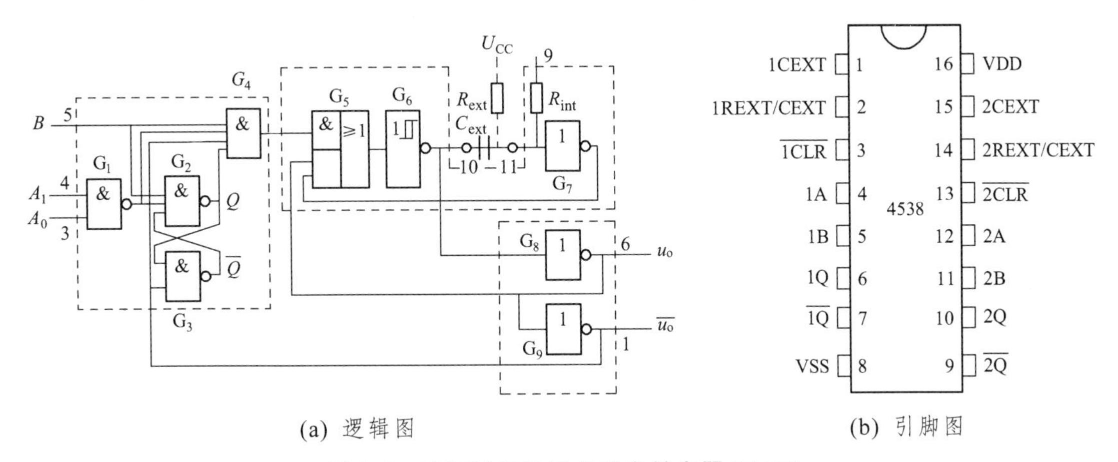

(a) 逻辑图　　(b) 引脚图

图 9.6　不可重复触发单稳态触发器 74121

74121 集成单稳态触发器有 3 个触发输入端，由触发信号控制电路分析可知，在下述情况下，电路可由稳态翻转到暂稳态：

(1) 若 A_1、A_2 两个输入中有一个或两个为低电平，B 发生由 0 到 1 的正跳变。

(2) 若 B 和 A_1、A_2 中的一个为高电平，输入中有一个或两个产生由 1 到 0 的负跳变。

74121 的功能如表 9.1 所示。

表 9.1　74121 的功能表

输　入			输　出	
A_1	A_2	B	Q	$\overline{Q}$
L	×	H	L	H
×	L	H	L	H
×	×	L	L	H
H	H	×	L	H
H	↓	H	⊓	⊔
↓	H	H	⊓	⊔
↓	↓	H	⊓	⊔
L	×	↑	⊓	⊔
×	L	↑	⊓	⊔

定时单稳电路的定时取决于定时电阻和定时电容的数值。74121 的定时电容连接在芯片的 10、11 引脚之间。若输出脉冲宽度较宽，而采用电解电容时，电容 C 的正极接在 C_{ext} 输入端(10 脚)。对于定时电阻，使用者可以有两种选择：

(1) 利用内部定时电阻(2 kΩ)，此时将 9 号引脚(R_{int})接至电源 U_{CC}(14 脚)。

(2) 采用外接定时电阻(阻值在 1.4 ~ 40 kΩ 之间)，此时 9 脚应悬空，电阻接在 11、14 脚之间。

74121 的输出脉冲宽度为 $t_W \approx 0.7RC$ 。通常 R 的数值取在 2 ~ 30 kΩ 之间，C 的数值取在 10 pF ~ 10 μF 之间，得到的取值范围可达到 20 ns ~ 200 ms。R 可以是外接电组 R_{ext}，也可以是芯片内部电阻 R_{int}(约 2 kΩ)，如希望得到较宽的输出脉冲，一般使用外接电阻。

2. 可重复触发集成单稳态触发器

可重复触发的单稳态触发器，在暂稳态期间，如有触发脉冲作用，电路会重新被触发，使暂稳态继续延迟一个时间，直至触发脉冲的间隔超过单稳输出脉宽，电路才返回稳态。

常用 CMOS 集成器件 CC14528 为可重复触发单稳态触发器。该器件的逻辑图如图 9.7 所示。

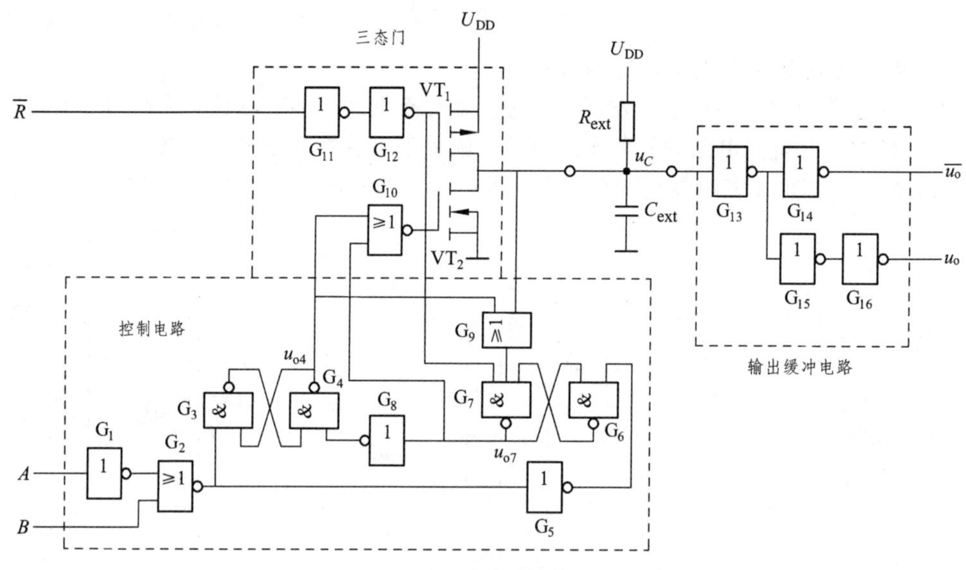

图 9.7　集成单稳态触发器 CC14528

由图可见，CC14528 主要由三态门、积分电路、控制电路组成的积分型单稳态触发器及输出缓冲电路组成。

在没有触发信号信号时($A = 1$, $B = 0$)，电路处于稳态，逻辑门 G_4 的输出 u_{o4} 肯定停在高电平。在采用上升沿触发时，从 B 端加入正的触发脉冲，G_3 和 G_4 组成的触发器立即被置成 $u_{o4} = 0$ 的状态，从而使 G_{10} 的输出变为高电平，VT_2 导通，C_{ext} 开始放电。当 u_C 下降到 G_{13} 的转换电平 U_{TH13} 时，输出状态改变，成为 $u_o = 1$，$\overline{u}_o = 0$，电路进入暂稳态。

电路工作波形如图 9.8 所示。CC14528 的功能表如表 9.2 所示。

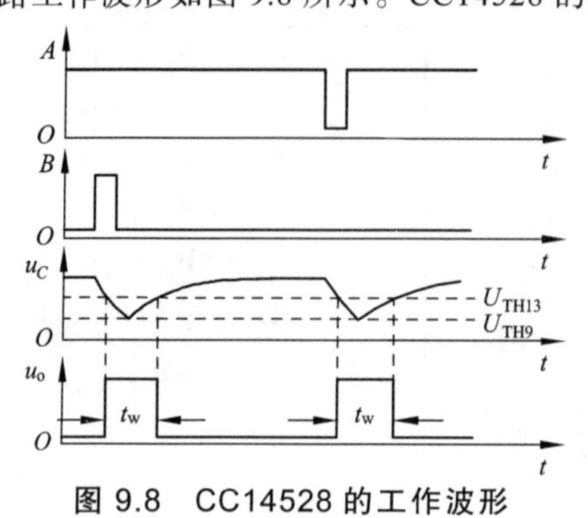

图 9.8　CC14528 的工作波形

表 9.2　CC14528 功能表

输入			输出		功能
$\overline{R}_D$	A	B	u_o	$\overline{u}_o$	
L	×	×	L	H	清除
×	H	×	L	H	禁止
×	×	L	L	H	禁止
H	H	↑	⎍	⊔	单稳
H	↓	L	⎍	⊔	单稳

(三) 单稳态触发器的应用

1. 触摸定时控制开关

图 9.9 是利用 555 定时器构成的单稳态触发器，只要用手触摸一下金属片 P，由于人体感应电压相当于在触发输入端(管脚 2)加入一个负脉冲，555 输出端(管脚 3)输出高电平，灯泡(R_L)发光，当暂稳态时间(t_W)结束时，555 输出端恢复低电平，灯泡熄灭。该触摸开关可用于夜间定时照明，定时时间可由 R、C 参数调节。

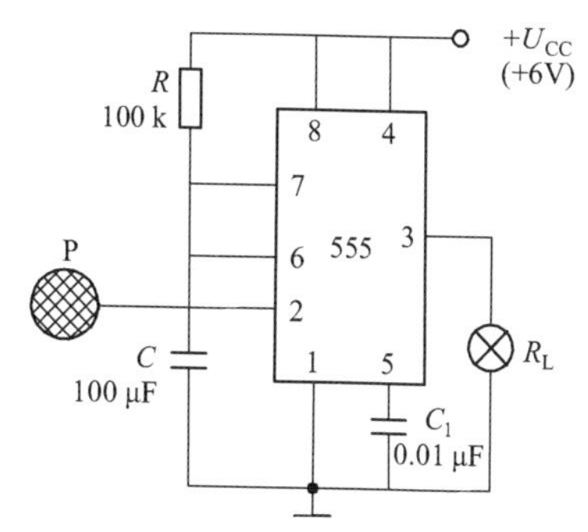

图 9.9　触摸式定时控制开关电路

2. 触摸、声控双功能延时灯

图 9.10 所示为一触摸、声控双功能延时灯电路，电路由电容降压整流电路、声控放大器、555 触发定时器和控制器组成。它具有声控和触摸控制灯亮的双功能。

555 和 VT_1、R_3、R_2、C_4 组成单稳定时电路，定时时间 $t_W = 1.1R_2C_4$，图示参数的定时(即灯亮)时间约为 1 min。当击掌声传至压电陶瓷片时，HTD 将声音信号转换成电信号，经 VT_2、VT_1 放大，触发 555，使 555 输出端(3 脚)输出高电平，触发导通晶闸管 SCR，电灯亮；同样，若触摸金属片 A 时，人体感应电信号经 R_4、R_5 加至 VT_1 基极，使 VT_1 导通，触发 555，达到上述效果。

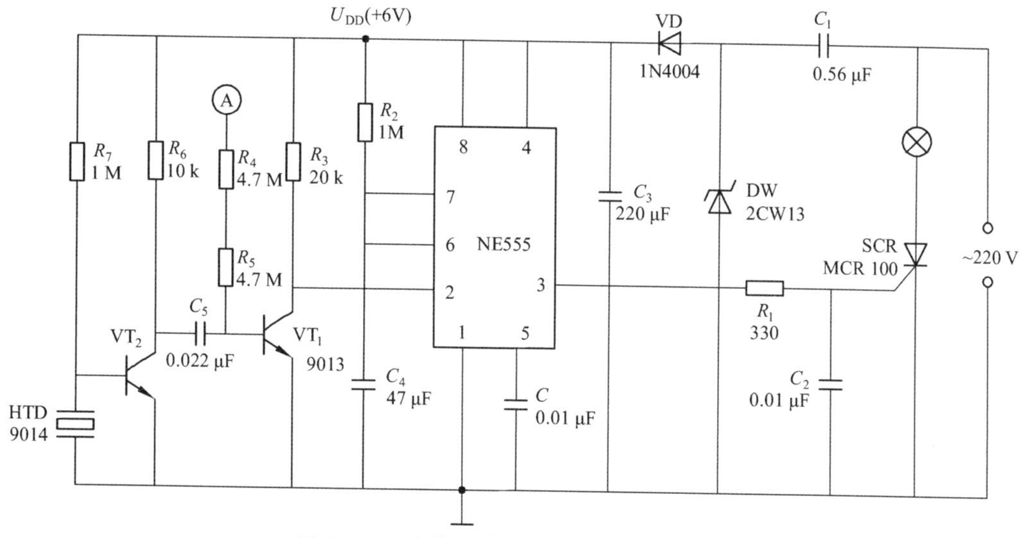

图 9.10　触摸、声控双功能延时灯电路

三、施密特触发器

施密特触发器最重要的特点是能够把变化缓慢的输入信号整形成边沿陡峭的矩形脉冲。同时，施密特触发器还可利用其回差电压来提高电路的抗干扰能力。

施密特触发器由两级直流放大器组成。两只晶体管的发射极连接在一起。该电路也有两个稳定状态(即为双稳态电路)，但它是靠电位触发的。两个稳态的相互转换取决于输入信号的大小，当输入信号电位达到接通电位且维持在大于接通电位时，电路保持为某一稳态；如果输入信号电位降到断开电位且维持在小于断开电位时，电路迅速翻转且保持在另一状态。

施密特触发器常用于电位鉴别、幅度鉴别以及对任意波形进行整形。

(一) 555 定时器构成的施密特触发器

1. 电路组成及工作原理

555 定时器构成的施密特触发器如图 9.11 所示。

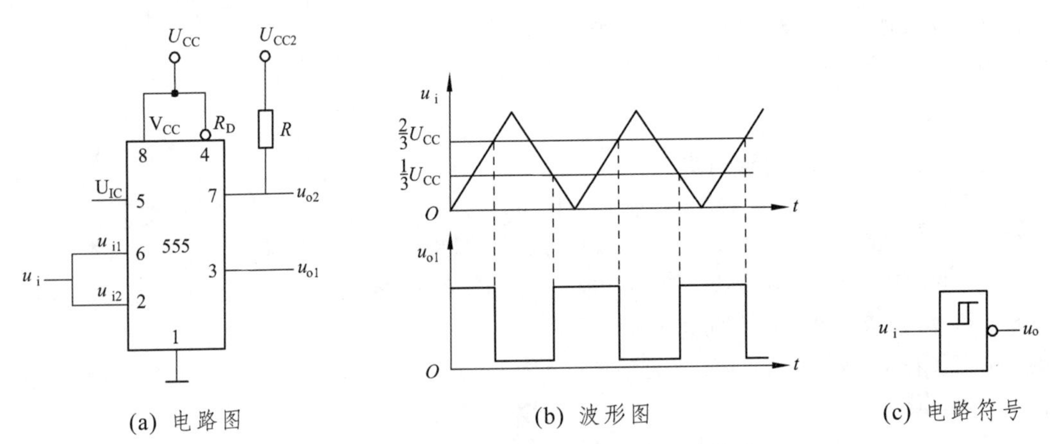

(a) 电路图　　(b) 波形图　　(c) 电路符号

图 9.11　555 定时器构成的施密特触发器

(1) $u_i = 0$ V 时，u_{o1} 输出高电平。

(2) 当 u_i 上升到 $\frac{2}{3}U_{CC}$ 时，u_{o1} 输出低电平。当 u_i 由 $\frac{2}{3}U_{CC}$ 继续上升，u_{o1} 保持不变。

(3) 当 u_i 下降到 $\frac{1}{3}U_{CC}$ 时，电路输出跳变为高电平，而且在 u_i 继续下降到 0 V 时，电路的这种状态不变。

图中，R、U_{CC2} 构成另一输出端 u_{o2}，其高电平可以通过改变 U_{CC2} 进行调节。

2. 电压滞回特性和主要参数

电压滞回特性如图 9.12 所示。

主要静态参数：

(1) 上限阈值电压 U_{T+}：是指 u_i 上升过程中，输出电压 u_o 由高电平 U_{oH} 跳变到低电平 U_{oL} 时，所对应的输入电压值。$U_{T+} = \frac{2}{3}U_{CC}$。

(2) 下限阈值电压 U_{T-}：是指 u_i 下降过程中，u_o 由低电平 U_{oL} 跳变到高电平 U_{oH} 时，所对应的输入电压值。$U_{T-} = \frac{1}{3}U_{CC}$。

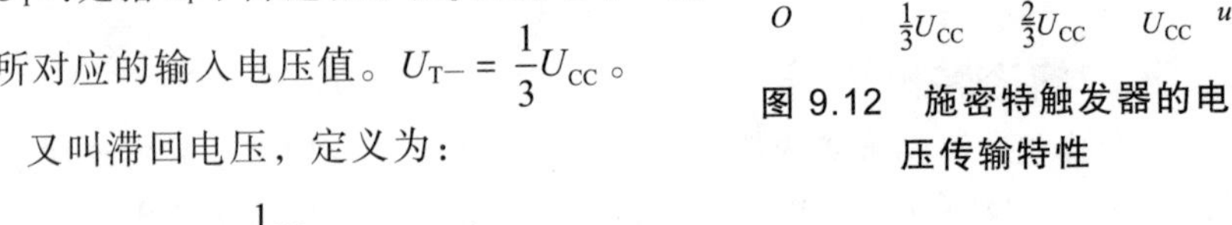

(3) 回差电压 ΔU_T，又叫滞回电压，定义为：

$$\Delta U_T = U_{T+} - U_{T-} = \frac{1}{3}U_{CC}$$

图 9.12　施密特触发器的电压传输特性

若在电压控制端 U_{IC}(5 脚)外加电压 U_s，则将有 $U_{T+} = U_s$、$U_{T-} = U_s/2$、$\Delta U_T = U_s/2$，而且当改变 U_s 时，它们的值也随之改变。

(二) 集成施密特触发器

施密特触发器可以由 555 定时器构成，也可以用分立元件和集成门电路组成。因为这种电路应用十分广泛，所以市场上有专门的集成电路产品出售，称之为施密特触发门电路。集成施密特触发器性能的一致性好，触发阈值稳定，使用方便。

1. CMOS 集成施密特触发器

图 9.13 所示是 CMOS 集成施密特触发器 CC40106(六反相器)的外引线功能图，表 9.3 所示是其主要静态参数。

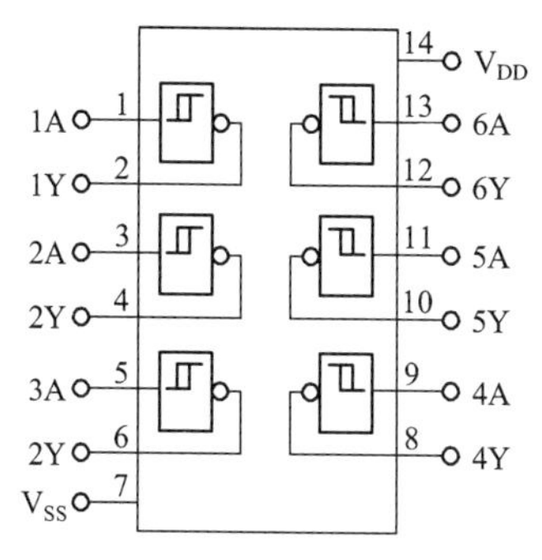

图 9.13　CC40106 的外引线功能图

表 9.3　CC40106 的主要静态参数

电源电压 U_{DD}	U_{T+} 最小值	U_{T+} 最大值	U_{T-} 最小值	U_{T-} 最大值	ΔU_T 最小值	ΔU_T 最小值
5 V	2.2 V	3.6 V	0.9 V	2.8 V	0.3 V	1.6 V
10 V	4.6 V	7.1 V	2.5 V	5.2 V	1.2 V	3.4 V
15 V	6.8 V	10.8 V	4 V	7.4 V	1.6 V	5 V

2. TTL 集成施密特触发器

图 9.14 所示是 TTL 集成施密特触发器 74LS14 的外引线功能图，常用的 TTL 集成施密特触发器的主要参数典型值如表 9.4 所示。

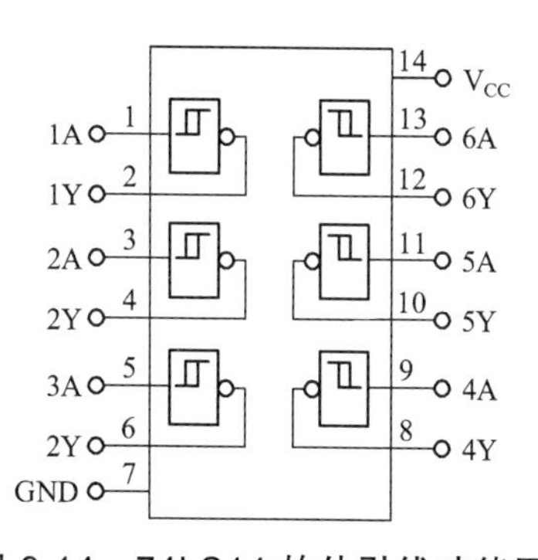

图 9.14　74LS14 的外引线功能图

表 9.4　TTL 集成施密特触发器的主要参数典型值

器件型号	延迟时间 (ns)	每门功耗 (mW)	U_{T+} (V)	U_{T-} (V)	ΔU_T (V)
74LS14	15	8.6	1.6	0.8	0.8
74LS132	15	8.8	1.6	0.8	0.8
74LS13	16.5	8.75	1.6	0.8	0.8

TTL 集成施密特触发器具有以下特点：

(1) 输入信号边沿的变化即使非常缓慢，电路也能正常工作。

(2) 对于阈值电压和滞回电压均有温度补偿。

(3) 带负载能力和抗干扰能力都很强。

集成施密特触发器不仅可以做成单输入端反相缓冲器形式，还可以做成多输入端“与非”门形式，如 CMOS 四 2 输入“与非”门 CC4093，TTL 四 2 输入“与非”门 74LS132 和双 4 输入“与非”门 74LS13 等。

四、集成 555 定时器

(一) 555 集成电路概述

555 集成电路开始出现时是作定时器应用的，所以叫做 555 定时器或 555 时基电路。但是后来经过开发，使它除了用作定时延时控制外，还可以用于调光、调温、调压、调速等多种控制以及计量检测等；还可以组成脉冲振荡、单稳、双稳和脉冲调制电路，作为交流信号源以及完成电源变换、频率变换、脉冲调制等用途。由于它工作可靠、使用方便、价格低廉，因此目前被广泛用于各种小家电中。

555 集成电路内部有几十个元器件，有分压器、比较器、触发器、输出管和放电管等，电路比较复杂，是模拟电路和数字电路的混合体。它的性能和参数要在非线性模拟集成电路手册中才能查到。555 集成电路是 8 脚封装，图 9.15(a)所示是双列直插型封装，按输入输出的排列可简画成图 9.15(b)所示。其中 6 脚称阀值端(TH)，是上比较器的输入。2 脚称触发端($\overline{\mathrm{TR}}$)，是下比较器的输入。3 脚是输出端(V_o)，它有 0 和 1 两种状态，它的状态是由输入端所加的电平决定的。7 脚是放电端(DIS)，它是内部放电管的输出，它也有悬空和接地两种状态，也是由输入端的状态决定的。4 脚是复位端($\overline{\mathrm{MR}}$)，加上低电平(< 0.3 V)时可使输出成低电平。5 脚是控制电压端(V_c)，可以用它改变上、下触发电平值。8 脚是电源，1 脚为接地端。

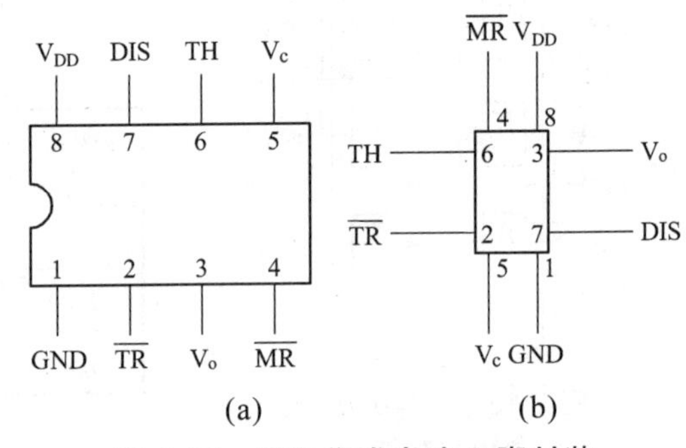

图 9.15 555 集成电路 8 脚封装

对于初学者来说，可以把 555 电路等效成一个带放电开关的 RS 触发器，如图 9.16(a)所示。这个特殊的触发器有两个输入端；阈值端(TH)可看成是置零端 R，要求高电平；触发端($\overline{\mathrm{TR}}$)可看成是置位端$\overline{\mathrm{S}}$，低电平有效。它只有 1 个输出端 V_o，V_o可等效成触发器的 Q 端。放电端(DIS)可看成由内部的放电开关控制的一个接点，放电开关由触发器的 Q 端控制：$\overline{Q}=1$ 时 DIS 端接地；$\overline{Q}=0$ 时 DIS 端悬空。此外这个触发器还有复位端$\overline{\mathrm{MR}}$、控制电压端 V_c、电源端 V_{DD}和接地端 GND。

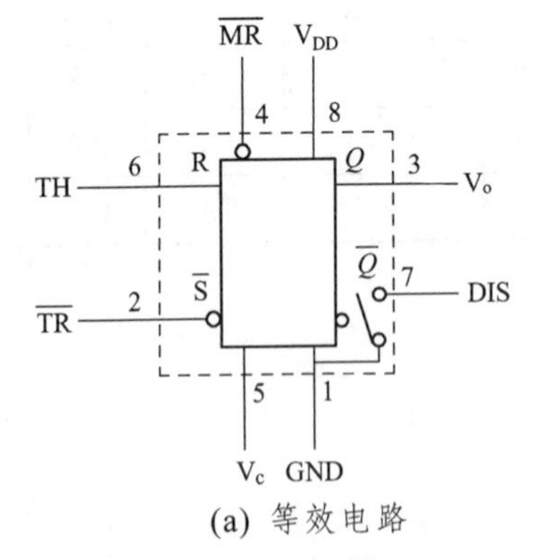

(a) 等效电路

$\overline{\mathrm{MR}}$	R	$\overline{\mathrm{S}}$	V_o	DIS
	1	1	0	接地
1	0	1	Q^n	保持
	×	0	1	开路
0	×	×	0	接地

(b) 功能表

图 9.16 555 集成电路等效为 RS 触发器

这个特殊的 RS 触发器有两个特点：

(1) 两个输入端的触发电平要求一高一低：置零端 R 即阈值端 TH 要求高电平，而置低端$\overline{\mathrm{S}}$即触发端$\overline{\mathrm{TR}}$则要求低电平。

(2) 两个输入端的触发电平，也就是使它们翻转的阈值电压值也不同，当 V_c 端不接控制电压时，对 TH(R) 端来讲，>$2/3U_{DD}$ 是高电平 1，< $2/3U_{DD}$ 是低电平 0；而对 $\overline{TR}$ ($\overline{S}$)端来讲，> $1/3U_{DD}$ 是高电平 1，< $1/3U_{DD}$ 是低电平 0。如果在控制端(V_c)加上控制电压 U_c，这时上触发电平就变成 U_c 值，而下触发电平则变成 $1/2U_c$。可见改变控制端的控制电压值可以改变上下触发电平值。

经过简化，555 集成电路可以等效成一个 RS 触发器，它的功能表如图 9.16(b)所示。

555 集成电路有双极型和 CMOS 型两种。CMOS 型的优点是功耗低、电源电压低、输入阻抗高，但输出功率较小，输出驱动电流只有几毫安。双极型的优点是输出功率大，驱动电流达 200 mA，其它指标则不如 CMOS 型的。

此外还有一种 556 双时基电路，14 脚封装，内部包含有两个相同的时基电路单元。555 集成电路的应用电路很多，大体上可分为 555 单稳、555 双稳和 555 无稳三类。

(二) 555 单稳电路

555 单稳电路有一个稳态和一个暂稳态。555 的单稳电路是利用电容的充放电形成暂稳态的，因此它的输入端都带有定时电阻和定时电容，常见的 555 单稳电路有以下两种。

1. 人工启动型单稳

将 555 电路的 6、2 端并接起来接在 RC 定时电路上，在定时电容 C_T 两端接按钮开关 SB，就成为人工启动型 555 单稳电路，见图 9.17(a)。用等效触发器替代 555，并略去与单稳工作无关的部分后画成等效图 9.17(b)。下面分析它的工作：

(1) 稳态：接上电源后，电容 C_T 很快充到 U_{DD}，从图 9.17(b)看到，触发器输入 $R=1$，$\overline{S}=1$，从功能表查到输出 $u_o=0$，这是它的稳态。

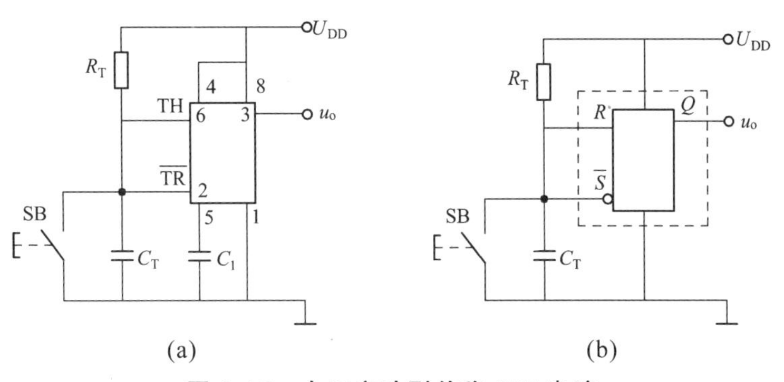

图 9.17　人工启动型单稳 555 电路

(2) 暂稳态：按下开关 SB，C_T 上电荷很快放到零，相当于触发器输入 $R=0$，$\overline{S}=0$，输出立即翻转成 $u_o=1$，暂稳态开始。开关放开后，电源又向 C_T 充电，经时间 t_d 后，C_T 上电压升到 $>2/3U_{DD}$ 时，输出又翻转成 $u_o=0$，暂稳态结束。t_d 就是单稳电路的定时时间或延时时间，它和定时电阻 R_T 和定时电容 C_T 的值有关；$t_d=1.1R_TC_T$。

2. 脉冲启动型单稳

把 555 电路的 6、7 端并接起来接到定时电容 C_T 上，用 2 端作输入就成为脉冲启动型单稳电路，见图 9.18(a)。电路的 2 端平时接高电平，当输入接低电平或输入负脉冲时才启动电路。用等效触发器替代 555 电路后可画成图 9.18(b)。这个电路利用放电端使定时电容能快速放电。下面分析它的工作状态：

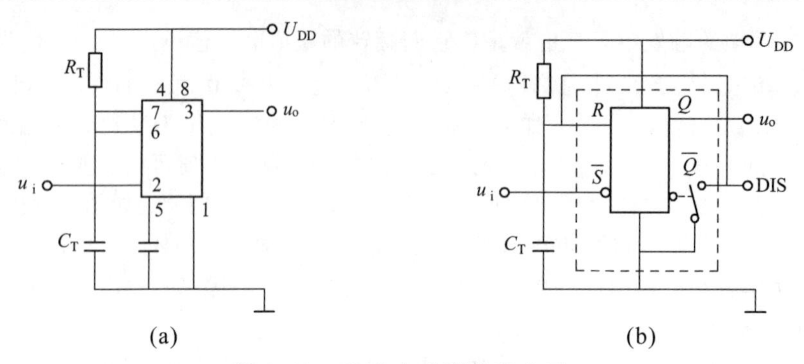

图 9.18 脉冲启动型单稳电路

(1) 稳态：通电后，$R=1$，$\overline{S}=1$，输出 $u_0=0$，DIS 端接地，C_T 上电压为 0，即 $R=0$，输出仍保持 $u_o=0$，这是它的稳态。

(2) 暂稳态：输入负脉冲后，输入 $\overline{S}=0$，输出翻转成 $u_o=1$，DIS 端开路，电源通过 R_T 向 C_T 充电，暂稳态开始。经过 t_d 后，C_T 上电压升到 $>2/3U_{DD}$，这时负脉冲已经消失，输入又成为 $R=1$，$\overline{S}=1$，输出又翻转成 $u_o=0$，暂稳态结束。这时内部放电开关接通，DIS 端接地，C_T 上电荷很快放到零，为下一次定时控制作准备。电路的定时时间 $t_d=1.1R_TC_T$。

上述两种单稳电路常用作定时延时控制。

(三) 555 双稳电路

常见的 555 双稳电路有两种。

1. RS 触发器型双稳电路

把 555 电路的 6、2 端作为两个控制输入端，7 端不用，就成为一个 RS 触发器。要注意的是两个输入端的电平要求和阈值电压都不同，见图 9.19(a)。有时可能只有一个控制端，这时另一个控制端要设法接死，根据电路要求可以把 R 端接到电源端，见图 9.19(b)，也可以把 S 端接地，用 R 端作输入。

有两个输入端的双稳电路常用作电机调速、电源上下限告警等用途，有一个输入端的双稳电路常作为单端比较器用于各种检测电路。

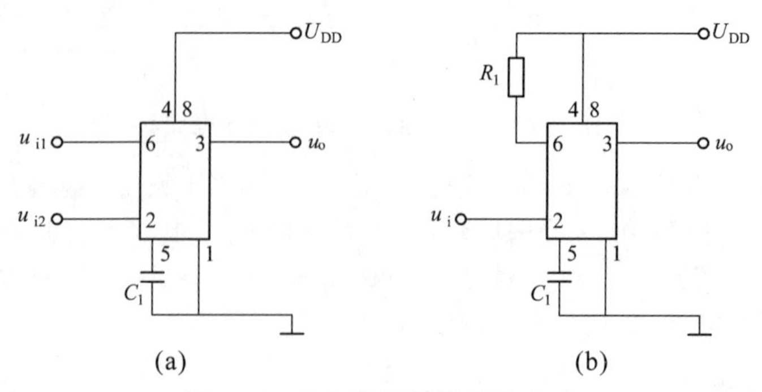

图 9.19 RS 触发器型双稳电路

2. 施密特触发器型双稳电路

把 555 电路的 6、2 端并接起来就成为只有一个输入端的触发器，见图 9.20(a)。这个触发器因为输出电压和输入电压的关系是一个长方形的回线形，见图 9.20(b)，所以被称为施密特触发器。从曲线看到，当输入 $u_i=0$ 时输出 $u_o=1$。当输入电压从 0 上升时，要升到$>2/3U_{DD}$ 以后，

u_o 才翻转成 0。而当输入电压从最高值下降时，要降到 $<1/3U_{DD}$ 以后，u_o 才翻转成 1。所以输出电压和输入电压之间是一个回线形曲线。由于它的输入有两个不同的阈值电压，所以这种电路被用作电子开关，用于各种控制电路、波形变换和整形电路。

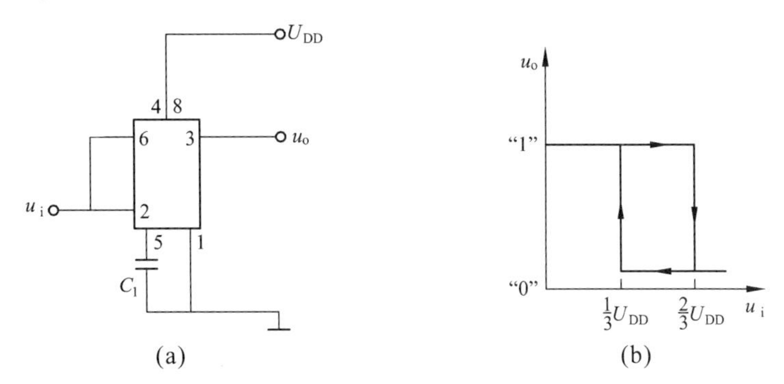

图 9.20　施密特触发器型双稳电路

(四) 555 无稳电路

无稳电路有两个暂稳态，它不需要外触发就能自动从一种暂稳态翻转到另一种暂稳态，它的输出是一串矩形脉冲，所以它又称为自激多谐振荡器或脉冲振荡器。555 的无稳电路有多种，以下介绍常用的三种。

1. 直接反馈型 555 无稳电路

利用 555 施密特触发器的回滞特性，在它的输入端接电容 C，再在输出与输入之间接一个反馈电阻 R_F，就能组成直接反馈型多谐振荡器，见图 9.21(a)。用等效触发器替代 555 电路后可画成图 9.21(b)。下面分析它的振荡工作原理：

刚接通电源时，C 上电压为零，输出 $u_o=1$。通电后电源经内部电阻、u_o 端、R_F 向 C 充电，当 C 上电压升到 $>2/3U_{DD}$ 时，触发器翻转 $u_o=0$，于是 C 上电荷通过 R_F 和 u_o 放电入地。当 C 上电压降到 $<1/3U_{DD}$ 时，触发器又翻转成 $u_o=1$。电源又向 C 充电，不断重复上述过程。由于施密特触发器有 2 个不同的阀值电压，因此 C 就在这 2 个阀值电压之间交替地充电和放电，输出得到的是一串联续的矩形脉冲，见图 9.21(c)。脉冲频率约为 $f=0.722/R_FC$。

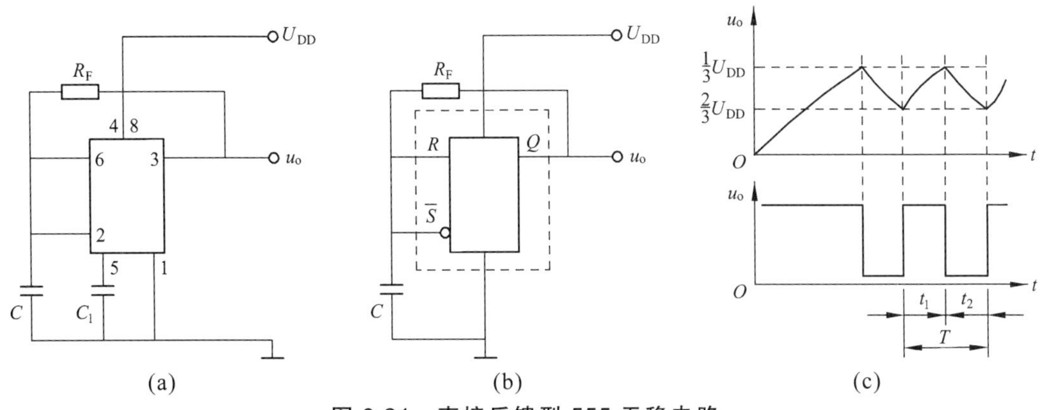

图 9.21　直接反馈型 555 无稳电路

2. 间接反馈型无稳电路

另一种多谐振荡器是把反馈电阻接在放电端和电源上，见图 9.22(a)，这样做使振荡电路和输出电路分开，可以使负载能力加大，频率更稳定。这是目前使用最多的 555 振荡电路。

这个电路在刚通电时，$u_o = 1$，DIS 端开路，C 的充电路径是：电源→R_A→DIS→R_B→C，当 C 上电压上升到 $> 2/3U_{DD}$ 时，$u_o = 1$，DIS 端接地，C 放电，C 放电的路径是：C→R_B→DIS→地。可以看到充电和放电时间常数不等，输出不是方波。$t_1 = 0.693(R_A + R_B)C$、$t_2 = 0.693R_BC$，脉冲频率 $f = 1.443/(R_A + 2R_B)C$

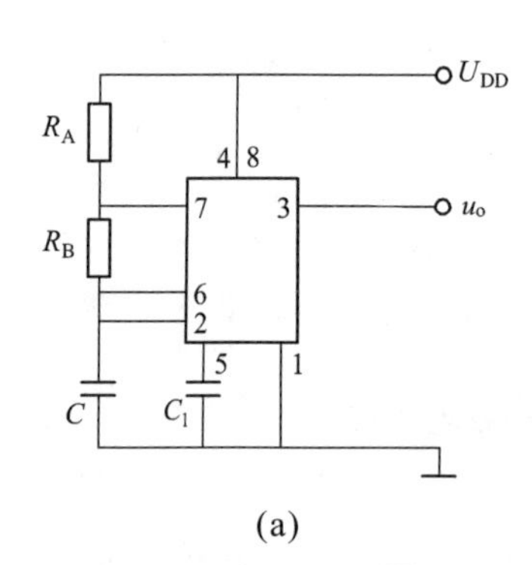

(a)

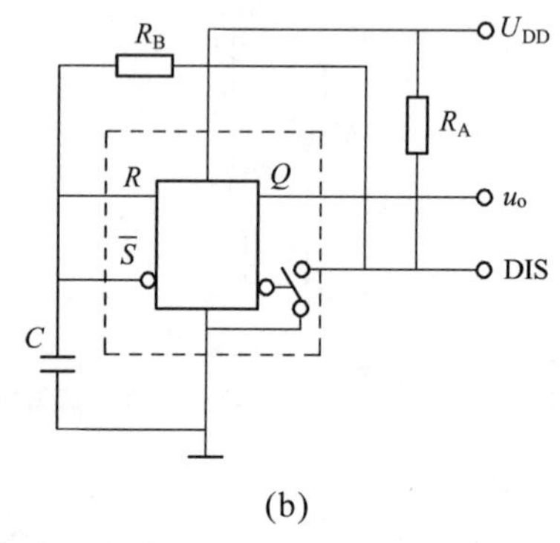

(b)

图 9.22　间接反馈型无稳电路

3. 555 方波振荡电路

要想得到方波输出，可在图 9.22(a)电路的基础上在 R_B 两端并联一个二极管 VD 组成 555 方波振荡电路，如图 9.23 所示。当 $R_A = R_B$ 时，C 的充放电时间常数相等，输出就得到方波。方波的频率为：

$$f = 0.722/R_AC \ (R_A = R_B)$$

在这个电路的基础上，在 R_A 和 R_B 回路内增加电位器以及采用串联或并联 555 方波振荡电路常被用作交流信号源，它的振荡频率范围大致在零点几赫兹到几兆赫兹之间。因为电路简单可靠，所以使用极广。

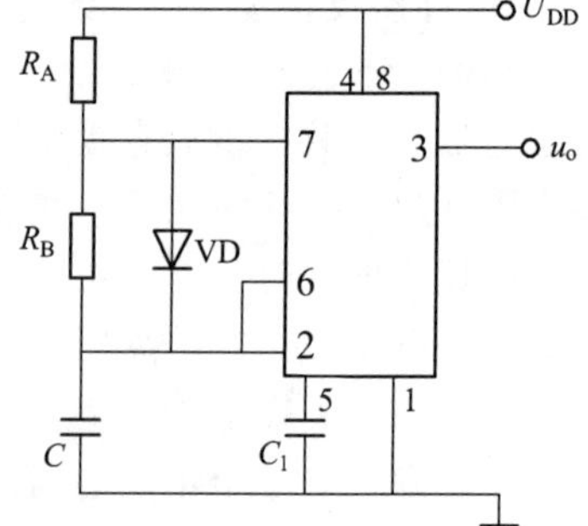

图 9.23　555 方波振荡电路

五、555 电路读图要点

555 集成电路经多年的开发，实用电路多达几十种，几乎遍及各个技术领域。但对初学者来讲，常见的电路也不过是上述几种，因此在读图时，只要抓住关键，识别它们是不难的。

从电路结构上分析，三类 555 电路的区别或者说它们的结构特点主要在输入端。因此当我们拿到一张 555 电路图时，在大致了解电路的用途之后，先看一下电路是 CMOS 型还是双极型，再看复位端($\overline{\text{MR}}$)和控制电压端(V_c)的接法，如果复位端($\overline{\text{MR}}$)是接高电平、控制电压端(V_c)是接一个抗干扰电容的，那就可以按以下的次序先从输入端开始进行分析：

1. 6、2 端是分开的

(1) 7 端悬空不用的一定是双稳电路。如有两个输入的则是双限比较器；如只有一个输入的则是单端比较器。这类电路一般都是用作电子开关、控制和检测电路。

(2) 7、6 端短接并接有电阻电容、取 2 端作输入的一定是单稳电路。它的输入可以用开关人工启动，也可以用输入脉冲启动，甚至为了取得较好的启动效果在输入端带有 RC 微分电路。这类电路一般用作定时延时控制和检测电路。

2. 6、2 端是短接的

(1) 输入没有电容的是施密特触发器电路。这类电路常用作电子开关、告警、检测和整形电路。

(2) 输入端有电阻、电容而 7 端悬空的，这时要看电阻、电容的接法：① R 和 C 串联接在电源和地之间的是单稳电路，R 和 C 就是它的定时电阻和定时电容；② R 在上、C 在下，R 的一端接在 V_o 端上的是直接反馈型无稳电路，这时 R 和 C 就是决定振荡频率的元件。

(3) 端也接在输入端，成"R_A—7—R_B—6、2—C"的形式的就是最常用的无稳电路。这时 R_A 和 R_B 及 C 就是决定振荡频率的元件。这类电路可以有很多种变型：如省去 R_A，把 7 端接在 u_o 上；或者在 R_B 两端并联二极管 VD 以获得方波输出，或者用电阻和电位器组成 R_A 和 R_B，而且在 R_A 和 R_B 两端并联有二极管以获得占空比可调的脉冲波，等等。这类电路是用途最广的，常用于脉冲振荡、音响告警、家电控制、电子玩具、医疗电器以及电源变换等电路。

3. V_c 端接有直流电压

如果控制电压(V_c)端接有直流电压，则只是改变了上、下两个阀值电压的数值，其它分析方法仍和上面的相同。

只要按上述步骤细心分析核对，一定能很快地识别 555 电路的类别和了解它的工作原理，其定时时间、振荡频率等都可以按给出的公式进行估算。

六、555 集成电路应用

(一) 相片曝光定时器

图 9.24 所示是用 555 电路制成的相片曝光定时器。从图中可以看到，输入端 6、2 并接在 RC 串联电路中，所以这是一个单稳电路，R_1 和 R_P 是定时电阻，C_1 是定时电容。

电路在通电后，C_1 上电压被充到 6 V，输出 $u_o = 0$，继电器 KA 不吸动，常开接点是打开的，曝光灯 HL 不亮。这是它的稳态。

按下 SB 后，C_1 快速放电到零，输出 $u_o = 1$，继电器 KA 吸动，点亮曝光灯 HL，暂稳态开始。SB 放开后电源向 C_1 充电，当 C_1 上电压升到 4 V 时，暂稳态结束，定时时间到，电路恢复到稳态。输出翻转成 $u_o = 0$，继电器 KA 释放，曝光灯熄灭。电路定时时间是可调的，大约是 1 s ~ 2 min。

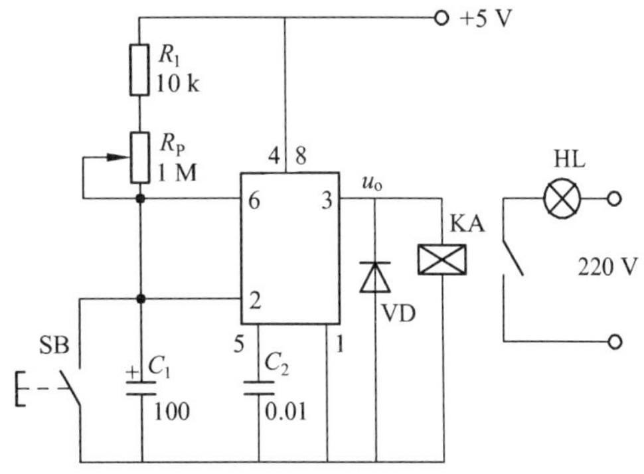

图 9.24　相片曝光定时电路

(二) 光电告警电路

图 9.25 所示是 555 光电告警电路。它使用 556 双时基集成电路，有两个独立的 555 电路。前一个接成施密特触发器，后一个是间接反馈型无稳电路。图中引脚号码是 556 的引脚号码。

三极管 VT 导通，VT 的集电极电压只有 0.3 V，加在 555b 的复位端(MR)，使 555b 处于复位状态，即无振荡输出。

图中 R_1 是光敏电阻，无光照时阻值为几兆欧姆至几十兆欧姆，所以 555a 的输入相当于 $R=0$、$S=0$，输出 $u_o=1$。当 R_1 受光照后，阻值突然下降到只有几千欧姆至几十千欧姆，于是 555a 的输入电压上升到上阀值电压以上，输出翻转成 $u_o=0$，VT 截止，VT 集电极电压升高，555b 被解除复位状态而振荡，于是扬声器 BL 发声告警。555b 的振荡频率大约是 1 kHz。

如果把整个装置放入公文包内，那么当打开公文包时，这个装置会发声告警而成为防盗告警装置。

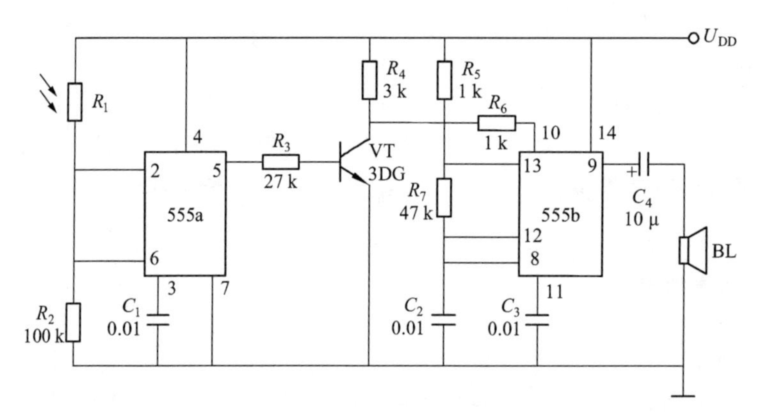

图 9.25　光电告警电路

任务二　555 叮咚音响电子门铃电路的制作

一、电路设计

参考电路如图 9.26 所示。

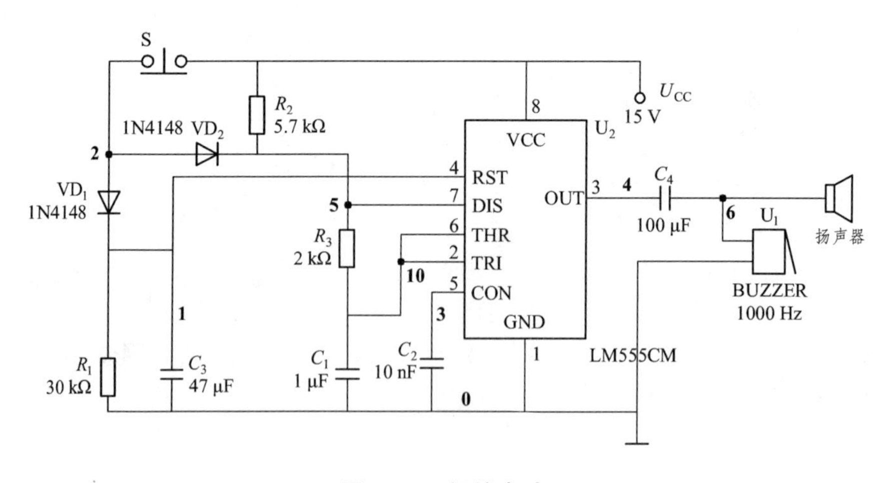

图 9.26　门铃电路

二、元器件清单

元器件清单如表 9.5 所示。

表 9.5　元器件清单表

器件名称	型　号	参　数	个　数	器件名称	型　号	参　数	个　数
555 定时器	LM555CM		1	电容	C_1	1 μF	1
扬声器			1		C_2	10 nF	1
开关			1		C_3	47 μF	1
电阻	R_1	30 kΩ	1		C_4	100 μF	1
	R_2	5.7 kΩ	1	二极管	VD_1		1
	R_5	2 kΩ	1		VD_2		1

三、工作原理

开关 S 是门上的按钮开关，在平日没有按下的时候，C_3 无法接通不进行充电，因而 C_3 处的电压为 0，4 端口(复位端)一直处于低电平，导致 3 端口输出一直为 0，扬声器无法工作。而 C_1 通过 R_2、R_3 进行充电，充满电后，其电压约为电源电压。

当闭合开关 S 时，U_{CC} 的电流流过二极管 VD_1 对 C_3 进行充电，其两端电压升高，4 端口的电压也开始逐渐升高。当 C_3 端电压上升为高电平时，即 4 端口输入的是高电平，555 定时器启动，所以 VD_2、R_3 和 C_1 组成的多谐振荡器开始工作，输出频率 f_1。

当断开开关 S 时，R_1 和 C_3 组成回路，C_3 开始放电，同时 R_2、R_3 和 C_1 组成多谐振荡器开始工作，输出频率为 f_2。当 C_3 放电完毕的时候，4 端口又恢复低电平，555 定时器停止工作。

输出端接扬声器，输出端有电流时就会使扬声器发声。输出端频率不同时，发出的声音就不同。本电路中设计了两种不同的频率，因此扬声器就会发出“叮”“咚”两种不同的声音。

【课堂任务】

1. 简述用集成 555 定时器构成单稳态触发器的方法。
2. 简述用集成 555 定时器构成施密特触发器的方法。
3. 集成 555 定时器由哪几部分组成，各部分的作用是什么？
4. 试述施密特触发器的工作特点和主要用途。
5. 简述单稳态触发器的工作特点和主要用途。
6. 请写出电子门铃电路的设计思路。
7. 在组长的带领下，首先进行元器件的检测，其次进行元器件的安装、焊接，最后进行调试。

【课后任务】

以小组为单位完成以下任务：

1. 到电子元器件市场调研，了解电子门铃电路各个元器件的价格。

2. 根据所学知识制作出符合要求的电子门电器。

3. 上述任务完成后，进行小组自评和互评，最后教师讲评，取长补短，开拓完善知识内容。

项目 9 小结

在这一项目里介绍了用于产生矩形脉冲的各种电路。其中一类是脉冲整形电路，它们虽然不能自动产生脉冲信号，但能把其他形状的周期性信号变换为所要求的矩形脉冲信号，达到整形的目的。

施密特触发器和单稳态触发器是最常用的两种整形电路。因为施密特触发器的输出脉冲的宽度是由输入信号决定的，由于它的滞回特性和输出电平过程中正反馈的作用，所以输出电压波形的边沿得到明显的改善。单稳态触发器输出信号的宽度则完全由电路参数决定，与输入信号无关。输入信号只起触发作用。因此，单稳态触发器可以用于产生固定宽度的脉冲信号。

555 定时器是一种用途很广的集成电路，除了能组成施密特触发器、单稳态触发器和多谐振荡器以外，还可以接成应用电路。读者可参阅有关书籍并且根据需要自行设计出所需要的电路。

在分析单稳态触发器和多谐振荡器时，采用的是波形分析法。在分析一些简单的脉冲电路时，这种分析方法物理概念清楚，简单实用。现将这种分析方法的步骤归纳如下；

(1) 分析电路的工作过程。定性地画出电路中各点电压的波形，找出决定电路状态发生转换的控制电压。

(2) 画出控制电压充、放电的等效电路，并将得到的电路化简。

(3) 确定每个控制电压充、放电的起始值、终了值和转换值。

(4) 计算充、放电时间，求出所需的计算结果。

可以看出，这种分析方式的关键在于能否通过对电路工作过程的分析正确地画出电路各点的电压波形。为此必须正确理解电路的工作原理。

在分析采用常见的器件组成的典型脉冲电路时，也可以借助于计算机辅助分析的手段。在一些实用的计算机辅助分析软件中已编制了这些器件的数学模型和电路的分析程序。但无论是建立器件的数学模型还是开发分析程序，都是以充分了解电路的工作原理为基础的。

项目 10
数字电压表电路分析与制作

【工学目标】

1. 学会分析工作任务，在教师的引导下，完成制订工作计划、课堂任务、课后任务和学习效果评价等工作环节。

2. 了解 A/D、D/A 转换器的特性和参数等原理性知识；根据项目要求会选择并使用合适的 A/D、D/A 转换器；通过查阅相关资料了解数字电压表的组成及掌握数字电压表的基本工作原理。

3. 能够正确选择元器件，利用各种工具安装和焊接简单电路，并利用各种仪表和工具排除简单电路故障。

4. 能够主动提出问题，遇到问题能够自主或者与他人研究解决，具有良好的沟通和团队协作能力，建立良好的环保意识、质量意识和安全意识。

5. 通过课堂任务的完成，最后以小组为单位制作出符合要求的数字电压表。

【典型任务】

任务一　D/A 转换器认知

大家知道，数字量是用代码按数位组合起来表示的，对于有权码，每位代码都有一定的权。为了将数字量转换成模拟量，必须将每一位的代码按其权的大小转换成相应的模拟量，然后将这些模拟量相加，即可得与数字量成正比的总模拟量，从而实现了数字—模拟转换。这就是组成 D/A 转换器的基本指导思想。

n 位 D/A 转换器的方框图如图 10.1 所示。

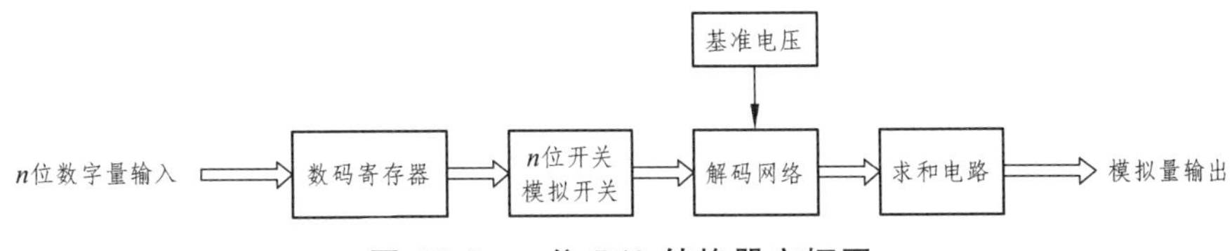

图 10.1　*n* 位 D/A 转换器方框图

D/A 转换器由数码寄存器、模拟电子开关电路、解码网络、求和电路及基准电压几部分组成。数字量以串行或并行方式输入并存储于数码寄存器中，寄存器输出的每位数码驱动对应数位上的电子开关将在电阻解码网络中获得的相应数位权值送入求和电路。求和电路将各位权值相加便得到与数字量对应的模拟量。

D/A 转换器按解码网络结构的不同，分为 T 形电阻网络、倒 T 形电阻网络 D/A 转换器、权电流 D/A 转换器及权电阻网络 D/A 转换器等。按模拟电子开关电路的不同，D/A 转换器又可分为 CMOS 开关型和双极型开关 D/A 转换器。其中双极型开关 D/A 转换器又分为电流开关型和 ECL 电流开关型两种。在速度要求不高的情况下可选用 CMOS 开关型 D/A 转换器；如要求较高的转换速度，则应选用双极型电流开关 D/A 转换器或转换速度更高的 ECL 电流开关型 D/A 转换器。

一、倒 T 形电阻网络 D/A 转换器

在单片集成 D/A 转换器中，使用最多的是倒 T 形电阻网络 D/A 转换器。

4 位倒 T 形电阻网络 D/A 转换器的原理图如图 10.2 所示。图中 $S_0 \sim S_3$ 为模拟开关，R-$2R$ 电阻解码网络呈倒 T 形，运算放大器组成求和电路。模拟开关 S_i 由输入数码 D_i 控制，当 $D_i = 1$ 时，S_i 接运算放大器反相端，电流 I_i 流入求和电路；当 $D_i = 0$ 时，S_i 则将电阻 $2R$ 接地。根据运算放大器线性运用时虚地的概念可知，无论模拟开关 S_i 处于何种位置，与 S_i 相连的 $2R$ 电阻均将接“地”(地或虚地)。这样，流经 $2R$ 电阻的电流与开关位置无关，为确定值。分析 R-$2R$ 电阻网络可以发现，从每个节点向左看的二端网络等效电阻均为 R，流入每个 $2R$ 电阻的电流从高位到低位按 2 的整数倍递减，设由基准电压源提供的总电流为 $I(I = U_{\text{REF}}/R)$，则流过各开关支路(从右到左)的电流分别为 $I/2$、$I/4$、$I/8$ 和 $I/16$。

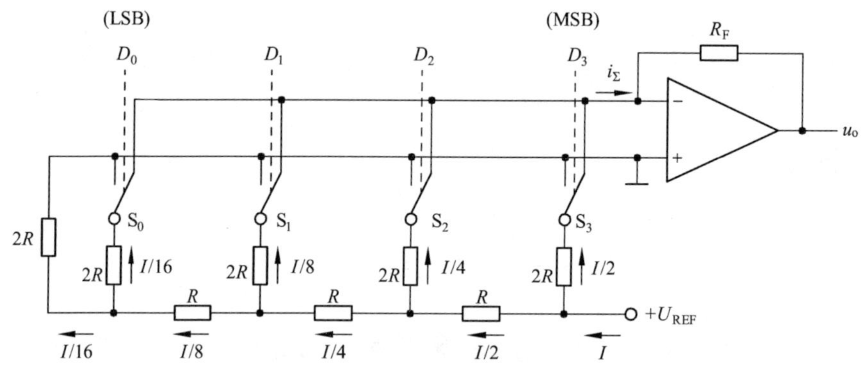

图 10.2 倒 T 形电阻网络 D/A 转换器

于是可得总电流：

$$i_\Sigma = \frac{U_{\text{REF}}}{R}\left(\frac{D_0}{2^4} + \frac{D_1}{2^3} + \frac{D_2}{2^2} + \frac{D_3}{2^1}\right) = \frac{U_{\text{REF}}}{2^4 \times R}\sum_{i=0}^{3}(D_i \times 2^i) \tag{10.1}$$

输出电压：

$$u_o = -i_\Sigma R_F = -\frac{R_F}{R}\cdot\frac{U_{\text{REF}}}{2^4}\sum_{i=0}^{3}(D_i \times 2^i) \tag{10.2}$$

将输入数字量扩展到 n 位，可得 n 位倒 T 型电阻网络 D/A 转换器输入模拟量与输入数字量之间的一般关系式为:

$$u_o = -\frac{U_{\text{REF}}}{2^n}\cdot\frac{R_F}{R}\sum_{i=0}^{n-1}(D_i \times 2^i) \tag{10.3}$$

若将式中 $\frac{U_{\text{REF}}}{2^n}\cdot\frac{R_F}{R}$ 用 K 表示，中括号内的 n 位二进制数用 N_B 表示，则式(10.3)可改写为

$$u_o = -K N_B \tag{10.4}$$

式(10.4)表明，对于在图 10.2 电路中输入的任意一个二进制数 N_B，均能在其输出端得到与之成正比的模拟电压 u_o。

通过以上分析可知，要使 D/A 转换器具有较高的精度，对电路中的参数有以下要求：

(1) 基准电压稳定性好。

(2) 倒 T 形电阻网络中 R 和 $2R$ 电阻比值的精度要高。

(3) 每个模拟开关的电压降要相等。为实现电流从高位到低位按 2 的整数倍递减，模拟开关的导通电阻也相应按 2 的整数倍递增。

由于在倒 T 形电阻网络 D/A 转换器中各支路电流直接流入运算放大器的输入端，它们之间不存在传输上的时间差。电路的这一特点不仅调高了转换速度，而且也减小了动态过程中输出端可能出现的尖脉冲。它是目前广泛使用的 D/A 转换器中速度较快的一种。常用的 CMOS 开关倒 T 形电阻网络 D/A 转换器的集成电路有 AD7520(10 位)、DAC1210(12 位)及 AK7546(16 位高精度)等。

二、权电流型 D/A 转换器

尽管倒 T 形电阻网络 D/A 转换器具有较高的转换速度，但由于电路中存在模拟开关电压降，当流过各支路的电流稍有变化时，就会产生转换误差。为进一步提高 D/A 转换器的精度，可采用权电流型 D/A 转换器。4 位权电流 D/A 转换器原理电路如图 10.3 所示。电路中，用一组恒流源代替了图 10.2 中的倒 T 型电阻网络。这组恒流源从高电位到低电位的大小依次为 $I/2$、$I/4$、$I/8$、$I/16$。

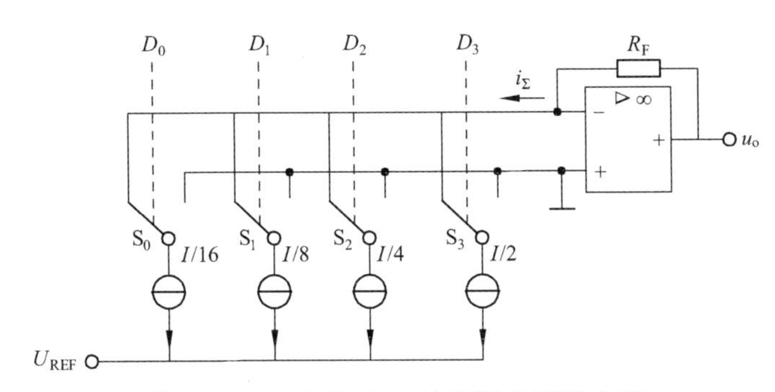

图 10.3　权电流 D/A 转换器的原理电路

在图 10.3 所示电路中，当输入数字量的某一单位代码 $D_i = 1$ 时，开关 S_i 接运算放大器的相反端，相应权电流流入求和电路；当 $D_i = 0$ 时，开关 S_i 接地。分析该电路可得出：

$$
\begin{aligned}
u_0 &= i_\Sigma R_F = R_F\left(\frac{I}{2}D_3 + \frac{I}{4}D_2 + \frac{I}{8}D_1 + \frac{I}{16}D_0\right) \\
&= \frac{I}{2^4}R_F(2^3 \times D_3 + 2^2 \times D_2 + 2^1 \times D_1 + 2^0 \times D_0)
\end{aligned}
\tag{10.5}
$$

采用了恒流源电路后，各支路权电流的大小均不受开关导通电阻和压降的影响，这就降低了对开关电路的要求，提高了转换精度。

如将图 10.3 中所示恒流源采用具有电流负反馈的 BJT 恒流源电路，即可得到如图 10.4 所示的实际的权电流 D/A 转换器电路。

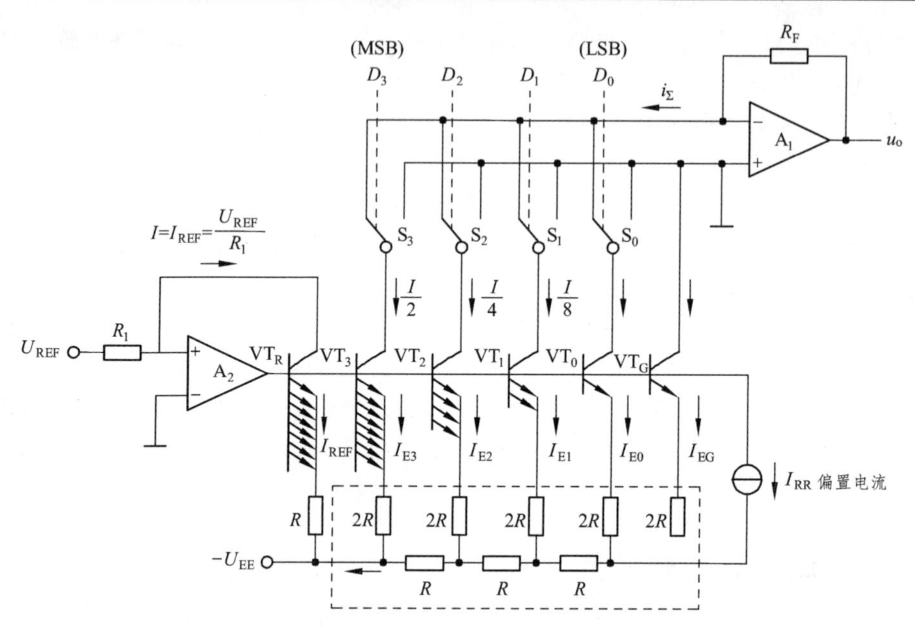

图 10.4 实际权电流 D/A 转换器电路

为消除因各 BJT 发射结电压 U_{BE} 的不一致性对 D/A 转换精度的影响，图中 $VT_3 \sim VT_0$ 均采用了多发射极晶体管，其发射级个数分别是 8、4、2、1，即 $VT_3 \sim VT_0$ 发射极面积之比为 8:4:2:1。这样，在各 BJT 电流比值为 8:4:2:1 的情况下，$VT_3 \sim VT_0$ 的发射极电流密度相等，可使各发射结电压 U_{BE} 相同。由于 $VT_3 \sim VT_0$ 的基极电压相同，所以它们的发射极 E_3、E_2、E_1、E_0 就为等电位点。在计算各支路时将它们等效连接后，可看出电路中的到 T 形电阻网络与图 10.2 中的工作状态完全相同，流入每个 2R 电阻的电流从高位到低位依次减少 1/2，各支路中电流分配比例满足 8:4:2:1 的要求。

基准电流产生电路由运算放大器 A_2、R_1、VT_1、R 和 $-U_{EE}$ 组成，A_2 和 R_F、VT_2 的 CB 结组成电压并联负反馈电路，以稳定输出电压。由于电路处于深度负反馈，根据虚短的原理，其基准电流为：

$$I_{REF} = \frac{U_{REF}}{R_1} = 2I_{E3} \tag{10.6}$$

由倒 T 形电阻网络分析可知，$I_{E3} = I/2$，$I_{E2} = I/4$，$I_{E1} = \mathrm{I}/8$，$I_{E0} = I/16$，于是可推得 n 位倒 T 形权电流 D/A 转换器的输出电压

$$u_o = \frac{U_{REF}}{R_1} \cdot \frac{R_F}{2^n} \sum_{i=0}^{n-1} D_i \times 2^i \tag{10.7}$$

式(10.6)表明，基准电流仅与基准电压 U_{REF} 和 R_1 有关，而与 BJT、R、2R 电阻无关。这样，电路降低了对 BJT 参数及 R、2R 取值的要求，对于集成化十分有利。

由于在这种权电流 D/A 转换器中采用了高速电子有关，电路还具有较高的转换速度。通常采用的单片集成权电流 D/A 转换器有 AD1480、DAC0806、DAC0808 等。

三、D/A 转换器的输出方式

常用的 D/A 转换器绝大部分是数字电流转换器，输出量是电流。如要实现电压输出，在实

际应用时还需增加输出电路将电流转换成电压。使用 D/A 转换器，正确选择和设计输出电路是非常重要的，下面来讨论这方面的内容。

在前面介绍的 D/A 转换器中，输入的数字均视为正数，即二进制数的所有位数为数值位。根据电路形式或参考电压的极性不同，输出电压或为 0 V 到正满度值，或为 0 V 到负满度值，D/A 转换器处于单极性输出方式。采用单极性输出方式时，数字输入量采用自然二进制码。8 位 D/A 转换器单极性输出时，输入数字量与输出模拟量之间的关系如表 10.1 所示。

表 10.1　8 位 D/A 转换器在单极性输出时的输入/输出关系

数字量								模拟量
1	1	1	1	1	1	1	1	$\pm U_{\mathrm{REF}}\left(\frac{255}{256}\right)$
⋮								
1	0	0	0	0	0	0	1	$\pm U_{\mathrm{REF}}\left(\frac{129}{256}\right)$
1	0	0	0	0	0	0	0	$\pm U_{\mathrm{REF}}\left(\frac{128}{256}\right)$
0	1	1	1	1	1	1	1	$\pm U_{\mathrm{REF}}\left(\frac{127}{256}\right)$
⋮								
0	0	0	0	0	0	0	1	$\pm U_{\mathrm{REF}}\left(\frac{1}{256}\right)$
0	0	0	0	0	0	0	0	$\pm U_{\mathrm{REF}}\left(\frac{0}{256}\right)$

倒 T 形电阻网络 D/A 转换器单极性电压输出的电路分别如图 10.5(a)、(b)所示。其中图(a)为单极性相反电压输出电路，输出为：

$$u_{\mathrm{o}} = -i_{\Sigma} R_{\mathrm{F}} \tag{10.8}$$

图 10.5(b)为同相电压输出电路，此时

$$u_{\mathrm{o}} = i_{\Sigma} R(1 + R_2 / R_1) \tag{10.9}$$

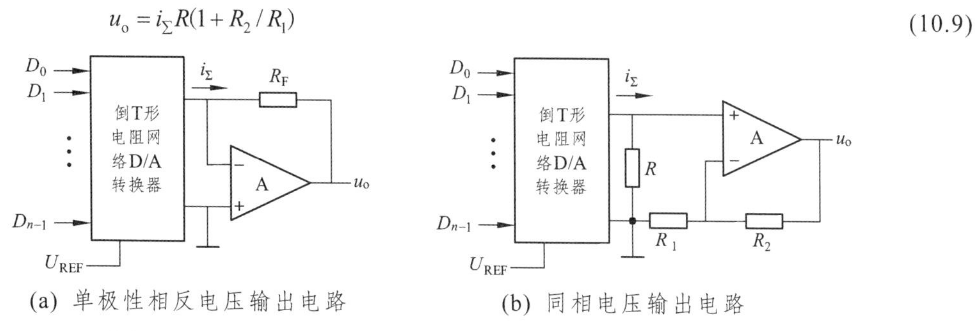

(a) 单极性相反电压输出电路　　(b) 同相电压输出电路

图 10.5　倒 T 形电阻网络 D/A 转换器单极性电压输出电路

在实际应用中，D/A 转换器输入的数字量有正极性也有负极性。这就要求 D/A 转换器能将不同极性的数字量对应转换为正、负极性的模拟电压，工作于双极性方式。双极性 D/A 转换常用的编码有：2 的补码、偏移二进制码及符号-数值码(符号位加数值码)等。表 10.2 列出了 8 位 2 的补码、偏移二进制码及模拟量之间的对应关系。

表 10.2 常用双极性及输出模拟量

十进制数	2 的补码								偏移二进制码								模拟量
	D_7	D_6	D_5	D_4	D_3	D_2	D_1	D_0	D_7	D_6	D_5	D_4	D_3	D_2	D_1	D_0	u_o/U_{LSB}
127	0	1	1	1	1	1	1	1	1	1	1	1	1	1	1	1	127
126	0	1	1	1	1	1	1	0	1	1	1	1	1	1	1	0	126
	…																
1	0	0	0	0	0	0	0	1	1	0	0	0	0	0	0	1	1
0	0	0	0	0	0	0	0	0	1	0	0	0	0	0	0	0	0
−1	1	1	1	1	1	1	1	1	0	1	1	1	1	1	1	1	−1
	…																
−127	1	0	0	0	0	0	0	1	0	0	0	0	0	0	0	1	−127
−128	1	0	0	0	0	0	0	0	0	0	0	0	0	0	0	0	−128

由表 10.2 可见，偏移二进制码与无符号二进制码形式相同，它实际是将二进制码对应的模拟量的零值偏移至 80H，使偏移后的数中，只有大于 128 的才是正数，而小于 128 的为负数。所以，若将单极性 8 位 D/A 转换器的输出电压减去 $U_{REF}/2$(80H 所对应的模拟数)，就可得到极性正确的偏移二进制码输出电压。表中 $U_{LSB} = U_{REF}/256$。

若 D/A 转换器输入数字量是 2 的补码，那么，需先将它转换为偏移二进制码，然后输入到上述 D/A 转换电路中就可实现其双极性输出。实现 2 的补码加 80H 很简单，只需将高位求反即可得到采用 2 的补码输入 8 位双极性输出 D/A 转换电路，如图 10.6 所示。

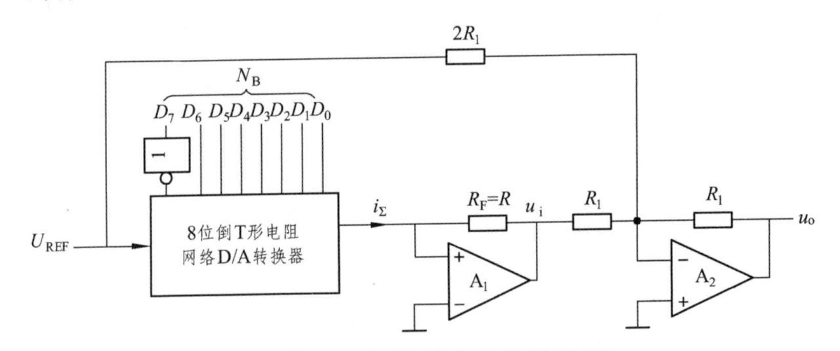

图 10.6 双极性输出 D/A 转换器

图中，输入 N_B 是原码的 2 的补码，最高位取反(加 80H)变为偏移二进制码后送入 D/A 转换器，由 D/A 转换器输出的模拟量 u_i 经 A_2 组成的第二个求和放大器减去 $U_{REF}/2$ 后，得到极性正确的输出电压 u_o，即：

$$u_o = -u_i - \frac{1}{2}U_{REF} = -\left(-\frac{N_B U_{REF}}{2^8} - \frac{U_{REF}}{2}\right) - \frac{U_{REF}}{2} = U_{REF} \times \frac{N_B}{256} \tag{10.10}$$

电路输入 2 的补码 N_B 与 u_o 满足表 10.2 所示的对应关系。

四、D/A 转换器的主要技术指标

D/A 转换器的主要技术指标有转换精度、转换速度和温度特性等。

(一) 转换精度

D/A 转换器的转换精度通常用分辨率和转换误差来描述。

分辨率用于表征 D/A 转换器对输入微小量变化的敏感程度。其定义为 D/A 转换器模拟输出电压可能被分离的等级数。输入数字量位数愈多，输出电压可分离的等级愈多，即分辨率越高。所以在实际应用中，往往用输入数字量的位数表示 D/A 转换器的分辨率。此外，D/A 转换器分辨率也可以用能分辨最小输出电压与最大输出电压之比给出。n 位 D/A 转换器的分辨率可表示为 $1/(2^n-1)$。它表示 D/A 转换器在理论上可以达到的精度。

由于 D/A 转换器中各元件参数值存在误差，基准电压不够稳定和运算放大器的零漂等各种因素的影响，使得 D/A 转换器实际精度还与一些转换误差有关，如比例系数误差、失调误差和非线性误差等。

比例系数误差是指实际转换特性曲线的斜率与理想特性曲线斜率的偏差。例如，在 n 位倒 T 形电阻网络 D/A 转换器中，当 U_{REF} 偏离标准值 ΔU_{REF} 时，就会在输出端产生误差电压 Δu_o。由式(10.3)可知

$$\Delta u_o = \frac{\Delta U_{REF}}{2^n} \cdot \frac{R_F}{R} \sum_{i=0}^{n-1} (D_i \times 2^i) \tag{10.11}$$

由 ΔU_{REF} 引起的误差属于比例系数误差。3 位 D/A 转换器的比例系数误差如图 10.7 所示。

失调误差由运算放大器的零点漂移引起，其大小与输入数字量无关，该误差使输出电压的转移特性曲线发生平移，3 位 D/A 转换器的失调误差如图 10.8 所示。

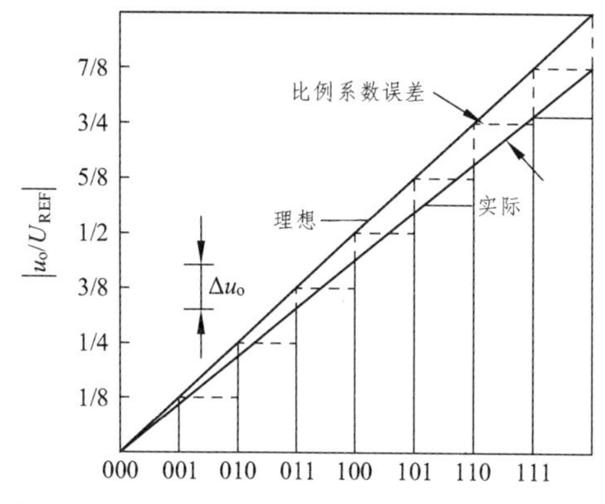

图 10.7　3 位 D/A 转换器的比例系数误差

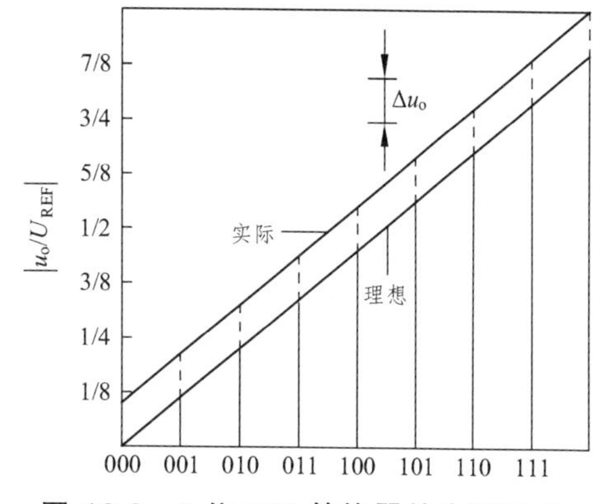

图 10.8　3 位 D/A 转换器的失调误差

非线性误差是一种没有一定变化规律的误差，一般用在满刻度范围内偏离理想值的转移特性的最大值来表示。引起非线性误差的原因较多，例如，电路中的各模拟开关不仅存在不同的导通电压和导通电阻，而且每个开关处于不同位置(接地或接 U_{REF})时，其开关压降和电阻也不一定相等。又如，在电阻网络中，每个支路上的电阻误差不相同，不同位置上的电阻的误差对输出电压的影响也不相同等，这些都会导致非线性误差。

综上所述，为获得高精度的 D/A 转换器，不仅应选择位数较多的高分辨率 D/A 转换器，而且还需要选用高稳度的 U_{REF} 和低零漂的运算放大器等器件与之配合才能达到要求。

(二) 转换速度

当 D/A 转换器输入的数字量发生变化时，输出的模拟量并不能立即达到对应的量值，它需

要一段时间。通常用建立时间和转换速率两个参数来描述 D/A 转换器的转换速度。

建立时间(t_{set})是指输入数字量变化时，输出电压变化到相应稳定电压所需的时间。一般采用 D/A 转换器输入的数字量 N_B 从全 0 变为全 1 时，输出电压达到规定的误差范围(±LSB/2)时所需的时间表示。D/A 转换器的建立时间较快，单片集成 D/A 转换器的建立时间可达 0.1 μs 以内。

转换速率(SR)采用大信号工作状态下，模拟电压的变化率来表示。一般集成 D/A 转换器在不包含外接参考电压源和运算放大器时，转换速率比较高。实际应用中，要实现快速 D/A 转换不仅要求 D/A 转换器有较高的转换速率，而且还应选用转换速率较高的集成运算放大器与之配合使用才行。

(三) 温度系数

温度系数是指在输入不变的情况下，输出模拟电压随温度变化产生的变化量。一般用满刻度输出条件下温度每升高 1 °C，输出电压变化的百分数作为温度系数。

五、集成 D/A 转换器及其应用

集成 D/A 转换器的产品种类繁多，性能指标各异，按其内部电路结构不同一般分为两类：一类集成芯片内部只集成了电阻网络(或恒流源网络)和模拟电子开关，另一类则集成了组成 D/A 转换器的全部电路。集成 D/A 转换器 AD7520 属于前一类，下面以它为例介绍集成 D/A 转换器的结构及其应用。

(一) D/A 转换器 AD7520

AD7520 是 10 位 CMOS 电流开关型 D/A 转换器，其结构简单，通用性好。AD7520 芯片内只含倒 T 形电阻网络、CMOS 电流开关和反馈电阻(R = 10 kΩ)，该集成 D/A 转换器在应用时必须外接参考电压源和运算放大器。AD7520 的内部电路结构参见图 10.2。AD7520 芯片的引线排列图如图 10.9 所示。

图 10.2 中每个电子开关的实际电路如图 10.10 所示。它是由 9 个 MOS 管组成的 CMOS 模拟开关电路。图中 VT_1 ~ VT_3 组成电平转移电路，使输入信号能与 TTL 电平兼容。VT_4、VT_5 及 VT_6、VT_7 组成两个反相器，分别作为模拟开关管 VT_8、VT_9 的驱动电路，VT_8、VT_9 构成单刀双掷开关。

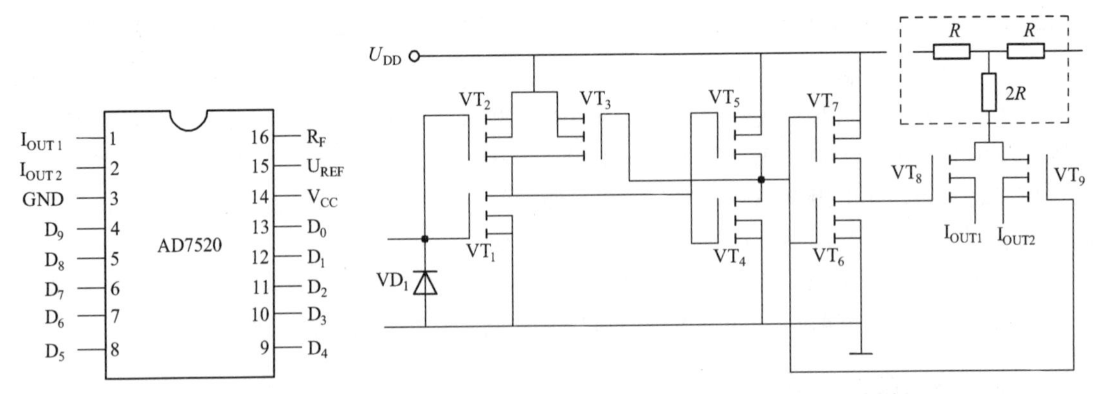

图 10.9　AD7502 引脚图　　　图 10.10　CMOS 模拟开关电路

当 $D_i = 1$ 时，VT_1 输出低电平，VT_4、VT_5 反相器输出高电平，使 VT_6、VT_7 反相器输出低

电平，从而使 VT_8 截止、VT_9 导通，$2R$ 电阻经 VT_9 接至运算放大器反相器的反相输入端，权电流流入运算放大器。

当 $D_i=0$ 时，VT_1 输出高电平，VT_4、VT_5 反相器输出的低电平使 VT_9 截止，VT_6、VT_7 反相器输出的高电平使 VT_8 导通，这样 $2R$ 电阻经 VT_8 接地。

CMOS 模拟开关的导通电阻较大，通过工艺设计可控制其大小并计入电阻网络。AD7502 具有使用简便、功耗低、转换速度较快、温度系数小、通用性强等优点。

(二) 集成 D/A 转换器应用举例

D/A 转换器在实际电路中应用很广，它不仅常作为接口电路用于微机系统，而且还可利用其电路结构特征和输入、输出电量之间的关系构成数控电流源、电压源，数字式可编程增益控制电路和波形产生电路等。下面以数字式可编程增益控制电路和波形电路为例说明它的应用。

1. 数字式可编程增益控制电路

数字式可编程增益控制电路如图 10.11 所示。电路中运算放大器接成普通的反相比例放大形式，AD7520 内部的反馈电阻 R_F 为运算放大器的输入电阻，而由数字量控制的倒 T 形电阻网络为其反馈电阻。当输入数字量变化时，倒 T 形电阻网络的等效电阻便随之改变。这样，反相比例放大器在其输入电阻一定的情况下便可得到不同的增益。

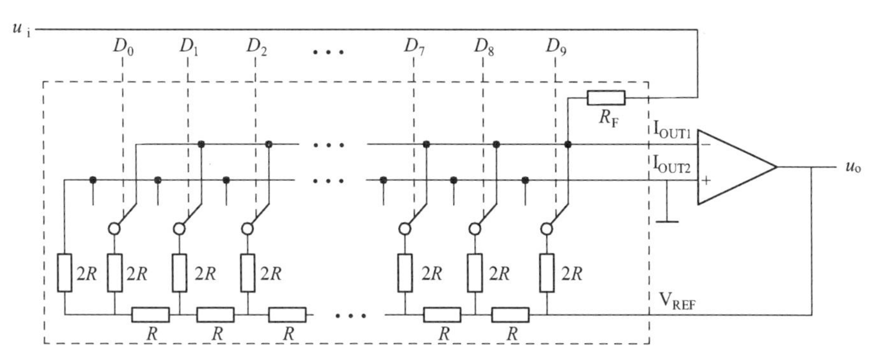

图 10.11 数字式可编程增益控制电路

根据运算放大器虚地原理，可以得到：

$$\frac{u_i}{R_F}=\frac{-u_o}{2^{10}\times R_F}(D_0\times2^0+D_1\times2^1+\cdots+D_9\times2^9) \tag{10.12}$$

所以：

$$A_u=\frac{u_o}{u_i}=\frac{-2^{10}}{D_0\times2^0+D_1\times2^1+\cdots+D_9\times2^9} \tag{10.13}$$

如将 AD7520 芯片中的反馈电阻 R_F 作为反相运算放大器的反馈电阻，数控 AD7520 的倒 T 形电阻网络连接成运算放大器的输入电阻，读者不难推断出该电路为数字式可编程衰减器。

2. 脉冲波产生电路

由 D/A 转换器 AD7520、10 位可逆计数器及加减控制电路组成的波形产生电路如图 10.12 所示。加/减控制电路与 10 位二进制可逆计数器配合工作，当计数器加到全“1”时，加/减控制电路复位使计数器进入减法计数状态，而当减到全“0”时，加/减控制电路置位，使计数器再次处于加法计数状态，如此周而复始。根据式(10.3)，可得 D/A 转换器 I 的输出电压为：

$$u_{o1}=-\frac{U_{REF}}{2^{10}}\cdot\sum_{i=0}^{9}(D_i\times2^i)\tag{10.14}$$

可以看出，u_{o1} 的波形是一个近似的三角波。

将这个三角波作为 D/A 转换器 Ⅱ 的参考电压，由于两个 D/A 转换器数字量相同，于是可得第二级 D/A 转换器输出的模拟电压为：

$$u_{o2}=U_{REF}\left(\frac{\sum_{i=1}^{9}(D_i\times2^i)}{2^{10}}\right)\tag{10.15}$$

显然，u_{o2} 是抛物线波形。

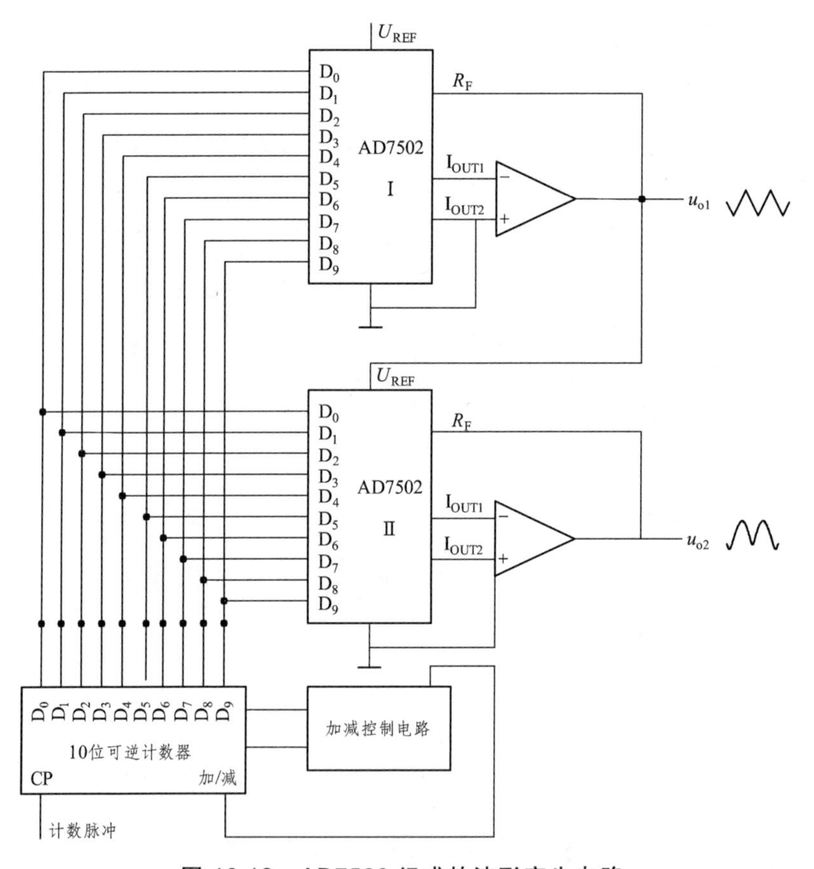

图 10.12　AD7520 组成的波形产生电路

任务二　A/D 转换器认知

模拟量和数字量的转换过程分为两步完成：第一步是传感器将生产过程中连续变化的物理量转换为模拟信号；第二步是 A/D 转换器把模拟信号转换为数字信号。

为将时间连续、幅值也连续的模拟量转换为时间离散、幅值也离散的数字信号，A/D 转换一般要经过取样、保持、量化及编码 4 个过程，在实际电路中，这些过程有的是合并进行的，例如，取样和保持，量化和编码，往往都是在转换过程中同时实现。

一、A/D 转换的一般工作过程

(一) 取样与保持

取样是将随时间连续变化的模拟量转换为时间离散的模拟量。取样过程如图 10.13 所示。图(a)中，传输门受取样信号 $S(t)$控制，在 $S(t)$的脉宽 τ 期间，传输门导通，输出信号 $u_o(t)$为输入信号 $u_i(t)$；而在$(T_s-\tau)$期间，传输门关闭，输出信号 $u_o(t)=0$。电路中各信号的波形如图(b)、(c)、(d)所示。

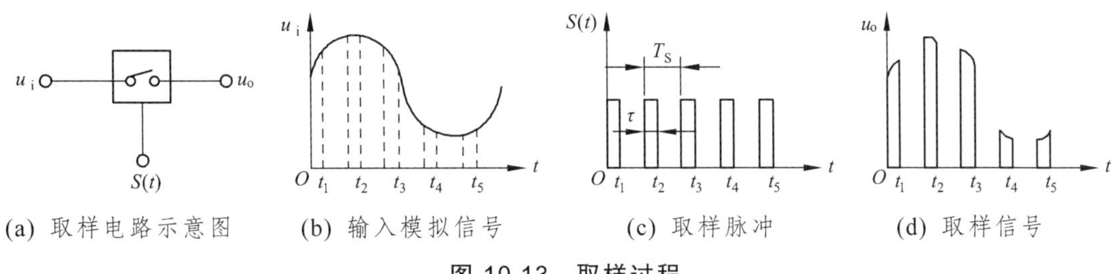

(a) 取样电路示意图　(b) 输入模拟信号　(c) 取样脉冲　(d) 取样信号

图 10.13　取样过程

通过分析可以看出，取样信号 $S(t)$的频率愈高，所取得的信号经低通滤波器后愈能真实地复现输入信号，合理的取样频率由取样定理确定。

取样定理：设取样信号 $S(t)$的频率为 f_s，输入模拟信号 $u_i(t)$的最高频率分量的频率为 f_{imax}，则 f_s 与 f_{imax} 必须满足下面的关系：

$$f_s \geqslant 2f_{imax} \tag{10.16}$$

一般取 $f_s > 2f_{imax}$。

将取样电路每次取得的模拟信号转换为数字信号都需要一定时间，为了给后续的量化编码过程提供一个稳定值，每次取得的模拟信号必须通过保持电路保持一段时间。

取样与保持过程往往是通过取样-保持电路同时完成的。取样-保持电路的原理图及输出波形如图 10.14 所示。电路由输入放大器 A_1、输出放大器 A_2、保持电容 C_H 和开关驱动电路组成。电路中要求 A_1 具有很高的输入阻抗，以减小对输入信号源的影响。为了使保持阶段 C_H 上所存电荷不易泄放，A_2 也应具有较高输入阻抗，A_2 还应具有低的输出阻抗，这样可以提高电路的带负载能力。一般还要求 $A_{u1}\cdot A_{u2}=1$。

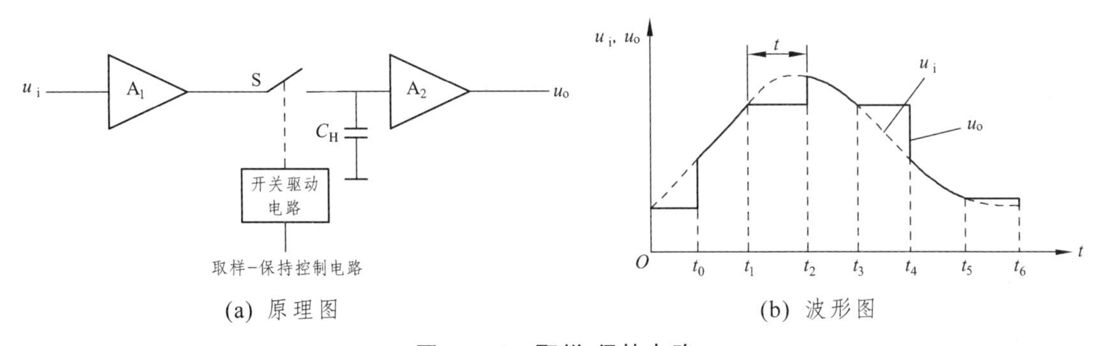

(a) 原理图　(b) 波形图

图 10.14　取样-保持电路

现结合图 10.14 来分析取样-保持电路的工作原理。在 $t = t_0$ 时，开关 S 闭合，电容被迅速充电，由于 $A_{u1} \cdot A_{u2} = 1$，因此 $u_o = u_i$，在 $t_0 \sim t_1$ 时间间隔内是取样阶段。当 $t = t_1$ 时刻 S 断开。若 A_2 的输入阻抗为无穷大、S 为理想开关，这样就可认为电容 C_H 没有放电回路，其两端电压保持 u_o 不变，如图 10.14(b)中 t_1 到 t_2 的平坦段，就是保持阶段。

(二) 量化与编码

数字信号不仅在时间上是离散的，而且在幅值上也是不连续的。任何一个数字量的大小只能是某个规定的最小数量单位的整数倍。为了将模拟信号转换为数字量，在 A/D 转换过程中，还必须将取样-保持电路的输出电压按某种近似方式归化到与之相应的离散电平上，这一转化过程称为数值量化，简称量化。量化后的数值最后还须通过编码过程用一个代码表示出来，经编码后得到的代码就是 A/D 转换器输出的数字量。

量化过程中所取的最小数量单位称为量化单位，用 Δ 表示。它是数字信号最低位为 1 时所对应的模拟量，即 1LSB。

在量化过程中，由于取样电压不一定能被 Δ 整除，所以量化前后不可避免地存在误差，此误差称之为量化误差，用 ε 表示。量化误差属原理误差，它是无法消除的。A/D 转换器的位数越多，各离散电平之间的差值越小，量化误差越小。

量化过程常采用两种近似量化方式：只舍不入量化方式和四舍五入的量化方式。以 3 位 A/D 转换器为例，设输入信号 u_i 的变化范围为 0 ~ 8 V，采用只舍不入量化方式时，取 $\Delta = 1$ V，量化中把不足量化单位部分舍弃，如数值在 0 ~ 1 V 之间的模拟电压都当作 0Δ，用二进制数 000 表示，而数值在 1 ~ 2 V 之间的模模电压都当作 1Δ，用二进制数 001 表示……这种量化方式的最大量化误差为 Δ；如采用四舍五入量化方式，则取量化单位 $\Delta = 8$ V/15,，量化过程中将不足半个量化单位部分舍弃，对于等于或大于半个量化单位部分按一个量化单位处理。它将数值在 0 ~ 4 V/15 之间的模拟电压都当作 0Δ 对待，用二进制数 000 表示，而数值在 4 V/15 ~ 12 V/15 之间的模拟电压均当作 1Δ，用二进制数 001 表示等。不难看出，采用前一种只舍不入量化方式的最大量化误差 $|\varepsilon_{max}| = 1\text{LSB}$，而采用后一种有舍有入量化方式的 $|\varepsilon_{max}| = \text{LSB}/2$，后者量化误差比前者小，故为多数 A/D 转换器所采用。

A/D 转换器的种类很多，按其工作原理不同分为直接 A/D 转换器和间接 A/D 转换器两类。直接 A/D 转换器可将模拟信号直接转换为数字信号，这类 A/D 转换器具有较快的转换速度，其典型电路有并行比较型 A/D 转换器、逐次比较型 A/D 转换器。而间接 A/D 转换器则是先将模拟信号转换成某一中间量(时间或频率)，然后再将中间量转换为数字量输出，此类 A/D 转换器的速度较慢，典型电路是双积分型 A/D 转换器、电压频率转换型 A/D 转换器。下面将详细介绍这几种 A/D 转换器的电路结构及工作原理。

二、并行比较型 A/D 转换器

3 位并行比较型 A/D 转换器的原理电路如图 10.15 所示。它由电阻分压器、电压比较器、寄存器及编码器组成。图中的 8 个电阻将参考电压 U_{REF} 分成 8 个等级，其中 7 个等级的电压分别作为 7 个比较器 C1 ~ C7 的参考电压，其数值分别为 $U_{REF}/15$、$3U_{REF}/15$、…、$13U_{REF}/15$。输入电压为 u_i，它的大小决定各比较器的输出状态，例如，当 $0 \leqslant u_i < U_{REF}/15$ 时，比较器 C_6 和 C_7 的输出状态都为 0；当 $3U_{REF}/15 \leqslant u_i < 5U_{REF}/15$ 时，比较器 C_6 和 C_7 的输出 $C_{o6} = C_{o7} = 1$，其余各比较器的状态均为 0。根据各比较器的参考电压值，可以确定输入模拟电压值与各比较器输

出状态的关系。比较器的输出状态由 D 触发器存储，经优先编码器编码，得到数字量输出。优先编码器优先级别量高的是 I_7，量低的是 I_1。

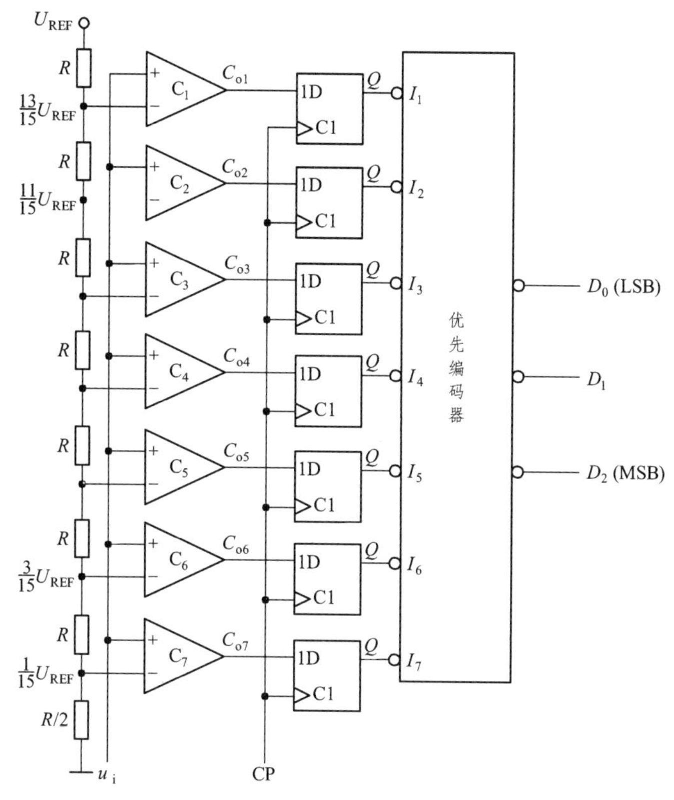

图 10.15　3 位并行 A/D 转换器

设 u_i 变化范围是 0 ~ U_{REF}，输出 3 位数字量为 $D_2D_1D_0$，3 位并行比较型 A/D 转换器的输入、输出关系如表 10.3 所示。

表 10.3　位并行 A/D 转换器的输入与输出关系对照表

模拟输入	比较器输入							数字输入		
	C_{o1}	C_{o2}	C_{o3}	C_{o4}	C_{o5}	C_{o6}	C_{o7}	D_1	D_2	D_2
$0 \leqslant u_i < U_{REF}/15$	0	0	0	0	0	0	0	0	0	0
$U_{REF}/15 \leqslant u_i < 3U_{REF}/15$	0	0	0	0	0	0	1	0	0	1
$3U_{REF}/15 \leqslant u_i < 5U_{REF}/15$	0	0	0	0	0	1	1	0	1	1
$5U_{REF}/15 \leqslant u_i < 7U_{REF}/15$	0	0	0	0	1	1	1	0	1	1
$7U_{REF}/15 \leqslant u_i < 9U_{REF}/15$	0	0	0	1	1	1	1	1	0	0
$9U_{REF}/15 \leqslant u_i < 11U_{REF}/15$	0	0	1	1	1	1	1	1	0	1
$11U_{REF}/15 \leqslant u_i < 13U_{REF}/15$	0	1	1	1	1	1	1	1	1	0
$12U_{REF}/15 \leqslant u_i < U_{REF}$	1	1	1	1	1	1	1	1	1	1

在并行 A/D 转换器中，输入电压 u_i 同时加到所有比较器的输入端，从 u_i 加入到 3 位数字

量稳定输出所经历的时间为比较器、D 触发器和编码器延迟时间之和。如不考虑上述器件的延迟，可认为 3 位数字量是与 u_i 输入时刻同时获得的，所以它具有最短的转换时间。

单片集成并行比较型 A/D 转换器的产品很多，如 AD 公司的 AD9012(TTL 工艺，8 位)、AD9002(ECL 工艺，8 位)、AD9020(TTL 工艺，10 位)等。

并行 A/D 转换器具有如下特点：

(1) 由于转换是并行的，其转换时间只受比较器、触发器和编码电路延迟时间的限制，因此转换速度最快。

(2) 随着分辨率的提高，元件数目要按几何级数增加。一个 n 位转换器所用比较器的个数为 2^n-1，如 8 位的并行 A/D 转换器就需要 $2^8-1=255$ 个比较器。由于位数愈多，电路愈复杂，因此制成分辨率较高的集成并行 A/D 转换器是比较困难的。

(3) 为了解决提高分辨率和增加元件数的矛盾，可以采取分级并行转换的方法。10 位分级并行 A/D 转换原理如图 10.16 所示。图中的输入模拟信号 u_i 经取样-保持电路后分两路，一路先经第一级 5 位并行比较 A/D 转换进行粗转换得到输出数字量的高 5 位，另一路送至减法器，与高 5 位 D/A 转换得到的模拟电压相减。由于相减所得到差值电压小于 $1V_{LSB}$，为保证第二级 A/D 转换器的转换精度，将差值放大 $2^5=32$ 倍，送第二级 5 位并行比较 A/D 转换器，得到低 5 位输出。这种方法虽然在速度上作了牺牲，却使元件数大为减少，在需要兼顾分辨率和速度的情况下常被采用。

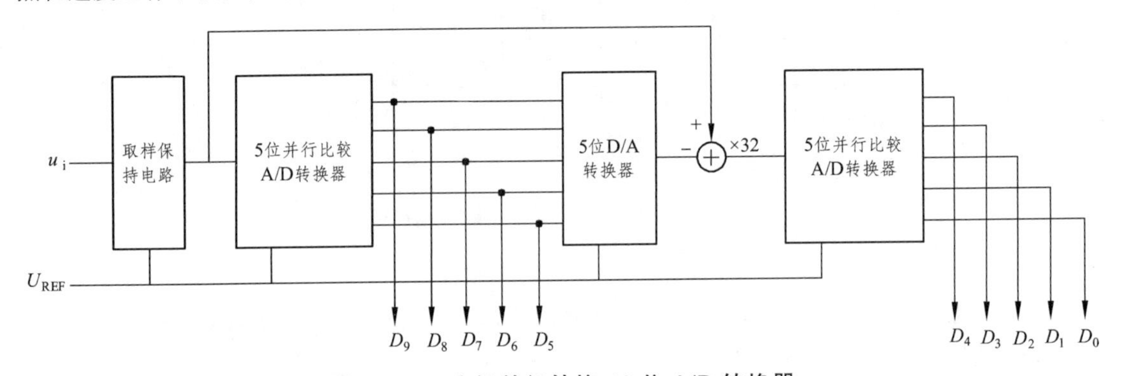

图 10.16 分级并行转换 10 位 A/D 转换器

三、逐次比较型 A/D 转换器

在直接 A/D 转换器中，逐次比较型 A/D 转换器是目前采用最多的一种。逐次逼近转换过程与用天平称物重非常相似。天平称重过程是：从最重的砝码开始试放，与被称物体进行比较，若物体重于砝码，则该砝码保留，否则移去；再加上第二个次重砝码，由物体的重量是否大于砝码的重量决定第二个砝码是留下还是移去，照此一直加到最小一个砝码为止（将所有留下的砝码重量相加，就得物体重量）。仿照这思路，逐次比较型 A/D 转换器，就是将输入的模拟信号与不同的参考电压做多次比较，使转换所得的数字量在数值上逐次逼近输入模拟量对应值。

n 位逐次比较型 A/D 转换器由控制逻辑电路、数据寄存器、移位寄存器、D/A 转换器及电压比较器组成，其工作原理如下：电路由启动脉冲启动后，在第一个时钟脉冲作用下，控制电路使移位寄存器的最高位置 1，见图 10.7。其他位置 0，其输出经数据寄存器将 1000…0 送入 D/A 转换器：输入电压首先与 D/A 转换器输出电压($U_{REF}/2$)相比较，如 $u_i \geqslant U_{REF}/2$，比较器输出为 1；若 $u_i < U_{REF}/2$，输出为 0，比较结果存于数据寄存器的 D_{n-1} 位。然后在第二个 CP 作用下，移位寄存器的次高位置 1，其他低位置 0。如最高位已存 1，则此时 $u_o=(3/4)U_{REF}$，于是 u_i 再与$(3/4)U_{REF}$ 相比较，如 $u_i \geqslant$

(3/4)U_{REF}。则次高位 D_{n-2} 存 1，否则 $D_{n-2}=0$；如最高位为 0，则 $u_o=U_{REF}$。u_i 与 u_o 比较，如 $u_i \geq U_{REF}/4$，则 D_{n-2} 位存 1，否则存 0……依此类推，逐次比较得到输出数字量。

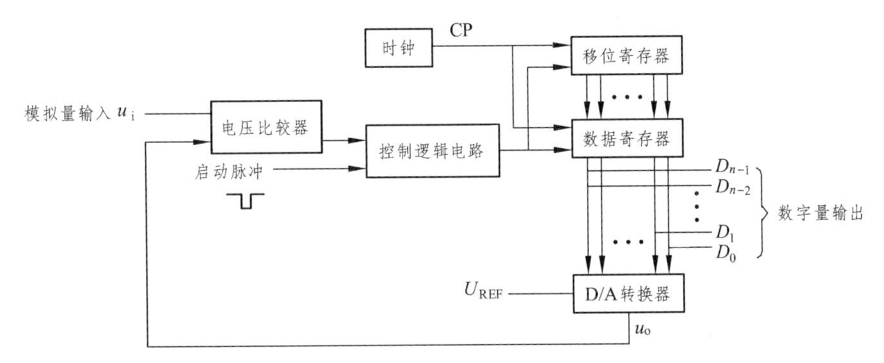

图 10.17 逐次比较型 A/D 转换器的电路组成框图

为了进一步理解逐次比较 A/D 转换器的工作原理及转换过程，下面用实例加以说明。

设图 10.17 电路为 8 位逐次比较型 A/D 转换器，输入模拟量 $u_i=6.84$ V，D/A 转换器的基准电压 $U_{REF}=-10$ V。

根据逐次比较型 A/D 转换器的工作原理，可画出在转换过程中 CP 启动脉冲、$D_7 \sim D_0$ 及 D/A 转换器输出电压 u_o 的波形，如图 10.18 所示。

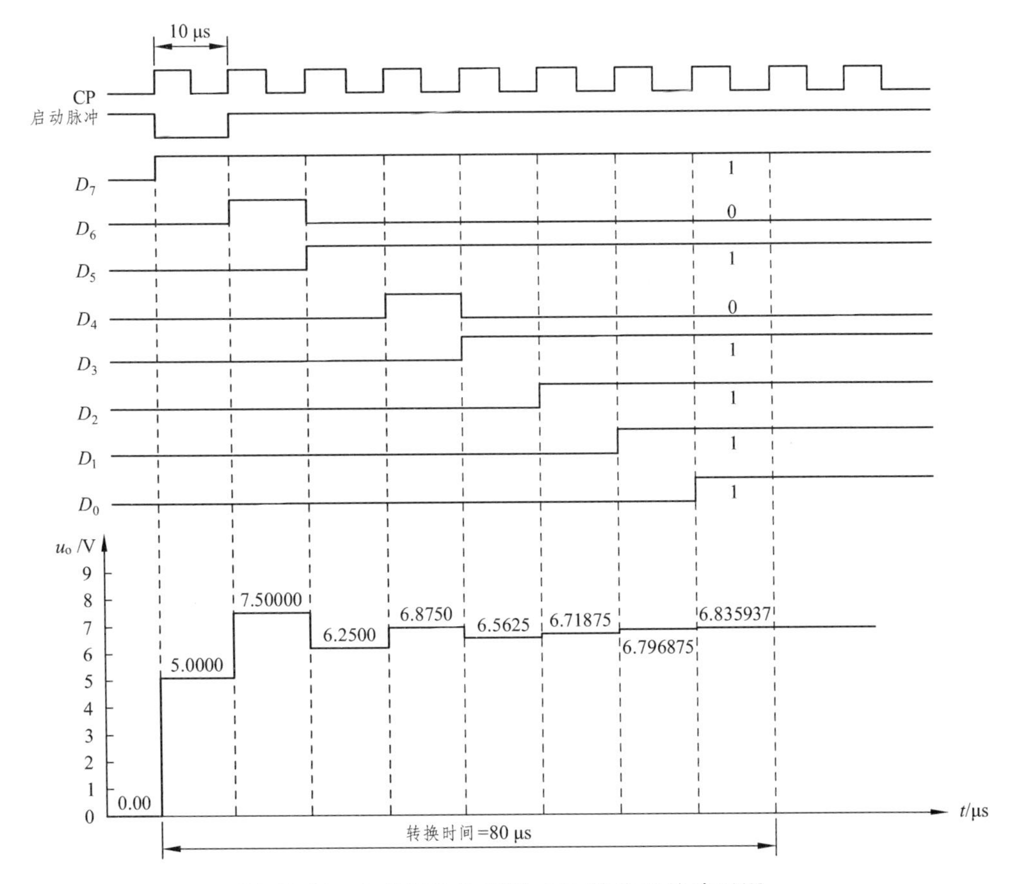

图 10.18 8 位逐次比较型 A/D 转换器的波形图

由图 10.18 可见，当启动脉冲低电平到来后转换开始。在第一个 CP 作用下，数据寄存器将 $D_7 \sim D_0 = 10000000$ 送入 D/A 转换器，其输出电压 $u_o = 5$ V，u_i 与 u_o 比较，$u_i > u_o$，D_7 存 1；第二个 CP 到来时，寄存器输出 $D_7 \sim D_0 = 11000000$，u_o 为 7.5 V，u_i 再与 7.5 V 比较，因为 $u_i < 7.5$ V，所以 D_6 存 0；输入第三个 CP 时，$D_7 \sim D_0 = 10100000$，$u_o = 6.25$ V；u_i 再与 u_o 比较……如此重复比较下去，经过 8 个时钟周期，转换结束。由图中 u_o 的波形可见，在逐次比较过程中，与输出数字相对应的模拟电压 u_o 逐渐逼近 u_i 值，最后得到 A/D 转换器转换结果 $D_7 \sim D_0$ 为 10101111，该数字量所对应的模拟电压为 6.8359375 V，与实际输入的模拟电压 6.84 V 的相对误差仅为 0.06%。

逐次比较型 A/D 转换器完成一次转换所需时间与其位数和时钟脉冲频率有关，位数愈少，时钟频率越高，转换所需时间越短。这种 A/D 转换器具有转换速度快、精度高的特点。

常用集成逐次比较型 A/D 转换器有 ADC0808/0809 系列(8 位)、AD575(10 位)AD574A(12 位)等。

四、双积分式 A/D 转换器

双积分 A/D 转换器是一种间接 A/D 转换器。它的基本原理是，对输入模拟电压和参考电压分别进行两次积分，将输入电压平均值变换成与之成正比的时间间隔，然后利用时钟脉冲和计数器测出此时间间隔，进而得到相应的数字量输出。由于该转换电路是对输入电压的平均值进行变换，所以它具有很强的抗工频干扰能力，在数字测量中得到广泛应用。

图 10.19 所示是这种转换器的原理电路，它由积分器(由集成运放 A 组成)、过零比较器(C)、时钟脉冲控制门(G)和定时／计数器($FF_0 \sim FF_n$)等几部分组成。

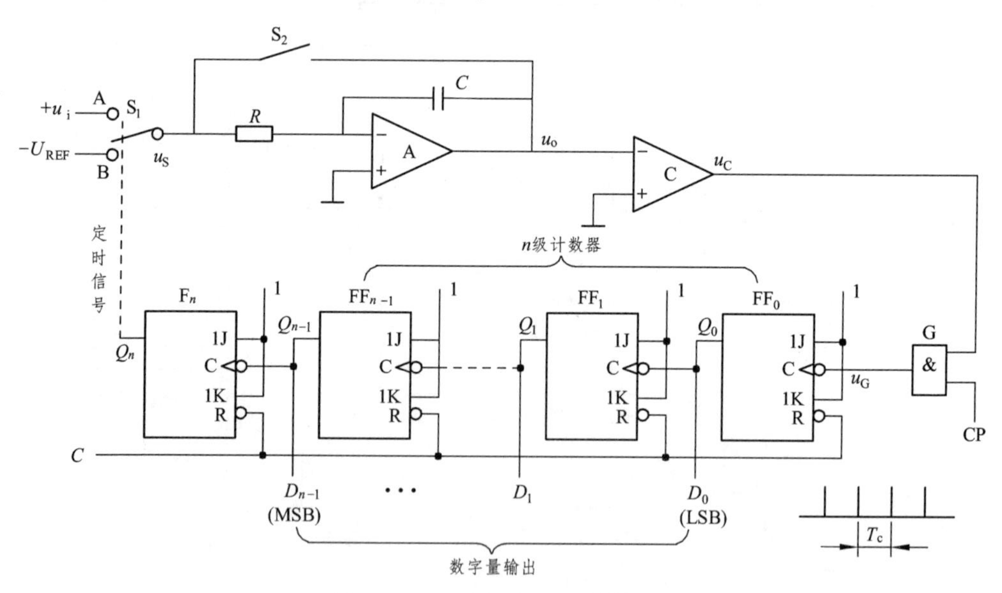

图 10.19 双积分 A/D 转换器

积分器 A 是转换器的核心部分，它的输入端所接开关 S_1 由定时信号 Q_n 控制。当 Q_n 为不同电平时，极性相反的输入电压 u_i 和参考电压 U_{REF} 将分别加到积分器的输入端，进行两次方向相反的积分，积分时间常数 $\tau = RC$。

过零比较器 C 用来确定积分器 A 输出电压 u_o 过零的时刻。当 $u_o \geqslant 0$ 时，比较器输出 u_C 为低电平；当 $u_o < 0$ 时，u_C 为高电平。比较器的输出信号接至时钟控制门(G)作为关门和开门信号。

计数器和定时器由 $n+1$ 个接成计数型的触发器 $FF_0 \sim FF_n$ 串联组成。触发器 $FF_0 \sim FF_{n-1}$ 组成 n 级计数器，对输入时钟脉冲 CP 计数，以便把与输入电压平均值成正比的时间间隔转变成数字信号输出。当计数到 2^n 个时钟脉冲时，$FF_0 \sim FF_{n-1}$ 均回到 0 态，而 FF_n 翻转为 1 态，$Q_n = 1$ 后开关 S_1 从位置 A 转接到 B。

时钟脉冲控制门 G 的时钟脉冲的标准周期 T_c 作为测量时间间隔的标准时间。当 $u_C = 1$ 时，门 G 打开，时钟脉冲通过门 G 加到触发器 FF_0 的输入端。

下面以输入正极性的直流电压 u_i 为例，说明电路将模拟电压转换为数字量的基本原理。电路工作过程分为以下几个阶段进行，图中各处的工作波形如图 10.20 所示。

(1) 准备阶段。首先控制电路提供 CR 信号使计数器清零，同时使开关 S_2 闭合，待积分电容放电完毕后，再使 S_2 断开。

(2) 第一次积分阶段。在转换过程开始时($t = 0$)，开关 S_1 与 A 端接通，正的输入电压 u_i 加到积分器的输入端。积分器从 0 V 开始对 u_i 积分，其波形如图 10.20 中斜线①段所示。根据积分器的原理可知：

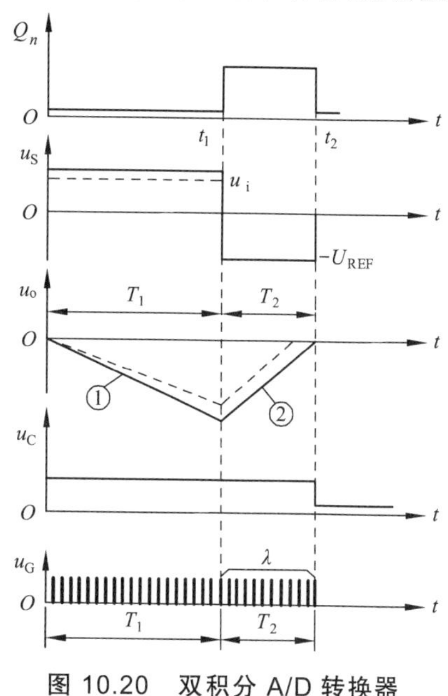

图 10.20 双积分 A/D 转换器的工作波形

$$u_o = -\frac{1}{\tau}\int_0^2 u_i \mathrm{d}t \tag{10.17}$$

由于 $u_o < 0$，过零比较器输出为高电平，时钟控制门 G 被打开。于是，计数器在 CP 作用下从 0 开始计数。经 2^n 个时钟脉冲后，触发器 $FF_0 \sim FF_{n-1}$ 都翻转到 0 态，而 $Q_n = 1$，开关 S_1 由 A 点转接到 B 点，第一次积分结束，第一次积分时间为：

$$T_1 = 2^n T_c \tag{10.18}$$

(3) 第二次积分阶段。当 $t = t_1$ 时，S_1 转接到 B 点，具有与 u_i 相反极性的基准电压 $-U_{REF}$ 加到积分器的输入端；积分器开始向相反方向进行第二次积分；当 $t = t_2$ 时，积分器输出电压 $u_o \geqslant 0$，比较器输出 $u_C = 0$，时钟脉冲控制门 G 被关闭，计数停止。设在此期间计数器所累计的时钟脉冲个数为 λ，U_i 为输入电压在 T_1 时间内的平均值，则第二次积分时间为：

$$T_2 = \lambda T_c = \frac{2^n T_c}{U_{REF}} U_i \tag{10.19}$$

于是有：

$$\lambda = \frac{T_2}{T_c} = \frac{2^n}{U_{REF}} U_i \tag{10.20}$$

式(10.20)表明，在计数器中所计得的数 λ ($\lambda = Q_{n-1} \cdots Q_1 Q_0$)与在取样时间 T_1 内输入电压的平均值 U_i 成正比。只要 $U_i < U_{REF}$，转换器就能正常地将输入模拟电压转换为数字量，并能从计数器读取转换的结果。如果取 $U_{REF} = 2^n$ V，则 $\lambda = U_i$，计数器所计的数在数值上就等于被测电压。

由于双积分 A/D 转换器在 T_1 时间内采样的是输入电压的平均值，因此具有很强的抗工频干扰的能力。尤其对周期等于 T_1 或几分之一 T_1 的对称干扰(所谓对称干扰是指整个周期内平均值为零的干扰)，从理论上来说，有无穷大的抑制能力。即使当工频干扰幅度大于被测直流信号，使得输入信号正负变化时，仍有良好的抑制能力。由于在工业系统中经常碰到的是工频(50 Hz)或工频的倍频干扰，故通常选定采样时间 T_1 总是等于工频电源周期的倍数，如 20 ms 或 40 ms 等。另一方面，由于在转换过程中，前后两次积分所采用的是同一个积分器。因此，在两次积分期间(一般在几十至数百毫秒之间)，R、C 和脉冲源等元器件参数的变化对转换精度的影响均可以忽略。

最后必须指出，在第二次积分阶段结束后，控制电路又使开关 S_2 闭合，电容 C 放电，积分器回零。电路再次进入准备阶段，等待下一次转换开始。

单片集成双积分式 A/D 转换器有 ADC-EK8B(8 位，二进制码)、ADC-EK10B〔10 位，二进制码)、MC14433 等。

五、A/D 转换器的主要技术指标

A/D 转换器的主要技术指标有转换精度、转换速度等。选择 A/D 转换器时，除考虑这两项技术指标外，还应注意满足其输入电压的范围、输出数字的编码、工作温度范围和电压稳定度等方面的要求。

1. 转换精度

单片集成 A/D 转换器的转换精度是用分辨率和转换误差来描述的。

1) 分辨率

A/D 转换器的分辨率以输出二进制(或十进制)数的位数表示。它说明 A/D 转换器对输入信号的分辨能力。从理论上讲，n 位输出的 A/D 转换器能区分 2^n 个不同等级的输入模拟电压，能区分输入电压的最小值为满量程输入的 $1/2^n$。在最大输入电压一定时，输出位数愈多，量化单位愈小，分辨率愈高。例如，A/D 转换器输出为 8 位二进制数，输入信号最大值为 5 V，那么这个转换器应能区分出输入信号的最小电压为 19.53 mV。

2) 转换误差

A/D 转换器的转换误差通常是以输出误差的最大值形式给出。它表示 A/D 转换器实际输出的数字量和理论上的输出数字量之间的差别。常用最低有效位的倍数表示。例如，给出相对误差 $\leqslant \pm$LSB/2，这就表明实际输出的数字和理论上应得到的输出数字量之间的误差小于最低位的半个字。

2. 转换时间

转换时间是指 A/D 转换器从转换控制信号到来开始，到输出端得到稳定的数字信号所经过的时间。A/D 转换器的转换时间与转换电路的类型有关。不同类型的转换器其转换速度相差甚远。其中，并行比较型 A/D 转换器的转换速度最高，8 位二进制输出的单片集成 A/D 转换器转换时间可达到 50 ns 以内；逐次比较型 A/D 转换器次之，它们多数转换时间在 10 ~ 50 μs 之间，也有达几百纳秒的；间接 A/D 转换器的速度最慢，如双积分 A/D 转换器的转换时间大都在几十毫秒至几百毫秒之间。在实际应用中，应从系统数据总的位数、精度要求、输入模拟信号的范围及输入信号极性等方面综合考虑 A/D 转换器的选用。

例 10.1 某信号采集系统要求用一片 A/D 转换集成芯片在 15 s 内对 16 个热电偶的输出

电压分时进行 A/D 转换。已知热电偶输出电压范围为 0 ~ 0.025 V(对应于 0 ~ 450 °C 温度范围)，需要分辨的温度为 0.1 °C，试问应选择多少位的 A/D 转换器，其转换时间为多少？

解　对于从 0 ~ 450 °C 温度范围，信号电压为 0 ~ 0.025 V，分辨温度为 0.1 °C，这相当于 0.1/450 = 1/4500 的分辨率。12 位 A/D 转换器的分辨率为 1/212 = 1/4096，所以必须选用 13 位的 A/D 转换器。

系统的取样速率为每秒 16 次，取样时间为 62.5 ms。对于这样慢速的取样，任何一个 A/D 转换器都可达到。可选用带有取样-保持(S/H)的逐次比较型 A/D 转换器或不带 S/H 的双积分型 A/D 转换器均可。

六、集成 A/D 转换器及其应用

在单片集成 A/D 转换器中，逐次比较型使用较多，下面我们以 ADC0804 为例介绍集成 A/D 转换器及其应用。

（一）ADC0804 的引脚及使用说明

ADC0804 是 CMOS 集成工艺制成的逐次比较型模数转换芯片。分辨率为 8 位，转换时间为 10 μs，输入电压范围为 0 ~ 5 V，增加某些外部电路后，输入模拟电压可为 ± 5V。该芯片内有输出数据锁存器，当与计算机连接时，转换电路的输出可以直接连接在 CPU 数据总线上，无需附加逻辑接口电路。ADC0804 芯片的引脚如图 10.21 所示。引脚名称及意义如下：

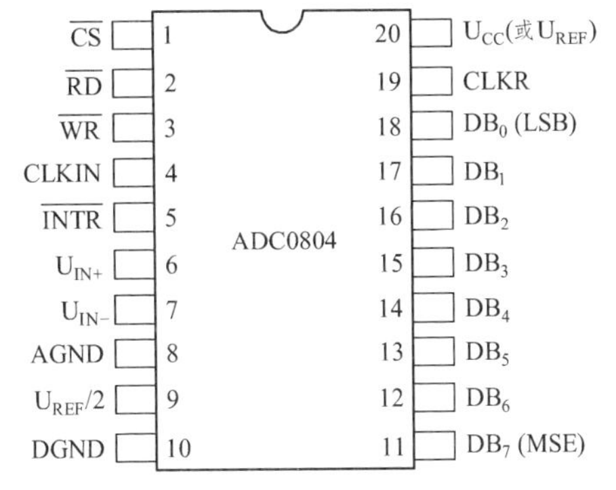

图 10.21　ADC0804 的引脚图

U_{IN+}、U_{IN-}——ADC0804 的两个模拟信号输入端，用以接收单吸性、双极性和差模输入信号。

DB_0 ~ DB_7——A/D 转换器数据输出端，该输出端具有三态特性，能与微机总线相接。

AGND——模拟信号地。

DGND——数字信号地。

CLKIN——外电路提供时钟脉冲输入端。

CLKR——内部时钟发生器外接电阻端，与 CLKIN 端配合可由芯片自身产生时钟脉冲。

$\overline{CS}$——片选信号输入端，低电平有效，一旦 $\overline{CS}$ 有效，表明 A/D 转换器被选中工作。

$\overline{WR}$——写信号输入，接受微机系统或其他数字系统控制芯片的启动输入端，低电平有效，当 $\overline{CS}$、$\overline{WR}$ 同时有效时，启动转换。

$\overline{RD}$——读信号输入，低电平有效，当 $\overline{CS}$、$\overline{RD}$ 同时有效时，可读取转换输出数据。

$\overline{INTR}$——转换结束输出信号，低电平有效。输出低电平表示本次转换已完成。该信号常作为向微机系统发出的中断请求信号。

在使用时应注意以下几点：

(1) 转换时序。ADC0804 控制信号的时序图如图 10.22 所示，由图可见，各控制信号时序关系为：当 CS 与 WR 同为低电平时，A/D 转换被启动且在 WR 上升沿后 100 μs 完成 A/D 转换，转换结果存入数据锁存器，同时 INTR 自动变为低电平，表示本次转换已结束。如 CS 、RD 同时为低电平，则数据锁存器二态门打开，数字信号送出，而在 RD 高电平到来后三态门处于高阻状态。

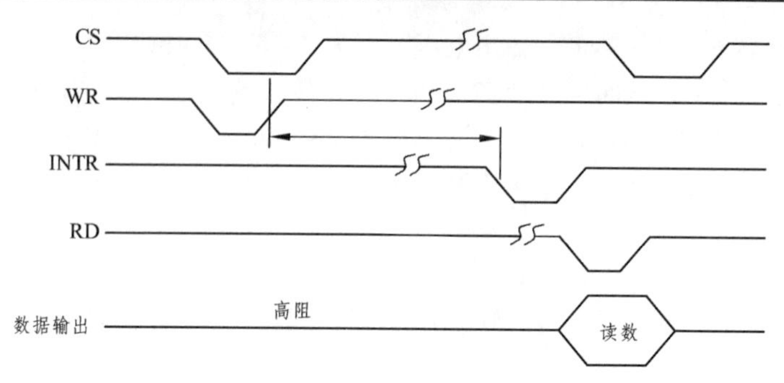

图 10.22　ADC0804 的控制信号时序图

(2) 零点和满刻度调节。ADC0804 的零点无须调整，满刻度调整时，先给输入端加入电压 U_{IN+}，使满刻度所对应的电压是 $U_{IN+}=U_{max}-1.5\times\left(\frac{U_{max}-U_{min}}{256}\right)$，其中 U_{max} 是输入电压的最大值，U_{min} 是输入电压的最小值。当输入电压与 U_{IN+} 值相当时，调整 U_{REF} 端电压值使输出码为 FEH 或 FFH。

(3) 参考电压的调节。在使用 A/D 转换器时，为保证其转换精度，要求输入电压满量程使用。如输入电压动态范围较小，则可调节参考电压 U_{REF}，以保证小信号输入时 ADC0804 芯片 8 位的转换精度。

(4) 接地。模数、数模转换电路中要特别注意地线的正确连接，否则干扰很严重，以致影响转换结果的准确性。A/D、D/A 及取样-保持芯片上都提供了独立的模拟地(AGND)和数字地(GFND)的引脚。在线路设计中，必须将所有器件的模拟地和数字地分别相连，然后将模拟地与数字地仅在一点上相连接。地线的正确连接方法如图 10.23 所示。

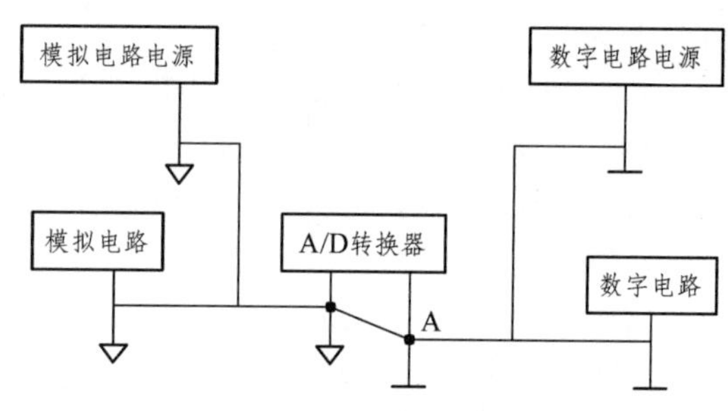

图 10.23　正确的地线连接

(二) ADC0804 的典型应用

下面以数据采集系统为例介绍 ADC0804 的典型应用。

在现代过程控制及各种智能仪器和仪表中，为采集被控(被测)对象数据以达到由计算机进行实时控制、检测的目的，常用微处理器和 A/D 转换器组成数据采集系统。单通道微机化数据采集系统示意图如图 10.24 所示。

系统由微处理器、存储器和 A/D 转换器组成，它们之间通过数据总线(DBUS)和控制总线(CBUS)连接，系统信号采用总线传送方式。

现以程序查询方式为例，说明 ADC0804 在数据采集系统中的应用。采集数据时，首先由微处理器执行一条传送指令，在该指令执行过程中，微处理器在控制总线的同时产生 CS_1、WR_1 低电平信号，启动 A/D 转换器工作，ADC0804 经 100 μs 后将输入模拟信号转换为数字信号存于输出锁存器，并在 INTR 端产生低电平表示转换结束，并通知微处理器可以来取数。当微处理器通过总线查询到 INTR 为低电平时，立即执行输入指令，以产生 CS、RD_2 低电平信号到 ADC0804 相应引脚，将数据取出并存入存储器中。在整个数据采集过程中，由微处理器有序地执行若干指令来完成。

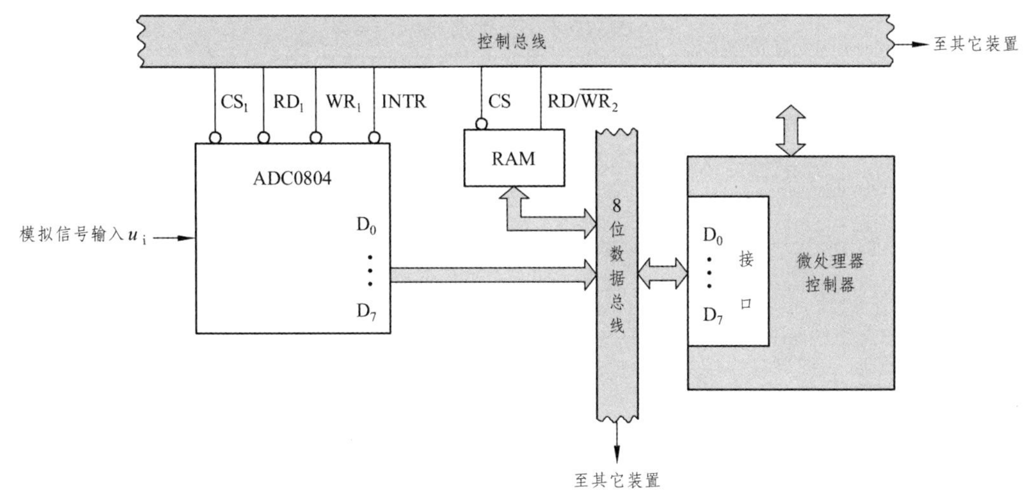

图 10.24　单通道微机化数据采集系统示意图

任务三　数字电压表的制作

一、设计电路

数字电压表参考电路如图 10.25 所示。

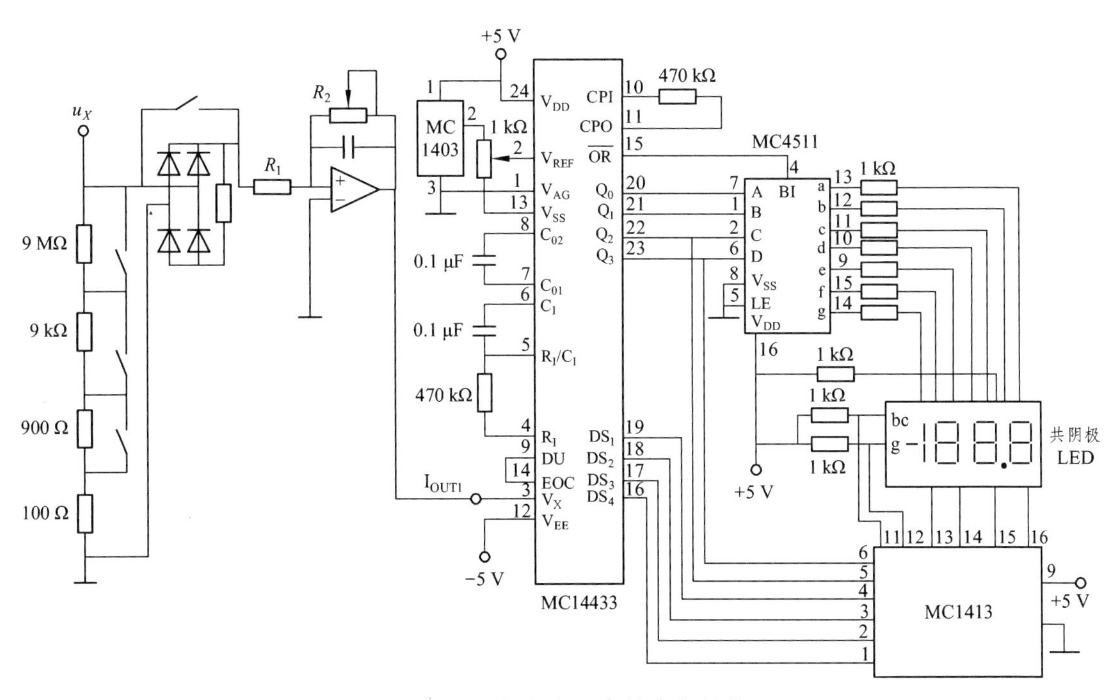

图 10.25　数字电压表的内部结构

二、元件清单

元件清单见表 10.4。

表 10.4　元件清单

名　称	数量	名　称	数量
MC14433	1 片	74LS194	1 片
MC4511	1 片	LM324	1 片
MC1413	1 片	七段显示器	4 片
MC1403	1 片	电阻、电容、导线等	若干
CC4501	1 片		

三、数字电压表电路设计

数字仪表的应用日益广泛；电压表是常用的电学测量仪器，数字电压表的基本原理简单，它也是一种比较法，对电容器在待测电压 u_X 与参考电压 U_{REF} 下的充、放电时间关系进行比较。了解了数字电压表的基本原理及常用模数转换芯片外围元件的作用、参量选择原则后，可在万用表设计中灵活应用数字电压表的模数转换芯片。

数字电压表具有以下九大特点：① 显示数据直观，度数准确；② 准确度高；③ 分辨率高；④ 测量范围宽；⑤ 扩展能力强；⑥ 测量速率高；⑦ 输入阻抗高；⑧ 集成度高，微功耗；⑨ 抗干扰能力强。

数字电压表通常被应用于以下任务：① 用于一些工程上的测量；② 完成大规模集成电路的转换；③ 应用于大规模的数字测量；④ 实现三位半集成电路的应用和其他电路的应用。

（一）主控芯片

选用 A/D 转换器芯片 MC14433、MC4511、MC1413、MC1403 实现电压的测量，用四位数码管显示出最后的转换电压结果。其缺点是工作速度低；优点是精度较高、工作性能比较稳定、抗干扰能力比较强。

（二）显示部分

选用 4 个单体的共阴数码管。优点是价格比较便宜；缺点是焊接时比较麻烦，容易出错。

（三）设计原理

1. 数字电压表原理框图

数字电压表原理框图如图 10.26 所示。数字电压表由五个模块构成，分别是基准电压模块、3 1/2 位 A/D 电路模块、字形译码驱动电路模块、显示电路模块、8 字位驱动电路模块。

2. 各模块设计

各个模块设计如下：

(1) 量程转换模块。采用多量程选择的分压电阻网络，见图 10.27，可设计 4 个分压电阻，大小分别为 900 kΩ、90 kΩ、9 kΩ 和 1 kΩ。用无触点模拟开关实现量程的切换。

(2) 基准电压模块。这个模块由 MC1403 和电位器构成，见图 10.28，可提供精密电压，供 A/D 转换器作参考电压。

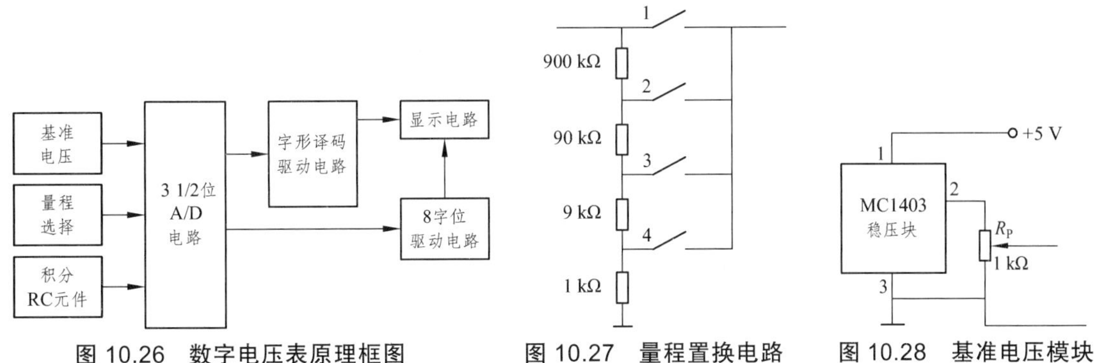

图 10.26 数字电压表原理框图　　图 10.27 量程置换电路　　图 10.28 基准电压模块

(3) 3 1/2 位 A/D 电路模块。直流数字电压表的核心器件是一个间接型 A/D 转换器，这个模块由 MC14433(见图 10.29)和积分元件构成，将输入的模拟信号转换成数字信号。

(4) 8 字形译码驱动电路模块。这个模块由 MC4511 构成 ，将二-十进制(BCD)码转换成七段信号，见图 10.30。

(5) 显示电路模块。这个模块由 LG5641AH 构成，将译码器输出的七段信号进行数字显示，读出 A/D 转换结果，见图 10.31。

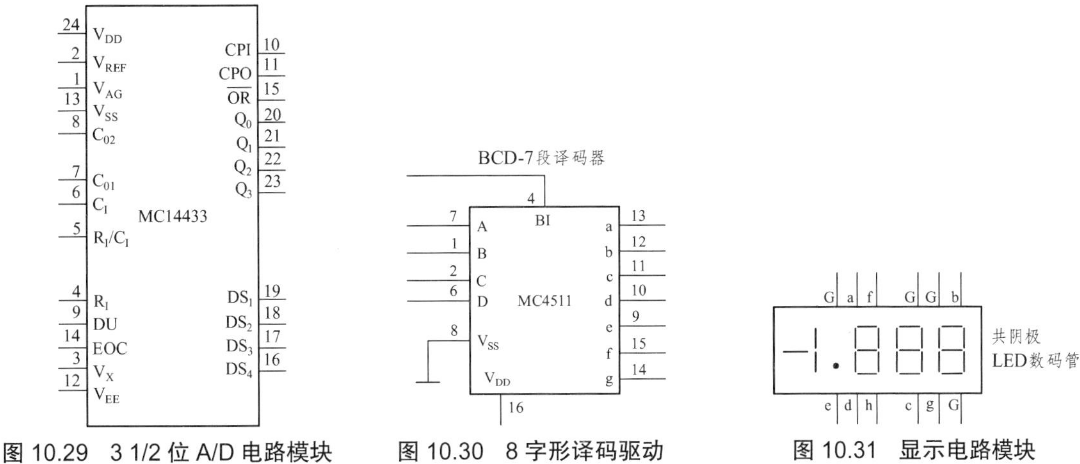

图 10.29 3 1/2 位 A/D 电路模块　　图 10.30 8 字形译码驱动电路模块　　图 10.31 显示电路模块

(四) 实验芯片简介

数字显示电压表将被测模拟量转换为数字量，并进行实时数字显示。该系统(见图 10.25)可采用 MC14433（三位半 A/D 转换器，也可表示为 3 1/2 A/D 转换器）、MC1413（七路达林顿驱动器阵列）、MC4511（七段锁存-译码-驱动器）、基准电源 MC1403 和共阴极 LED 发光数码管组成。本系统是三位半数字电压表，三位半是指十进制数 0000 ~ 1999。所谓三位是指个位、十位、百位，其数字范围均为 0 ~ 9；而所谓半位是指千位数，它不能从 0 变化到 9，而只能由 0 变到 1，即二值状态，所以称为半位。

1. 3 1/2 A/D 转换器 MC14433

在数字仪表中，MC14433 电路是一个低功耗三位半双积分式 A/D 转换器。和其它典型的双积分 A/D 转换器类似，MC14433 A/D 转换器由积分器、比较器、计数器和控制电路组成。使用 MC14433 时，只要外接两个电阻(分别是片内 RC 振荡器外接电阻和积分电阻 R_I)和两个电容(分别是积分电容 C_I 和自动调零补偿电容 C_0)就能执行三位半的 A/D 转换。

MC14433 内部模拟电路实现了如下功能：

(1) 提高 A/D 转换器的输入阻抗，使输入阻抗可达 100 MΩ 以上。

(2) 和外接的 R_1、C_1 构成一个积分放大器，完成 V/T 转换，即电压—时间的转换。

(3) 构造了电压比较器，完成“0”电平检出，将输入电压与零电压进行比较，根据两者的差值决定极性输出是“1”还是“0”。比较器的输出用作内部数字控制电路的一个判别信号。

(4) 与外接电容器 C_0 构成自动调零电路。

除了“模拟电路”以外，MC14433 内部还含有四位十进制计数器，对反积分时间进行三位半 BCD 码计数(0 ~ 1999)，并锁存于三位半十进制代码数据寄存器，在控制逻辑和实时取数信号(DU)的作用下，实现 A/D 转换结果的锁定和存储。借助于多路选择开关，从高位到低位逐位输出 BCD 码 $Q_0 \sim Q_3$，并输出相应位的多路选通脉冲标志信号 $DS_1 \sim DS_4$，实现三位半数码的扫描方式(多路调制方式)输出。

MC14433 内部的控制逻辑是 A/D 转换的指挥中心，它统一控制各部分电路的工作。根据比较器的输出极性接通电子模拟开关，完成 A/D 转换各个阶段的开关转换，产生定时转换信号以及过量程等功能标志信号。在对基准电压 U_{REF} 进行积分时，控制逻辑令 4 位计数器开始计数，完成 A/D 转换。

MC14433 内部具有时钟发生器，它通过外接电阻构成的反馈，并利用内部电容形成振荡，产生节拍时钟脉冲，使电路统一动作，这是一种施密特触发式正反馈 RC 多谐振荡器，一般外接电阻为 360 kΩ 时，振荡频率为 100 kHz；当外接电阻为 470 kΩ 时，振荡频率则为 66 kHz；当外接电阻为 750 kΩ 时，振荡频率为 50 kHz。若采用外时钟频率，则不要外接电阻，时钟频率信号从 CPI(10 脚)端输入，时钟脉冲 CP 信号可从 CPO (11 脚)处获得。MC14433 内部可实现极性检测，用于显示输入电压 u_x 的正负极性；而它的过载指示(溢出)的功能是当输入电压 u_X 超出量程范围时，输出过量程标志 OR(低电平有效)。

MC14433 是双斜率双积分 A/D 转换器，采用电压—时间间隔(V/T)方式，通过先后对被测模拟量电压 u_X 和基准电压 U_{REF} 的两次积分，将输入的被测电压转换成与其平均值成正比的时间间隔，用计数器测出这个时间间隔对应的脉冲数目，即可得到被测电压的数字值。双积分过程可以做如下概要理解：首先对被测电压 u_X 进行固定时间 T_1、固定斜率的积分，其中 $T_1 = 4000T_c$。显然，不同的输入电压积分的结果不同(不妨理解为输出曲线的高度不同)。然后再以固定电压 U_{REF} 以及由 R_1、C_1 所决定的积分常数，按照固定斜率反向积分直至积分器输出归零。显然，对于上述一次积分过程形成的不同电压而言，这一次的积分时间必然不同。于是对第二次积分过程历经的时间用时钟脉冲计数，则该数就是被测电压对应的数字量。由此实现了 A/D 转换。

MC14433 采用 24 引线双列直插式封装，外引线排列参考图 10.29 所示的引脚标注，各主要引脚功能说明如下：

1 端——V_{AG}，模拟地，是高阻输入端，作为输入被测电压 u_x 和基准电压 V_{REF} 的参考点地。

2 端——V_{REF}，外接基准电压输入端。

3 端——V_X，是被测电压输入端。

4 端——R_1，外接积分电阻端。

5 端——R_1/C_1，外接积分电阻和电容的公共接点。

6 端——C_1，外接积分电容端，积分波形由该端输出。

7 和 8 端——C_{01} 和 C_{02}，外接失调补偿电容端。推荐外接失调补偿电容取 0.1 μF。

9 端——DU，实时输出控制端，主要控制转换结果的输出，若在双积分放电周期开始前，在 DU 端输入一正脉冲，则该周期转换结果将被送入输出锁存器并经多路开关输出，否则输出端继续输出锁存器中原来的转换结果。若该端通过一电阻和 EOC 短接，则每次转换的结果都将被输出。

10 端——CPI(CLKI)，时钟信号输入端。

11 端——CPO(CLKO)，时钟信号输出端。

12 端——V_{EE}，负电源端，是整个电路的电源最负端，主要作为模拟电路部分的负电源，该端典型电流约为 0.8 mA，所有输出驱动电路的电流不流过该端，而是流向 V_{SS} 端。

13 端——V_{SS}，负电源端。

14 端——EOC，转换周期结束标志输出端，每一个 A/D 转换周期结束，EOC 端输出一个正脉冲，其脉冲宽度为时钟信号周期的 1/2。

15 端——OR，过量程标志输出端，当$|u_X| > U_{REF}$时，OR 输出低电平，正常量程 OR 为高电平。

16 ~ 19 端——DS_4 ~ DS_1，分别是多路调制选通脉冲信号个位、十位、百位和千位输出端，当 DS 端输出高电平时，表示此刻 Q_0 ~ Q_3 输出的 BCD 代码是该对应位上的数据。

20 ~ 23 端——Q_0 ~ Q_3，分别是 A/D 转换结果数据输出 BCD 代码的最低位(LSB)、次低位、次高位和最高位输出端。

24 端——V_{DD}，整个电路的正电源端。

2. 七段锁存-译码-驱动器 MC4511

MC4511 是专用于将二-十进制代码(BCD)转换成七段显示信号的专用标准译码器，它由 4 位锁存器、7 段译码电路和驱动器三部分组成。

1) 四位锁存器(LATCH)

它的功能是将输入的 A、B、C 和 D 代码寄存起来，该电路具有锁存功能，在锁存允许端(LE 端)控制下起锁存数据的作用。当 LE = 1 时，锁存器处于锁存状态，四位锁存器封锁输入，此时它的输出为前一次 LE = 0 时输入的 BCD 码；当 LE = 0 时，锁存器处于选通状态，输出即为输入的代码。由此可见，利用 LE 端的控制作用可以将某一时刻的输入 BCD 代码寄存下来，使输出不再随输入变化。

2) 七段译码电路

将来自四位锁存器输出的 BCD 代码译成七段显示码输出，MC4511 中的七段译码器有两个控制端：

(1) LT(LAMP TEST)灯测试端。当 LT = 0 时，七段译码器输出全 1，发光数码管各段全亮显示；当 LT = 1 时，译码器输出状态由 BI 端控制。

(2) BI(BLANKING)消隐端。当 BI = 0 时，控制译码器为全 0 输出，发光数码管各段熄灭。BI = 1 时，译码器正常输出，发光数码管正常显示。上述两个控制端配合使用，可使译码器完成显示上的一些特殊功能。

3) 驱动器

利用内部设置的 NPN 管构成的射极输出器，加强驱动能力，使译码器输出驱动电流可达 20 mA。

MC4511 电源电压 V_{DD} 的范围为 5 ~ 15 V，它可与 NMOS 电路或 TTL 电路兼容工作。

MC4511 采用 16 引线双列直插式封装，引脚分配和真值表参见图 10.32。

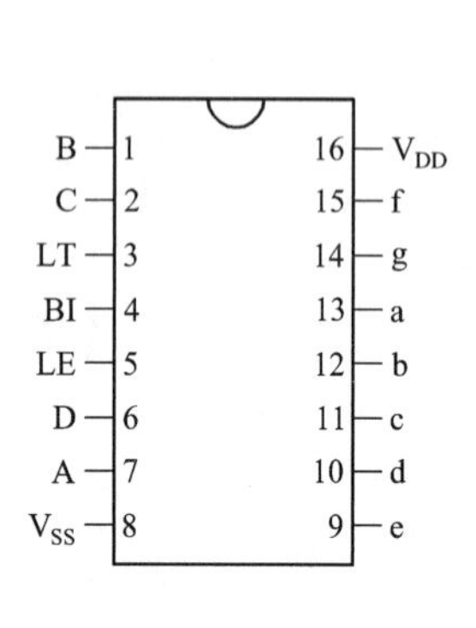

输入							输出							
LE	EI	LT	D	C	B	A	a	b	c	d	e	f	g	字
X	*X*	0	*X*	*X*	*X*	*X*	1	1	1	1	1	1	1	8
X	0	*X*	*X*	*X*	*X*	*X*	0	0	0	0	0	0	0	暗
0	1	1	0	0	0	0	1	1	1	1	1	1	0	0
0	1	1	0	0	0	1	0	1	1	0	0	0	0	1
0	1	1	0	0	1	0	1	1	0	1	1	0	1	2
0	1	1	0	0	1	1	1	1	1	1	0	0	1	3
0	1	1	0	1	0	0	0	1	1	0	0	1	1	4
0	1	1	0	1	0	1	1	0	1	1	0	1	1	5
0	1	1	0	1	1	0	0	0	1	1	1	1	1	6
0	1	1	0	1	1	1	1	1	1	0	0	0	0	7
0	1	1	0	1	0	0	1	1	1	1	1	1	1	8
0	1	1	0	1	0	1	1	1	1	0	0	1	1	9
0	1	1	A ~ F				0	0	0	0	0	0	0	暗
1	1	1	*X*				输出及显示取决于锁存前的数据							

图 10.32　MC4511 的引脚及其真值表

使用 MC4511 时，应注意输出端不允许短路，应用时电路输出端需外接限流电阻。

3. 七路达林顿驱动器阵列 MC1413

MC1413 用于驱动显示器的 a ~ g 七个发光端，驱动发光数码管（LBD）进行显示。MC1413 采用 NPN 达林顿复合晶体管的结构，因此具有很高的电流增益和很高的输入阻抗，可直接接收 MOS 或 CMOS 集成电路的输出信号，并把电压信号转换成足够大的电流信号去驱动各种负载。该电路内含有 7 个集电极开路反相器(也称 OC 门)。MC 的 1413 电路结构和引脚如图 10.33 所示，它采用 16 引脚的双列直插式封装。每一驱动器输出端均接有一释放电感负载能量的续流二极管。

4. 高精度低漂移能隙基准电源 MC1403

MC1403 用于提供精密电压，供 A/D 转换器作参考电压。MC1403 的输出电压的温度系数为零，即输出电压与温度无关。该电路的特点是：① 温度系数小；② 噪声小；③ 输入电压范围大，稳定性能好，当输入电压为 4.5 ~ 15 V 时，输出电压值变化量小于 3 mV；④ 输出电压值准确度较高；⑤ 压差小，适用于低压电源；⑥ 负载能力小，该电源最大输出电流为 10 mA。MC1403 采用 8 条引线双列直插标准封装，如图 10.34 所示。

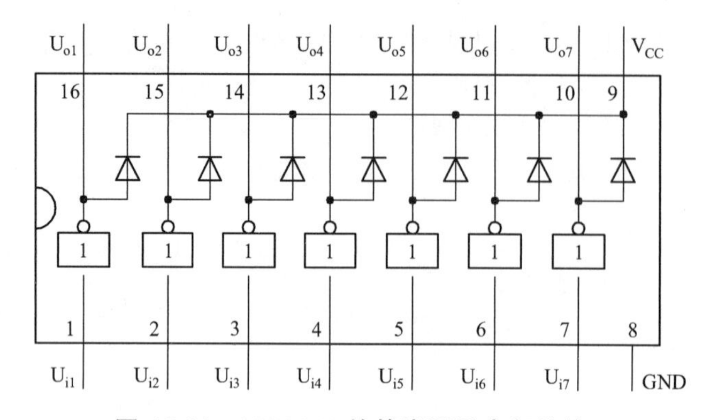

图 10.33　MC1413 的管脚图及内部结构

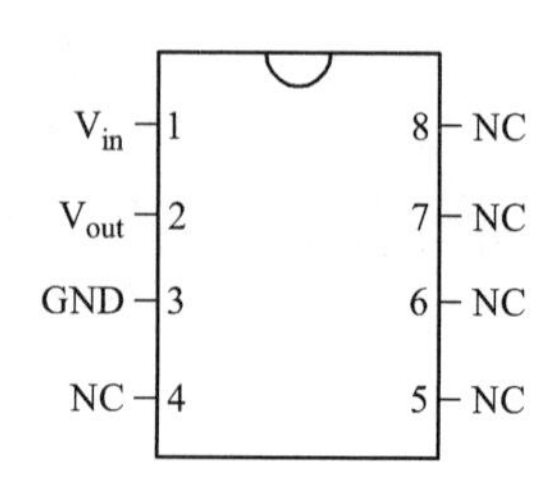

图 10.34　MC1403 的引脚

(五) 工作原理

数字电压表的结构如图 10.25 所示。三位半数字电压表通过位选信号 DS_1 ~ DS_4 进行动态扫描显示，由于 MC14433 电路的 A/D 转换结果是采用 BCD 码多路调制方法输出的，只要配上一块译码器，就可以将转换结果以数字方式实现四位数字的 LED 发光数码管动态扫描显示。DS_1 ~ DS_4 输出多路调制选通脉冲信号。DS 选通脉冲为高电平时，表示对应的数位被选通，此时该位数据在 Q_0 ~ Q_3 端输出。每个 DS 选通脉冲高电平宽度为 18 个时钟脉冲周期，两个相邻选通脉冲之间间隔 2 个时钟脉冲周期。DS 和 EOC 的时序关系是：在 EOC 脉冲结束后，紧接着是 DS_1 输出正脉冲，以下依次为 DS_2、DS_3 和 DS_4，其中 DS_1 对应最高位(MSD)，DS_4 则对应最低位(LSD)。在对应 DS_2、DS_3 和 DS_4 选通期间，Q_0 ~ Q_3 输出 BCD 全位数据，即以 8421 码方式输出对应的数字 0 ~ 9。在 DS_1 选通期间，Q_0 ~ Q_3 输出千位的半位数 0 或 1 及过量程、欠量程和极性标志信号。

四、元器件检测和安装

(1) 清点元器件。按照元件清单核对元器件的数量、型号和规格，如有短缺、差错应及时补缺和更换。

(2) 检测元器件。用万用表的电阻挡对元器件进行检测，对不符合质量要求的元器件剔除并更换。

(3) 对电路板进行插装和焊接。

【课堂任务】

1. 以 ADL0804 为例说明 A/D 转换器的工作原理。
2. A/D 转换器在使用过程中应注意什么？集成稳压块的引脚应如何区分？
3. 数字电压表电路由有哪几部分组成？画出组成框图，并简述各部分的功能是什么。
4. 制作数字电压表需要哪些工具和材料及元器件？
5. 要求设计一个数字电压表，为完成此项目，首先请各小组制定一个详细的工作计划(要做好个人的分工)。测量范围：直流电压 0 ~ 1.999 V、0 ~ 19.99 V、0 ~ 199.9 V。

【课后任务】

以小组为单位完成以下任务：

1. 到电子元器件市场进行调研，了解所设计电路各个元器件及相关材料的价格。
2. 根据所学知识制作出符合要求的数字电压表。
3. 上述任务完成后，进行小组自评和互评，最后教师讲评，取长补短，开拓完善知识内容。

项目 10 小结

D/A 转换器是将输入的二进制数字信号转换成与之成正比的模拟量电量输出。实现数/模转换有多种形式，常用的是电阻网络 D/A 转换器、全电阻网络、T 型电阻网络 D/A 转换器和倒 T 型电阻网络 D/A 转换器，其中以 T 型电阻网络 D/A 转换器速度最快、性能好，适合于集成工艺制造，因而被广泛应用。电阻网络 D/A 转换的原理是把输入的数字信号转换为权电流之和，所以在应用时，要外接运算放大器，把电阻网络的输出电流转换成输出电压。D/A 转换器的分辨率和精确度都与 D/A 转换器的位数有关，位数越多，分辨率和精确度就越高。

A/D 转换器是将输入的模拟电压转换成与之成正比的二进制的数字信号。A/D 转换分直接转换型和间接转换型。直接转换型速度快，如并联比较型 A/D 转换器。间接转换型速度慢，如双积分型 A/D 转换器。逐次逼近型 A/D 转换器也属于直接转换型，但要进行多次反馈比较，所以速度比并联比较型慢，但比间接转换型快。

A/D 转换要经过采样、保持、量化及编码实现。采样-保持电路对输入模拟信号采样取值，并展宽(保持)，量化是对取值脉冲进行分级，编码是将分级后的信号转换成二进制代码。在对模拟信号采样时，必须满足采样定理；采样脉冲的频率 f_s 大于输入模拟信号最高频率分量的 2 倍，即 $f_s \geqslant 2f_{max}$，这样才能做到不失真地恢复出原模拟信号。

不论 A/D 转换还是 D/A 转换，基准电压 U_{REF} 都是一个很重要的应用参数，要理解基准电压的作用，尤其是在 A/D 转换中，它的值对量化误差、分辨率都有影响。一般应按器件手册给出的电压范围取用，并且保证输入的模拟电压最大值不能大于基准电压。

并联比较型、逐次逼近型和双积分型 A/D 转换器各有特点，在不同的场合，可选用不同类型的 A/D 转换器。高速场合，可选用并联比较型 A/D 转换器，但受到位数的限制，精度不高，而且价格贵；在低速场合，可选用双积分型 A/D 转换器，它的精度高，抗干扰能力强；逐次逼近型 A/D 转换器兼顾上述两种 A/D 转换器的优点，速度较快、精度较高、价格适中，因此应用比较普遍。

附录 1　半导体分立器件的型号命名法（选自 GB 248—89）

第一部分		第二部分		第三部分		第四部分	第五部分
用阿拉伯数字表示器件的电极数目		用汉语拼音字母表示器件的材料和极性		用汉语拼音字母表示器件的类别		用阿拉伯数字表示序号	用汉语拼音字母表示规格号
符号	意义	符号	意义	符号	意义		
2	二极管	A B C D	N 型，锗材料 P 型，锗材料 N 型，硅材料 P 型，硅材料	P V W	小信号管 混频检波器 电压调整管和电压基准管		
3	三极管	A B C D E	PNP 型，锗材料 NPN 型，锗材料 PNP 型，硅材料 NPN 型，硅材料 化合材料	C Z L S K	变容管 整流管 整流管 隧道管 开关管		
示例：（见下）				X	低频小功率晶体管(截止频率＜3 MHz，耗散功率＜1 W)		
				G	高频小功率晶体管(截止频率＜3 MHz，耗散功率＜1 W)		
				D	低频大功率晶体管(截止频率＜3 MHz，耗散功率＜1 W)		
				A	高频大功率晶体管(截止频率＜3 MHz，耗散功率＜1 W)		
				T	闸流管		
				…	…		

示例：

3　D　G　4　D

- D —— 规格号
- 4 —— 序号
- G —— 高频小功率管
- D —— NPN硅材料
- 3 —— 三极管

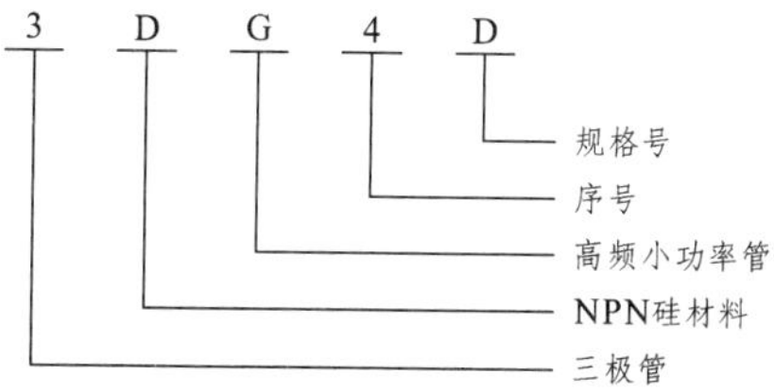

附录 2　半导体集成电路的型号命名法（选自 GB3430—89）

第零部分		第一部分		第二部分	第三部分		第四部分	
用字母表示器件符号国家标准		用字母表示器件的类型		用数字表示器件的系列和品种代号	用字母表示器件的工作温度		用字母表示器件的封装	
符号	意义	符号	意　义		符号	意　义	符号	意　义
C	符合国家标准	T	TTL		C	0 °C ~ 70 °C	F	多层陶瓷扁平
		H	HTL		G	− 25 °C ~ 70 °C	B	塑料扁平
		E	ECL		L	− 25 °C ~ 85 °C	H	黑瓷扁平
		C	CMOS		E	− 40 °C ~ 85 °C	D	多层陶瓷双列直插
		M	存储器		R	− 55 °C ~ 85 °C	J	黑瓷双列直插
		μ	微型机电路		M	− 55 °C ~ 125 °C	P	塑料双列直插
		F	线性放大电路				S	塑料单列直插
		W	稳压器				K	金属菱形
		B	非线性电路				T	金属圆形
		J	接口电路				C	陶瓷片状载体
		AD	A/D 转换器				E	塑料片状载体
		DA	D/A 转换器				G	网格阵列
		D	音响电视电路					
		SC	通讯专用电路					
		SS	敏感电路					
		SW	钟表电路					

示例：

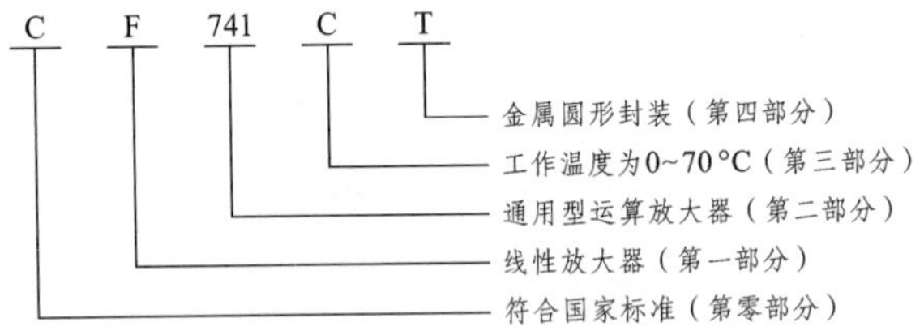

C　F　741　C　T

- T：金属圆形封装（第四部分）
- C：工作温度为0~70 °C（第三部分）
- 741：通用型运算放大器（第二部分）
- F：线性放大器（第一部分）
- C：符合国家标准（第零部分）

附录 3　部分半导体器件的型号和参数

一、部分二极管的主要参数

类型	参数名称 型号	最大整流电流 I_{FM}/mA	最大正向电流 I_{FM}/mA	最大反向工作电压 U_{RM}/V	反向击穿电压 U_B/V	最高工作频率 f_M/MHz	反向恢复时间 t_r/ns
普通二极管	2AP1	16		20	40	150	
	2AP7	12		100	150	150	
	2AP11	25		10		40	
	2CP1	500		100		3 kHz	
	2CP10	100		25		40 kHz	
	2CP20	100		600		50 kHz	
整流二极管	2CZ11A	1000		100			
	2CZ11H	1000		800			
	2CZ12A	3000		50			
	2CZ12G	3000		600			
开关二极管	2AK1		150	10	30		≤200
	2AK5		200	40	60		≤150
	2AK14		250	50	70		≤150
	2CK70A ~ E		10	A-20	A-30		≤3
				B-30	B-45		
	2CK72A ~ E		30	C-40	C-60		≤4
				D-50	D-75		
	2CK76A ~ D		200	E-60	E-90		≤5

参数名称 型号	稳定电压 U_Z/V	稳定电流 I_Z/mA	最大稳定电流 I_{ZM}/mA	动态电阻 r_z/Ω	电压温度系数 $\alpha_{\mu z}$/(%/°C)	最大耗散功率 P_{ZM}/W
2CW51	2.5 ~ 3.5	10	71	≤60	≥ - 0.09	0.25
2CW52	3.2 ~ 4.5		55	≤70	≥ - 0.09	
2CW53	4 ~ 5.8		41	≤50	- 0.09 ~ 0.04	
2CW54	5.5 ~ 6.5		38	≤30	- 0.03 ~ 0.05	
2CW56	7 ~ 8.8		27	≤15	≤0.07	
2CW57	8.5 ~ 9.5		26	≤20	≤0.08	
2CW59	10 ~ 11.8	5	20	≤30	≤0.09	0.25
2CW60	11.5 ~ 12.5		19	≤40		
2CW103	4 ~ 5.8	50	165	≤20	- 0.06 ~ 0.04	1
2CW110	11.5 ~ 12.5	20	76	≤20	≤0.09	1
2CW113	16 ~ 19	10	52	≤40	≤0.11	1
2CW1A	5	30	240	≤20	- 0.06 ~ 0.04	1
2CW6C	15	30	70	≤8	≤0.1	1
2CW7C	6.1 ~ 6.5	10	30	≤10	0.05	0.2

二、部分三极管的主要参数

类型	参数名称 / 型号	电流放大系数 β 或 h_{fe}	穿透电流 I_{CEO}/μA	集电极最大允许电流 I_{CM}/mA	最大允许耗散功率 P_{CM}/mW	集-射击穿电压 $U_{(BR)CEO}$/V	截止频率 f_r/MHz
低频小功率管	3AX51A	40 ~ 150	≤500	100	100	≥12	≥0.5
	3AX55A	30 ~ 150	≤1200	500	500	≥20	≥0.2
	3AX81A	30 ~ 250	≤1000	200	200	≥10	≥6 kHz
	3AX51B	40 ~ 200	≤700	200	200	≥15	≥6 kHz
	3CX200B	50 ~ 450	≤0.5	300	300	≥18	
	3DX200B	55 ~ 400	≤2	300	300	≥18	
高频小功率管	3AG54A	≥30	≤300	30	100	≥15	≥30
	3AG80A	≥8	≤50	10	50	≥15	≥300
	3AG87A	≥10	≤50	50	300	≥15	≥500
	3CG100B	≥25	≤0.1	30	100	≥25	≥100
	3CG110B	≥25	≤0.1	50	300	≥30	≥100
	3CG120A	≥25	≤0.2	100	500	≥15	≥200
	3DG81A	≥30	≤0.1	50	300	≥12	≥1000
	3DG110A	≥30	≤0.1	50	300	≥20	≥150
	3DG120A	≥30	≤0.01	100	500	≥30	≥150
开关管	3DK8A	≥20		200	500	≥15	≥80
	3DK10A	≥20		1500	1500	≥20	≥100
	3DK28A	≥25		50	300	≥25	≥500
大功率管	3DD11A	≥10	≤3000	30 A	300 W	≥30	
	3DD15A	≥30	≤2000	60 A	50 W	≥60	

附录 4 部分半导体集成电路的型号、参数和图形符号

一、TTL 门电路、触发器和计数器的部分品种型号

类　型	型　号	名　称
反相器	74LS04(CT4004)	六反相器
	74LS05(CT4005)	六反相器(OC)[①]
	74LS14(CT4014)	六施密特反相器
“与非”门	74LS00(CT4000)	四 2 输入与非门
	74LS20(CT4020)	双 4 输入与非门
	74LS26(CT4026)	四 2 输入与非门(OC)
“与”门	74LS11CT4011)	三 3 输入与门
	74LS15(CT4015)	三 3 输入与门(OC)
“或非”门	74LS27CT4027)	三 3 输入或非门
“异或”门	74LS86(CT4086)	四 2 输入异或门
三态驱动器	74LS240(CT4240)	八反相三态驶入缓冲器
	74LS244(CT4244)	八同相三态驶入缓冲器
触发器	74LS74(CT4074)	双 D 上升沿触发器
	74LS112(CT4112)	双 JK 下降沿触发器
单　稳	74LS221(CT4221)	双单稳态触发器
计数器	74LS290(CT4290)	2/5 十进制计数器
	74LS293(CT4293)	4 位二进制计数器
	74LS190(CT4190)	可预置的 BDC 同步加/减计数器

注：①“OC”表示这种器件的输出级为集电极开路形式，余同。

二、TTL、CMOS 电路的输入、输出参数

类型 / 参数名称	TTL		CMOS	高速 CMOS
	74H 系列	74LS 系列	CC4000 系列	54/74HC 系列
输出高电平 $U_{OH(min)}$/V	2.4	2.7	4.95	4.95
输出低电平 $U_{OL\ (max)}$/V	0.4	0.5	0.05	0.05
输出高电平电流 $I_{OH(max)}$/ mA	0.4	0.4	0.51	4
输出低电平电流 $I_{OL(max)}$/ mA	−1.6	−8	−0.51	−4
输入高电平 $U_{IH(min)}$/V	2	2	3.5	3.5
输入低电平 $U_{IL(max)}$)/V	0.8	0.8	1.5	1
输入高电平电流 $I_{IH(max)}$/ uA	40	20	0.1	1
输入高电平电流 $I_{IL(max)}$/ mA	−1.6	−0.4	-0.1×10^{-3}	-1×10^{-3}

注：① 表中注明测试条件。

② I_{OL} 的“−”号表示电流从器件的输出端流入；I_{IL} 的“−”号表示电流从器件的输入端流出。

三、部分集成运算放大器的主要参数

类型 / 型号 / 参数名称	通用型	高精度型	高阻型	高速型	低功耗型
	CF741	CF7650	CF3140	CF715	CF3078
电源电压 $\pm U_{CC}(U_{DD})$/V	±15	±5	±15	±15	±6
开环差模电电压增益 A_o/dB	106	134	100	90	92
输入失调电压 U_{IO}/mV	1	$\pm7\times10^{-4}$	5	2	1.3
输入失调电流 I_{IO}/nA	20	5×10^{-4}	5×10^{-4}	70	6
输入偏置电压 I_{IB}/nA	80	1.5×10^{-4}	10^{-2}	400	60
最大共模输入电压 U_{icmax}/V	±15	+2.6 −5.2	+12.5 −15.5	±12	+5.8 -5.5
最大差模输入电压 U_{idmax}/V	±30		±8	±15	±6
共模抑制比 K_{CMMR}/dB	90	130	90	92	110
输入电阻 r_i/MΩ	2	10^6	1.5×10^6	1	
单位增益带宽 GB/MHz	1	2	4.5		
转换速率 SR/(V/μs)	0.5	2.5	9	100 ($A_u=-1$)	

四、部分三端稳压器的主要参数

参数名称 \ 型号	CW7805	CW7815	CW78L05	CW78L15	CW7915	CW79L15
输出电压 U_o/V	4.8-5.2	14.4-15.6	4.8-5.2	14.4-15.6	− 14.4 ~ 15.6	
最大输出电压 U_{imax}/V	35	35	30	35	− 35	− 35
最大输出电流 I_{omax}/A	1.5	1.5	0.1	0.1	1.5	0.1
输出电压变化量 ΔU_o/mV (典型值，U_1 变化引起)	3	11	55	130	11	200(最大值)
	U_1 = 7 ~ 25 V	U_1 = 17.5 ~ 30 V	U_1 = 7 ~ 20 V	U_1 = 17.5 ~ 30 V	U_1 = − 17.5 ~ 30 V	
输出电压变化量 ΔU_o/mV (典型值，I_o 变化引起)	15	12	11	25	12	25
	I_o = 5 mA ~ 1.5 A		I_o = 1 ~ 100 mA		I_o = 5 mA ~ 1.5 A	I_o = 5 mA ~ 100 mA
输出电压变化量 ΔU_o/(mV/°C) (典型值，温度变化引起)	± 0.6	± 1.8	− 0.65	− 1.3	1.0	− 0.9
	I_o = 5 mA，0 ~ 125 °C					

五、部分电路符号

名　称	符　号	旧符号	国外常用符号
集成运算放大器	▷ A − + +	− +	− +
“与”门	&		
“或”门	≥1	+	
“非”门	1		
“与非”门	&		
“或非”门	≥1	+	
“异或”门	=1	⊕	

附录 5 学习成果评价量表

专业班级		姓名		学号		得分		
小组分工								
评价项目	评价标准	优	良	中	差	自评	小组评价	教师评价
知识与技能	列出详细元件、工具、耗材、仪表清单,制订详细安装制作流程与测试步骤	10	8	5	3			
	已掌握各部件的功能、熟练绘制原理图	10	8	5	3			
	能运用自己的语言解释知识,能够找出各部分知识之间的联系	10	8	5	3			
操作技能	通过小组协作或独立收集网络资源信息,掌握快速阅读和筛选信息的能力和方法	10	8	5	3			
	焊接质量可靠，焊点规范，布局合理	10	8	5	3			
	能正确使用仪表对各个元器件进行测试，正确分析测试数据	10	8	5	3			
情感态度	积极参与此项目，学习兴趣浓厚，能出谋划策，认真完成组长交给的任务	10	8	5	3			
	小组成员间配合默契,彼此协作愉快，提高了与他人的合作意识，培养了团队合作精神	10	8	5	3			
	在听课、阅读、质疑、回答问题、合作交流、讨论和辩论、角色扮演、问题探究、总结等学习活动中，我参与了哪几项	10	8	5	3			
课堂调查：这节课我有哪些成功和失败的体验，在情感、态度、价值观方面有哪些变化，并向教师提出较合理的教学建议		10	8	5	3			

参考文献

[1] 华成英，童诗白. 模拟电子技术基础. 4版. 北京：高等教育出版社，2006.
[2] 康华光. 电子技术基础(模拟部分). 4版. 北京：高等教育出版社，1999.
[3] 韩春光. 模拟电子技术与实践. 北京：电子工业出版社，2009.
[4] 阎石. 数字电子技术基础. 5版. 北京：高等教育出版社，2006.
[5] 刘阿玲. 电子技术. 北京：北京理工大学出版社，2009.
[6] 陈娇英，黄飞. 模拟电子技术. 北京：北京理工大学出版社，2011.
[7] 何希才，伊兵，杜煜. 实用电子电路设计. 北京：电子工业出版社，1998.
[8] 王楚，余道衡. 电子线路原理. 北京：北京大学出版社，1995.
[9] 童诗白. 模拟电子技术基础. 2版. 北京：高等教育出版社，1998.